面向新工科的电工电子信息基础课程系列教材

教育部高等学校电工电子基础课程教学指导分委员会推荐教材

CMOS模拟集成电路工程实例设计

刘 磊 主 编

师建英 副主编

马 蕾 闫小兵 编 著

清華大學出版社

北 京

内容简介

本书是模拟集成电路设计领域相关专业的一本入门教材，以CMOS模拟集成电路设计为核心，阐述模拟集成电路工程实践中常见电路基本概念、工作原理和设计方法。本书面向工程实践，先从MOSFET的基本结构和 *I-V* 特性出发，详细地介绍CMOS模拟集成电路EDA设计工具的使用方法；然后分别介绍包括电流镜、单级运算放大器、两级运算放大器、带隙电压基准、环路振荡器、比较器、采样保持电路和逐次逼近型模数转换器等典型电路结构的设计方法与仿真验证过程，涵盖范围广，工程实践性强。

本书可作为高等院校电子科学与技术、微电子、集成电路设计等专业高年级本科生或研究生的教材，也可作为半导体和集成电路设计领域工程技术人员的参考书。

图书在版编目(CIP)数据

CMOS模拟集成电路工程实例设计/刘磊主编. —北京：清华大学出版社，2023.8
面向新工科的电工电子信息基础课程系列教材
ISBN 978-7-302-63634-2

Ⅰ. ①C… Ⅱ. ①刘… Ⅲ. ①CMOS电路－模拟集成电路－电路设计－计算机仿真－高等学校－教材 Ⅳ. ①TN432

中国国家版本馆CIP数据核字(2023)第094097号

责任编辑：文 怡
封面设计：王昭红
责任校对：韩天竹
责任印制：曹婉颖

出版发行：清华大学出版社
网 址：http://www.tup.com.cn，http://www.wqbook.com
地 址：北京清华大学学研大厦A座 **邮 编**：100084
社 总 机：010-83470000 **邮 购**：010-62786544
投稿与读者服务：010-62776969，c-service@tup.tsinghua.edu.cn
质量反馈：010-62772015，zhiliang@tup.tsinghua.edu.cn
课件下载：http://www.tup.com.cn，010-83470236
印 装 者：三河市龙大印装有限公司
经 销：全国新华书店
开 本：185mm×260mm **印 张**：17 **字 数**：417千字
版 次：2023年10月第1版 **印 次**：2023年10月第1次印刷
印 数：1～1500
定 价：69.00元

产品编号：095507-01

前言

PREFACE

21 世纪以信息技术为代表的高新技术发展迅猛，集成电路(Integrated Circuit，IC)作为20 世纪最伟大的发明之一，已发展成为信息产业的核心技术，在国家安全、经济发展、人民生活等领域发挥了重要的支撑和保障作用。集成电路设计与制造产业的水平已成为衡量一个国家综合实力的重要标志，也是国力竞争的战略重点。历史的原因，我国集成电路领域的发展与国外还存在明显的代差，尤其是相关领域人才的培养与供给远不能满足我国集成电路事业发展的需要。

作者在集成电路设计的教学过程中，深刻认识到目前在集成电路设计领域仍然缺乏起点较低、实践性强、浅显易懂的入门教材与参考书，因此与几位长期从事相关领域教学与科研工作的同事一起编写了本书。本书首先介绍 CMOS 模拟集成电路分析与设计的基础知识，然后介绍集成电路工程实践中常用典型电路结构的设计思路与方法，同时在仿真优化的过程中介绍相关 EDA 软件的使用方法。本书的特点是深入浅出地介绍典型 CMOS 模拟集成电路的设计方法，力求理论与工程实践相结合，使读者快速掌握常用 EDA 的使用方法，为独立进行模拟集成电路的设计打下坚实的基础。

本书共分为 10 章。

第 1、2 章主要介绍 CMOS 模拟集成电路的基本理论和 EDA 设计工具。第 1 章首先介绍 CMOS 器件的基本结构与常见的无源器件，然后介绍模拟集成电路的基本设计方法和流程。第 2 章主要介绍电路设计与仿真工具 Cadence Spectre、版图设计工具 Cadence Virtuoso 以及模拟版图验证、参数提取工具 Mentor Calibre 三大 EDA 设计工具的使用方法，并结合反相器的全定制实验对以上 EDA 工具应用进行实践。

第 3～10 章介绍几种典型电路结构的设计方法与仿真优化过程。第 3 章首先介绍电流镜的设计和仿真实例，对电流镜的原理与应用进行阐述；然后介绍改进型共源共栅电流镜的设计和仿真过程。第 4 章介绍常见单级运算放大器的结构与性能参数，并以折叠式共源共栅电路为例，详细介绍单极运放的设计思路与参数计算过程，并给出仿真优化结果。第 5 章基于 g_m/I_D 设计方法介绍两级放大器设计方法与优化过程。第 6 章详细介绍带隙电压基准的原理与性能参数，并以 Banba 带隙基准结构为基础设计，仿真优化一款低压带隙基准源。第 7 章讲述环路振荡器的设计与仿真实例。第 8 章首先说明比较器的基本概念和分类，然后介绍一种中高精度比较器的设计与分析过程。第 9 章介绍一种采样保持电路的原理、参数与设计仿真过程。第 10 章详细给出逐次逼近型模数转换器的设计实例，首先对模数转换器的工作原理和分类进行介绍，然后设计并实现一种 12 位 500kS/s SAR ADC 电路，对各电路模块及系统电路进行仿真优化。

本书第1、2、6～10章由刘磊编写，第3章由闫小兵编写，第4章由师建英编写，第5章由马蕾编写。感谢王丹、墨佳豪、张紫雨和孙世杰参与文字整理与插图绘制工作，也感谢在本书出版过程中给予帮助的所有人。

由于编者水平有限，书中难免有不足和错误之处，恳请读者批评指正。

刘 磊

2023年8月

目录

CONTENTS

第1章

绪　论

1.1　集成电路的发展

1958年,美国的Jack Killby发明了世界上第一块含有12个器件的Ge基集成电路,随后美国仙童半导体公司的Robert Noyce开发了第一个Si基单片集成电路,如图1-1所示。Killby和Noyce因在微电子领域做出的杰出贡献被授予诺贝尔奖,自此以后集成电路技术在摩尔定律的框架下取得了惊人的发展。目前的集成电路可以在一块硅芯片上制备数以亿计的元器件,台积电(TSM)公司和三星电子(Samsung)公司已经能够批量生产5nm的鳍式场效应晶体管(FinFET)芯片,人类的生产生活与集成电路芯片结合越来越紧密。概括地说,集成电路芯片技术包括电子设计自动化(Electronic Design Automation,EDA)技术、半导体集成电路工艺技术和集成电路封装测试等几个方面。

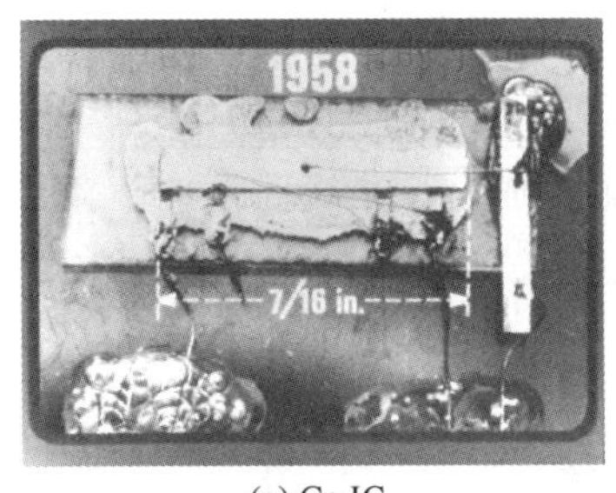

(a) Ge IC

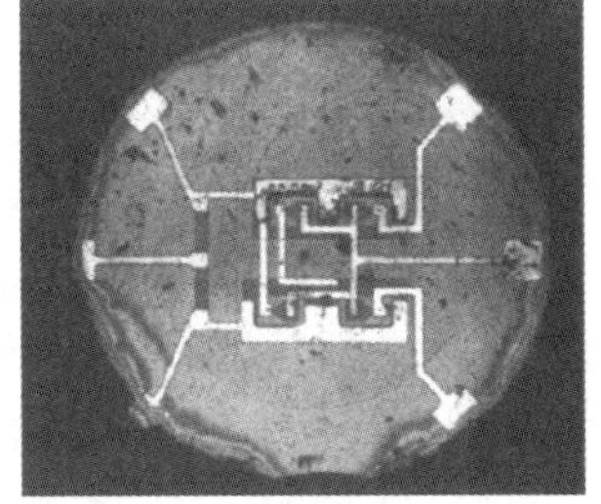

(b) Si IC

图1-1　世界上第一块Ge基和第一块Si基集成电路(1in=2.54cm)

集成电路的发展阶段是以其技术工艺所能实现的器件数量规模来划分的。20世纪50年代发展的早期集成电路只能集成100个左右的元器件,属于小规模集成电路(Small Scale Integrated Circuit,SSI)。60年代发展出集成度约1000个晶体管的中等规模集成电路(Medium Scale Integrated Circuit,MSI)。随后集成电路进入快速发展车道,70年代发展出集成度达到几万甚至几十万级的大规模集成电路(Large Scale Integrated Circuit,LSI)和超大规模集成电路(Very Large Scale Integrated Circuit,VLSI)。80年代出现了特大规模集成电路(Ultra Large Scale Integrated Circuit,ULSI),集成度达到10^6个元器件以上。进入20世纪90年代及21世纪以来,芯片的集成度进一步提高,单个芯片中的元器件数量已经超过10^9数量级,更是开发出系统级芯片(System on Chip,SoC),芯片的种类与数量极大丰富，为数字移动通信和人工智能等新一代信息技术的出现奠定了基础。

推动芯片集成度提高的关键是半导体工艺技术的不断发展以及各种新型半导体器件的出现。1960 年，由仙童半导体公司的 Jean Hoerni 开发出平面工艺后，半导体工艺经历了双极型工艺、互补金属-氧化物半导体（CMOS）工艺、BiCMOS 工艺、砷化镓和锗硅工艺、鳍式场效应晶体管工艺等由简单到复杂的发展过程。先后出现了双极结型 PNP 和 NPN 平面晶体管工艺、P 沟硅栅金属-氧化物半导体（MOS）工艺、P 沟铝栅金属-氧化物半导体工艺、N 沟硅栅金属-氧化物半导体工艺、高性能短沟道金属-氧化物半导体（HMOS）工艺、CMOS 工艺、FinFET 工艺等。这些工艺过程基本都包括晶圆（片）的制备技术、氧化、扩散、离子注入、物理气相沉积（PVD）和化学气相沉积（CVD）、光刻与刻蚀、金属化和平坦化等主要工艺步骤。其中光刻工艺所能实现的最小线条宽度，决定了 MOS 器件的沟道长度，进而决定了集成电路的集成度。半导体集成电路工艺技术几乎包含了物理、化学、材料、机械、计算机控制等所有基础性学科，是目前人类所掌握的精密度、复杂度最高的尖端技术。目前，我国在半导体集成电路工艺技术方面与西方发达国家仍存代差，尤其是以光刻机为代表的高精密半导体工艺设备领域仍然受制于国外垄断性技术企业。

随着集成电路工艺的快速发展及集成度的提高，CMOS 集成电路设计方法也不断进步，从最初的手工设计已经发展到了目前的 EDA 设计。如今 EDA 技术已经成为集成电路设计的基本方法，从某种程度上说设计一款成功的集成电路芯片在很大程度上取决于其所使用的集成电路 EDA 设计工具。EDA 技术发端于 20 世纪 70 年代，最早人们只能使用计算机辅助进行电路版图编辑。到了 80 年代初期，除了版图设计与验证工作外，计算机已经能够为工程师提供电路原理图输入、功能模拟、分析验证等功能。到了 90 年代，具有强大兼容性且贯穿各个设计环节的系统级电子自动化设计技术出现，其中最具代表的是 Cadence、Synopsys 和 Avanti 等公司推出的 EDA 工具。进入 21 世纪以来，EDA 技术发展更为成熟，EDA 工具已经能够实现对深亚微米（＜20nm）电路的辅助设计。当沟道宽度达到深亚微米级别的时候，器件的量子效应、短沟道效应、连线延迟等非线性效应凸显，这时成熟、稳定可靠的 EDA 技术在整个集成电路芯片设计与制造过程中显得尤其重要。

在集成电路 EDA 技术领域，Cadence、Synopsys 和 Mentor 等公司拥有绝对领先的技术优势。我国的 EDA 技术领域的研发并不晚，1986 年电子工业部动员了全国 17 家单位 200 多位专家齐聚北京，研发我国自主的集成电路计算机辅助设计（CAD）系统"熊猫系统"。1992 年首套熊猫系统问世，这是我国第一个大型集成电路计算机辅助设计系统，也是国家意志的体现和集体智慧的结晶。但是 1994 年西方国家开始取消对我国部分技术的禁运，一直到 2008 年，这期间政策资助对国产 EDA 的支持非常有限，中国 EDA 产业陷入发展低谷，发展曲折而缓慢。近年来，随着中美贸易战的升级，关键性"卡脖子"技术的重要性凸显，国内产业界开始重新重视拥有自主产权的集成电路 EDA 技术，华大九天、国微思尔芯、概伦电子、芯华章等国内 EDA 研发设计企业发展开始加速。但 EDA 技术不仅是一个智力密集型产业，更需要长期的工业积累，因此国产 EDA 技术的健康发展离不开国家政策支持与长期的资金投入。

集成电路芯片是现代工业的"大脑"，其设计与制造在整个国民经济中扮演着越来越重要的角色。大力培养该领域的科研人才与工程师队伍是 21 世纪我国占领第四次工业革命制高点的内在要求，需要教育、科技、产业界等相关领域长期不断的努力。

1.2 MOSFET 的基本结构与工作模式

虽然 FinFET 器件代表着深亚微米级以后的工艺发展方向，但是 CMOS 电路在很长时间内仍将是主流盈利工艺，也是集成电路人才培养体系中不可缺少和跨越的内容。因此本节将从金属-氧化物-半导体(MOS)管的基本结构入手，简要介绍 MOS 管的结构与符号、电流-电压特性等内容。

1.2.1 MOSFET 的结构与符号

图 1-2 是 NMOS 绝缘栅场效应晶体管的结构示意图。NMOS 管采用低掺杂浓度的 P 型 Si 衬底，其他结构都制备在衬底之上。采用离子注入工艺在衬底上制备两个高掺杂浓度的 N^+ 区，称为 MOS 管的有源区。两个有源区之间的衬底表面通过热氧化工艺生成了一层薄的二氧化硅(SiO_2)绝缘层，称为栅极氧化层，厚度为 t_{ox}。栅极氧化层之上为通过气相沉积工艺生长的多晶硅栅极层，栅极的横向长度(沟道长度)为 L。垂直于 L 方向的宽度为 W，宽长比是晶体管中最基本的参数之一。由于在制备 N^+ 有源区的过程中源-漏结会横向扩散 L_D，因此漏-源之间的实际距离略小于 L，于是有效沟道长度 $L_{eff}=L-2L_D$。两个有源区连接的金属电极分别称为源极 S 和漏极 D，源极和漏极可以根据实际应用中的电位高低而互换。多晶硅栅极引出另一个金属电极-栅极 G。

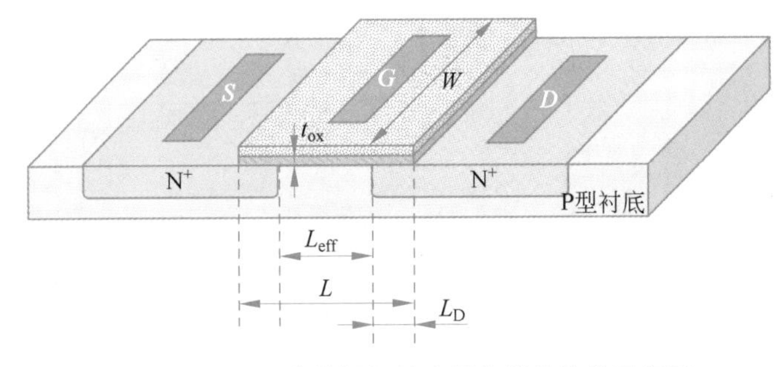

图 1-2 NMOS 绝缘栅场效应晶体管的结构示意图

通过控制晶体管栅极和漏极电位的相对大小，可以调控栅氧化层下衬底的表面感生电场的大小，进而调控 MOS 管源极和漏极电流的大小，所以这种晶体管称为场效应晶体管(Field Effect Transistor，FET)。由于场效应晶体管的栅极与源极和漏极之间是绝缘的，所以称为绝缘栅场效应晶体管。早期采用金属栅极，金属栅极和衬底之间使用氧化物作为绝缘层，因此又称为金属-氧化物-半导体绝缘栅场效应晶体管，简称 MOS 场效应管(MOSFET)或 MOS 管。如图 1-2 所示的 MOS 管采用 P 型衬底、N 型有源区，源极和漏极之间形成 N 型沟道，所以称为 NMOS 管。

COMS 管电路是将 NMOS 和 PMOS 制备在同一块 Si 衬底上的集成电路，COMS 工艺是目前制备模拟集成电路的主流工艺。如图 1-3 所示，在 P 型衬底的特定区域制备 N 阱，然后在 N 阱上制备 PMOS，这样就可以在同一 P 型衬底上同时实现 NMOS 和 PMOS。考虑到器件衬底(B)的影响，在模拟集成电路中 MOS 管应视为四端口器件。MOS 管源-漏区的结二极管必须为反偏才能保证器件正常工作，即 NMOS 管的衬底电位应不高于源-漏区的电位，而 PMOS 管的衬底电位应不低于其源-漏区的电位。但是，通常在数字集成电路设计和大部分模拟集成电路中，NMOS 管的衬底连接到系统的最低电位，而 PMOS 管的衬底（即为 N 阱）连接到系统的最高电位，这样也可以将 MOS 管视为三端口器件。采用双阱工艺的 COMS 电路将 NMOS 和 PMOS 分别制备在 P 阱和 N 阱当中，每个 NMOS 管与 PMOS 管都可以有独立的衬底电位，这种办法可以有效地消除衬底偏置效应。

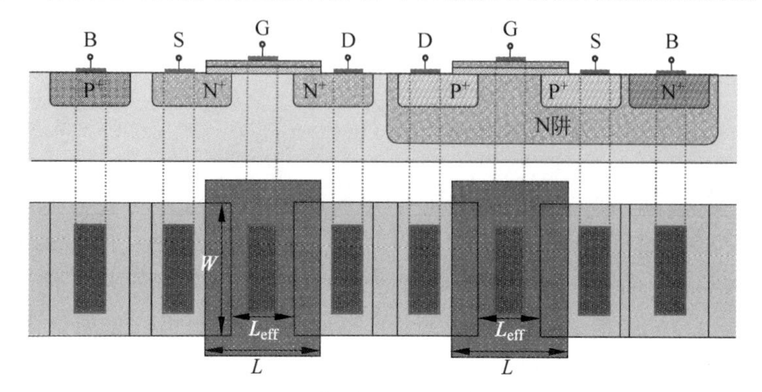

图 1-3 CMOS 互补型场效应晶体管结构示意图

如上所述，NMOS 管与 PMOS 管本质上是四端器件，但是当 NMOS 管与 PMOS 管的衬底端分别接地与电源时可以认为是三端器件，同时在数字电路中 MOS 管也可以用开关符号来描述。因此有多种符号来描述 MOS 器件，MOS 管常用的表示符号如图 1-4 所示。

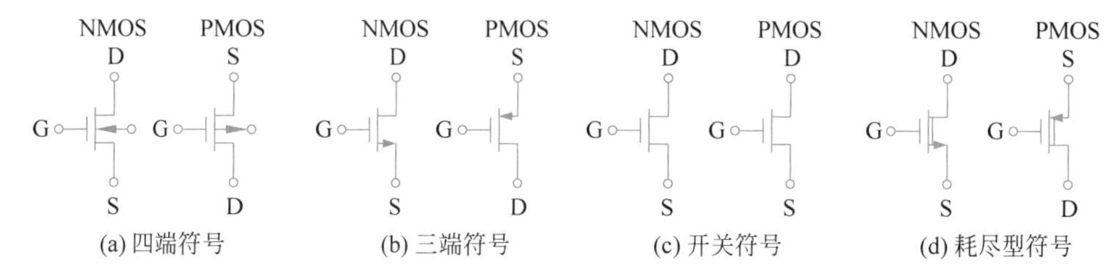

图 1-4 MOS 管常用的表示符号

1.2.2 MOS 管的电流-电压特性

绝大多数电子器件的输入与输出最终都体现在电流与电压的变化规律上，因此有必要深入掌握 MOS 器件电流与电压的输入与输出特性。

在深亚微米工艺条件下器件的量子效应还不突出，这时萨氏方程仍然是 MOS 管输出电流-电压特性的最经典描述。忽略二阶及以上效应时饱和萨氏方程描述了 NMOS 管导通时的电流-电压特性：

$$I_D = \mu_n C_{ox} \frac{W}{L}\left[(V_{GS} - V_{th})V_{DS} - \frac{1}{2}V_{DS}^2\right] = K_n[2(V_{GS} - V_{th})V_{DS} - V_{DS}^2] \quad (1.1)$$

式中：V_{GS}、V_{DS} 和 V_{th} 分别为 MOS 管的栅源电压、漏源电压和阈值电压；$V_{GS} - V_{th}$ 为过驱动电压，若用 V_{OD} 表示过驱动电压，则 $V_{OD} = V_{GS} - V_{th}$；L 为沟道的有效长度；W/L 为 MOS 管宽长比；$K_n = (1/2)\mu_n C_{ox}(W/L)$ 为 MOS 管的导电因子，其中，C_{ox} 为单位面积的栅氧化层电容，μ_n 为电子迁移率。

由饱和萨氏方程可知，MOS 管漏极电流 I_D 的值取决于 $\mu_n C_{ox}$、W/L、V_{DS} 以及 V_{OD} 等

参数大小，当 I_D 已知时，可以根据 I_D 来推算 W/L 和 V_{GS}。

根据 MOS 的物理特性可知，当 $V_{GS}<V_{th}$ 时，栅极下方无法形成反型层沟道，漏源之间没有导通，漏电流 $I_D=0$。因此，MOS 管源极和漏极之间导通，必须保证 $V_{GS}\geqslant V_{th}$。另外，MOS 管还存在亚阈值区，即弱反型区，其条件是 $4V_T<V_{GS}<V_{th}$，其中 V_T 为 MOS 管的热电压。亚阈值区 I_D 较小，且与 V_{GS} 呈指数关系。

当 $V_{DS}\ll 2(V_{GS}-V_{th})$ 时，式(1.1)可以简化为

$$I_D=\frac{1}{2}\mu_n C_{ox}\frac{W}{L}(V_{GS}-V_{th})V_{DS} \tag{1.2}$$

在这种情况下，漏极电流 I_D 与漏源电压 V_{DS} 呈线性关系，从图 1-5 中 V_{DS} 较小的区域可以很明显地看出，每条抛物线可由一条直线近似。这种线性关系表明，当 $V_{DS}\ll 2(V_{GS}-V_{th})$ 时，漏源之间的通道可以用一个线性电阻表示，该电阻为

$$R_{on}=\frac{1}{\mu_n C_{ox}\dfrac{W}{L}(V_{GS}-V_{th})}=\frac{1}{2K_n(V_{GS}-V_{th})} \tag{1.3}$$

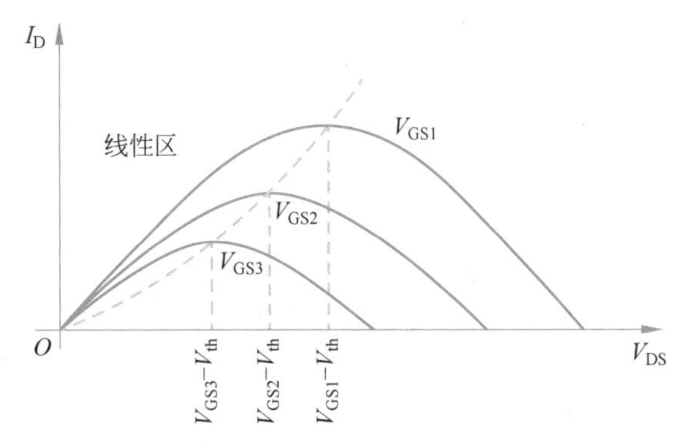

图 1-5 MOS 管满足萨氏方程的 I_D 与 V_{DS} 关系曲线

这意味着，工作于深线性区的 MOS 管可等效为一个受过驱动电压控制的可控电阻，即当 V_{GS} 一定时，沟道直流导通电阻近似为一恒定的电阻。MOSFET 作为可控电阻在许多模拟电路中有着重要的应用，例如在便携电子设备中，压控电阻用来调节时钟发生器的频率以使系统进入省电模式。另外，MOSFET 也能作为开关使用，用于采样电路中。

观察式(1.1)可知，I_D 是 V_{DS} 的二次函数。如图 1-5 所示，对 I_D 关于 V_{DS} 求导数 $\partial I_D/\partial V_{DS}$，可知当 $V_{DS}=V_{GS}-V_{th}$ 时 I_D 的值最大，此时 I_D 的峰值电流为

$$I_D=\frac{1}{2}\mu_n C_{ox}\frac{W}{L}(V_{GS}-V_{th})^2 \tag{1.4}$$

式(1.4)就是饱和萨氏方程。由该方程可以看出，工作于饱和区的 MOS 管的漏极电流与过驱动电压间呈现平方关系，因此 MOS 管是一种平方型器件。

当 $V_{DS}>V_{GS}-V_{th}$ 时 MOS 管的漏极电流 I_D 与漏源电压 V_{DS} 并不遵循抛物线特性，原因是这时候 MOS 管出现了沟道夹断现象，限制了 I_D 随 V_{DS} 的进一步变化。实际上当 $V_{DS}>V_{GS}-V_{th}$ 时可认为 I_D 近似不变，大小可由式(1.4)表示。因此，这时 MOS 管工作在"饱和区"，如图 1-6 所示。若 I_D 已知，可由式(1.5)推导出 V_{GS}(这也是进行电路设计过程中确定 V_{GS} 大小的方法之一)，即

$$V_{GS}=\sqrt{\frac{2I_D}{\mu_n C_{ox}\frac{W}{L}}}+V_{th} \tag{1.5}$$

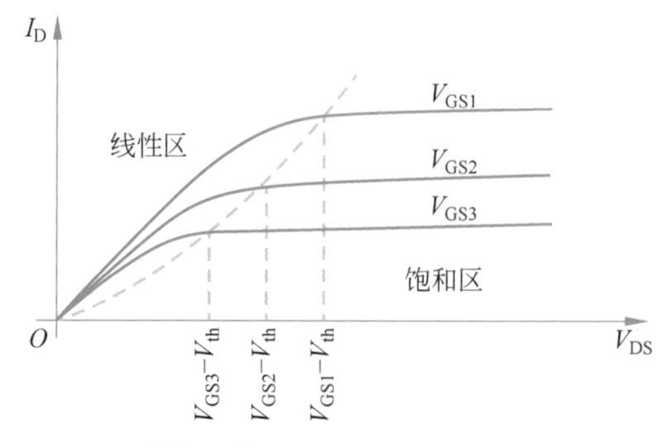

图 1-6 NMOS 管的漏电流 I_D 与漏源电压 V_{DS} 之间关系曲线

总结以上的内容可知，MOS 管存在三个主要的工作区：

(1) 截止区：$V_{GS}<V_{th}$，MOS 管没有产生导通沟道反型层，此时 $I_D=0$。

(2) 线性区：$V_{DS}\leqslant V_{GS}-V_{th}$，即 $V_{GS}\geqslant V_{DS}+V_{th}$，漏极电流 I_D 表示为萨氏方程，如式(1.1)所示。当 $V_{DS}\ll 2(V_{GS}-V_{th})$时，MOS 管工作在深线性区，漏极电流 I_D 可近似由式(1.2)表示；漏源之间的通道可以视为一个由过驱动电压控制的可控电阻，电阻大小由式(1.3)表示。

(3) 饱和区：$V_{DS}>V_{GS}-V_{th}$，即 $V_{GS}<V_{DS}+V_{th}$，这时漏极电流 I_D 不随 V_{DS} 无限增大，I_D 可认为近似不变，大小由式(1.4)表示。晶体管保持工作在饱和区时 V_{DS} 大于过饱和电压 V_{OD}，因此为了获得较大的输出摆幅常采用较小的 V_{OD}。

图 1-7(a)展示了漏极电流 I_D 与栅源电压 V_{GS} 之间的关系曲线(MOS 管的转移特性曲线)，当 V_{DS} 为定值，$V_{GS}<V_{th}$ 时，$I_D=0$，这一区域对应的是截止区；当 $V_{GS}\geqslant V_{th}$ 时开始有漏极电流出现，而且在 $V_{th}<V_{GS}<V_{DS}+V_{th}$ 范围内 MOS 管处于沟道夹断的饱和状态，于是 I_D 随 V_{GS} 的增大近似呈平方关系上升，此区域就是 MOS 管工作的饱和区；当 V_{GS} 电压进一步增大，使得 $V_{GS}\geqslant V_{DS}+V_{th}$ 时，则 MOS 管又将转变为沟道未夹断的线性工作状态，于是漏极电流 I_D 随 V_{GS} 线性地增大，这一区域是 MOS 管工作的线性区。读者也可以根据跨导的定义，分析跨导 g_m 随 V_{GS} 大小而变化的趋势，如图 1-7(b)所示。

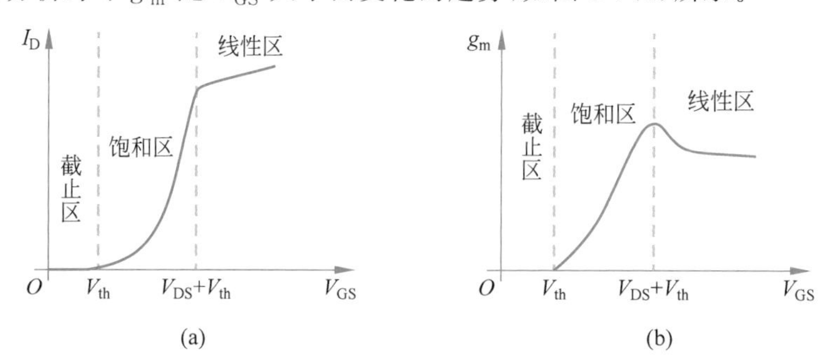

图 1-7 MOS 管的转移特性曲线与跨导随栅源电压的变化曲线

1.3 无源器件

模拟集成电路中的无源器件主要有电阻、电容、电感，其中电容和电感有储能作用，会影响电路的时间响应。电路在设计过程中均以精准的元件值作为参量，但是由于集成电路的制造过程中不可能消除工艺偏差，因此绝对准确的电阻和电容是无法实现的。另外，从电路的基本工作原理可知，多数情况下电容和电阻的绝对值不如其相对值重要。

1.3.1 电阻

电阻是模拟电路中常见的无源器件，在集成电路的设计和应用中电阻还可以分为有源电阻和无源电阻，制造过程中的电阻可以分为薄膜电阻与通孔电阻。薄膜电阻的大小一般表示为

$$R = R_{\square}\frac{L}{W} \tag{1.6}$$

式中：$R_{\square}$ 为薄膜电阻材料的方块电阻值；L 和 W 分别为电阻的长度和宽度。

由于制备工艺的非均匀性，实际的电阻都存在一定的偏差，可以表示为

$$(S_{\mathrm{D}})_{\mathrm{R}} = \sqrt{\left(\frac{\Delta R_{\square}}{R_{\square}}\right)^2 + \left(\frac{\Delta L}{L}\right)^2 + \left(\frac{\Delta W}{W}\right)^2} \tag{1.7}$$

对于方块电阻本身的相对偏差，即式(1.7)中的第一项，离子注入电阻比扩散电阻要小，衬底硅电阻比多晶硅电阻要小；第二项和第三项偏差随着光刻和刻蚀技术的发展也大大减小。由于电阻绝对值偏差必然存在，因此在模拟集成电路的设计中尽可能采用电阻比值作为参量，同时可以采用对称叉指式设计布局以补偿薄层电阻与阱接地条宽范围的梯度变化，提高电阻的精度。在一些特殊的场合还需要对相应的电阻采用阱接地、多晶电阻或者双多晶结构进行电屏蔽。例如，为了避免相对于衬底的寄生电容，将高频噪声通过电阻叠加在有用信号上时就需要对其进行电屏蔽。在集成电路制作过程中，可以通过多种工艺实现不同的电阻，包括源-漏扩散电阻、阱扩散电阻、注入电阻、多晶硅电阻、多晶硅注入电阻和合金薄膜电阻，根据种类和实现工艺，各种电阻的 $R_{\square}$ 值为几十到几千欧，误差率和温度系数也有明显差别。

表 1-1 列出集成电路工艺过程制备的电阻种类及阻值。

表 1-1 集成电路工艺过程制备的电阻种类及阻值

电 阻 种 类	方块电阻值/Ω	电 阻 种 类	方块电阻值/Ω
源-漏扩散电阻	20～100	多晶硅电阻	30～200
N 阱(P 阱)扩散电阻	1000～5000	多晶硅注入电阻	≈10 000
注入电阻	500～1000	薄膜(NiCr)、电阻(CrSi)	200～5000

1.3.2 电容

在 MOS 模拟集成电路中，电容也是常见的无源器件，可以通过 PN 结电容、MOS 电容、多晶硅和体硅电容、金属与多晶电容等形式实现。电容在 CMOS 工艺过程中是比较容易实现的，且匹配精度比电阻好，所以得到了广泛应用。在 CMOS 电路中，广泛采用容易制备的 SiO_2 薄膜作为介质，但也有某些工艺中采用 SiO_2/Si_3N_4 夹层介质制作较大值的电容。

另外,由于沉积氧化层厚度有较大的偏差,因此沉积氧化物通常不适用于制作精密电容器。

在理想情况下,电容值通常用下式计算:

$$C = S\frac{\varepsilon_{ox}}{t_{ox}} = WL\frac{\varepsilon_{ox}}{t_{ox}} \tag{1.8}$$

式中:ε_{ox} 为介质层的介电常数;t_{ox} 为介质层厚度;W、L 分别为电容上下极板的宽和长。

常用 k 表示相对介电常数,介电常数的大小表示材料受电场极化并削弱材料内部电场的能力,低于 3.0 的介电常数称为"低 k"。在 MOS 电路中一些特殊场合希望使用"低 k"介质。例如,在金属互连线之间的绝缘层,较低的介电常数有利于减小互连线的时间常数 RC,并降低金属线之间的串扰电容耦合。

电容的标准偏差为

$$(S_D)_c = \sqrt{\left(\frac{\Delta\varepsilon_{ox}}{\varepsilon_{ox}}\right)^2 + \left(\frac{\Delta t_{ox}}{t_{ox}}\right)^2 + \left(\frac{\Delta W}{W}\right)^2 + \left(\frac{\Delta L}{L}\right)^2} \tag{1.9}$$

式中:前两项的误差为氧化层效应误差;后两项的误差取决于光刻误差,通常称为边缘误差,与电阻误差类似,边缘误差随着光刻技术的进步大大减小。电容尺寸较小时,边缘效应误差起主导作用;而大电容时,氧化层误差起主导作用。

1.3.3 电感

电感是高速高频集成电路中重要的无源器件,一个半导体工艺是否为射频工艺最重要的区别是能否实现电感。直到 20 世纪 90 年代早期,电感和变压器才实现了在硅基芯片上的集成。电感和变压器需要特殊的后道制程,需要在有损硅衬底的 4～5μm 之上生长相对较厚的电介质层和电导率较高的薄膜金属层。在硅工艺的射频集成电路中,由于衬底电阻率低,衬底损失极大,所以制作高 Q 值集成电感尤其具有挑战性。现在先进纳米尺度 CMOS 和 Si、Ge BiCMOS 的技术多采用多金属层和厚电介质堆叠技术制备电感。

单片集成电路的常用电感有螺旋电感、对称螺旋电感、多层并联电感和三维垂直堆叠螺旋电感,其中螺旋电感在集成电路中最为常用,如图 1-8 所示。集成电路电感按端口数可以分为双端电感和三端电感(T 形电感)。衡量电感性能常用的评价因子有电感值 L、品质因数 Q、自谐振频率(SRF)和峰值 Q 频率(PQF)。

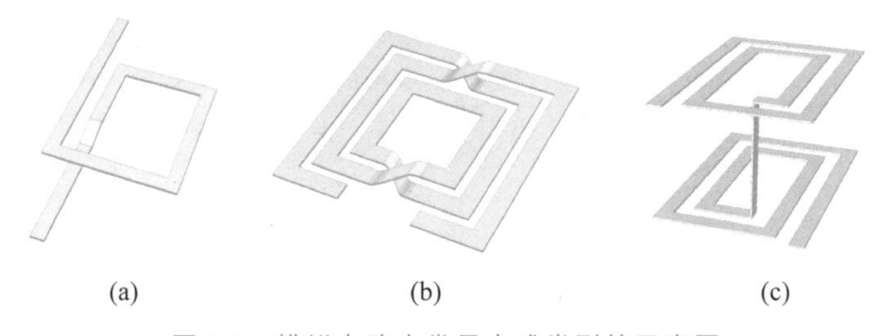

图 1-8 模拟电路中常见电感类型的示意图

电感值定义为总磁通量与流过电感的电流之比。平面螺旋电感的电感值可以由 Greenhouse 等式计算:

$$L = \left(\sum_{j=1}^{n} L_j\right) + \left(\sum_{j=1}^{n}\sum_{j=2(j\neq i)}^{n} M_{ij}\right) \tag{1.10}$$

式中：L_j、M_{ij} 分别为第 j 段的自感系数和第 i 段与第 j 段的互感系数。

如图 1-9 所示，若两段互相垂直，则它们之间的互感为 0。若两个相邻平行段内流过的电流方向相同，则两者之间互感为正值；若电流方向相反，则两者之间互感为负值。

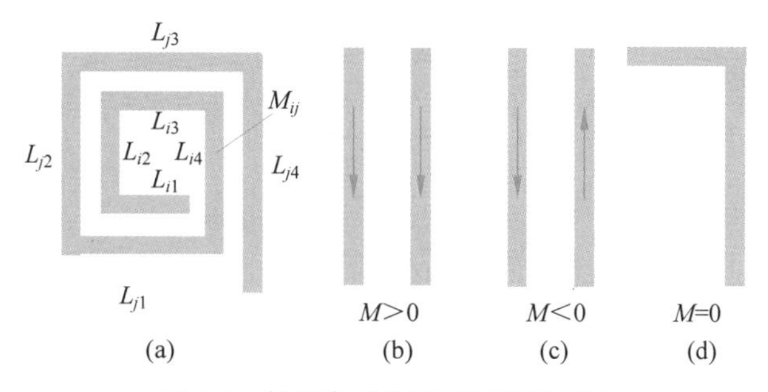

图 1-9　螺旋电感的段间互感示意图

品质因数代表电感存储能量的效率，定义为电感中存储的能量和消耗在电感上的能量之比。自谐振频率为电感表现为电容特性的工作频率点。电感的评价因子在频率低于 SRF 时为正，在频率比 SRF 高时为负。实际应用中片上电感只有在很低的频率时有效电感值 L_{eff} 才等于所需的理想电感值。峰值 Q 频率为电感 Q 值达到最大时的频率。在这一频点处片上电感与理想电感最为接近，因此这应该是电感的工作频点。

理想的电感是没有能量损耗的，因此其 Q、SRF 和 PQF 都为无穷大。对于集成电路的电感来说，由于片上电感的寄生电容影响，有效电感值是与频率有关的函数。另外，金属段和半导体衬底引起的各种损耗机制也会导致品质因数 Q 与频率相关，其关系特性曲线如图 1-10 所示，其中最优的电感工作频率由图中阴影部分表示。

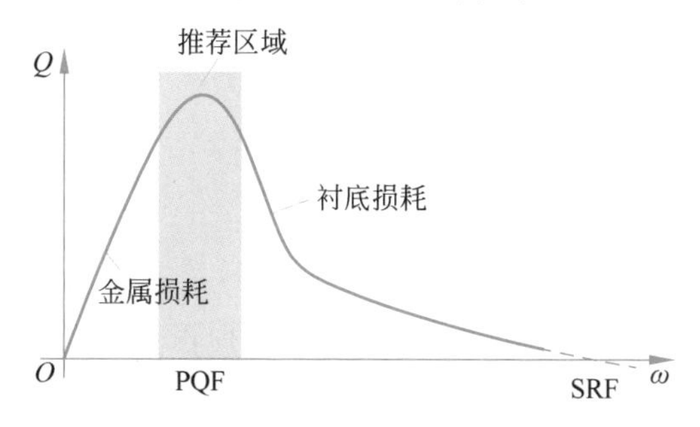

图 1-10　电感评价因子与频率的关系

1.4　模拟集成电路的设计过程

模拟集成电路设计是通过构建电路来解决特定问题的创造性过程。明确其中的设计流程是我们能够正确进行电路设计的前提。设计过程就是根据电路的功能和性能方面的要求，在正确地选择系统配置、电路形式、器件结构、工艺方法、封装手法的基础上，尽可能提高芯片的集成度，降低生产成本，缩短设计周期，以达到电路布局最佳的过程。本节首先详细阐述模拟集成电路的设计方法与流程，之后通过锂电池充放电保护电路的模拟设计实例具体说明模拟电路的设计方法。

1.4.1 模拟集成电路的设计方法与流程

设计一个模拟集成电路需要多个步骤,图 1-11 为一个集成电路设计的一般流程。

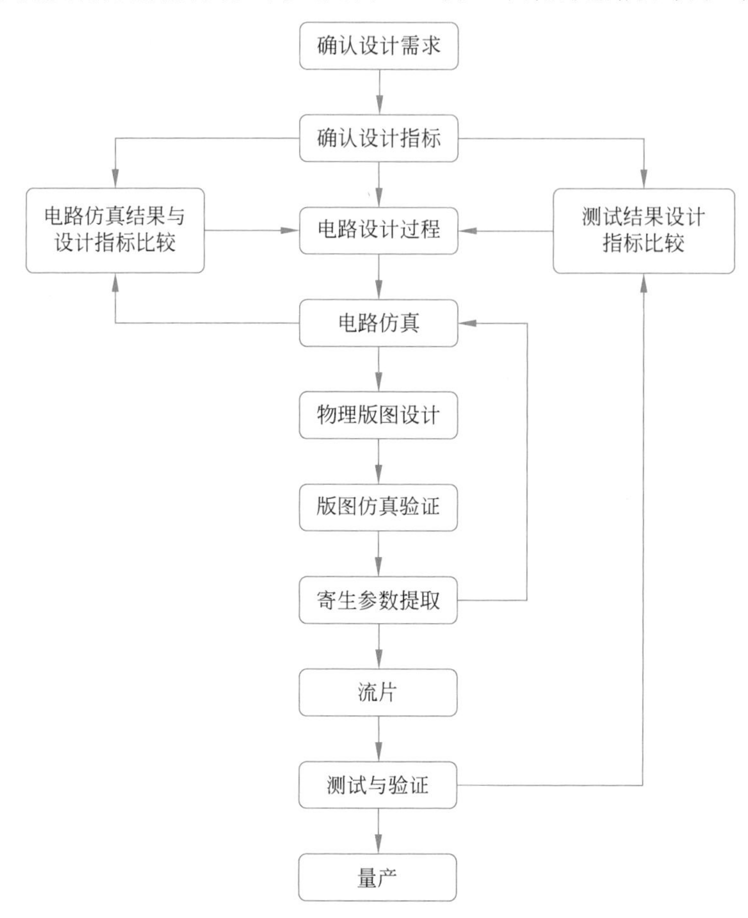

图 1-11 模拟集成电路设计流程图

首先进行设计需求的确认,需要和市场人员确认用户需求,包括设计参数指标、芯片尺寸大小、封装类型等。确认完毕后,在充分考虑电源电压、电流或温度等各项设计条件限制与指标要求的前提下对整体电路进行分立模块化设计,各模块在满足设计条件的基础上需要分别实现不同功能。同时,还要进行项目起始时间规划,制定阶段性目标,定期进行汇报,有问题及时讨论解决。接下来开始电路设计,确认合适的电路架构,进行原理图绘制,不断地仿真迭代,使仿真结果与设计参数指标一致;若不一致,则需要继续修改电路,务必要求不仅满足设计指标,而且整体电路可在限制条件内稳定实现系统功能,达到要求,则电路原理图设计完成。得到最终电路原理图之后需交由版图设计工程师进行电路版图设计,包括布局布线等。版图绘制需要满足之前确认的芯片尺寸的大小。版图绘制完成后,需要对版图进行设计规则检查,即进行设计规则检查(DRC)、电路版图一致性检查(LVS)仿真验证,确认版图满足工艺厂商的要求,以及与原理图相吻合。版图工程师绘制需与电路设计工程师保持沟通,特殊布局布线进行不一样的设计,包括重要小信号走线方式,管子的匹配及保护等。然后进行寄生参数提取,提取完成进行后仿真验证,检查后仿真结果是否满足设计指标，若不满足，则继续寻找问题所在，直到解决，并使后仿真结果与设计参数指标一致；若满足，则导出图形数据系统（GDS）文件交给工艺厂商进行流片。流片后进行晶圆（CP）测试，测试结果满足测试计划后，准备封装相关资料，完成好上述流程之后交由封装厂进行封装。封装完成进行最终（FT）测试，测试结果需满足测试指标。测试结果无误后，交由客户试样，成功后进行量产，这就是整个模拟集成电路的设计流程。

1.4.2 模数混合电路的设计过程举例

在模数混合电路的设计过程中，模拟部分和数字部分在同一基底上实现，模拟部分向数字部分的通信和数字部分向模拟部分的通信由不同的 A/D 转换接口及 D/A 转换接口实现。在此说明的一个典型应用是锂电池充放电保护电路。

1. 系统功能定义与设计

首先按照电子产品的功能与应用环境，明确电路设计的条件参数与性能指标要求。在典型应用中，锂电池充放电保护电路通过实时监测锂电池电压电流状态，并利用输出逻辑电平控制充放电回路通断的方式对电池进行应用保护，其宏观功能即为避免锂电池在充放电过程中过电压或过电流而导致电池损坏甚至发生自燃爆炸等事故。

为实现该功能，保护电路需具备以下基本模块：

（1）为判断电池是否出现过电压或过电流，需要存在一个标准的参考阈值，该阈值电压或阈值电流不能受环境的温度、压力或电源变化、噪声干扰等影响而出现波动。因此需要带隙基准模块提供基准电压或基准电流。

（2）电压或电流的比较工作由比较器完成，将电池电压与带隙基准模块提供的参考电压分别接入工作于开环状态的运算放大器（简称运放）两个差分输入端，运放输出结果即为电池是否过压的判断依据。为保证判断精准无误，运放需要足够大的开环增益与足够短的响应时间。

（3）为避免震动、噪声或电源干扰导致的毛刺使保护电路对电池电压状态判断失误，则需要使过电压或过电流信号在保持一定时间后才产生作用。若是由于出现的毛刺使电压瞬时增高或降低超过阈值，则不进入异常保护状态。该功能需要电路内部具有稳定的计时装置，例如可以输出稳定基准方波的振荡器。

（4）锂电池的应用环境通常有温度要求，因此保护电路需要具有过热保护功能，并且过热保护模块需具有迟滞释放功能，即在电池或芯片温度超过高温阈值时输出使能信号切断工作回路减少功耗，在温度降低至低温阈值后输出使能信号解除过热保护状态。

（5）电路还需要数字逻辑控制模块，将比较器、延迟模块以及过热保护模块等输出的使能信号进行组合逻辑，最终输出控制充放电回路通断的逻辑电平至外部开关 MOS 管，从而实现电池充放电保护。

图 1-12 为集成锂电池充放电保护电路模块框图。电池电压经 VDD 端口送入电压采样模块采样；VCS 端口功能为检测电池充放电过程中电流变化状态，其外接高精度电阻将电流信号转换为电压信号，电池充电时 VCS 端口电压为负值，经升压电路抬升至正值后输出至充电过流保护比较器，可有效避免负电压比较过程所需的复杂电路结构伴随的失配与误差；VM 端口检测回路中是否存在充电器或负载，并通过检测电路输出使能信号以解除过

电流保护状态；OD端口为放电控制端口；OC端口为充电控制端口，外接充放电控制开关管控制充放电回路通断。

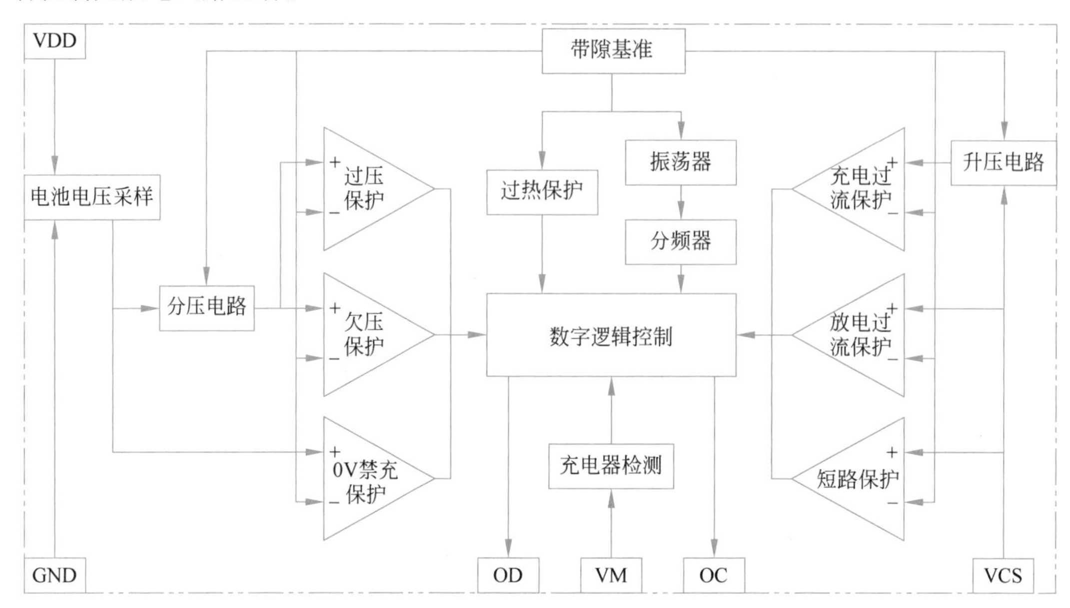

图 1-12 集成锂电池充放电保护电路模块框图

至此电路系统功能分析完成，并将整体电路进行了模块化设计，下一步工作即对各模块进行具体的电路原理图设计。

2. 电路原理定义与设计

该部分将针对各分立模块进行具体电路原理设计，使各模块可独立实现其要求的功能。本节以几个简单模块为例说明电路原理图的设计方法。

带隙基准模块为整个保护电路提供偏置电压，并提供异常状态判定参考电压，其输出基准电压的精度直接决定整个保护电路的精度水平。带隙基准模块原理如图1-13所示。其中基准核心利用硅带隙基准电压不受温度及电源电压影响的特性，通过正、负温度系数电压的线性组合得到基准输出电压，并通过高阶补偿手段进一步降低其温度系数。修调网络为电阻串并联网络，通过外部输入修调指令对基准核心内电阻值进行修调，以降低工艺误差带来的基准初始偏差。输出缓冲级利用低压差线性稳压器(LDO)实现，在保证基准电压精度同时通过大功率管使输出具备带负载能力。而高精度LDO与大功率管必然伴随大电流消耗，因此带隙模块需分配较多电流裕度。

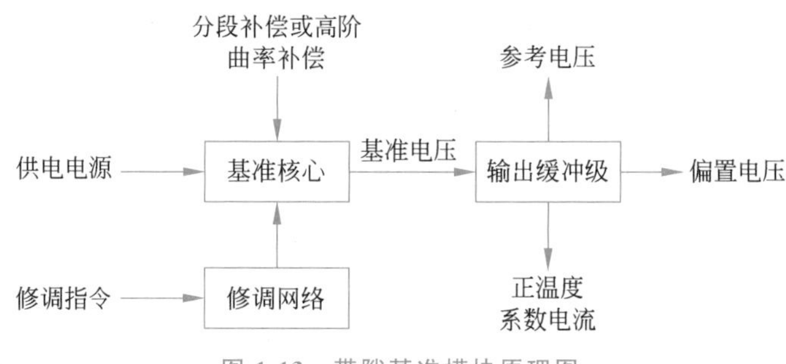

图 1-13 带隙基准模块原理图

过热保护模块利用带隙模块提供正温度系数电流感应芯片与电池温度，其原理如图 1-14 所示。当芯片温度过高时，正温度系数电流变大，通过电流镜镜像至固定电阻所在支路，使比较器正向输入端电压升高。当温度超过保护阈值时，比较器输出高电平过热保护信号至逻辑控制模块，切断电池充放电回路并关闭芯片大部分功能，同时经过迟滞反馈回路调节反馈电阻所在支路，使反馈电阻上电压降低，当温度降低至更低的安全水平时才解除过热保护状态。

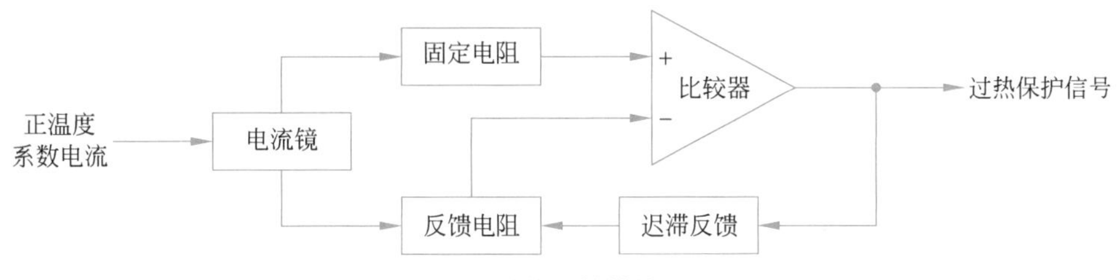

图 1-14 过热保护模块原理图

在集成电路设计中，常用的精准计时方式通过振荡器输出的基准时钟信号实现。对电池充放电保护电路而言，检测精度与运行功耗是衡量其性能优劣的两个重要指标。检测精度反映电路的各项保护功能是否可靠稳定地实现，运行功耗反映电路工作消耗的电池能源，因为保护电路由电池直接供电，所以其能耗应尽可能降低。而振荡器功耗较高，其采用周期性对电容充放电的方式产生基准时钟，正常工作时平均电流几微安。为降低整体电路功耗而使振荡器在电池处于正常状态时休眠，当发生异常状况后，比较器输出保护使能信号驱动振荡器开始工作直到计时完成。在电池进入异常保护状态后，振荡器再次回到休眠模式。

将基准时钟输入至分频器，该分频器由多个串联的 D 触发器级联而成，如图 1-15 所示。第一个 D 触发器 CLK 端口接振荡器输出的基准时钟信号，CLK_n 端接其反相后的信号，Q 端输出即为二分频后的时钟信号。之后每个 D 触发器均将输入时钟信号二分频后输出，以此得到各异常状态保护所需的延迟时间。

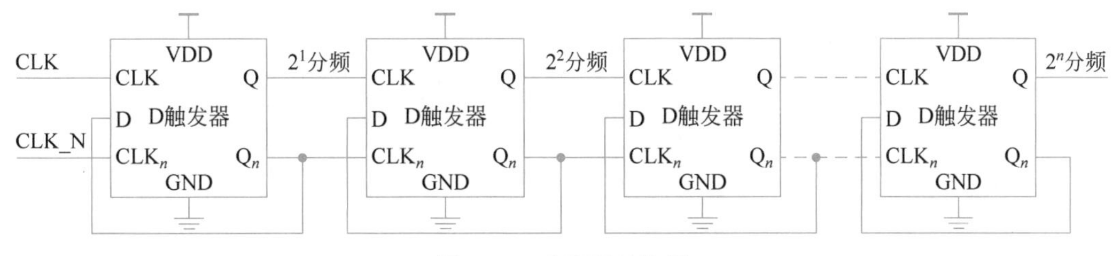

图 1-15 分频器结构图

逻辑控制模块主要由门电路与 RS 触发器组成，将各比较器输出结果与分频器提供的延迟时钟信号进行组合逻辑，并输出最终判定结果至 OD 端和 OC 端。

3. 版图设计与验证

版图绘制是电路原理设计向硬件芯片实物转变的第一步，版图设计不仅影响芯片基本功能的实现，而且与生产过程中的成本、损耗以及最终的成品率密切相关。为保证版图设计准确无误，并且在后续的掩膜版制备过程中不出现纰漏，版图绘制应遵循一定的规则限制，可以总结为以下几条：

(1) 最小宽度限制。若器件设计宽度过小,在制造时工艺偏差可能导致器件断裂、损坏,或局部过窄产生过大电阻,因此需要根据生产厂商给出的最小宽度规则对各单个器件以及导线的边界至边界距离进行设计。

(2) 最小间距限制。若相邻器件间隔过小,则有可能造成短路,因此在同层掩膜上,任意两个相邻的器件或导线之间的边界至边界距离要大于最小间距。

(3) 最小包围限制。版图中的 N 阱或 P^+ 注入区等有源区包围面积有最小限制,即包围区域边界与被包围器件边界的距离要大于最小值,以避免光刻时出现偏差而导致器件偏离有源区。

(4) 最小延伸限制。部分图形在其他图形边缘外需要延长一个最小长度,以避免工艺偏差而使器件之间的连接失效。

更为具体的如通孔的最小面积、金属铝层的局部和整体密度最大值或最小值以及电阻的形状等规则会在流片厂家给出设计规则文件中进行详细说明。设计者需要根据这些规则合理合法地绘制电路版图,充分考虑天线效应、寄生效应和闩锁效应等不良影响,并且应注意器件匹配,使需要匹配的器件被相同的因素以相同的形式影响。

在了解设计规则后应首先预测各模块占用面积,对整体版图布局进行规划。规划布局时应考虑各模块的大小、形状以及彼此之间的级联关系,各模块间预留充足的连线空间。布局完成之后进行各分立模块版图设计,将各模块版图级联、调试并最终微调组合得到整体芯片版图。

图 1-16 为锂电池充放电保护电路版图,采用 0.18μm CMOS 制造工艺,尺寸为 1.58mm×1.04mm。

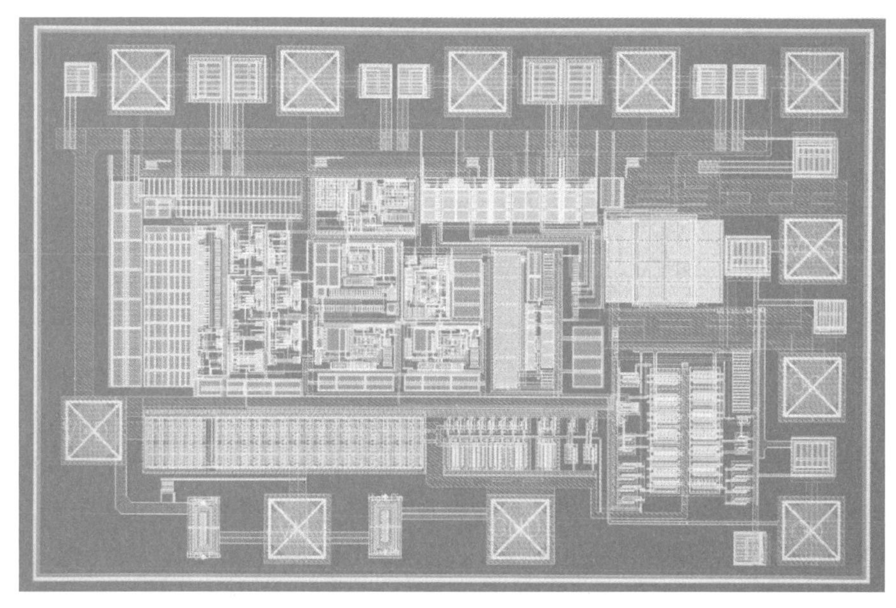

图 1-16 锂电池充放电保护电路版图

版图绘制完成后需进行设计规则检查(Design Rule Check,DRC)、电气规则检查以及电路版图一致性检查,以确保版图正确。一系列检查通过后还需对电路版图上寄生电阻和电容等参数进行提取,并将其反馈至电路网表进行后仿真。

4. 流片、封装与测试

芯片的设计流程全部完成后，设计者需要将GDSII格式的版图设计文件交给生产厂商，厂家按照版图文件生产芯片。首先制备掩膜版，然后经过光刻、氧化、离子注入以及刻蚀等工序将芯片制作在硅晶圆上。根据芯片面积不同，一片晶圆可制备几千只或上万只芯片，将晶圆切割后再进行封装测试。芯片测试工作一般由设计者完成，主要包括芯片基本性能测试、抗干扰能力以及老化试验等。测试完成后设计者应撰写详细的设计方案报告书与芯片应用说明书，内容应包含芯片的主要性能与功能、产品测试结果、适用范围以及封装尺寸等基本参数信息。

以上即为芯片的整体设计流程，一款集成电路芯片的设计成本以及制造成本都非常高，因此要求设计者需严格按照规则进行电路设计。有经验的设计者会花费更多的时间考虑电路失配或寄生效应的影响，以避免任何可能的误差而最终造成芯片的成品率与合格率降低。

第2章

CMOS模拟集成电路EDA设计工具

在CMOS模拟集成电路设计的过程中，电路的设计与仿真模拟、版图的实现、版图的物理验证和参数提取后仿真是比较重要的三个步骤。其中在电路的设计与仿真模拟过程中使用的工具主要有Cadence公司的Spectre、Synopsys公司的HSPICE和Mentor公司的Eldo三大类。版图实现工具主要有Cadence公司的Virtuoso Layout Editor和Synopsys公司的Laker工具；版图物理验证及参数提取后仿真工具主要有Cadence公司的Assura、Synopsys公司的Hercules和Mentor公司的Calibre，相比于Assura和Calibre来说，Hercules在模拟集成电路版图验证中的应用较少。

本章主要介绍对应的三大类EDA设计工具，即电路设计与仿真模拟工具Cadence Spectre、版图设计工具Cadence Virtuoso和版图物理验证工具Mentor Calibre，并结合实例对相应的仿真过程进行讲解。

2.1 电路设计与仿真工具Cadence Spectre

Cadence Spectre是Cadence公司开发的用于模拟集成电路、混合信号电路设计和仿真的EDA工具，具有多种仿真功能以及图形界面的电路图输入方式，并且能够对仿真结果进行成品率分析和优化，在较为复杂的集成电路设计方面有很大帮助，是目前最为常用的CMOS模拟集成电路设计工具。

2.1.1 Cadence Spectre启动设置

Cadence Spectre在Linux环境下运行，安装完成后还需要对以下的文件进行配置：

(1) .cdsinit：环境配置文件，该文件配置了许多Cadence Spectre的环境配置，包括热键设置、仿真器的默认配置等。若没有.cdsinit文件，则软件中例如快捷键等许多功能都将无法使用。

(2) .cdsenv：用于Cadence Spectre各种工具的一些初始设置。

(3) .cshrc：包括Cadence Spectre启动时的环境变量。

(4) .cdsplotinit：包括Cadence Spectre打印和输出图形的设置。

(5) display.drf：版图编辑器中显示颜色等的配置。

(6) cds.lib：设计库配置文件，放在Cadence Spectre程序的运行目录下，该文件设置的是设计库的路径。若 cds.lib 文件是空文件，则设计库会是空的，无法使用。

2.1.2　主窗口和选项

打开 Cadence Spectre 软件，右击，在下拉菜单中选择 Open in Terminal，在出现的对话框中输入命令 virtuoso，此时会自动弹出如图 2-1 所示的命令行窗口。

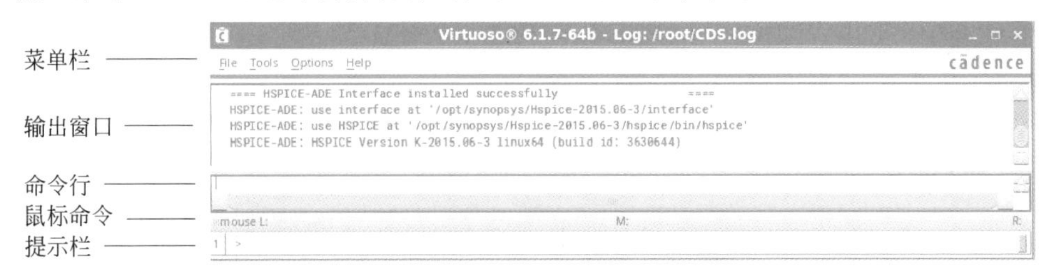

图 2-1　命令行窗口

该窗口主要包括菜单栏、输出窗口、命令行、鼠标命令、提示栏。

输出窗口主要显示一些操作的输出信息和提示，包括一些状态信息、警告信息和错误提示。

命令行可以运行 SKILL 语言命令，界面上的任何项目，从电路编辑到仿真的过程都可以用 SKILL 语言控制。

命令行和输出窗口结合起来就是一个命令界面。图形界面实际是在命令行基础上的扩展，在图形界面上的任何操作或者快捷键都是通过命令行来最终实现的。

鼠标命令显示鼠标单击左、中、右键分别会执行的 SKILL 命令。

提示栏显示当前 Cadence Spectre 程序运行中的功能提示。

菜单栏中又包括 File、Tools、Options 三个主选项，其中每个对应主选项中还包括一些子选项，下面对图 2-2 中的一些常用的子选项进行介绍。

图 2-2　File、Tools、Options 三个主选项及相应子选项

1. File 菜单选项

File→New：建立新的设计库或者设计的电路单元。

File→Open：打开已经建立的设计库或者设计的电路单元。

File→Import：导入文件，可以导入包括 GDS 版图、电路图、cdl 网表、模型库、VerilogA 以及 Verilog 代码等不同类型的文件。

File→Export：与导入文件相反，导出文件可以将 Cadence 设计库中的电路或者版图导出成需要的文件类型。

File→Exit：退出 Virtuoso 工作环境。

2. Tools 菜单选项

Tools→Library Manager：图形化的设计库浏览器，可以查看 cds. lib 文件添加的工艺库和设计库，如图 2-3 所示。

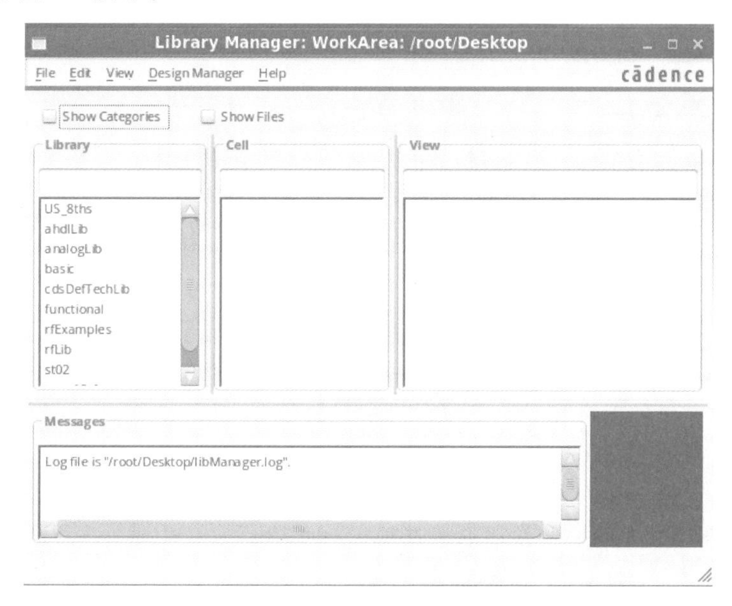

图 2-3 Library Manager 窗口

Tools→Library Path Editor：用来修改设计库配置文件，如图 2-4 所示。

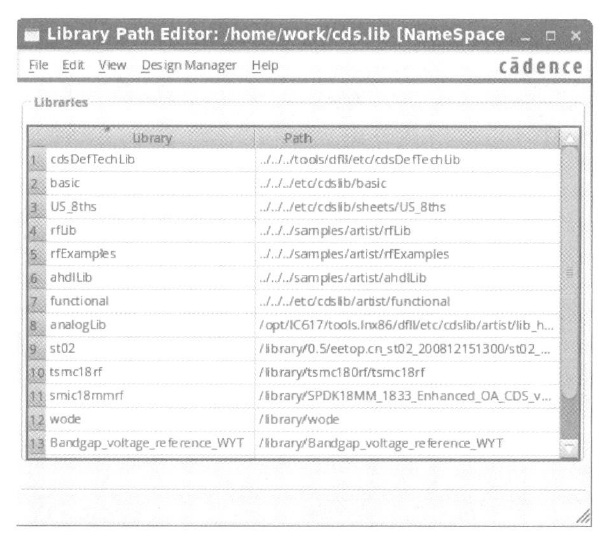

图 2-4 Library Path Editor 窗口

Tools→ADE L：用于打开模拟电路仿真窗口。

Tools→Technology File Manager：用于管理设计库所采用的工艺库文件。

3. Options 菜单选项

Options 菜单选项主要用于对一些参数配置的设置及调整。

2.1.3 设计库管理器

设计库管理器窗口如图 2-5 所示，包括 Library、Category、Cell 和 View 四栏，接下来对这四栏的含义进行简单介绍。

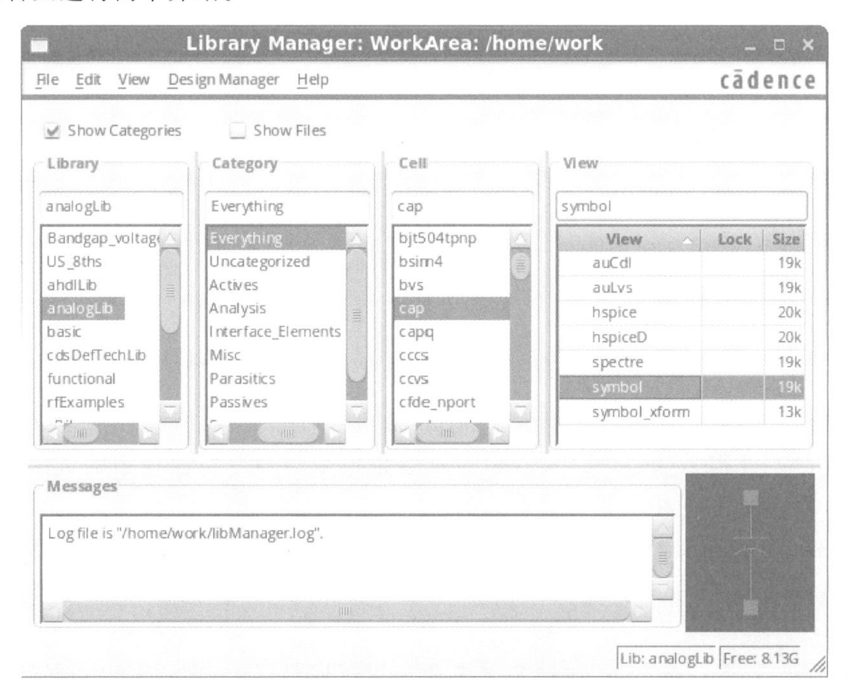

图 2-5 设计库管理器窗口

（1）Library。

Library 即设计库，其中包含设计时所需要的工艺厂提供的工艺库以及设计时自己建立的所需的设计库。一个设计库中可以包含多个设计库单元。在进行不同的设计时，为了设计和管理方便，往往会建立不同的设计库。

（2）Category。

将设计库中的单元进行分类，便于在调用时进行查找。在所需的设计库规模较大时，可以采用分类的方式管理设计库中的单元；在小规模的设计中不需要分类时，可以在面板显示选项栏中取消显示分类（Show Category）选项。

（3）Cell。

Cell 既可以是一个器件，也可以是一个电路模块或者一个组成的系统顶层模块。

（4）View。

在电路设计过程中，对于一个单元来说，有时需要利用不同的方法进行显示。例如，在模拟电路模块中，设计内部电路结构时一般需要将它表示为电路图，在引用该模块时则需要将其表示为一个器件符号，在绘制版图时可能需要将该模块表示为版图的一部分等。

如图 2-6 所示，对设计库管理器菜单栏中的命令选项进行介绍。

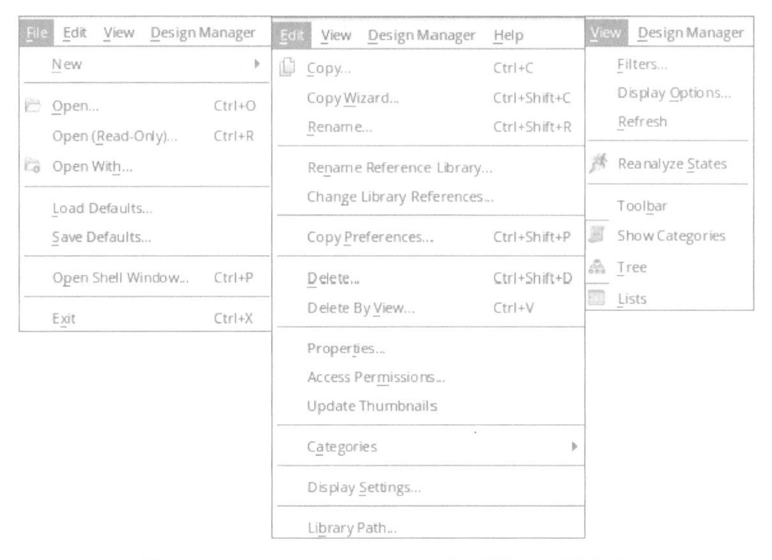

图 2-6 File、Edit、View 三个主选项及相应子选项

1. File 菜单

File→New→Library/Cell View/Category：该命令与命令行窗口中的选项相同，可以通过该命令新建设计库、电路单元或者分类。

File→Save Defaults/Load Defaults：保存设计库中的库信息设置。

File→Open Shell Window：打开 Shell 命令行窗口，在命令行进行文件操作。

2. Edit 菜单

Edit→Copy：设计备份，通过选择来源库和目标库，可以将子单元电路复制到目标库中。如图 2-7 所示，Copy Hierarchical 是指复制一个顶层单元时，将该单元下所有的子电路一起复制到目标库中；Update Instances 是指在对来源库中的子单元电路进行修改时，保证目标库中被复制的子单元电路也同时被更新。高级设计备份向导窗口如图 2-8 所示。

Edit→Rename Reference Library：除了用于对设计库的重命名，还可以用于批量修改设计中单元之间的引用。

Edit→Delete：删除设计库管理器中的设计库。

Edit→Delete By view：删除设计库管理器中设计库中指定的 View。

Edit→Access Permissions：用于修改设计单元或者设计库的所有权和权限。

Edit→Catagories：包括对分类进行建立、修改、删除的命令。

Edit→Library Path：调用 Library Path Editor，在 Library Path Editor 中进行删除、添加或者对现有设计库进行属性修改。

3. View 菜单

View→Filters：显示视图的过滤。

View→Refresh：刷新显示。

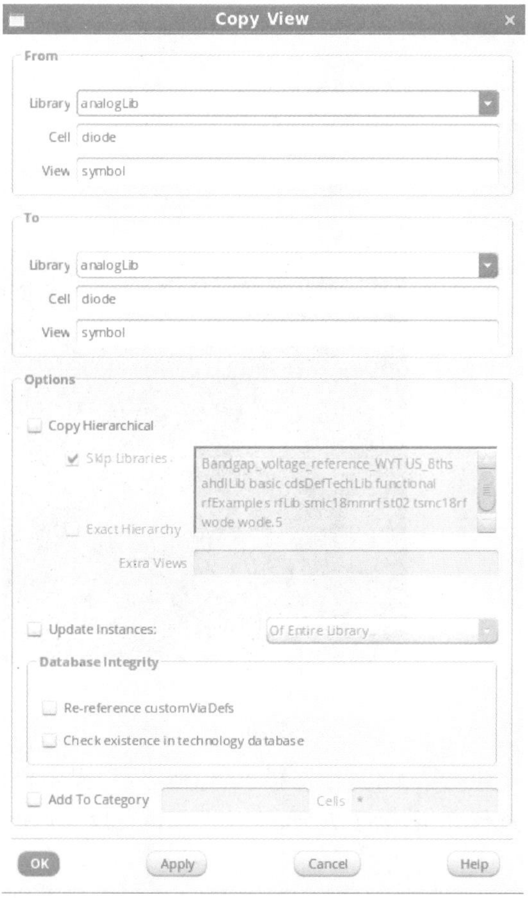

图 2-7　Copy View 窗口

图 2-8　高级设计备份向导窗口

2.1.4 电路图编辑器

模拟电路的设计主要通过电路图编辑器界面添加器件和激励源等完成电路的构建，其基本界面如图 2-9 所示。

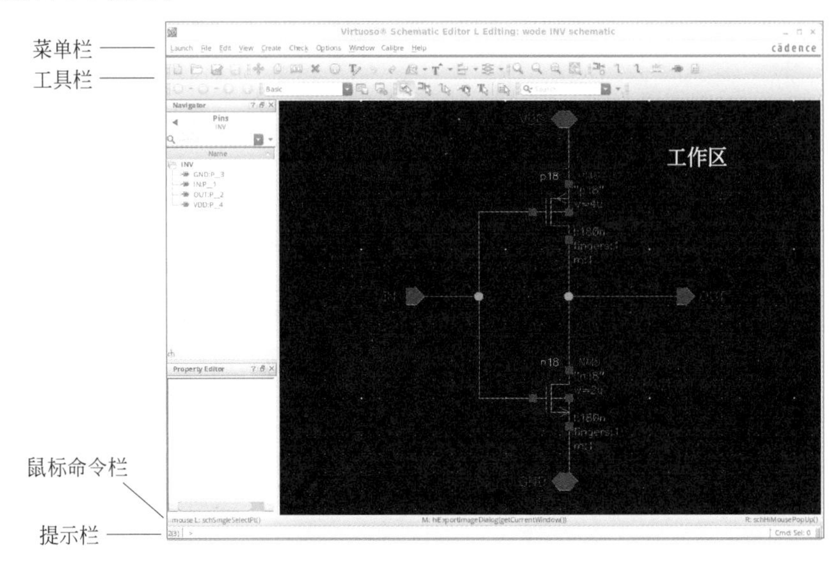

图 2-9 电路图编辑器窗口

电路图编辑器中主要包括菜单栏、工作栏、鼠标命令栏、提示栏以及工作区。下面对工具栏中常用的一些操作进行介绍，为了方便，这些操作也可以通过键盘上的快捷键实现。

1. 保存

、分别代表检查完整性并保存(Check&Save)和保存(Save)。

快捷键：Shift+X 和 Shift+S 分别是检查并保存和保存。

菜单栏：File→Save/Check and Save 分别实现保存和检查并保存。

在绘制电路图时通常不可避免会出现一些连接错误问题，如断路、短路等现象。电路仿真中经常会用到电路图编辑器的检查功能查找一些明显的错误，当没有警告出现时，说明电路连接没有问题，所以为了保险起见，在进行仿真前需要用检查并保存选项进行检查而不是直接进行保存。

2. 拖动、移动和复制

、、分别代表拖动、移动和复制。

快捷键：M、Shift+M、C 分别是拖动、移动和复制。

菜单栏：Edit→Stretch、Move、Copy 分别实现拖动、移动和复制。

这三个命令的操作方法基本相同：首先选中需要操作的电路部分(可以选择单个的器件、连线等，也可以用鼠标框选出需要操作的部分电路)，然后调用命令，再单击选择需要放置的位置完成操作或者按 Esc 键取消操作。在同一个 Virtuoso 环境中，可以在不同的电路图中使用复制和移动命令，而拖动命令只能在当前电路图中使用。

3. 放大和缩小

、、、分别代表放大、缩小、适合屏幕和适合选中区域。

快捷键：[、]、F、Ctrl+T 分别是缩小、放大、适合屏幕和适合所选区域。

菜单栏：View→Zoom In/Zoom Out/Zoom To Fit/Zoom To Selected分别实现放大、缩小、适合屏幕、适合选中区域。

4. 删除、撤销和重做

、、分别代表删除、撤销和重做。

快捷键：Del、U、Shift+U分别是删除、撤销和重做。

菜单栏：Edit→Delete/Undo/Redo分别实现删除、撤销和重做（撤销和重做只支持最近一次的操作）。

5. 添加连接线

、分别代表添加细连线和粗连线。

快捷键：W、Shift+W分别是添加细连线和粗连线。

菜单栏：Create→Wire(Narrow)/Wire(Wide)分别实现添加细连线和粗连线。

调用命令后，单击确定第一个端点，接着拖动鼠标，可以看到连线的走线方式，再次单击，确定第二个端点后完成一次连线。

6. 调用器件

代表调用某一类型器件。

快捷键：I。

菜单栏：Create→Instance。

调用命令后，出现如图2-10所示的对话框，在Library和Cell中输入需要引用的单元，或者单击Browse按钮，从添加的设计库中选择需要引用的器件。这时将指针指向电路编辑器的工作区将会有器件的符号跟随指针移动，确定放置位置，在工作区单击，器件最终位置将被确定，符号变为一个器件的实例。单击Rotate、Sideways、Upside Down按钮，在工作区中显示的器件符号会相应旋转、水平反转、垂直反转。

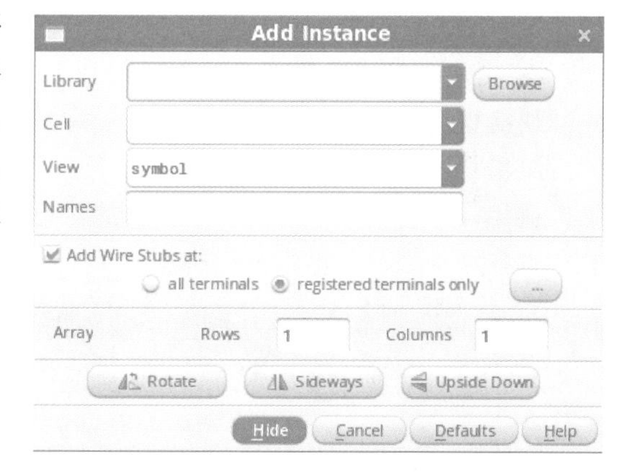

图2-10 调用器件对话框

7. 查看或修改器件属性

代表查看或更改某一器件的属性。

快捷键：Q。

菜单栏：Edit→Properties→Objects。

选中想要查看或修改参数的器件，调用命令后，出现如图2-11所示的器件属性对话框。在应用栏(Apply To)的第一个下拉菜单栏中可以选择只应用到当前器件(only current)、应用于所有选定器件(all selected)或者应用到所有器件(all)。在Instance Name栏可以修改该器件在电路中的名称。不同的器件属性特征也不同，在Model Name栏按照需要修改器件参数即可。

8. 添加标签

代表给对象添加标签。

快捷键：L。

菜单栏：Create→Wire Name。

Edit Object Properties

Apply To: only current | instance

Show: system, user, CDF

Browse | Reset Instance Labels Display

Property	Value	Display
Library Name	smic18mmrf	off
Cell Name	p18	value
View Name	symbol	off
Instance Name	PM0	off

Add | Delete | Modify

CDF Parameter	Value	Display
Model Name	p18	off
Multiplier	1	off
Length	180n M	off
Total Width	4u M	off
Finger Width	4u M	off
Fingers	1	off

图 2-11　器件属性对话框

调用命令后，出现如图 2-12 所示的对话框，在 Names 栏中输入要添加的名称，再将光标指向需要添加名称的电路部分，单击完成名称的添加。

9. 添加端口

代表电路添加端口。

快捷键：P。

菜单栏：Create→Pin。

调用命令后，出现如图 2-13 所示的对话框，在 Names 栏中输入端口名称，在 Direction 栏中选择添加端口的输入输出类型。

图 2-12　添加标签对话框

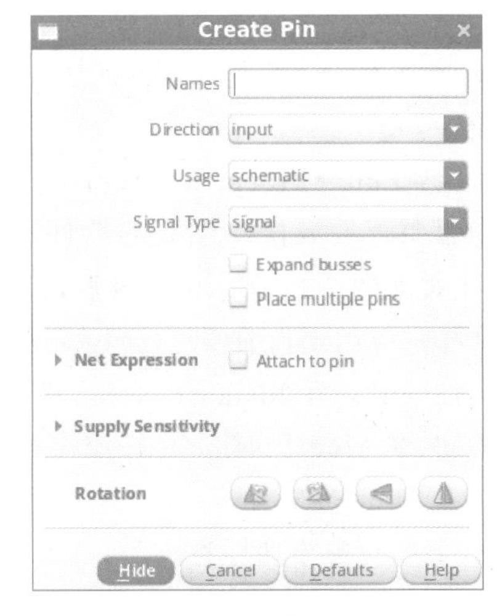

图 2-13　添加端口对话框

2.1.5　模拟设计环境

电路图完成并检查无误后，就要对电路进行仿真分析，通过 Analog Design Environment (ADE)界面进行电路的仿真参数设置。打开 ADE 的方式有两种：一是在命令行窗口中选择 Tools→ADE L，通过这种方式打开的 ADE 窗口中没有指定要进行仿真的电路，可以在 ADE 窗口选择 Choose Design 选项来选择需要仿真的电路；二是在电路图编辑器中选择菜单 Launch→ADE L，这时打开的 ADE 窗口中已经设置了需要进行仿真的电路，其仿真界面如图 2-14 所示。

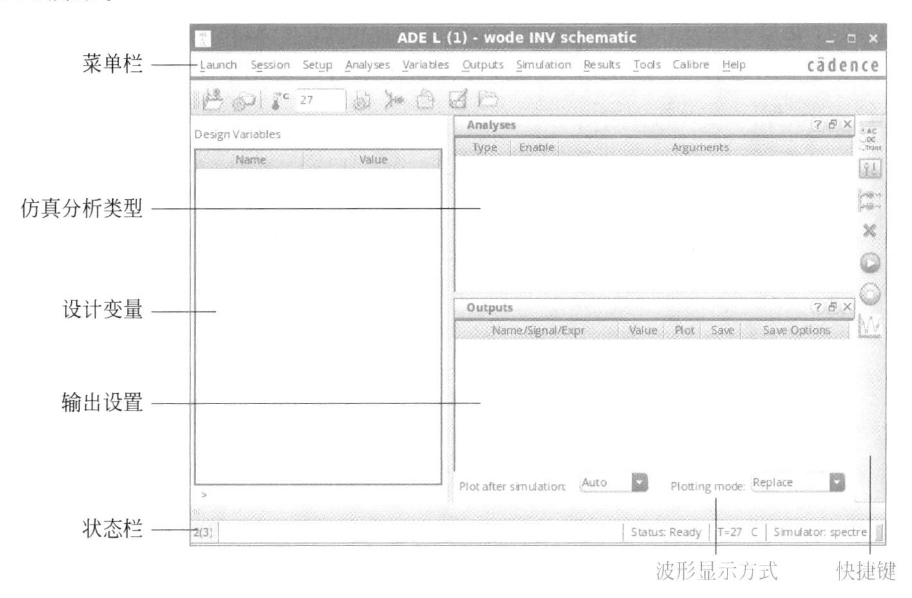

图 2-14　ADE 仿真界面

接下来对一些基础的仿真过程进行简单介绍。

1. 设置工艺库模型

不同的设计需要的工艺库的尺寸也会有所不同，每个晶圆厂的制造工艺都各不相同，器件的模型参数也会不同，因此需要对工艺库模型库进行设置。打开如图 2-14 所示的对话框，在菜单中选择 Setup→Model Libraries，弹出如图 2-15 所示的窗口。

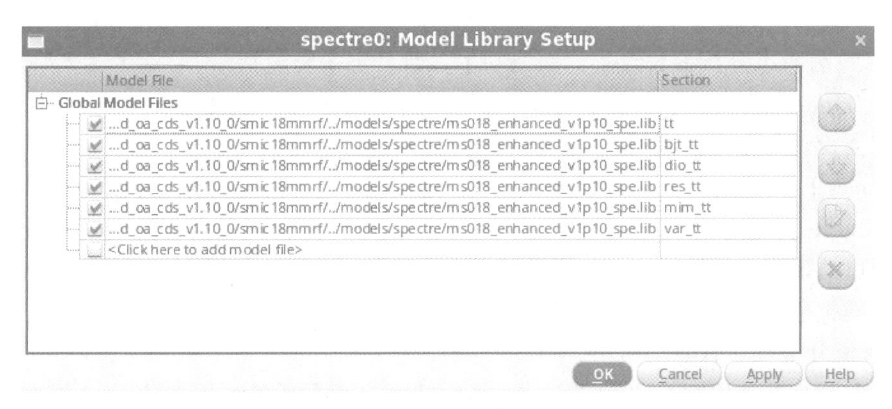

图 2-15　设置工艺模型库窗口

在 Model File 栏打开文件浏览器查找并选择需要的工艺库文件，在 Section 栏输入该模型文件所需要的工艺角，如 tt、ff、ss 等。可以在该界面多次添加新的需要的模型库文件，也可以在模型库文件列表中对其中某个文件进行上移、下移、修改或删除等操作。

2. 设置变量

在设计电路的过程中，为了确定某一仿真能达到的最优效果，经常会需要对一些电路器件的参数进行扫描，因此常会在电路中定义一些变量作为参数。例如需要对某个电阻的阻值进行扫描，可以将该电阻阻值定义为 res，则 res 就是一个设计变量。在仿真之前，需要选择 ADE 窗口菜单栏中的 Variables→Copy from Cell View，则电路图中的设计变量都将显示在 ADE 设计变量一栏中。接着选择 Variables→Edit 或者 ADE 窗口右侧的快捷键栏选择▣，都会出现如图 2-16 所示的窗口，可以在该窗口中对变量的取值进行修改，也可以对设计变量进行增添、删除等操作。

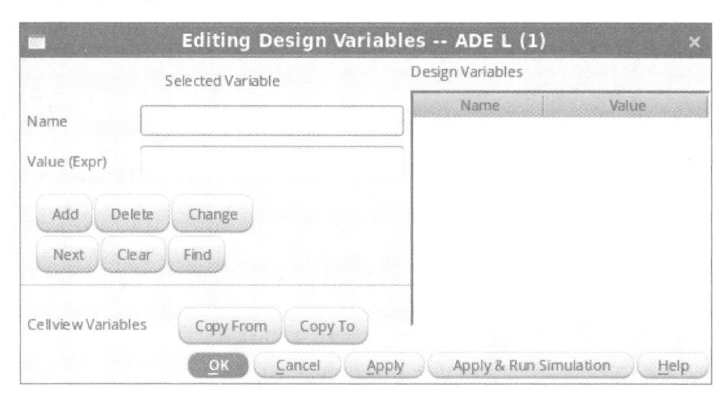

图 2-16　设置变量窗口

3. 设置仿真分析

根据设计要求的不同，往往会对电路进行不同类型的仿真分析。设置仿真分析时，从菜单栏中选择 Analyses→Choose 或者从快捷键一栏选择▣都可以出现仿真分析的窗口，根据仿真需要进行具体参数设置即可。

下面对几种常用仿真类型的用法进行简单说明。

1）瞬态分析(Transient Analysis)

瞬态分析是指在给定的输入激励下，设定的时间范围内对电路时域瞬态响应性能的计算。

图 2-17 为瞬态分析参数设置界面。基本参数设置主要包括：

Stop Time：仿真终止时间的设定。默认设置中瞬态分析总是从 $t=0$ 时刻开始仿真，所以只需要设置仿真终止时间，注意要在数据后加时间单位。

Accuracy Defaults(errpreset)：仿真精确度和速度设置。仿真精确度分为保守(conservative)、适中(moderate)、宽松(liberal)三种。其中 conservative 精确度最高但是速度最慢，适用于敏感模拟电路仿真；liberal 仿真速度最快但是精确度最低，比较适用于数字电路或变化速度较低的模拟电路。

2）直流分析(DC Analysis)

直流分析是其他所有仿真的基础，主要包括两方面的分析：一是直流工作点的计算；二是直流特性扫描。

图 2-18 为其仿真界面。若需要保存直流工作点的信息，则就在仿真界面选择 Save DC Operating Point。若要查看其仿真特性曲线，则需要对扫描变量和扫描范围进行设置，主要包括：

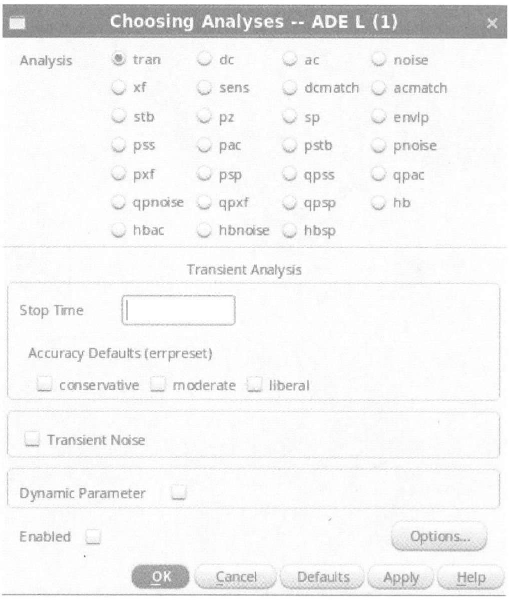

图 2-17　瞬态分析参数设置

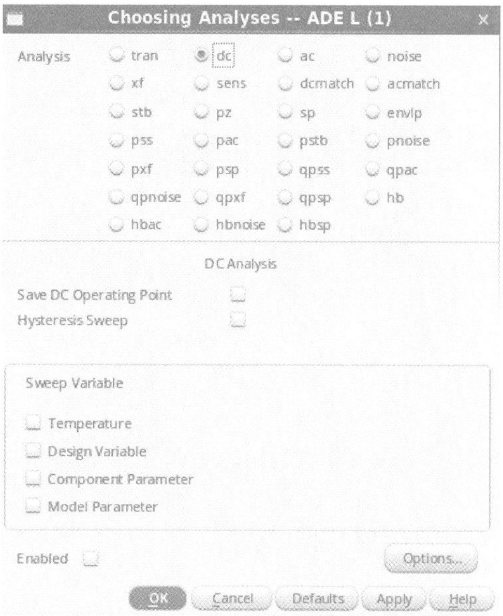

图 2-18　直流分析参数设置

Temperature：温度扫描，观察电路直流工作点随温度的变化情况。

Design Variable：设计变量扫描，在设计电路时往往会需要将一些器件参数设置为变量，方便设计和修改。

Component Parameter：器件参数扫描，与 Design Variable 扫描类似，不同在于器件参数扫描不用预先将电路中某器件参数设置为变量。

Model Parameter：若用户能够对库文件的模型进行修订，可以使用该参数扫描。但是，由于库文件都是直接由生产工厂直接提供，所以一般不推荐使用这项扫描。

3）交流小信号分析(AC Analysis)

交流小信号分析用于计算电路的小信号频率响应特性，仿真器首先分析计算电路的直流工作点，然后将电路在工作点附近线性化，以此计算电路的频率响应。

交流小信号的仿真参数设置窗口如图 2-19 所示，与直流分析类似，同样有 Frequency、Design Variable、Temperature、Component Parameter、Model Parameter 等扫描参数选项。以 Frequency 扫描为例，Sweep Range 填写的是频带范围，在 Start 和 Stop 中分别输入扫描的起始和截止频率，目的是观测系统对不同频率信号的响应。其他参数扫描的设置也是类似。

4）零极点分析(Pole & Zero Analysis)

零极点分析是分析线性时不变电路行为特征的有效方法，可以应用于模拟电路的设计中来确定设计的稳定性。具体参数设置如图 2-20 所示。

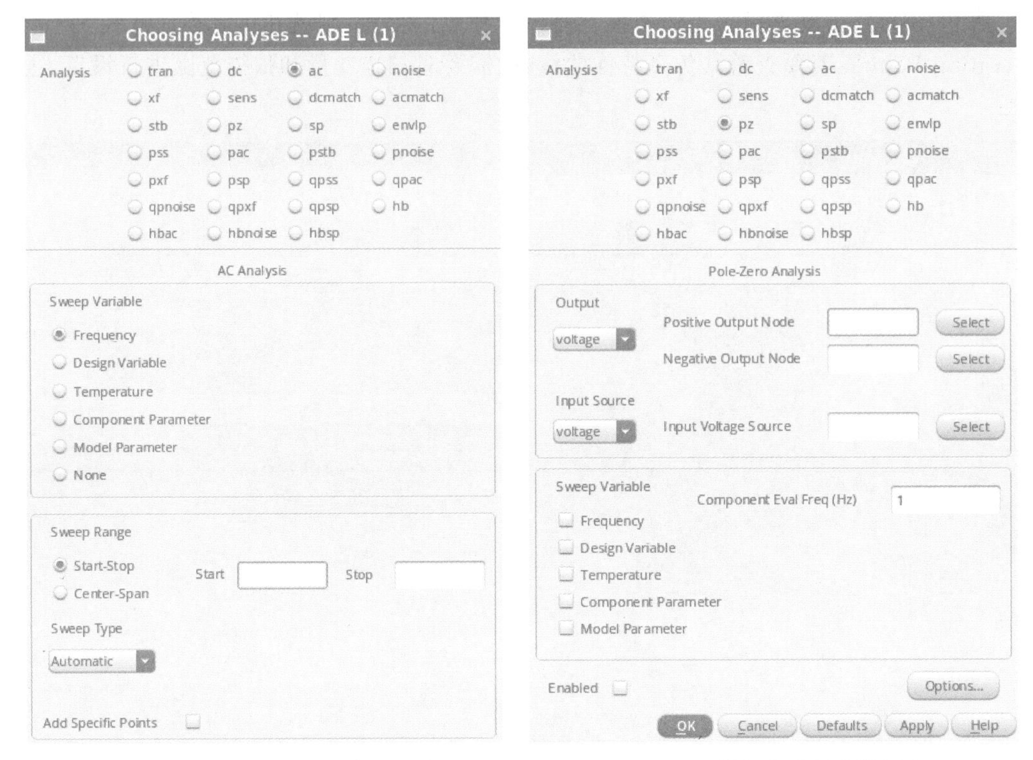

图 2-19 交流小信号分析参数设定　　　　图 2-20 零极点分析参数设定

在对话框的 Output 中选定输出端口，在下拉菜单栏中可以选择电压(voltage)或者电流(probe)类型，单击 Select 在电路图中选择输出的正负端，输入设置(Input Source)与输出端口的选择方式一样。若是将扫描变量与零极点分析结合起来，再选择参数进行扫描，则可选择的参数类型包括 Frequency、Design Variable、Temperature、Component Parameter、Model Parameter。

5) 噪声和失真分析(Noise Analysis)

噪声分析将电路在直流工作点附近线性化后，计算在输出端的频谱噪声。噪声分析计算的输出端的总噪声中不仅包括电路本身的噪声，也包括输入源和负载的噪声。

图 2-21 为噪声分析参数设置界面，在噪声分析中同样可以做 Frequency、Design Variable、Temperature、Component Parameter、Model Parameter 等参数扫描。各种参数扫描的设置和交流小信号分析中保持一致。在 Output Noise 和 Input Noise 填写输出噪声节点和等效输入噪声源。仿真器将计算从噪声源到输出端的增益，再将输出端总噪声除以增益后就等于等效输入噪声。

4. 设置输出

输出是指在仿真完成后显示在波形图中的结果，主要通过以下的方式对其进行设置：一是在菜单栏中选择 Outputs→To be ploted→Select on the Schematic，接着在弹出的电路图窗口中进行选择，选择连线则会在输出中添加该线的电压，选择某个器件的端口则会在输出中添加该选中端口的电流；二是在菜单栏选择 Outputs→Setup，或者在右侧单击快捷键 ，就会弹出如图 2-22 所示的窗口，可以手动输入要添加输出，也可以单击 From Design 选项，从电路图中进行选择。

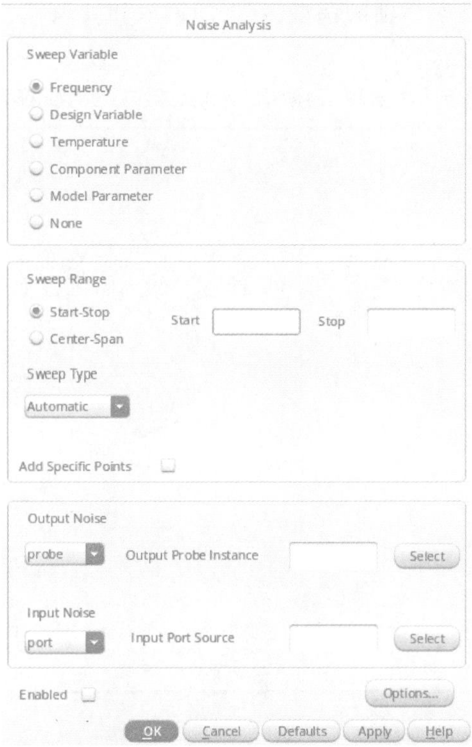

Noise Analysis

Sweep Variable

Frequency

Design Variable

Temperature

Component Parameter

Model Parameter

None

Sweep Range

Start-Stop Start Stop

Center-Span

Sweep Type

Automatic

Add Specific Points

Output Noise

probe Output Probe Instance Select

Input Noise

port Input Port Source Select

Enabled Options...

OK Cancel Defaults Apply Help

图 2-21 噪声分析参数设定

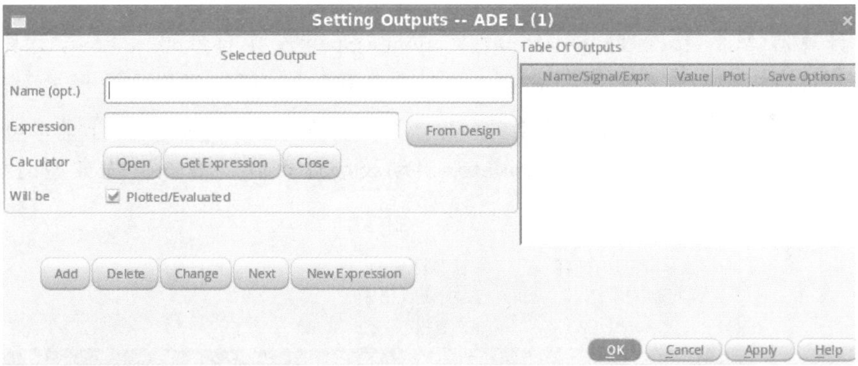

Setting Outputs -- ADE L (1)

Selected Output

Table Of Outputs

Name/Signal/Expr Value Plot Save Options

Name (opt.)

Expression From Design

Calculator Open Get Expression Close

Will be Plotted/Evaluated

Add Delete Change Next New Expression

OK Cancel Apply Help

图 2-22 输出窗口

5. 仿真及仿真结果保存

设置完成后，从菜单栏中选择 Simulation→Netlist & Run 或者单击快捷键开始进行仿真，仿真完成后，会自动弹出显示波形的窗口，也可以通过 Result→Plot Outputs 查看波形以及需要的参数。

通过菜单栏 Session→Save State 保存当前的仿真分析结果，通过 Session→Load State 可以导入之前保存的仿真分析结果。

2.1.6 波形显示窗口

仿真完成后，仿真结果的波形都会在波形显示窗口 Waveform 中显示。在波形显示窗口中可以完成图形的缩放、坐标轴的调整、数据的读取和处理等。图 2-23 为波形显示窗口的总体界面。

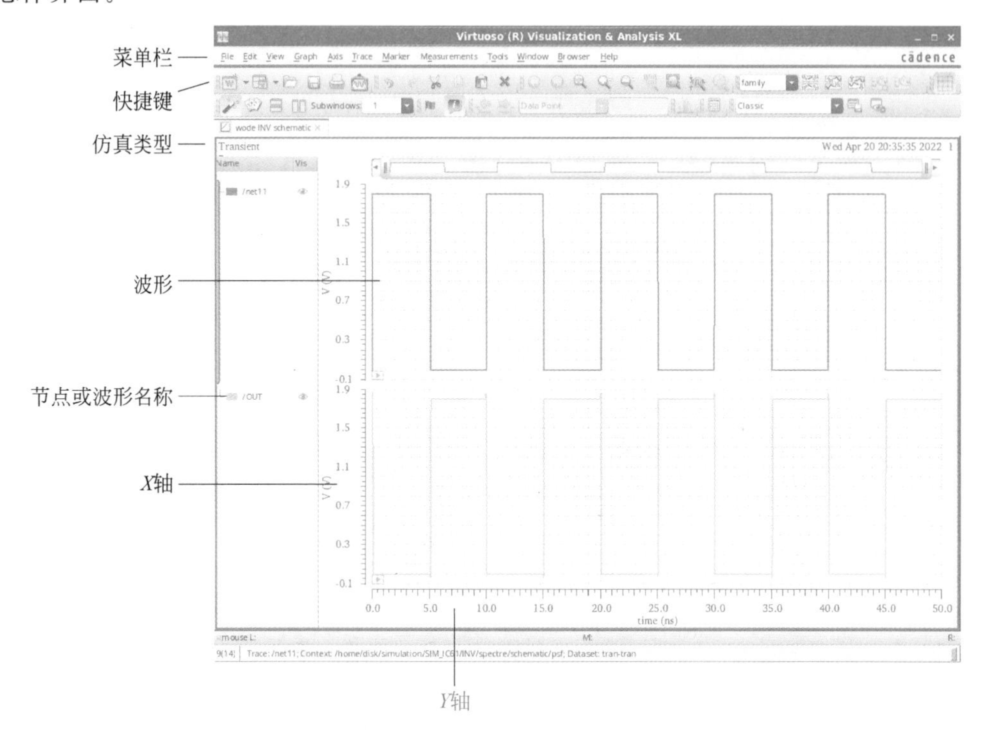

图 2-23 波形显示窗口

波形计算器(Waveform Calculator)是 Cadence Spectre 中自带的一个科学计算器，通过波形计算器可以实现对输出波形的显示、计算、变换和管理，可以通过在波形显示窗口选择 Tools→Calculator；在 CIW 窗口选择 Tools→VIVA XL→Calculator；在 Analog Design Environment 窗口中选择 Tools→Calculator 启动波形计算器。图 2-24 为典型的波形计算窗口。

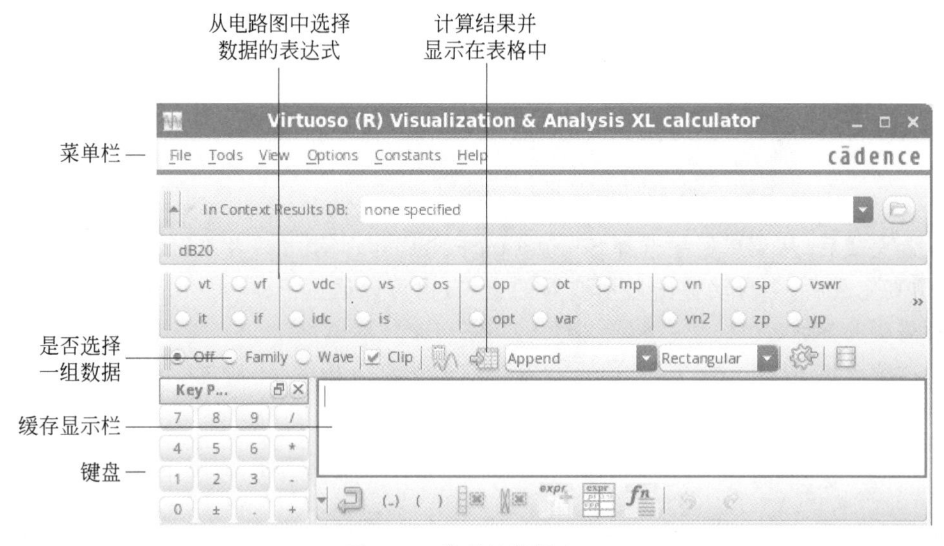

图 2-24 波形计算器窗口

2.1.7　Spectre 库中的基本器件

在 Cadence Spectre 中自带有一些标准器件，这些器件存放在 Cadence Spectre 自带的 analogLib 库中，一般在电路设计中也会经常用到，下面对一些常用的器件和信号源进行介绍。

1. gnd 和 vdd

gnd 在电路中表示 0 电位，与它相连的连线称为 gnd，没有参数的设置。

vdd 只用来表示等电位，而不能代表电源，与它相连的连线称为 vdd。

2. 无源器件

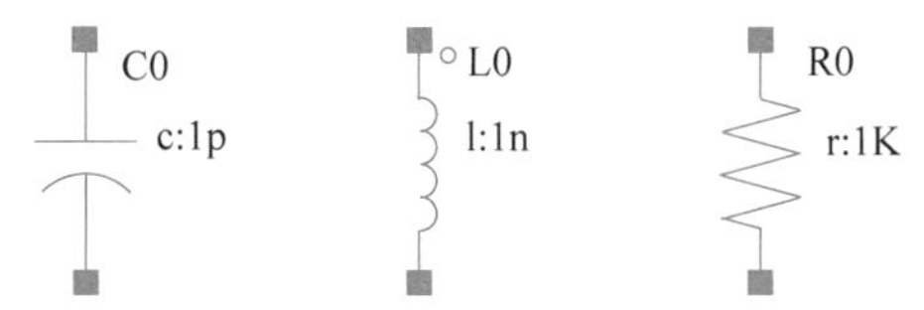

无源器件包括电容、电感和电阻，这些器件在进行电路设计时都十分常用。在 analogLib 库中的这些器件的参数设置不需要定义模型名称，可以看作理想器件，直接在属性中进行赋值引用。

3. 有源器件

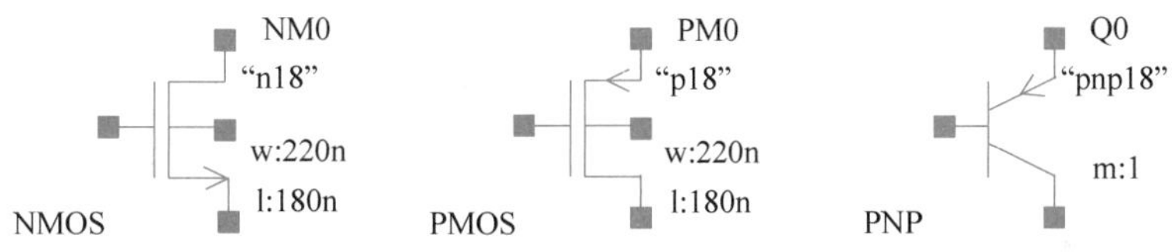

有源器件主要包括 NMOS、PMOS、PNP 三类，这类器件在进行仿真时需要注意在模型名称(Model Name)一栏需要根据不同的工艺库(Model Library)中的定义来指定。例如，在上图中 SMIC 0.18μm 的工艺库中，将 NMOS 模型名称定义为 n18，PMOS 模型名称定义为 p18，PNP 模型名称定义为 pnp18，若不对模型名称进行定义，则电路也会无法进行仿真。

4. 信号源

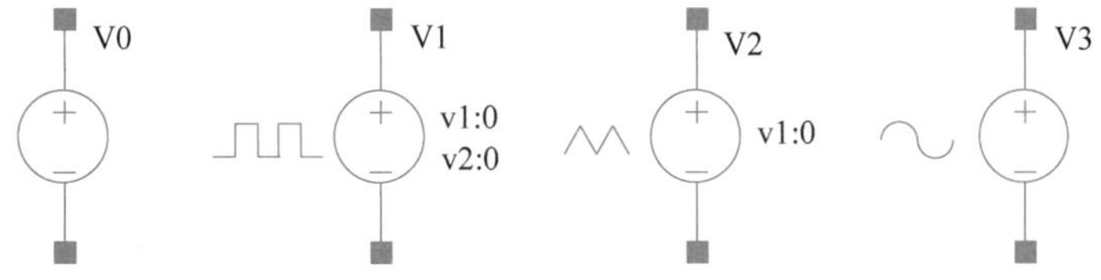

信号源可以分为电流源和电压源两类。以电压源为例，图中的电压源依次为直流电压源、脉冲电压源、分段线性电压源、正弦电压源。直流电压源主要为电路提供直流电压，同时也可以提供交流电压，用于 AC 分析；脉冲电压源用于产生周期性方波，可以当作 MOS 管的开关控制信号，也可以用来表示电源上电或者电源跳变过程等；分段线性电压源能够定义任何分段时刻和该时刻的电压值；正弦电压源主要用于瞬态仿真以及交流小信号仿真。

2.2 版图设计工具 Cadence Virtuoso

电路的设计与仿真决定了电路的组成与性能参数，此时的电路称为电路原理图，无法直接送到晶圆代工厂进行制造，还需进行版图设计与物理验证。电路原理图的设计只代表了电路的"形式"，而版图的设计才是电路的具体体现，版图包括电路的尺寸、各层拓扑结构的定义等器件相关的物理信息数据。只有考虑版图寄生参数后的"后仿"完成后，才算完成电路的设计过程。

目前，模拟 IC 版图设计使用到的软件主要是比较芯片三巨头的 Cadence 公司的 Virtuoso 系列软件、Synopsys 公司的 IC Compiler(ICC)软件以及 Mentor 公司的 Tanner L-Edit 软件。其中 Cadence Virtuoso 系列软件在芯片设计流程上整合度最高，可以在一个软件中实现芯片的电路设计、版图设计与仿真，并且在电路仿真、原理图设计、自动布局布线与版图设计、验证上有着很大的优势。Virtuoso Layout Editor 为 Cadence 公司的版图设计工具，其独特的优势以及完备强大的功能使得它是目前应用最广泛的版图设计工具，使用的用户也占据最多。

IC Compiler 作为 Synopsys 公司的新一代布局布线系统，是继 Astro 之后推出的另一款为 IC 设计师提供的深亚微米 P&R 工具，功能也很全面，并且具有自己的核心技术，目前也正成为越来越多市场领先的 IC 设计公司的选择。而 Mentor 公司的 Tanner L-Edit 软件，相较于 Virtuoso 工具，L-Edit 的优点是能直接在 Windows 系统上运行，可以很方便地在个人计算机中安装使用。

虽然国内也有部分自己研发的 EDA 工具软件，但操作与 Virtuoso 的使用方法基本相似，因此本节选择 Virtuoso 软件作为版图设计软件，并介绍 Virtuoso 中的版图设计工具的软件界面信息，以及一些基本的使用方法。

2.2.1 版图设计基础

1. 版图设计流程

版图设计的整个流程主要分为版图规划、版图设计、版图验证、版图完成，如图 2-25 所示。版图规划是版图设计的第一步，在设计版图之前，往往需要先进行版图规划，制定并牢记需要进行版图设计的各项要求。一个芯片中包含上千万个晶体管，空间非常有限，因此通常需要把电路划分成若干个模块，将需要处理问题的模块缩小化，在进行划分时也需要考虑模块的大小、数目以及模块之间的连线等。

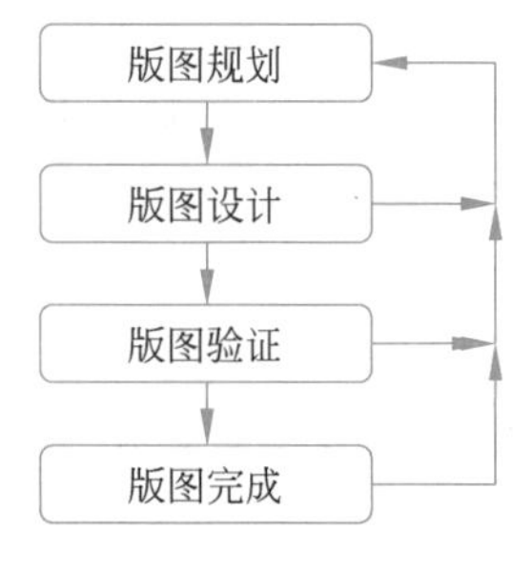

图 2-25 版图设计主要流程

将电路划分成无数个模块后，还要进行布局规划才能进行版图设计，根据模块所包含的器件与大小预估其面积，再根据模块之间的连接关系估计模块的形状以及所处的位置。

在划分好模块的形状与位置后，再进行版图的布线，开始第二步的版图设计。随着工艺的逐渐缩小，版图之间的连线对设计结果的影响也越来越大。在完成模块连线前提的基础下，还要进一步优化布线结果，改善器件的性能，以及尽可能地减小通孔的个数。

第三步为版图验证，即验证设计的版图是否符合规则的要求，是版图完成前非常重要的一步，具体包括设计规则检查、电学规则检查、电路版图一致性检查与人工检查，关于版图规则检查的详细介绍将在下一节展开。

第四步为版图完成，在版图验证完成后，各项规格也均符合设计规则的检查，就可以进行版图参数的提取，并进行后仿，当电路性能发生改变，还需对版图进行调整，直到最终完成要求。

2. 版图设计规则

在正常的生产条件下，不可避免地存在工艺偏差情况，如光刻、化学腐蚀、对准容差等，设计规则就是针对这些工艺偏差提出了版图设计的规则与规范。设计规则是电路设计与制造的桥梁，这些规则以掩膜版各层几何图形的宽度、间距、重叠量等最小允许值的形式出现。通过设计规则的限制，即使出现工艺偏差，仍然可以保证电路芯片的正常加工制作，从而保证芯片的成品率。版图设计规则一般包含以下四种规则：

1）最小宽度

版图设计时，几何图形的宽度或长度必须大于或等于版图设计规则中的最小宽度。例如，在版图中存在一条金属线，它的图形是一个矩形，但实际加工出来的金属线不是矩形，图形可能很不规整，如图2-26所示。若该金属线版图的图形宽度小于最小宽度，则由于制造工艺偏差，有可能产生金属断线或局部电阻过大等问题。

2）最小间距

版图设计时，位于同一图层上的图形间隔必须大于版图设计规则的最小间距。例如，在版图中存在两条金属线，这两条金属线都是矩形，但实际加工出来的金属线并不是矩形，如图2-27所示。若这两条金属线之间距离过小，由于工艺偏差，两条金属线很可能会发生短路，因此版图中图形之间的间距必须大于一个最小值，即最小间距，在设计规则中最小间距与最小宽度的数值通常是相等的。

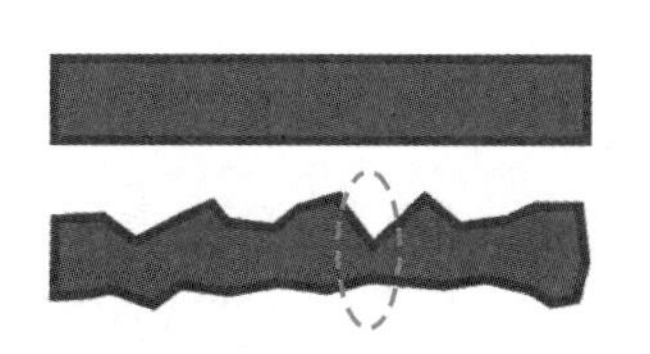

图2-26 最小宽度设计规则

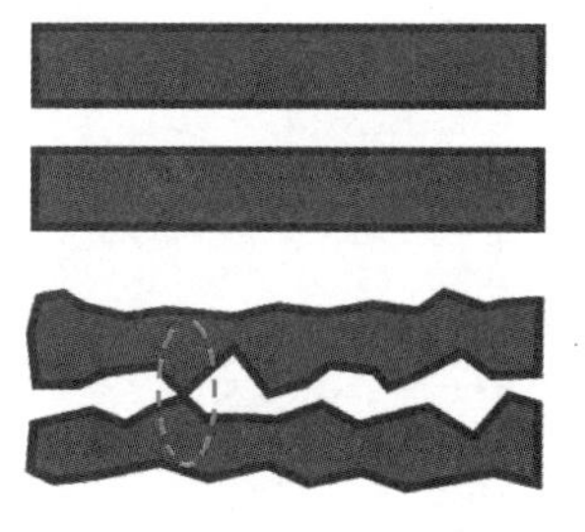

图2-27 最小间距设计规则

3）最小包围

版图设计时，有一些图形是被其他层中的另一些图形包围的，如N阱、N^+离子注入区和P^+离子注入区包围有源区，这些包围应该有足够的余量，以确保即使出现光刻套准偏差时，器件有源区始终在N阱、N^+离子和P^+离子注入区范围内。

为了保证通孔位于多晶硅或有缘区内，还应使多晶硅或有源区和金属通孔四周保持一定的覆盖，如图2-28所示。

4）最小延伸

版图设计时，某些图形重叠到其他图形之上时，不能仅仅到达边缘为止，还应该衍生到边缘之外的一个最小长度，这就是最小延伸。例如，为了保证MOS管的栅极对沟道的有效控制，防止源漏之间发生短路，多晶硅栅极必须从有源区中延伸出一定的长度，如图 2-29 所示。

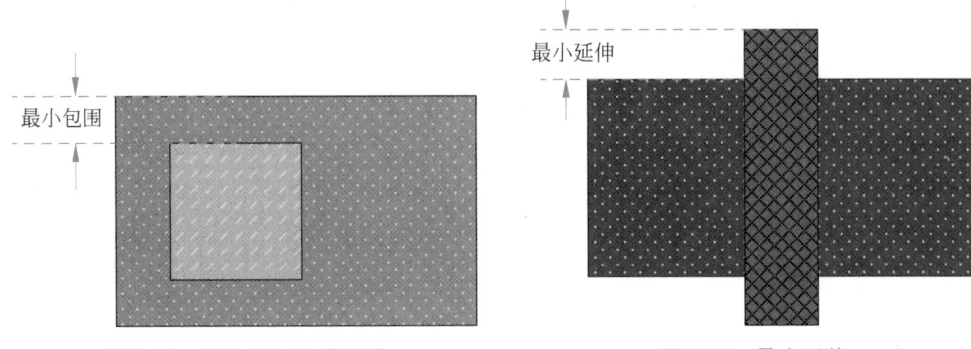

图 2-28　最小包围设计规则　　　　图 2-29　最小延伸

2.2.2　版图编辑大师 Virtuoso Layout Editor

1. 建立版图单元

使用 Virtuoso 版图设计工具进行版图设计，首先打开库文件管理器 Library Manager，选中设计库后，在菜单栏选择 File→New Cell View，如图 2-30 所示，在新建单元视图中 Library 选择设计时所用到的库，Cell 可以选择之前已经创立的单元，也可以重新创建一个 Cell。Type 中选择 Layout 表示在所选择的单元 Cell 中建立一个版图视图。

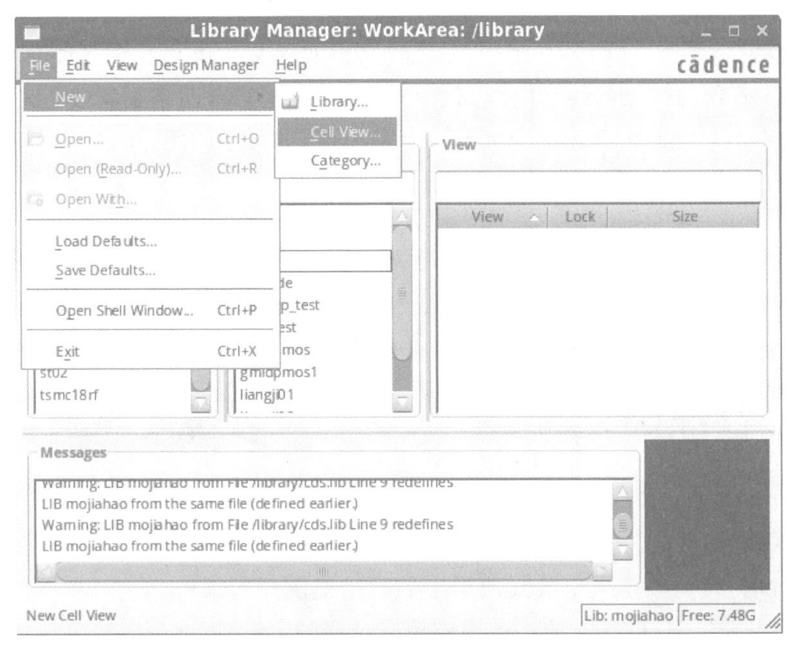

图 2-30　选择新单元

图 2-31 对话窗的下方 Application 中有 Open with 选项，在这个选项中选择为新建视图打开所用到的工具。对于 Layout 版图可以选择 Layout L、Layout XL、Layout GXL、Layout EAD 四个选项，这四个选项代表 Layout 经历的四个版本。

（1）Layout L 为最基本，也是最早的版图设计工具，提供了基本的创建和编辑功能来处理版图设计。

(2) Layout XL 编辑器在 Layout L 的基础上具备了自动化设计的能力,其中最大的特点是可以从原理图选择器件直接生成版图,并进行编辑,以及其 DRD(Design Rule Driven)功能,等效于实时的 DRC 检查。

(3) Layout GXL 是 Virtuoso 版图布局中更先进的编辑环境,在 Layout L 与 Layout XL 的基础上增加了更多实用的功能,具备电路图驱动和连接驱动的编辑能力;此外,还增加了更高级的插件助手和工具栏,为定制布局、布线、布局优化、模块生成与模拟/混合信号布局规划提供了更强大的技术,这些技术彻底改变了布局生成的方式,使版图设计效率大大提高。

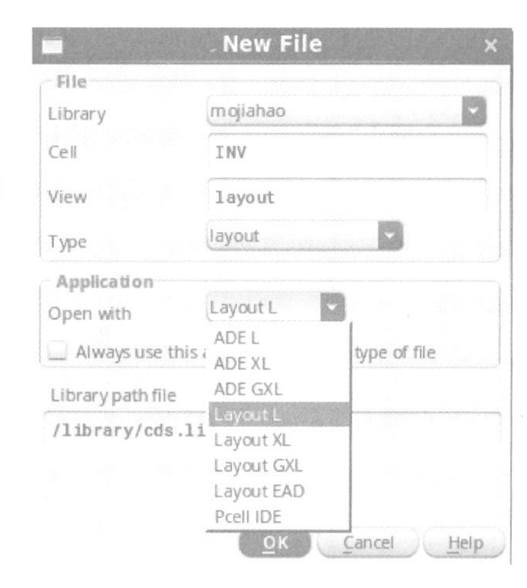

图 2-31 新建单元的对话窗

(4) Layout EAD 是目前最先进的 Layout 设计工具,其最大的优点是能够提供设计中的实时互连寄生提取和分析,从而验证布局在构建过程中是否电气正确,并能优化芯片的性能。

对比 Layout L,Layout XL 先进了许多,并且能大大提高效率,因此这里选择以 Layout XL 版本为例对 Virtuoso Layout Suite XL Editing 版图编辑软件进行简单介绍。

2. 打开版图编辑大师

1) 版图编辑大师窗口介绍

打开 Layout XL,会同时显示出所选中 Cell 的原理图和版图的界面,其中 Virtuoso Layout Suite XL 版图编辑大师窗口如图 2-32 所示,编辑器的界面包含窗口标题栏、菜单栏、图标菜单栏、层选择窗口、设计区域、工具栏、状态提示栏这几个区域。

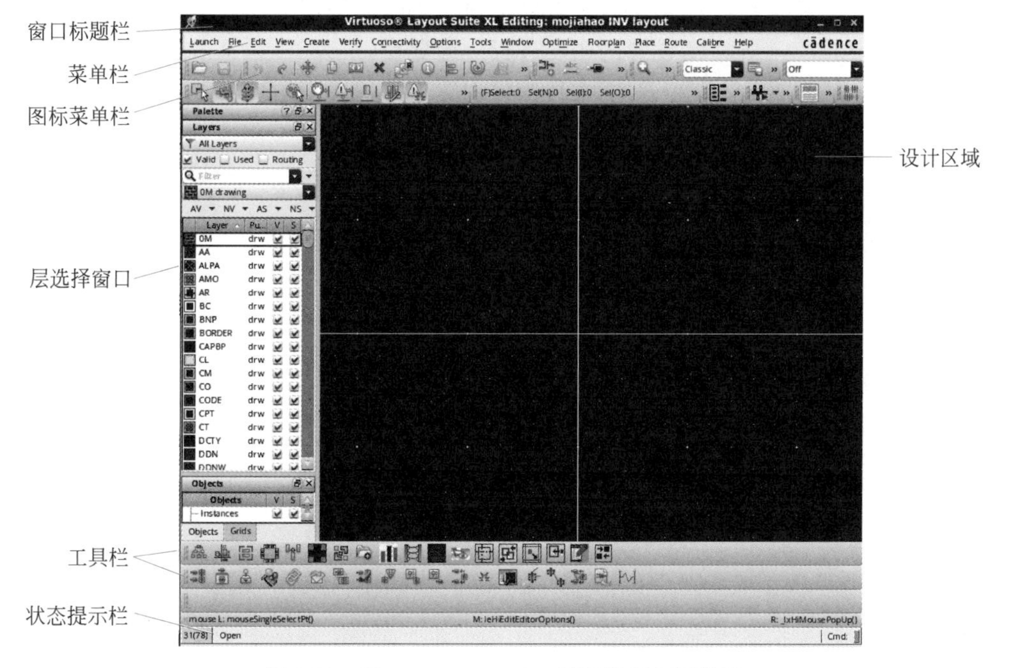

图 2-32 Virtuoso Layout XL 版图编辑大师窗口

窗口标题栏包含了编辑器的名称、设计库名称、单元名称以及视图名称这四个部分的内容。

菜单栏包含 Launch(启动)、File(文件设置)、Edit(编辑)、View(视图)、Create(创建)、Verify(验证)、Connectivity(连接)、Options(选项)、Tools(工具)、Window(窗口)、Optimize(优化)、Floorplan(平面布置)、Place(布置)、Route(布线)、Calibre(验证)以及 Help(帮助)菜单。菜单栏的这些栏目包含了所有设计时需要用到的指令,层选择窗口包含了版图设计时所需要用到的所有层,并且可以对这些层进行编辑。

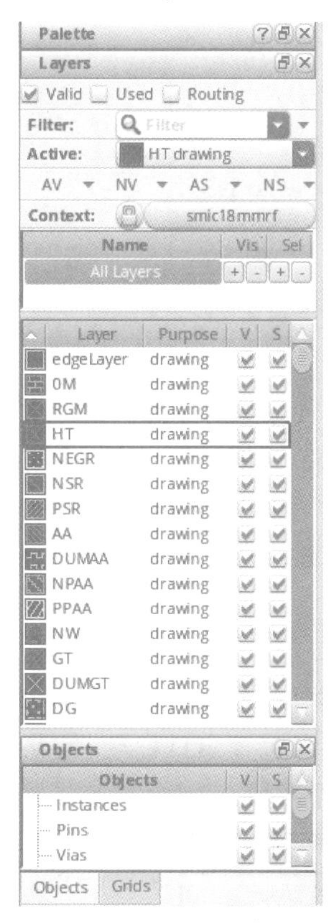

图 2-33　图层选择窗口

图标菜单栏为编辑版图时一些常用的指令,包括对版图的放大、缩小、复制等常用的操作。Layout XL 编辑器中的工具栏则是对菜单栏的扩展,通过直接访问常用的命令从而变得更加方便,同时设计者也可以自己对工具栏进行定位与布局。

2) 图层选择窗口

图层选择窗口(LSW)位于 Layout XL 版图编辑器窗口左侧,显示了工艺掩膜图层的所有信息,如图 2-33 所示,在进行版图设计时,通过图层选择窗口对图层进行选择、定义与编辑。

Layout XL 中图层选择窗口包含所有设计时所需要用到的图层,可以对指定的图层设置是否可见或者是否可被选择,还可以一键设置只显示有效图层,从而能更好地编辑图层的属性。此外,在设计区域还可以右击选择 Properties 或者选择按快捷键 Q 查看以及编辑具体图层的详细信息,如图 2-34 所示,可以对图层的具体位置以及大小进行详细设置,通过更换图层(Layer),还可以实现在不改变图层大小位置的条件下,对之前所设置的图层进行一键更换。

图层选择窗口视图上按钮选项的作用:

Valid:有效图层,若选中,则仅显示有效的图层。

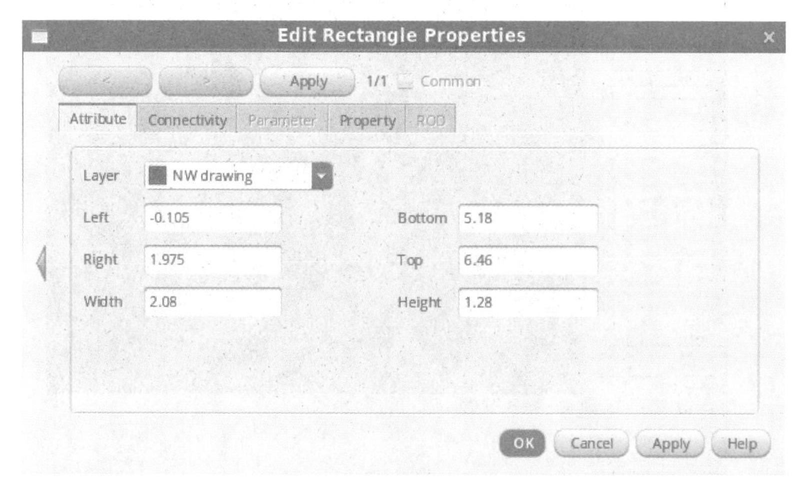

图 2-34　编辑图层属性

Used：已使用图层，选中则代表仅显示设计对象中已经包含的图层。

Routing：布线图层，选中则代表仅显示布线的图层。

Filter：过滤选项，使用过滤或者查找选项可以搜索特定的图层，单击选项窗口还可以设置更多的查找模式，如图 2-35(a)所示。

Active Layer：过滤选项的下方栏为活动层显示，最多可以显示最近 10 个活动层的历史记录，如图 2-35(b)所示。

Control Buttons：控制按钮有 AV、NV、AS、NS 四个按钮。其中：AV 按钮代表所有可见(具体类别的可见设置则通过复选框的设置选项，分为三种设置选项，包括 AV 所有层可见、AV-Layer Set 当前打开所有层可见、AV-Technology File 技术文件打开层可见)，NV 按钮代表所有不可见，AS 按钮代表所有可选功能，NS 按钮代表所有不可选功能，如图 2-35(c)所示，更多的设置选项可以通过复选框进行设置。

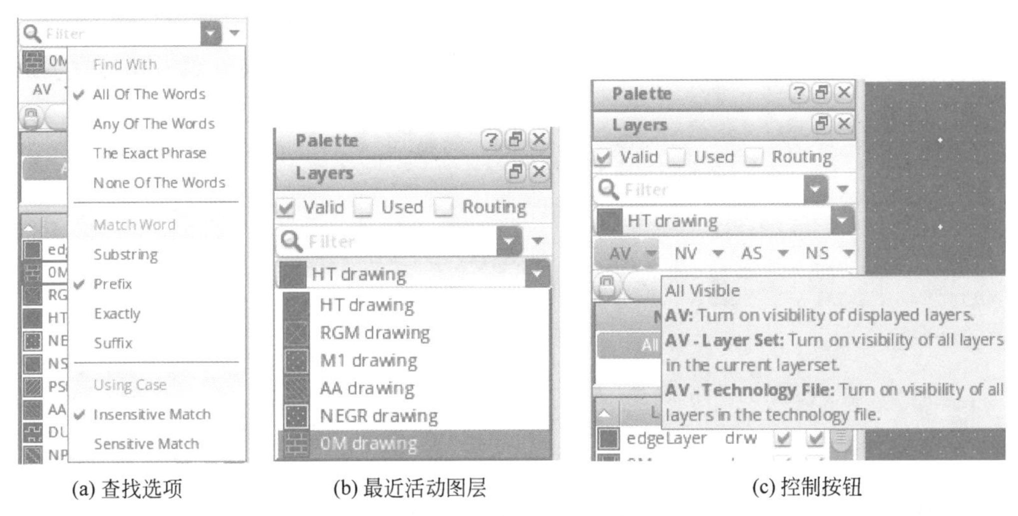

(a) 查找选项　(b) 最近活动图层　(c) 控制按钮

图 2-35　层选择窗口设置项

Context：工具栏，显示了当前版图所采用工艺库的名称，默认设置下所有打开该工艺库的图层设置是同步的，若想让当前单元设置的图层选项不同步到该工艺库下的其他版图设置，则需设置 Desynchronize 不同步，如图 2-36(a)所示。

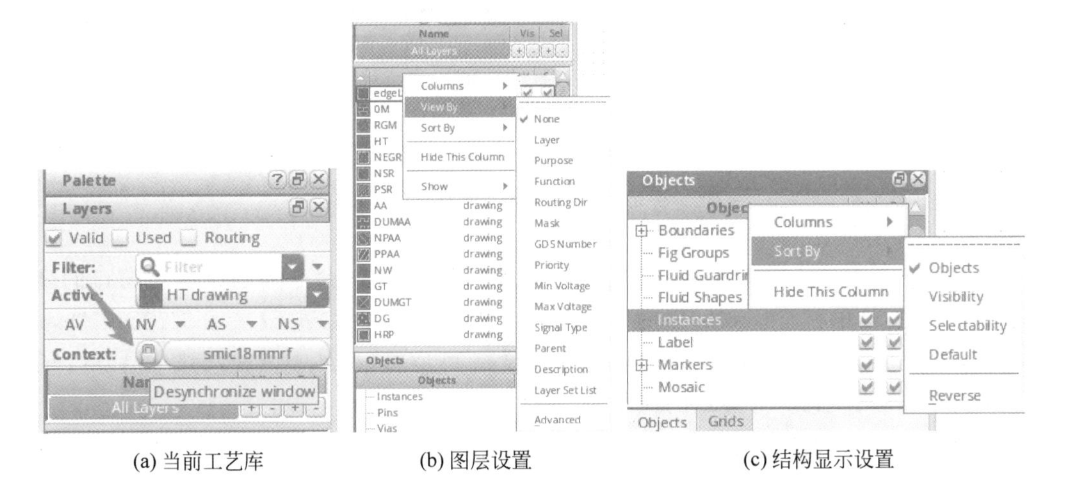

(a) 当前工艺库　(b) 图层设置　(c) 结构显示设置

图 2-36　层选择窗口

Palette：图层具体菜单，在菜单栏上使用右击可以显示具体设置，包括图层的排序、图层列菜单的具体显示内容、图层的查看方式、图层用途的显示结构等详细设置，如图 2-36(b)所示。

Objects：版图对象以层次树的结构显示，右击可以进入更多设置，包括对菜单栏的显示与隐藏、排序依据等设置，如图 2-36(c)所示。

图层选择窗口中按照不同的颜色与线条形状区分不同的图层，版图的层次由工艺文件决定，同时设计者也可以自己手动添加和删除。此外，图层选择窗口还可以对版图层颜色和图案进行编辑，右击图层选择窗口单击 Edit Display Resources，打开图层显示编辑窗，如图 2-37 所示。在选中 PDK 工艺库后，Select LPP 选择需要修改的图层，对话窗的右侧则显示该图层的 Fill Color(填充颜色)、Outline Color(外框颜色)、Line Style(线型)、Fill Style(填充类型)，每一项都可以进行自定义修改，但更改时仍要注意两个图层的属性不能完全相同。对话窗的右下方显示的 Current 为设置图层当前的外观设置的显示，Modified 为经过修改的图层外观显示的预览。当全部设置完成后，选择命令 File→Save 就可以保存当前图层的显示设置。

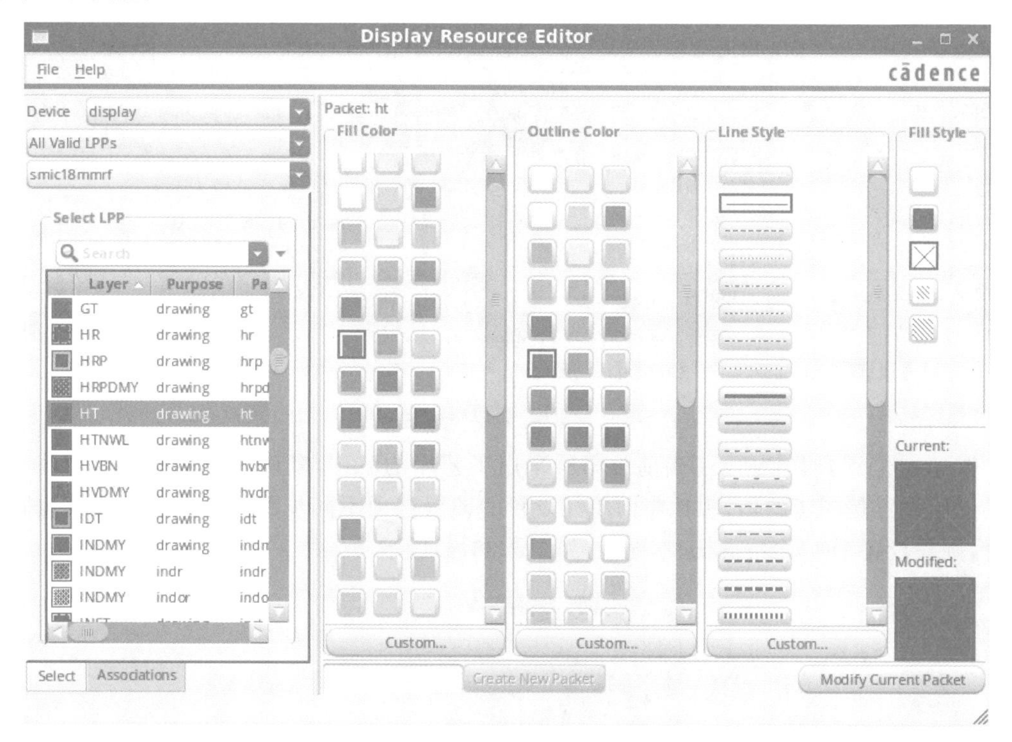

图 2-37 图层显示编辑窗

3) 版图显示设置

除了上述主要的区域外，Layout XL 还可以利用 Options 命令对版图编辑窗口的显示进行设置，单击菜单栏 Options 中的 Display，可以得到图 2-38 的设置窗口，其中 Display Controls 显示控制，可以对版图中的各个参数控制是否显示，Nets(网格)、Axes(轴)、Instance Pins(器件引脚)等显示的控制。

Grid Controls：网格控制。其中 Type 可以选择设计区域背景格点的类型，none 为不

图 2-38　版图显示选项对话窗

显示格点，dots 为虚线格点，lines 为实线方格；Minor Spacing 设置小格点之间的间距，Major Spacing 设置大格点之间的间距；X Snap Spacing 设置 X 轴吸合距离，Y Snap Spacing 设置 Y 轴吸合距离，吸合距离越小，绘制图形时所能控制的距离也越小，合理地选择吸合距离可以让版图绘制更加快速准确。ResolutionSnap Modes 为吸合模式，可以设置吸合时的动作，包括 anyAngle（任何角度）、diagonal（对角）、orthogonal（正交）、L90XFirst、L90YFirst。

Resolution：分辨率设置。可以设置对象的最高分辨率是 Low 还是 High，分辨率的高低决定了在视图中显示设计细节的多少，图例中选择的分辨率为 Medium（中等）。

Dimming：暗光设置。开启暗光设置后，可以更改单元视图中的颜色亮度，其中 Enable Dimming 代表开启后，单元视图中的颜色将允许改变。如图 2-39 所示，右上角为光标停留区域显示正常，其余区域则全部显示为暗光。

Scope：范围设置。其中复选项框中 none 表示无范围暗光，只有选中对象后，其余对象才会变暗。outside 表示外部对象暗光，即除了器件实例、组合与正在编辑中的任何对象，其余的不可编辑对象。all 表示选中后全部对象变暗，只有选中对象才会变亮。EIP surround 表示使 EIP 层次结构周围的对象变暗。

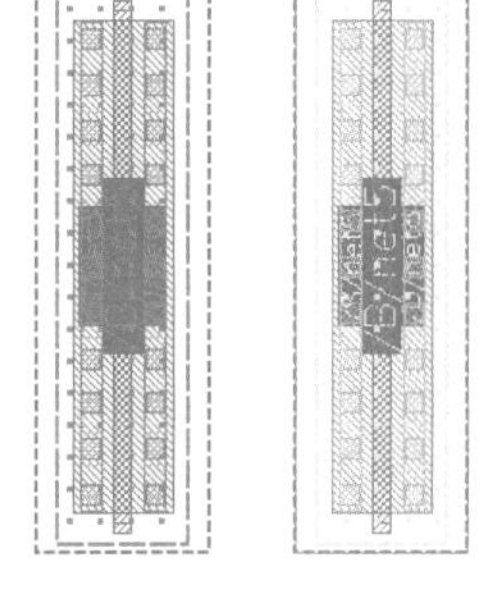

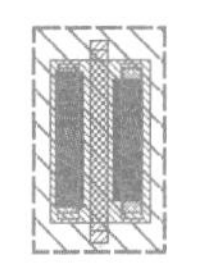

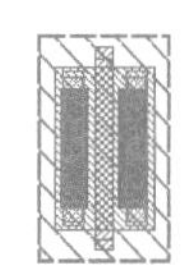

图 2-39　暗光显示界面

Automatic Dimming：自动暗光。当所引入对象包含高光显示或者探测到对象，版图会自动变暗。

Dim intensity：用来设置暗显对象的亮度。亮度为 0 时，任何暗显的对象都不会变暗；亮度为 100 时，所有设置暗显的对象将不会变暗。若之前暗光的范围设置为 0，则之后的暗显亮度将不会生效，暗显亮度默认设置为 50。

True Color Selection only：原色选择。用来设置在其他对象显示暗光时，所选定对象是否设置突出显示，若之前暗光范围为 none 或者自动暗光关闭，则此选项也会禁用。

4）版图编辑器选项设置

图 2-40 为版图编辑器选项对话窗，通过编辑版图编辑器的一些选项设置，可以自定义版图编辑时的一些操作习惯。其中 Editor Controls 为版图编辑器控制设置，包含 Repeat Commands（重复命令）设置，当先选择命令，再选择对象时，命令会重复保持，而当选中对象再选择命令时则不会保持重复。

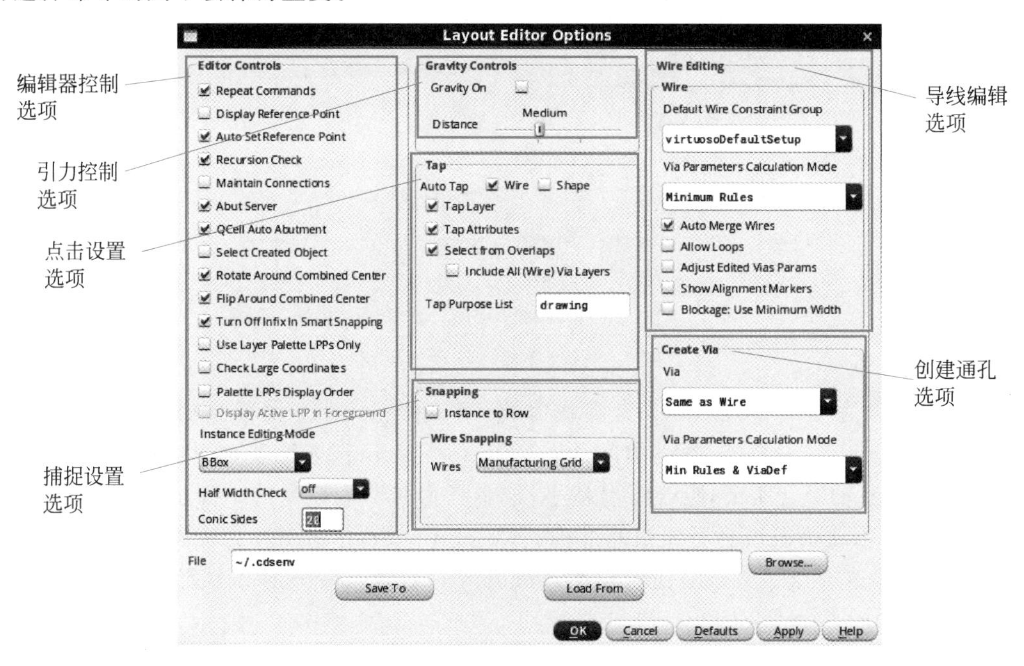

图 2-40 版图编辑器选项对话窗

Display Reference Point：显示参考点信息，代表着在当前设计的基准点上显示一个星号（*）。

Auto Set Reference Point：自动设置参考点，即每输入一个新的点都自动设置一个基准点，使用基准点测量输入点之间的距离。

Recursion Check：开启递归检查，递归检查防止通过创建器件、创建单元、查找或替代等命令创建递归层次结构，即一个单元在某些层级上有它自己的实例。

Maintain Connections：保持连接等选项，可以让设计者在设计时按照自己的喜好与习惯进行设置，从而提升设计速度。

Gravity Controls：引力控制选项，可以设置画图时指针吸附 Cell 中对象的距离大小，吸附力度越大，越不容易控制精度，图例中显示的控制力度为中等 Medium。

Tap：用于设置单击时所能捕获的一些属性，可以选择这些属性来自线 Wire 或者是图形 Shape。

Wire Editing：用于设置绘制线时的一些属性，包括最小规格的设置。例如，最小规格 Via Parameters 通孔参数同样可以设置其最小放置间距与切割间距、Adjust Edited Vias Params 设置拉伸过孔的导线调整，当勾选中时，调整编辑过孔的参数后也可以重新计算自动过孔实现对齐。Allow Loops 允许回路默认为关闭，关闭状态下创建几何路径命令禁止在同一图层上创建回路。

2.2.3 Virtuoso Layout 基本操作

1. 创建版图图形

版图图形就是一些基本几何图形的组合，在 Layout 版图编辑器菜单栏中，选择 Create 中的 Shape，就可以创建多种图形，如图 2-41 所示，包括 Rectangle（矩形）、Polygon（多边形）、Path（路径）、Circle（圆）、Ellipse（椭圆）、Donut（圆环）。

1）创建矩形

矩形为版图图形中最常见的图形，MOSFET 的有源区、N 型注入区、P 型注入区等都是矩形。建立矩形[图 2-42(a)]可以通过使用菜单栏中的 Create→Shape→Rectangle，或者快捷键 R，矩形的大小由两个对角顶点的坐标决定，当选择创建矩形的命令后，Layout 版图编辑器下方的状态栏会出现如下提示：

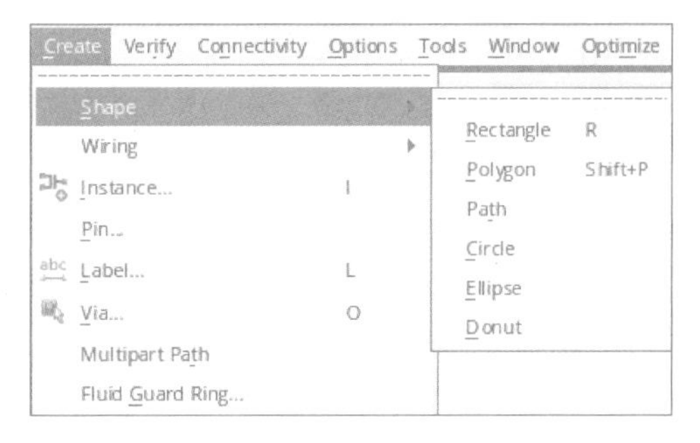

图 2-41　创建图形操作选项

Point at the first corner of the rectangle.

单击设计区域，确定矩形的第一个顶点，此时，版图编辑器下方的状态栏会出现如下提示：

Point at the opposite corner of the rectangle.

移动鼠标并预览矩形的大小与位置，选择合适的另一个顶点后，在设计区域单击，确定矩形的第二个顶点，就完成了矩形的创建。当创建完一个矩形后，鼠标仍然保持着创建矩形的命令，可以继续进行矩形的创建，若想进行别的操作，则需按一下键盘中的 Esc 键取消当前的操作命令。

2）创建多边形

创建多边形[图 2-42(b)]可以通过使用菜单栏中的 Create→Shape→Polygon，或者使用快捷键 Shift+P，多边形的大小与形状由多边形的每个顶点的位置决定。当选择创建多边形的命令后，Layout 版图编辑器下方的状态栏会出现如下提示：

Point at the first point of the polygon.

单击设计区域，确定多边形的第一个顶点，继续移动鼠标，此时，版图编辑器下方的状态栏会出现如下提示：

Point at the next point of the polygon.

使用鼠标继续绘制多边形的每一条边，移动光标键入其他顶点，直至最终将多边形的虚线框闭合，整个多边形即完成设计。

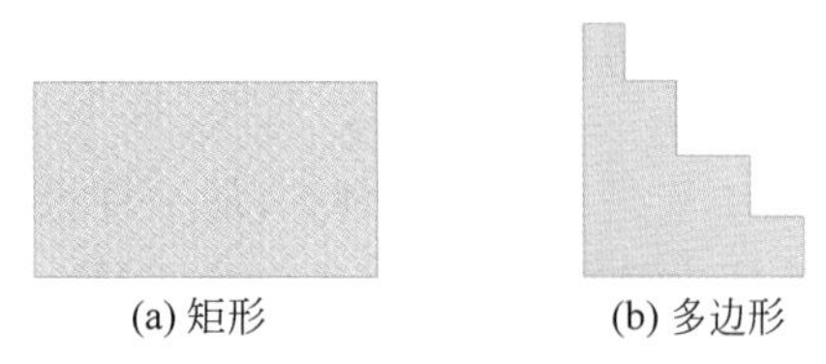

(a) 矩形　　(b) 多边形

图 2-42　利用 GT 栅极层所创建的图形

3）创建圆

创建圆可以通过使用菜单栏中的 Create→Shape→Circle，圆的大小由圆的半径决定，通过移动鼠标则可以确定圆的半径长度，当选择创建圆的命令后，Layout 版图编辑器下方的状态栏会出现如下提示：

Point at the center of the circle.

单击版图设计区域确定圆形的圆心，再移动鼠标，可以选择圆形的半径大小，Layout 版图编辑器下方的状态栏会出现如下提示：

Point at the edge of the circle.

通过移动鼠标预览圆形大小，单击，就完成了圆形的设计。Layout XL 还可以创建半圆与四分之一的圆，创建方法同圆形的相同。当选择创建圆形的命令后，按键盘中的快捷键 F3 弹出 Create Circle 的窗口，如图 2-43 所示，其中 Shape Type 可以选择创建的圆为整圆、半圆还是四分之一圆。Specify radius 选项可以指定创建圆的半径大小，勾选 Specify radius 选项，在 Radius 栏输入半径大小，就可以在版图设计区域创建一个指定大小的圆。

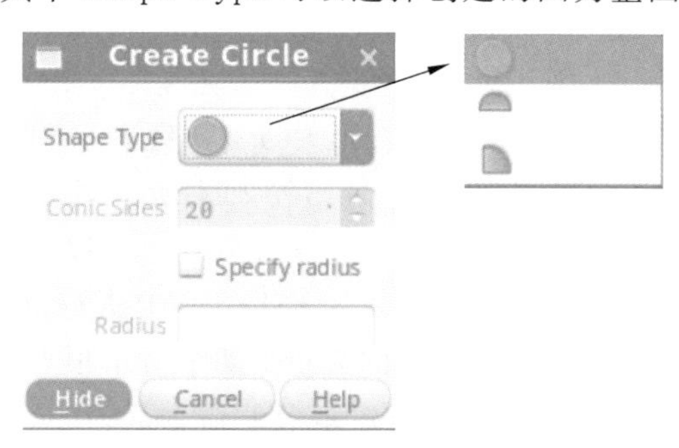

图 2-43　Create Circle 属性

4）创建椭圆

可以在菜单栏选择 Create→Shape→Ellipse，创建椭圆形，椭圆的大小与形状由椭圆的外切矩形决定，通过确定这个矩形的对角顶点从而确定椭圆的形状，当选择创建椭圆的命令后，Layout 版图编辑器下方的状态栏会出现如下提示：

Point at the first corner of the bounding box of the ellipse.

确定椭圆外切矩形的第一个顶点后，移动鼠标还可以对椭圆的形状进行预览，此时 Layout 版图编辑器的下方会出现如下提示：

Point at the opposite corner of the bounding box of the ellipse.

确定外切矩形的第二个顶点，再次单击，就完成了椭圆的创建。

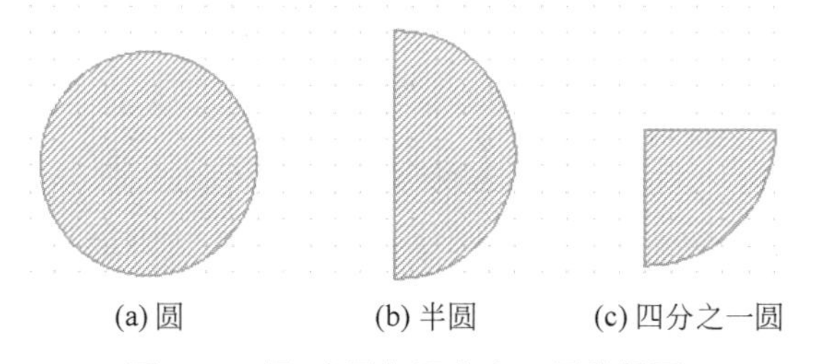

(a) 圆　　(b) 半圆　　(c) 四分之一圆

图 2-44　圆、半圆与四分之一圆的版图

5）创建圆环

可以在菜单栏中选择 Create→Shape→Donut，创建圆环，圆环的创建是由圆心、内圆周上的点与外圆周上的点来确定的，选择创建圆环的命令，Layout 版图编辑器的下方会出现如下提示：

Point at the center of the donut.

确定圆环的圆心位置后，Layout 版图编辑器下方的状态栏会出现如下提示：

Point at the inner edge of the donut.

选择合适的内圆周大小后，再次单击，此时版图编辑器下方的状态栏会出现如下提示：

Point at the outer edge of the donut.

选择合适的外圆周大小后，单击就完成了圆环的创建。图 2-45 为利用 GT 栅极层所创建的图形。

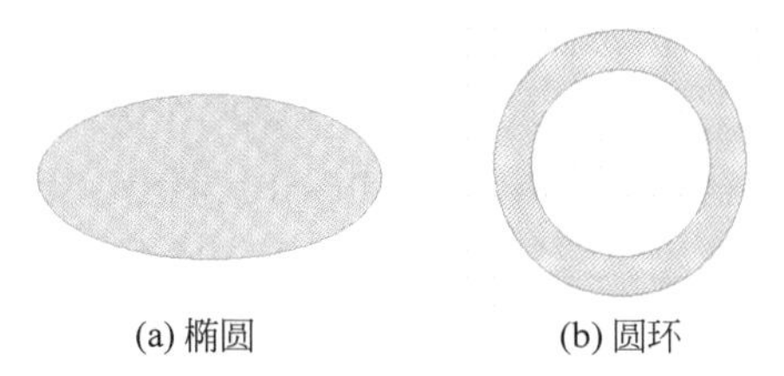

(a) 椭圆　　(b) 圆环

图 2-45　利用 GT 栅极层所创建的图形

2. 基础操作命令

1）复制命令

复制命令可以实现将创建的图形复制到其他位置进行调用，是进行版图设计时最常用的命令之一。首先选中想要复制的对象，右击选中 Copy 或者使用快捷键 C，此时版图编辑器下方的状态栏会出现如下提示：

Point at the location of the copy.

显示以上命令后，按下快捷键 F3，进入高级选项窗，如图 2-46 所示。其中：Snap Mode 控制图形复制的方向；Keep Copying 为保持复制，若不取消复制命令，则可以进行多次复制操作；Change To Layer 为改变图层的信息，可以将复制对象放置到另外的图层；Array-Row/Columns 为复制的行数与列数；Chain Mode 为设置复制器件链，其中复选框中的 All 为复制器件链上的所有对象，Selected 为仅复制选中的对象，Selected Plus Left 为复制选中对象以及其左侧链上的所有对象，Selected Plus Right 为复制选中对象以及其右侧链上的所有对象；Coordinates、Delta、Spacing、Exact Overlap 为对复制对象进行位置上的精确复制，通过 X 与 Y 调整复制对象的距离；Copy Connectivity（保持连接）代表着复制对象保持之前对象的连接关系。

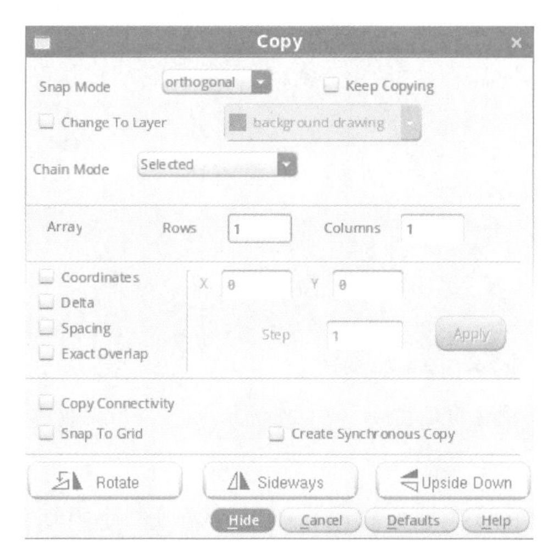

图 2-46　复制命令选项窗

2）拉伸命令

拉伸命令可以通过拖动图形的边缘或角进行放大或缩小，在选择拉伸之前，单击菜单栏 Edit 命令，或者直接按下快捷键 S，此时版图编辑器下方的状态栏会出现如下提示：

Select the figure to be stretched.

移动光标到拉伸图形的边缘，此时图形边缘会高亮显示，再次单击，确定拉伸对象，就可以对图形进行拉伸。通过按下快捷键 F3 可以弹出拉伸命令高级选项设置，如图 2-47 所示。其中：Lock angles 为锁定角度拉伸；Snap Mode 可以控制拉伸边的方向；Delta X,Y 可以控制指定拉伸对象相对于原点在 X 轴与 Y 轴上的拉伸量；Connections 为控制拉伸时对象的连接设置，Special Objects 为特殊项目拉伸设置，可以设置拉伸时通孔的拉伸模式，即只拉伸金属还是同时拉伸通孔与金属；Snap 为捕捉方式的控制，包括拉伸时是否选中制造网格；Soft Blocks 为软拉伸，当选中后可以实现面积恒定，即拉伸调整边时，其他边也自动拉伸从而保持面积保持恒定。

拉伸多边形的一条边如图 2-48 所示，拉伸后的多边形如图 2-49 所示。

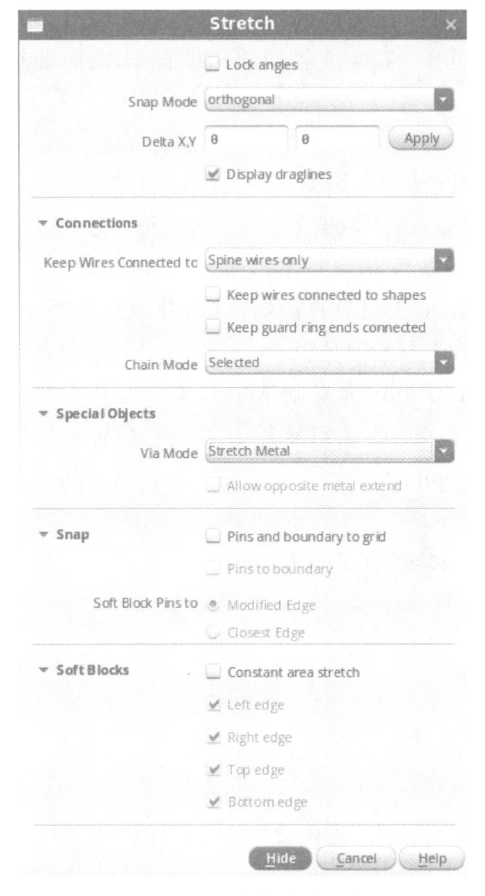

图 2-47　拉伸命令选项窗

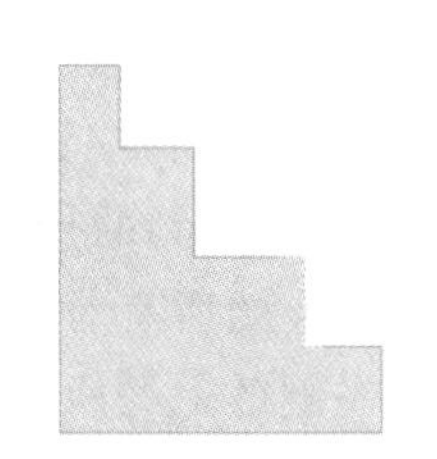

图 2-48　拉伸多边形的一条边

图 2-49　拉伸后的多边形

3）切割命令

使用切割命令可以对图形进行分割或切割某个部分，使用切割命令需在版图编辑器中选择 Edit→Basic→Chop，按快捷键 F3 进入高级选项设置，如图 2-50 所示。其中 Chop Shape 为切割图形，Layout XL 的切割图形有矩形（rectangle）、多边形（polygon）和线（line）三种规格。Snap Mode 为捕捉方式控制，可以选择任意角度、对角线、正交，此时，版图编辑器下方的状态栏会出现如下命令：

Point at the shape to chop.

使用鼠标选中想要进行切割的图形，此时状态栏会出现如下提示：

Point at the first corner of the chop rectangle.

单击切割矩形的第一个顶点，确定切割矩形的位置，此时状态栏会出现如下提示：

Point at the opposite corner of the chop rectangle.

调整切割矩形的另一个顶点，使矩形的区域正好满足用户想要进行切割的范围，再次单击，切割图形的这部分区域就会被切割掉，如图 2-51 所示。切割区域除了是矩形外，还可以调整成多边形，或者利用线切割将图形分割成两个图形。

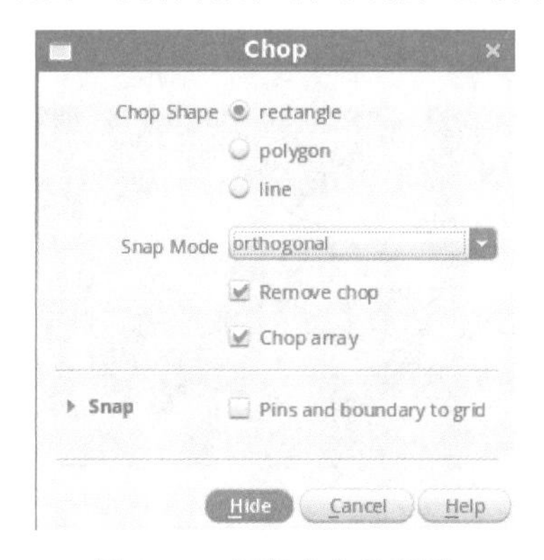

图 2-50　切割命令选项窗

图 2-51　被切割一块矩形的圆形

3. 创建版图器件

使用 Layout Suite XL Editor 创建器件有三种方式。一是将 PDK 中的 Pcell 添加到版图编辑器中，再进行布线。使用这种方法必须对版图的布局规划非常熟悉，这种方法的优点也是显而易见的，版图布局布线的自由度非常高，可以充分发挥设计者的作用，考验设计者的版图功底，但同时也更加耗费时间。二是直接从电路原理图 Schemetic 中生成版图，在此基础上再进行布局布线，需要注意的是，这个功能只在 Layout L 版本之后才有。这种方法的优点是充分利用软件的强大功能，提高了版图设计效率；缺点是版图可进行调整的幅度较小。三是设计者根据工艺器件的定义以及设计中器件的尺寸要求，逐步画出所有器件与层。这种方法一般使用在没有 PDK 工艺库的版图绘制中。下面将着重介绍前两种方法的操作步骤。

1) 从 PDK 工艺库中调入

在版图编辑器中选择 Create→Instance，如图 2-52 所示。

选择想添加器件的 Library(库)，选中目的 Cell(单元)后，器件的 View(视图)选择 layout，就可以添加该器件的版图视图到版图编辑器中进行操作。

这种方法添加独立的器件版图视图，器件本身作为一个整体添加到版图编辑器中，当设计者

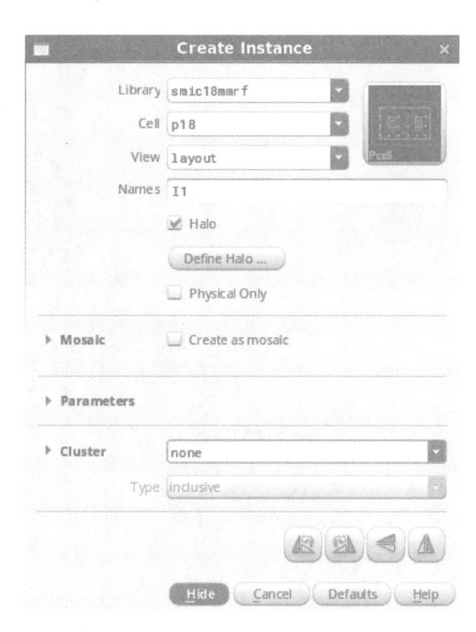

图 2-52　创建器件的对话框

想对这个单元进行其他更改操作时，需要先对其结构进行“打散”操作。具体操作为选中这个单元的版图，选择 Edit→Hierarchy→Flatten，如图 2-53 所示，勾选 Pcells，单击 OK 按钮，就可以显示所进行打散单元的所有版图层次。图 2-54 为经过打散后的 SMIC 0.18μm 的 NMOS 单元的版图。

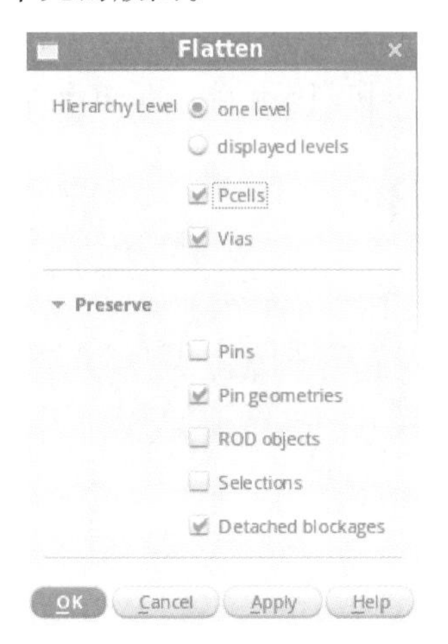

图 2-53　打散操作 Flatten 对话框

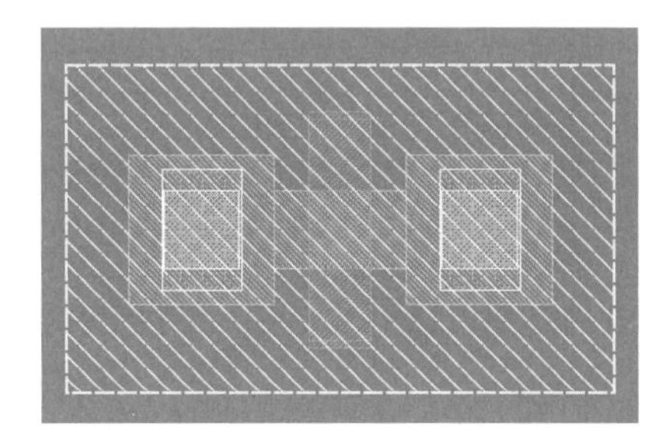

图 2-54　打散后的 NMOS 窗

2）从原理图调入

首先选中原理图视图中想要生成版图的元器件，再单击版图编辑器左下方图标工具栏的 Generate Selected From Source，如图 2-55 所示，就可以直接生成选中器件的版图。而所选择工具栏按钮的左边另一个功能为 Generate All From Source，选择这个功能后，会在版图中直接生成原理图中所有元器件的视图，包括所有引脚，图 2-56 为一基准电流源电路的原理图视图，图 2-57 为相对应所生成的版图视图。

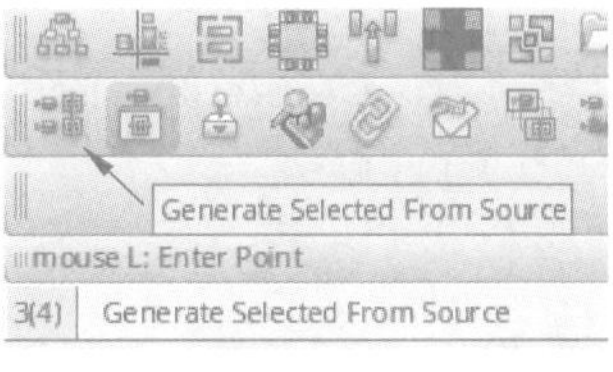

Generate Selected From Source
mouse L: Enter Point
3(4)　Generate Selected From Source

图 2-55　从原理图中生成版图

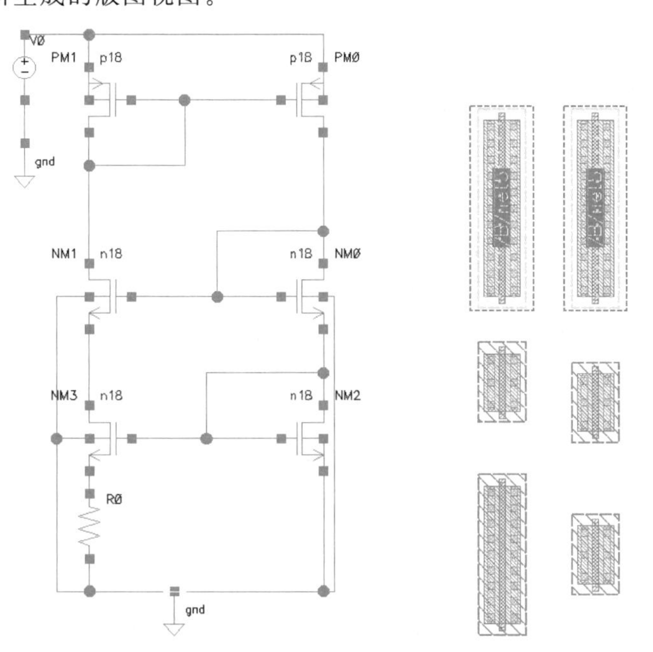

图 2-56　基准电流源原理图

图 2-57　基准电流源版图

4. 创建几何路径

在层选择窗口选中所画路径的图层后，如选择金属层 M1，再在版图编辑界面选择 Create→Wiring→Wire，或者直接按快捷键 P，就可以开始几何路径的布置。在版图设计区域单击起始点开始布线，若想更改布线的方向，只需再单击，要想连接其他层则需右击，如图 2-58 所示，通过创建通孔（Via），就可以连接到其他层。创建完成的路径如图 2-59 所示。

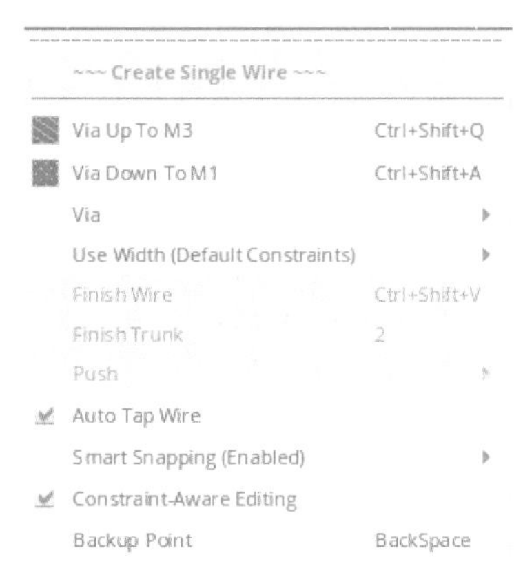

图 2-58　添加通孔连接其他层图

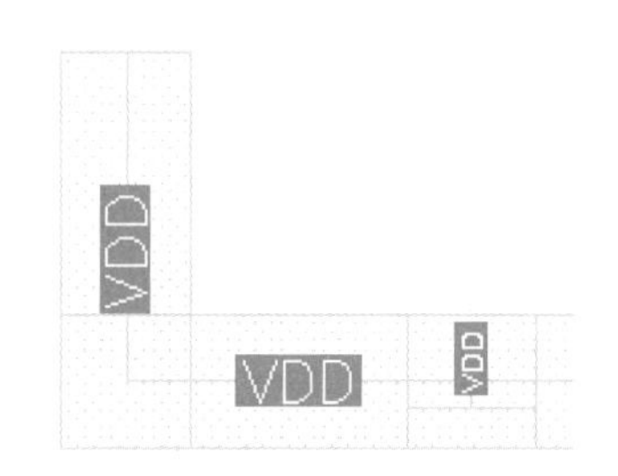

图 2-59　创建完的路径

5. 创建通孔

通过创建通孔（Via），可以实现不同层之间的连接。在版图编辑器中选择 Create→Via，弹出如图 2-60 所示的设置界面，其中 Mode 选项中有 Single、Stack、Auto、FastEdit 四种类

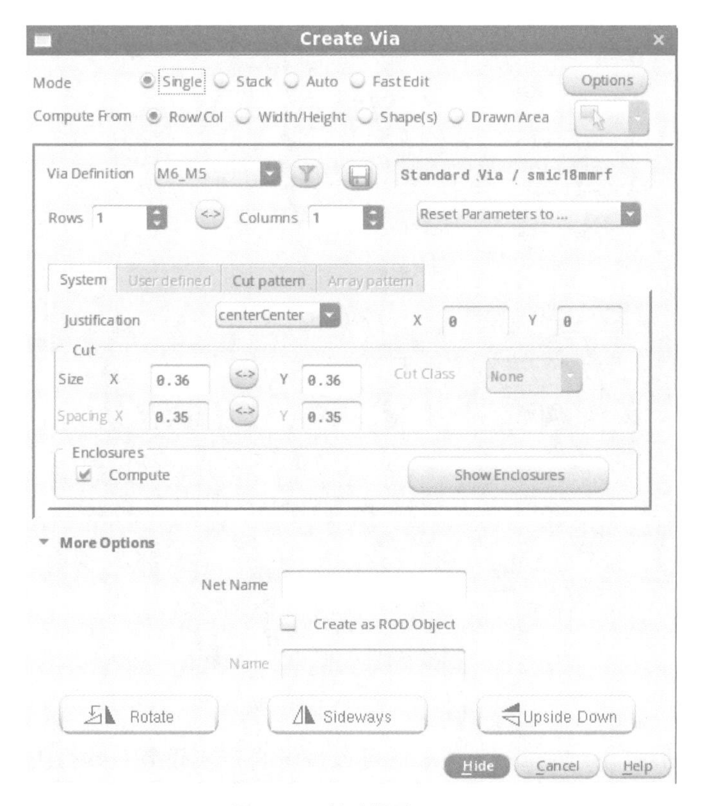

图 2-60　创建通孔（Via）

型，Single 代表此次创建一个单个通孔，Stack 堆叠放置可以在相邻层的自动放置通孔，Auto 会自动在两个路径的交叉处放置一个通孔（Via）。对于单个的通孔（Via），可以调整其 Size，根据层的形状绘制出合适的大小，More Options 中的 Create as ROD Object 选项可以将 Via 创建为 ROD 对象，并为当前 Cellview 中新创建的 Via 分配名字，名字规格为 via1、via2，以此类推（注意新分配的名字不能和已有的名字相同，否则会创建失败）。

6. DRD 设置

通过设置 DRD 模式，可以使设计保持在规则约束下，当设计达到设计规则约束阈值时，通过提醒或者强制执行来使设计者设计的版图时刻保持在设计规则约束内。在版图编辑器中选择 Options→DRD Edit，进入对 DRD 模式的设置，其中 Categories 显示了不同约束模式的 DRD，包括 Enforce（强制）、Notify（提醒）、Post-Edit（后编辑）、Batch-Check（批量检查），把光标移动到复选框中就可以显示出该约束模式下所支持的约束条件，如图 2-61 所示。

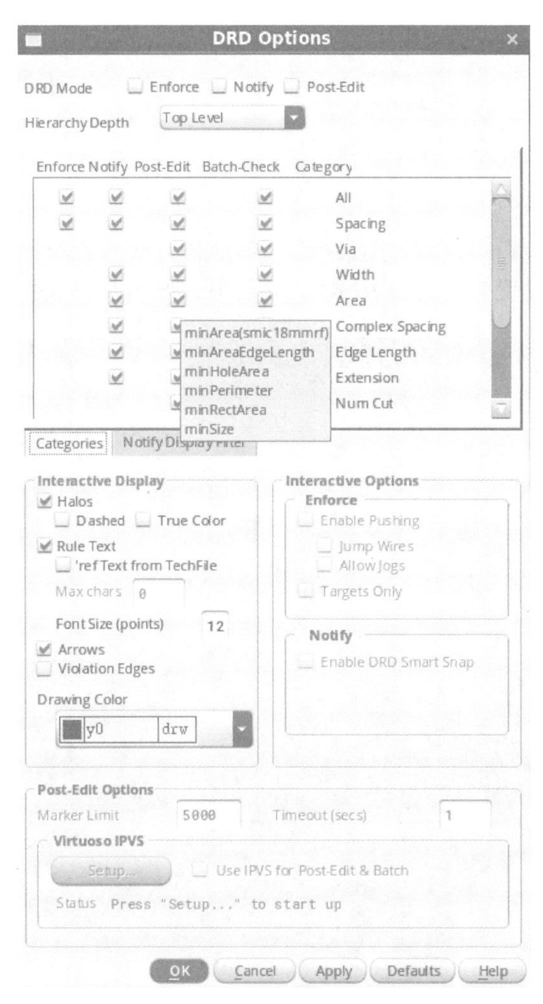

图 2-61 DRD 中 Categories 设置

设置窗口中的 Notify Display Filter 还可以进行自定义设置选中层与选中约束规则间的通知，设计者可以任意选择想被通知的层以及想被通知的设计规则的违规提示。如

图 2-62 为开启指定层与指定规则的 DRD 模式。图 2-63 为两条金属 M1 线布局，由于过于靠近违反了设计规则，Layout XL 所给出的相应于图 2-62 所设置的 DRD 提示。

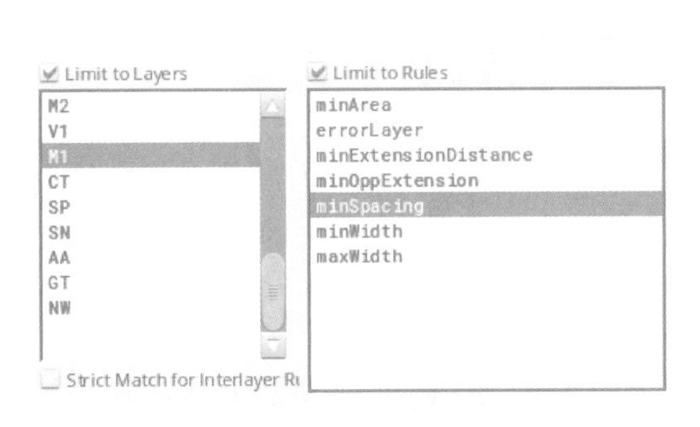

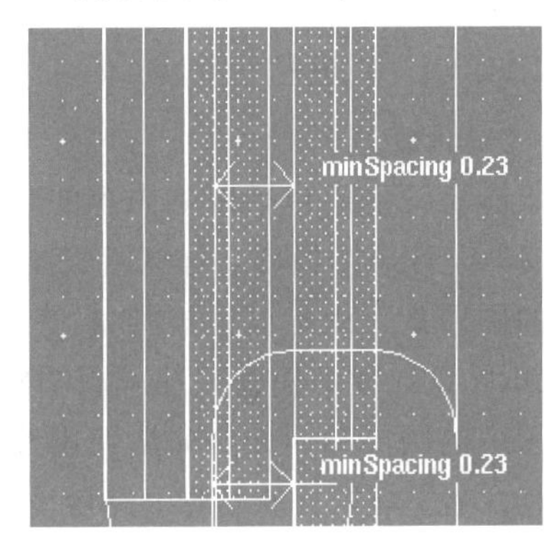

图 2-62 DRD 中 Notify Display Filter 的设置

图 2-63 设置相对应的 DRD 提示

对话窗中的 Interactive Display 是对 DRD 模式提示显示的设置，Halos 表示编辑违反规则限制的对象时会在图形周围产生光圈，Dashed 选项表示该光圈为虚线，True Color 选项表示该光圈的颜色与该层的颜色相同，True Color 更容易区分不同层之间的光圈。Rule Text 为提示违规位置的文本的设置，'refText from TechFile 选中时会显示违规层与约束值，取消选中时则只会显示违规的具体规则与约束值，Max chars 为设置选择 'refText from TechFile 选项后的最大字符数。Font Size(points)为 DRD 提示文本的大小设置，默认设置为 12pt。Arrows 为指示违反规则的位置箭头开关，默认打开。Violation Edges 为突出显示违反规则对象的边缘，默认情况为关闭。Drawing Color 为设计区域显示光圈、箭头、文本颜色的设置，图例中选择的为黄色。通过 DRD 模式各方面合理的设置，设计者可以自定义出最适合工作模式，同时也能大大提高设计效率。

2.3 模拟版图验证及参数提取工具 Mentor Calibre

版图完成设计后，还需使用软件对版图的一些项目进行验证，包括版图设计是否符合设计规则、版图是否和电路原理图一致，版图中是否存在空余的器件、节点等未连接的线路。版图验证是决定版图是否设计成功的最后一个环节，因此设计者在版图设计阶段务必使用版图验证工具对版图进行初期的验证检查，从而保证版图设计的合理性。

常见的版图验证工具有 Cadence 公司的 Assura、Diva、Dracula 和 Mentor 公司的 Calibre。Assura 是 Cadence 公司为应对 Calibre 的竞争而推出的产品，但内容与 Dracula 仍大致相同。Diva 是与版图编辑器完全集成的交互式验证工具集，它嵌入在 Cadence 的主体框架中，可以直接在版图编辑器上的菜单栏中来启动，使用比较方便，操作快捷，但功能较 Dracula 相对逊色，适用于中小规模单元的版图验证。Dracula 是 Cadence 的一个独立的版图验证工具，其运算速度快，功能十分全面强大，能处理大规模单元的版图验证，市面上大多数的 IC 公司都认可 Dracula 布局验证的标准。

人们通常更多使用的是 Mentor 公司的 Calibre 工具，它集合了 Diva 与 Dracula 的所有优点，从而很快地替代 Dracula 成为市面上主流验证工具。与 Dracula 相比，Calibre 最大的优点是能够对版图进行“分而治之”，即对版图单元进行单独检查，从而更加准确快速地完成验证。此外，Calibre 工具也能够嵌入 Cadence Virtuoso Layout Editor 版图编辑器中进行调用。本节将以 Calibre 验证工具为例，对版图验证的流程进行基本介绍。

2.3.1 版图验证基础

1. 版图验证内容

版图验证主要包括以下内容的验证：

（1）设计规则检查：对电路版图图形尺寸规格的规范，DRC 设计规则检查会检查版图设计的图形是否满足设计规则，检查文件要求的最小宽度、最小间距、最小包围和最小延伸等。DRC 设计规则检查往往是版图验证的第一步，除了对图形的规范进行检查，DRC 还会对版图中的图层和器件的非法使用等进行检查。

（2）电学规则检查：对电路版图的电路连接规范进行检查，主要检查版图连接是否存在短路、断路、悬空节点等错误；此外，还包括对版图器件的错误配置的检查，如 MOS 管的注入层错误、衬底类型连接错误与源漏短接等错误。ERC 检查在版图验证步骤中一般不作为单独的项目进行检查，而是包含到 DRC 检查中。

（3）电路版图一致性检查：主要用于检查版图连接是否与电路原理图一致，包含元器件尺寸、电阻电容大小以及器件连接关系是否完全一致。LVS 检查往往在进行完 DRC 检查并修改无误后才会进行。

（4）版图寄生参数提取(Layout Parameter Extraction，LPE)：根据版图的具体尺寸来计算和提取节点的寄生电容等参数，电路往往工作为了更加精确地分析版图的性能，还需加入寄生参数进行再次仿真并进行调整。

（5）寄生电阻提取(Parasitic Resistance Extraction，PRE)：专门用来提取版图中的寄生电阻，是 LPE 的补充，LPE 与 PRE 都完成后，所提取的数据才能更加精确地反映版图的性能，同时也能按照版图的具体寄生参数的大小而对版图进行调整。

2. 版图验证流程

1）DRC 验证流程

图 2-64 为 DRC 版图验证流程，DRC 验证需要输入版图文件和规则文件，其中规则文件由流片厂家提供，规则文件限制了版图的要求以及如何设置 DRC 的运行选项。设置完成后，运行 Calibre DRC，DRC 会输出相应的结果文件。通过使用 Calibre RVE 图形查看工具可以直观地查看版图中出现的错误，并对版图进行修改，直至版图通过 DRC 验证。

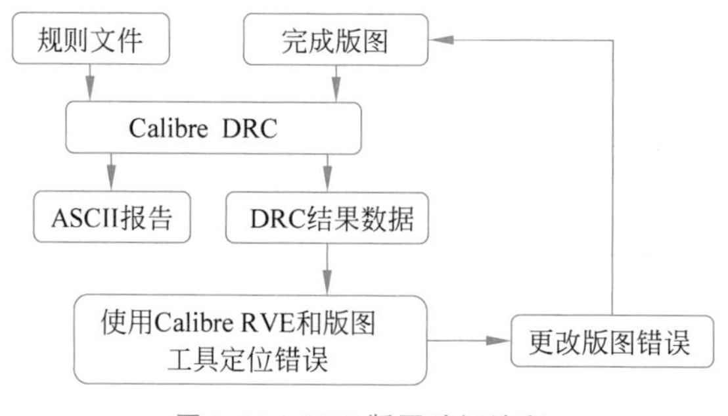

图 2-64 DRC 版图验证流程

2）LVS 验证流程

图 2-65 为 LVS 版图验证的流程，在进行 LVS 之前，首先需要准备原理图的数据文件、版图数据文件以及 LVS 的规则文件，源文件准备好后再对 LVS 的运行设置、层次定义、规则检查等选项进行设置。

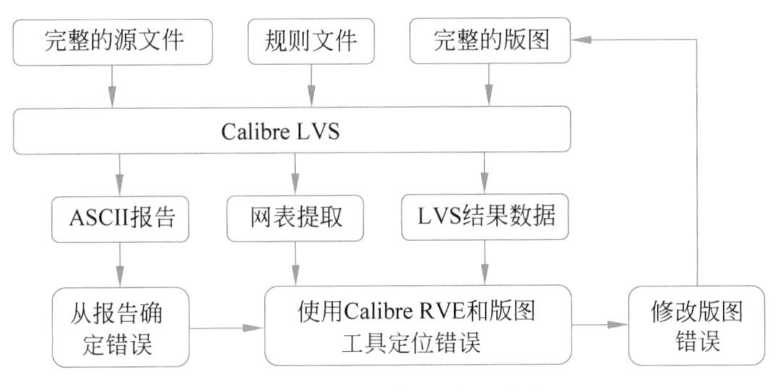

图 2-65　LVS 版图验证流程

设置完成后就可以运行 Calibre LVS，LVS 工具将从设计的 Layout 版图生成的网表文件与 Schematic 生成的文件进行对比，并生成最终的报告文件。通过查看 LVS 结果文件，并利用 RVE 工具查找错误，就可以对版图中的错误进行逐一修改。将修改后的版图再次进行 LVS 验证，直到版图最终通过 LVS 验证。

2.3.2　Mentor Calibre 工具

在 Cadence 中使用 Mentor Calibre 工具有多种方法，一种方法是在终端输入命令 calibredrv&，打开 Mentor Calibre 查看器，如图 2-66 所示，可以通过 Calibre 查看器中 DRC、LVS 和 PEX 工具进行版图验证。

图 2-66　Mentor Calibre 查看器

以上方法比较繁琐，常用方法是将 Calibre 工具嵌入 Virtuoso Layout 软件中，找到 Mentor 公司提供 Calibre 软件的 Skill 语言文件，再打开.cdsinit 文件，在文件中添加 load(/usr/calibre/calibre. skl)语句，其中. skl 就是 Skill 语言文件。成功添加后，打开 Cadence Virtuoso Layout Editor 版图编辑器，菜单栏中就会多出 Calibre 菜单，单击菜单栏中的 Calibre，如图 2-67 所示。

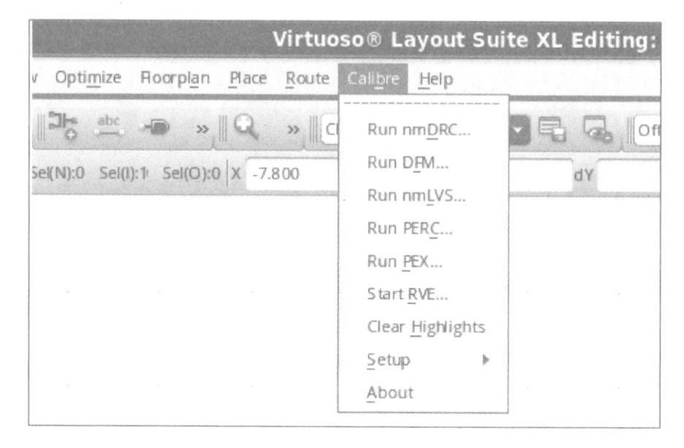

图 2-67 版图编辑器中的 Calibre

2.3.3 Calibre DRC 工具

图 2-68 为 Calibre DRC 验证界面，包括标题栏、菜单栏和工具选项栏。其中标题栏显示当前 Calibre 工具的名称，nmDRC 是指当前为 DRC 验证工具。

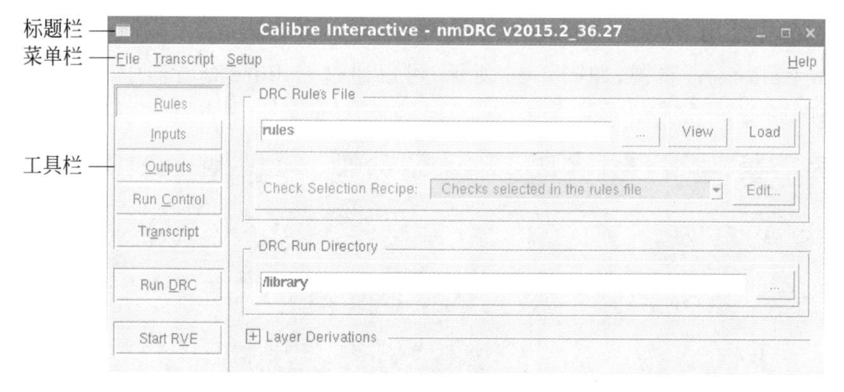

图 2-68 DRC 界面

1. 菜单栏

如图 2-69 所示，菜单栏 File 中包含：New Runset，即建立新的 Runset；Load Runset 为加载新 Runset，此时的新 Runset 为之前生成的 Runset 文件；Save Runset 为保存当前运行的 Runset，若是首次保存，则会弹出另一个窗口，新建一个目录并保存；Save Runset As 为另存 Runset，即将当前运行 Runset 的所有内容另存为一个新路径并保存；View Test File 为查看文本文件，需打开指定路径的文件进行查看；Control File View、Save As 为查看控制文件以及将新 Runset 另存至控制文件；Recent Runsets 为最近使用过的 Runset 文件；Exit 为退出 Calibre DRC。

如图 2-70 所示，菜单栏第二栏为副本菜单 Transcript，包含：Save As，即将副本另存至文件进行保存；Echo to File 选项可打开指定文件路径将文件加载至 Transcript 界面；Save Errors and Warnings As 选项可将当前验证的错误与警告另存为文件；Search 选项则可在 Transcript 界面中进行文本查找。

如图 2-71 所示，菜单栏第三项为设置菜单 Setup，包含：DRC Options 可以设置 DRC 选项是否出现在工具栏中，以及对 DRC 的一些详细设置；Set Environment 为设置环境，这个选项既可以添加环境变量，还能查看当前环境变量的设置；Layout Viewer 为版图布局查看器设置，可以设置版图视图为 Cadence Virtuoso，或者选择其他版图软件；Preference 选项是设置 DRC 使用习惯；Show ToolTips 选项为显示工具提示开关。

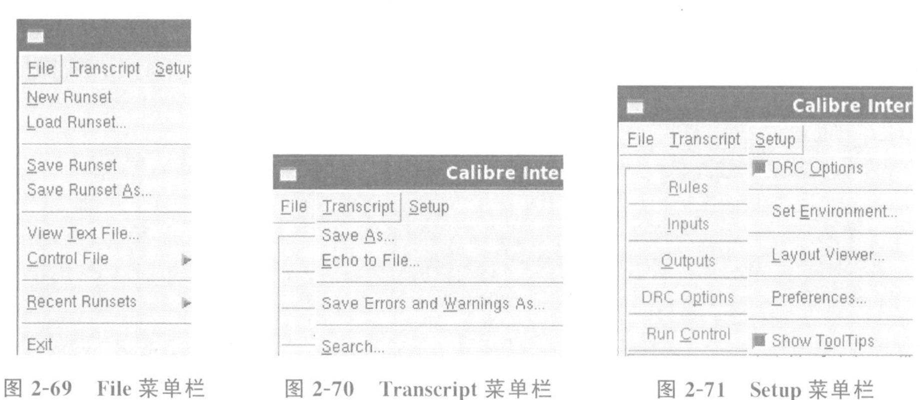

图 2-69　File 菜单栏　　图 2-70　Transcript 菜单栏　　图 2-71　Setup 菜单栏

2. 工具栏

1）Rule

图 2-72 为 Calibre DRC Rules 选项窗，其中：DRC Rules File 为进行 DRC 验证时 DRC 规则文件的选择；View 可以查看当前选择 DRC 规则文件；Load 可以浏览最近选择过的

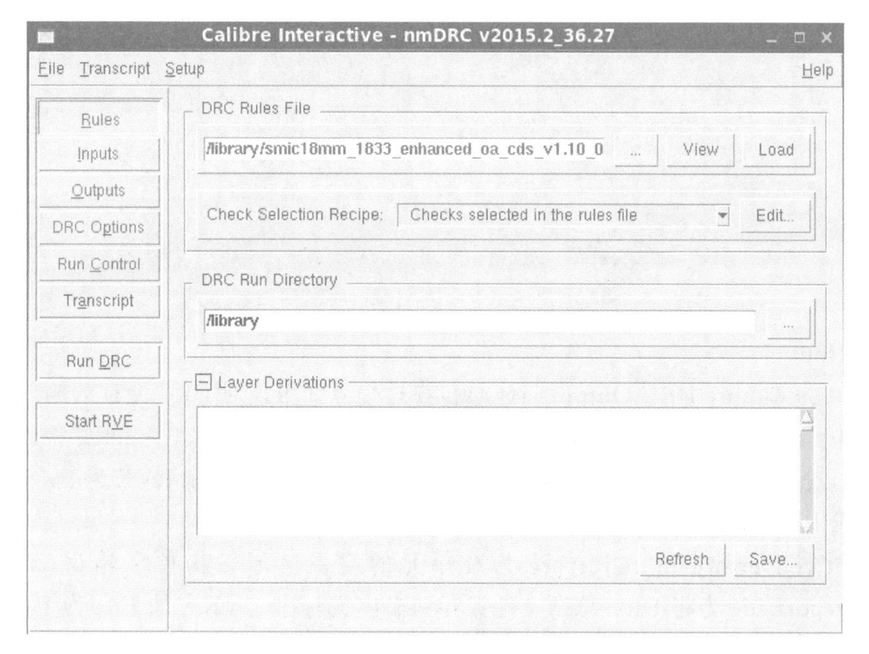

图 2-72　Calibre DRC Rules 选项窗

DRC 规则文件；Check Selection Recipe 可以选择 DRC 检查所有的项目，或者是规则文件中的项目；DRC Run Directory（运行目录）可以选择 DRC 执行的目录，这个路径会产生 DRC 运行时的过程文件。

2）Inputs

图 2-73 为 Calibre DRC Inputs 选项窗，其中：Run 可以选择 DRC 运行的方式，包括 DRC（Hierarchical）分层、DRC（Flat）平面、Calibre-CB（Flat）、Fast XOR、Autowaiver Creation 五种验证方式。当选择 Layout 选项后，Format 可选择版图的格式；Export from layout viewer 为从版图查看器中导出文件；Layout File 为版图文件的路径；Top Cell 为版图顶层单元的名称；Library Name 显示当前版图所处的库的名称；View Name 为当前视图的名称；Area 可以选择当前单元进行 DRC 验证的区域，当选中后，Layout 视图中会进行高亮显示。

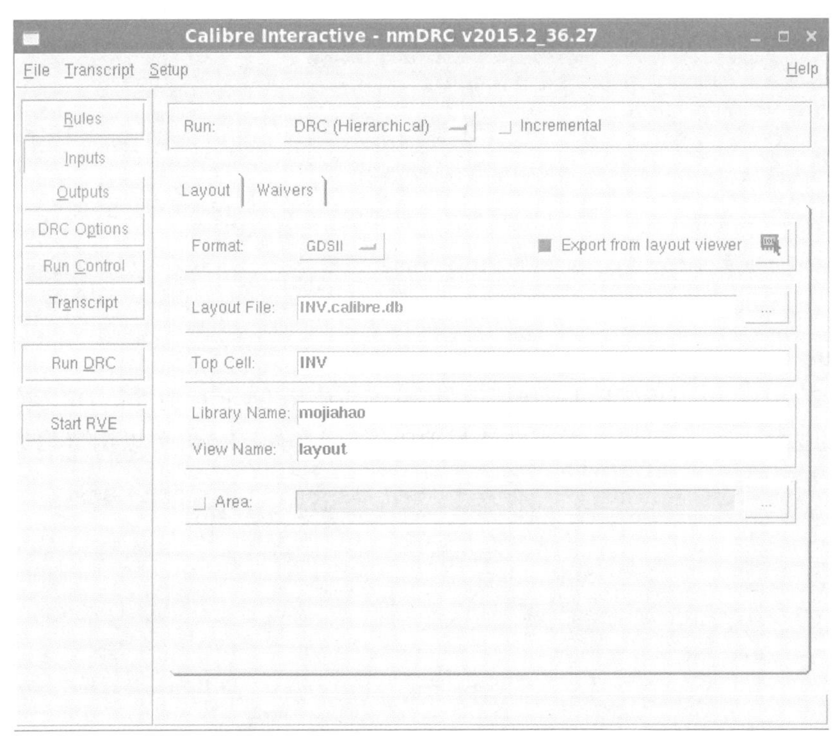

图 2-73 Calibre DRC Inputs 选项窗

3）Outputs

图 2-74 为 Calibre DRC Outputs 选项窗，在这个界面可以对 DRC 验证的输出结果进行设置。其中：File 选项表示 DRC 输出数据库的名称与路径；Format 为 DRC 验证生成数据库的格式，包括 ASCII、GDSII 和 OASIS 三种格式；Show results in RVE 为 DRC 验证结束后自动弹出 RVE 窗口。

Output cell errors in cell space 为在单元的空白区域输出单元错误，Write DRC summary report file 为将 DRC 总结文件保存到输出文件中，其下方的 File 为 DRC 总结文件的保存路径与名称。总结文件保存的方式有两种，其中 Replace file 为替换保存文件，Append to file 表示额外保存总结文件，View summary report after DRC finishes 表示在

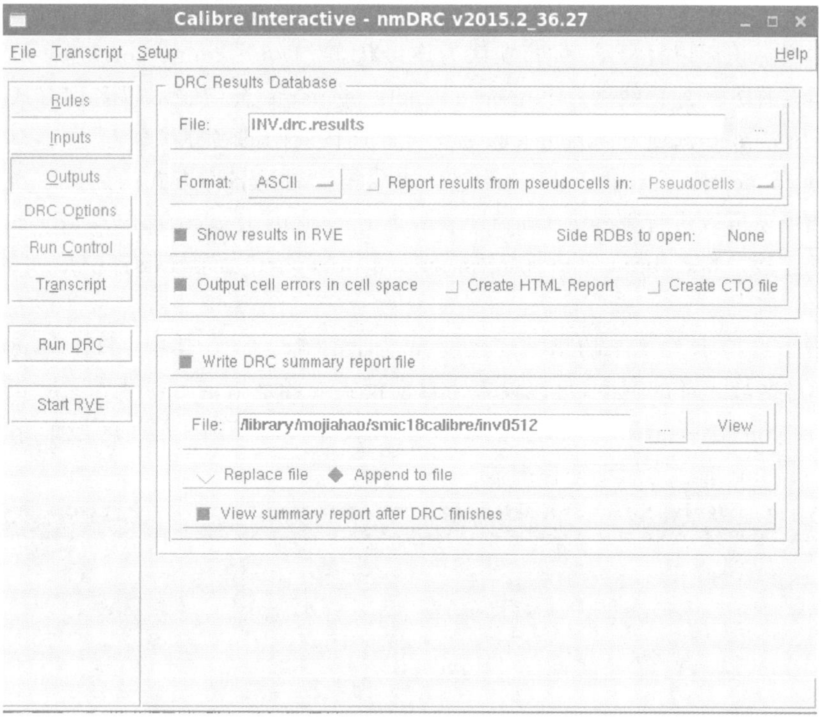

图 2-74 Calibre DRC Outputs 选项窗

DRC 完成后自动弹出 DRC 总结文件。

4）DRC Options

DRC Options 包含对 DRC 验证的一些更详细的设置，如图 2-75 所示，主要包括 Output、Connect、Area DRC、Include、Database、Incremental、Cells 六个子选项卡。

第一个子选项卡 Output 为输出设置，包括 Max. errors generated per check，表示每次检查最大产生错误量，Max. Vertices in output polygons，表示输出多边形的最大顶点数，这两项设置一般无特殊要求时，按默认设置即可。

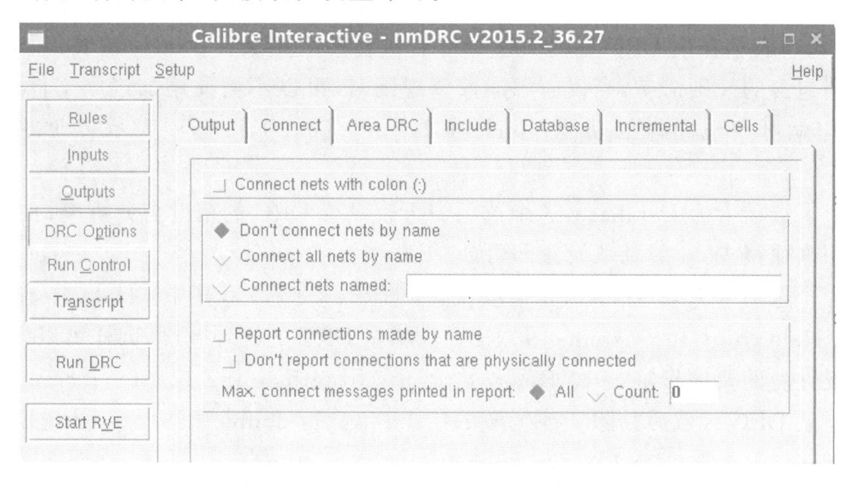

图 2-75 Calibre DRC Options 选项窗

第二个子选项卡为 Connect，如图 2-75 所示，其中：Connect nets with colon（：）选项表示版图中中文标识后以冒号结尾的，默认为连接状态；Don't connect nets by name 选项表示不以文本名称方式连接线网；Connect all nets by name 选项表示以名称方式连接线网；Connect nets named 选项可以自定义按名称方式连接线网的名称。

Report connections made by name 选项表示报告通过名称方式的连接。当勾选时，其下方两个选项窗可以进行额外的 Don't report connections that are physically connected 为不报告物理连接，Max. connect messages printed in report 为连接报告中最大的打印信息数量。

第三个子选项卡为 Area DRC 区域设置，如图 2-76 所示，其中：Halo width for area DRC 为 DRC 区域光环的宽度，可以设置为自动模式或者是指定 Size 大小；Remove results from halo region after area-DRC 选项表示在 DRC 区域后移除光环区域的结果；Apply coordinate scaling 选项为启动坐标缩放。

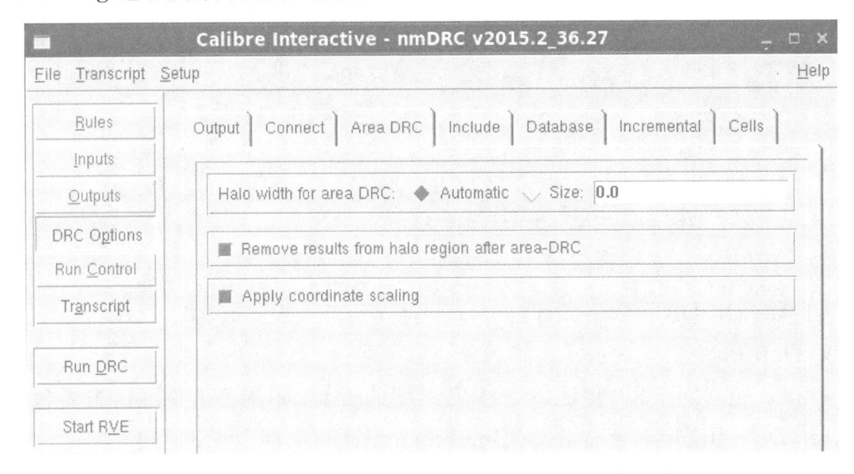

图 2-76 Calibre DRC Options→Area DRC 选项卡

第四个子选项卡为 Include，如图 2-77 所示，其中：Include Rule File：（specify one per line）为包好规则文件，要求为每行指定一个规则；Include Rule Files After Main DRC Rules File 选项表示在主 DRC 规则文件运行后包含的规则文件；Include Rule Statements 选项表示为包含的规则语句，当仅需添加数个规则时，可以不需要添加规则文件，而仅靠添加规则语句就可实现同样的功能；Include Layout Text File 选项表示包含的版图文本文件。

第五个子选项卡为 Database，这个选项窗可以设置 DRC 的精度与分辨率，在进行 DRC 验证时使用次数很少，一般默认设置即可。

第六个子选项卡为 Incremental 增量设置，如图 2-78 所示，其中：Halo Region 为光环区域设置；Halo width for incremental DRC 为增量 DRC 的光环宽度，同样可以设置为自动或者根据设计者的要求指定 Size；Remove results from halo region after incremental-DRC 选项表示增量 DRC 区域后移除光环区域的结果；Apply double halo region 选项表示应用双光环区域。

Design Delta Flow 设计选项，其中：Use dbdiff template file 选项表示使用 dbdiff 模板文件，dbdiff 为 Calibre 进行版图对比的一个工具；Compare only layers used in selected

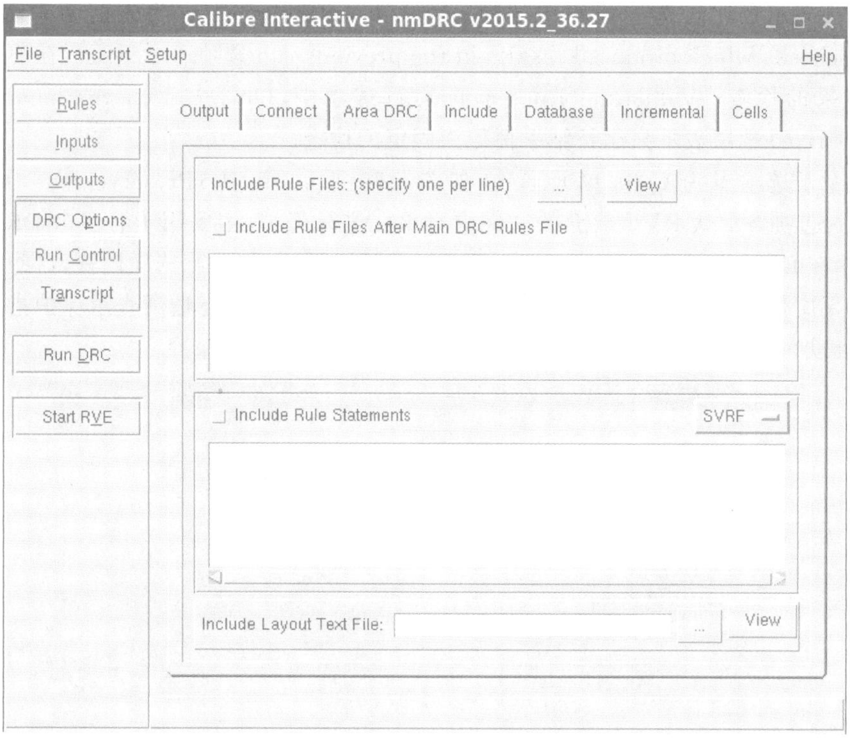

图 2-77　Calibre DRC Options→Include 选项卡

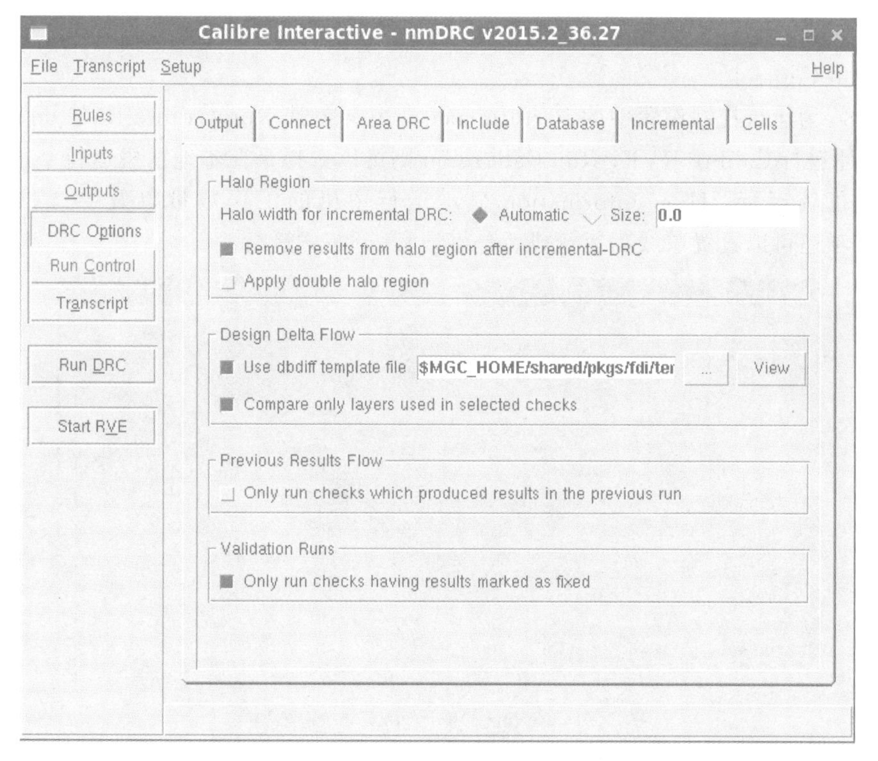

图 2-78　Calibre DRC Options→Incremental 选项卡

checks 选项表示只比较选中检查中的层；Previous Results Flow 为先前结果选项，其中 Only run checks which produced results in the previous run 选项表示只运行在前一次运行中产生结果的检查；Validation Runs 验证运行选项中，Only run checks having results marked as fixed 选项表示只运行结果标记为固定的检查。

第七个子选项卡为 Cells 单元选项，如图 2-79 所示，其中：Preserve cells from RVE waiver file 选项表示从 RVE 放弃的文件中对单元进行保护，主要用于有多个 DRC 结果文件时，若想在 DRC 运行期间不对这些结果进行全部展开，则勾选此选项设置，这些文件中已放弃的结果文件将会被保护而不会展开；Preserve cells from list 选项表示保护指定列表中的单元，可以在 DRC 运行期间按设计者的需求对某个单元进行保护。

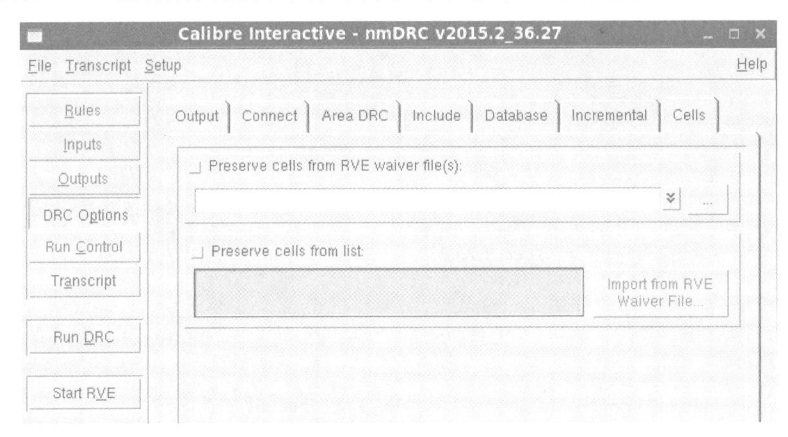

图 2-79 Calibre DRC Options→Cells 选项卡

5）Run Control

图 2-80 为运行控制设置中的 Performance，其中：勾选 Run Calibre-RVE on local host 表示在本地运行 Calibre-RVE；Run Calibre on 则可以选择是在本地主机运行 Calibre 还是在远程主机等运行；Host information 显示运行主机的工作数量以及系统信息；Run Calibre 选项还可以设置单线程运行或者是多线程、分布式运行。

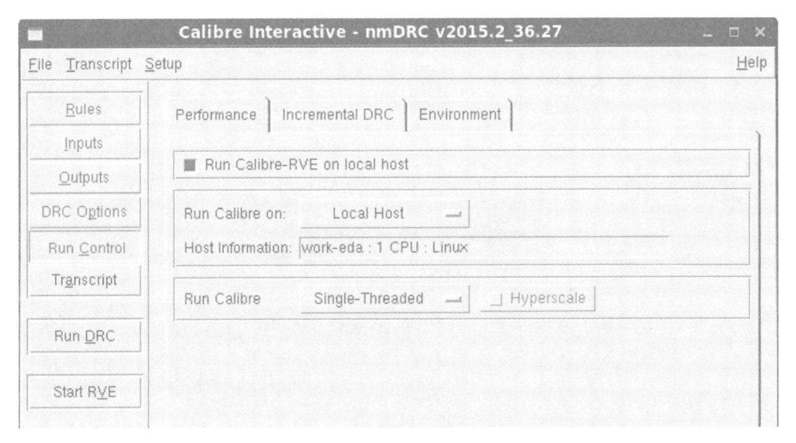

图 2-80 Calibre DRC Run Control 选项窗

其余的两个子菜单 Incremental DRC 与 Environment 内容与 Performance 类似，在设置上一般选为默认即可。

6) Transcript

图 2-81 为 DRC 验证中的 Transcript 的显示窗口，其中包含 Calibre DRC 的启动信息，包括启动时间、启动版本、运行平台以及 Calibre DRC 的运行进程的信息。

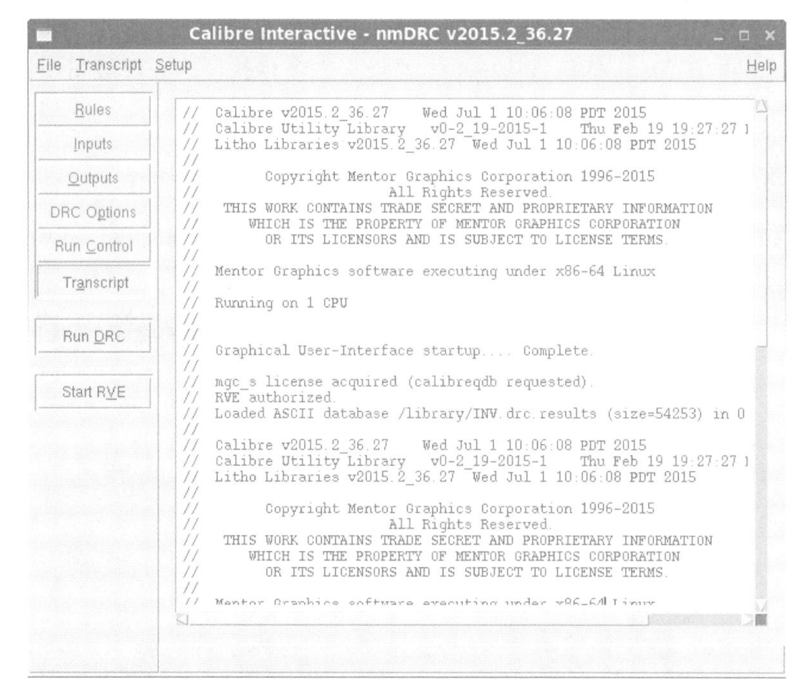

图 2-81 Calibre DRC Transcript 窗口

3. RVE 图形界面

将上述菜单与工具全部设置好后，就可以单击 Run DRC 开始进行 DRC 验证，运行完 DRC 验证后，可以手动打开 DRC 验证结果数据文件，从结果数据中读取所有信息。此外，人们更常用的方法是利用 RVE 图形工具，使数据库以图形显示结果。单击 Start RVE 就可以打开 RVE 窗口，RVE 窗口如图 2-82 所示。

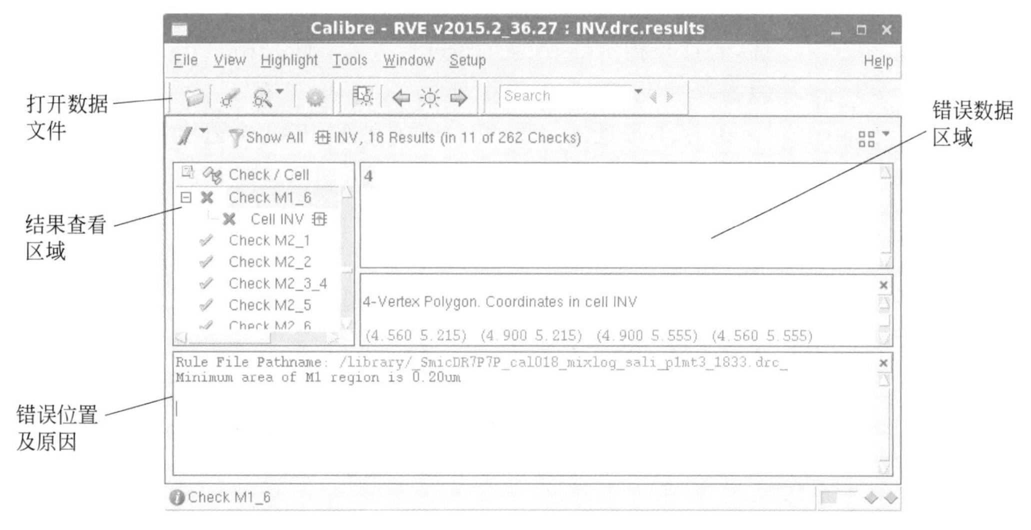

图 2-82 Calibre RVE 窗口

Calibre RVE是Calibre的图形化调试和结果观察的工具，这款工具在之后进行LVS与PEX分析结果时都会用到，设计者可以利用这款工具在原理图与版图之间实现交互探测与网表浏览。

窗口的左上方为DRC检查项的报告窗口，其中包含所有检查项的信息，绿色的“√”为正确的项目，红色的“×”为错误项目，从中单击错误报告项目就可以查看版图中错误项目的具体违反错误的规则，右侧窗口则显示当前错误项目的具体坐标。

2.3.4 Calibre LVS工具

图2-83为Calibre LVS验证界面，包括标题栏、菜单栏和工具选项栏。其中，标题栏显示当前Calibre工具的名称，nmLVS表示当前为LVS验证工具。

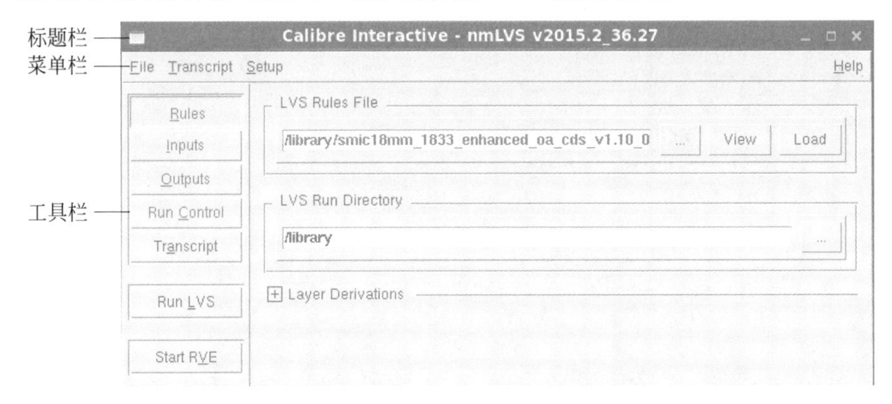

图2-83 Calibre LVS界面

1. 菜单栏

如图2-84所示，菜单栏File中包含：New Runset，即建立新的Runset；Load Runset为加载新的Runset，此时的新的Runset为之前生成的Runset文件；Save Runset为保存当前运行的Runset，若是首次保存，则会弹出另一个窗口，新建一个目录并保存；Save Runset As为另存Runset，即将当前运行Runset的所有内容另存为一个新路径并保存；View Test File为查看文本文件，需打开指定路径的文件进行查看；Control File View、Save As为查看控制文件以及将新的Runset另存至控制文件；Recent Runsets为最近使用过的Runset文件；Exit为退出Calibre LVS。

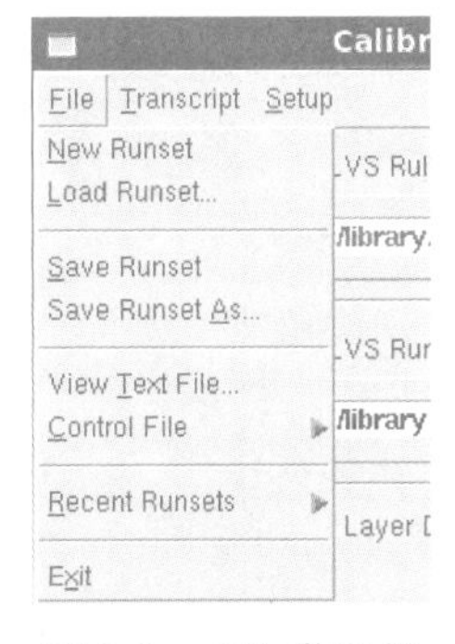

图2-84 File菜单栏

菜单栏第二栏为副本菜单Transcript，如图2-85所示，其中包含：Save As表示将副本另存至文件进行保存；Echo to File选项可打开指定文件路径将文件加载至Transcript界面；Save Errors and Warnings As选项可将当前验证的错误与警告另存为文件；Search选项则可在Transcript界面中进行文本查找。

菜单栏第三项为设置菜单Setup，如图2-86所示，其中包括：LVS Options可以设置LVS选项是否出现在工具栏中，以及对LVS的一些详细设置；Set Environment是设置环境，这个选项既可以添加环境变量，又能查看当前环境变量的设置；Layout Viewer是版图布局查看器设置，可以设置版图视图为Cadence Virtuoso，或者选择其他版图软件；

Preferences 选项设置 LVS 使用习惯；Show Tool Tips 选项是显示工具提示开关。

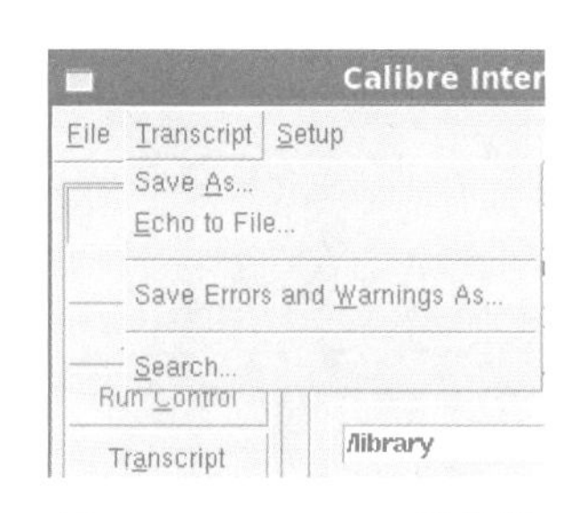

图 2-85 Transcript 菜单栏

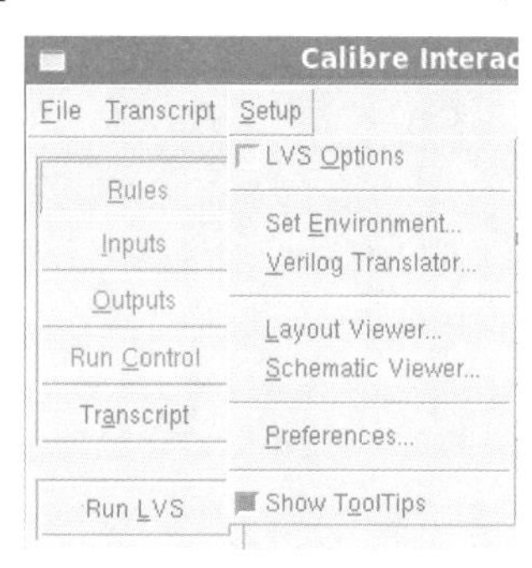

图 2-86 Setup 菜单栏

2. 工具栏

1）Rule

图 2-87 为 Calibre LVS Rules 选项窗，其中：LVS Rules File 为进行 LVS 验证时 LVS 规则文件的选择；View 可以查看当前选择 LVS 规则文件；Load 可以浏览最近选择过的 LVS 规则文件；Check Selection Recipe 可以选择 LVS 检查所有的项目或者是规则文件中的项目；LVS Run Directory 运行目录可以选择 LVS 执行的目录，这个路径会产生 LVS 运行时的过程文件。

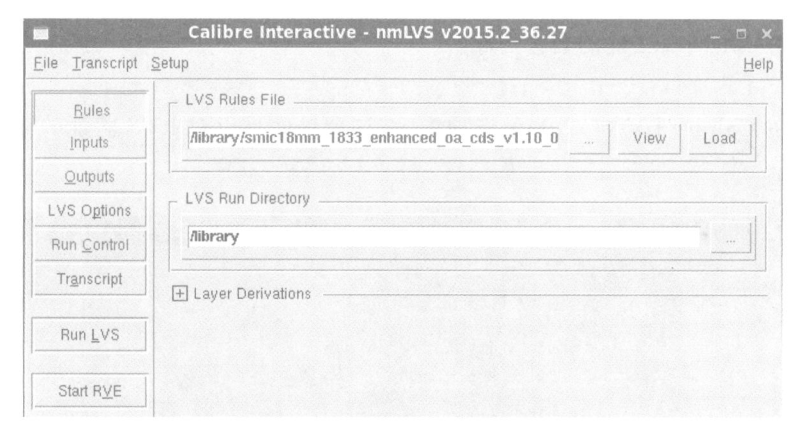

图 2-87 Calibre LVS Rules 选项窗

2）Inputs

图 2-88 为 Calibre LVS Inputs 选项窗，其中 Run 可以选择 LVS 运行的方式，包括 LVS (Hierarchical，分层)、LVS(Flat，平面)、Calibre-CB(Flat)、Fast XOR、Autowaiver Creation 五种验证方式。

Step 为 LVS 比较类型的方式选择，包括 Layout vs Netlist(版图与网表对比)、Netlist vs Netlist(网表与网表对比)、Netlist Extraction(网表提取)三种比较方式。

子菜单选项有 Layout、Netlist、H-Cells、Signatures、Waivers 五种选项。选择 Layout 选项后，其中：Format 选项表示可选择版图的格式；Export from layout viewer 为从版图查看器中导出文件；Layout File 为版图文件的路径；Top Cell 为版图顶层单元的名称；Library Name 显示当前版图所处的库的名称；View Name 为当前视图的名称；Layout

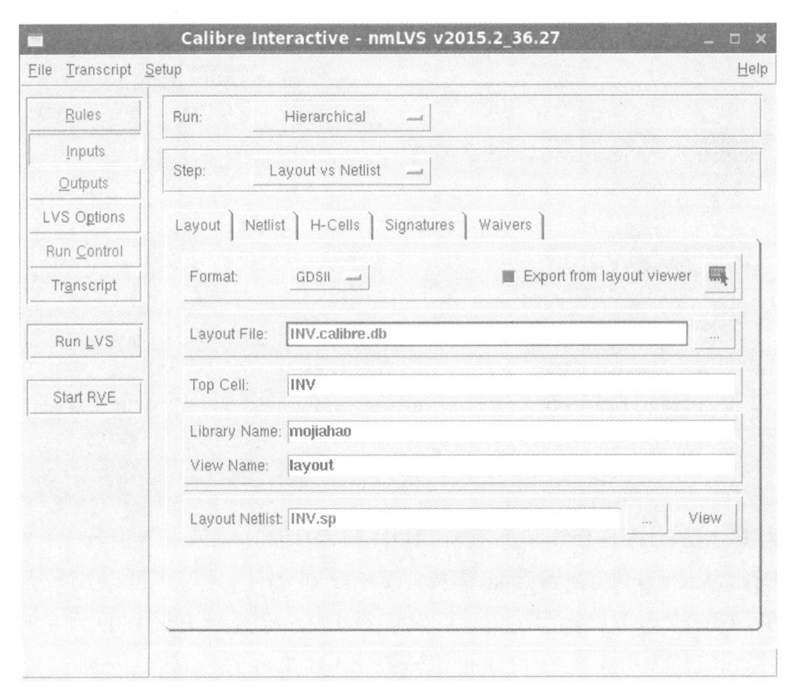

图 2-88 Calibre LVS Inputs 选项窗

Netlist 为版图导出网表文件的名称与路径。

3）Outputs

图 2-89 为 Calibre LVS Outputs 选项窗，在这个界面可以对 LVS 验证的输出结果进行设置。

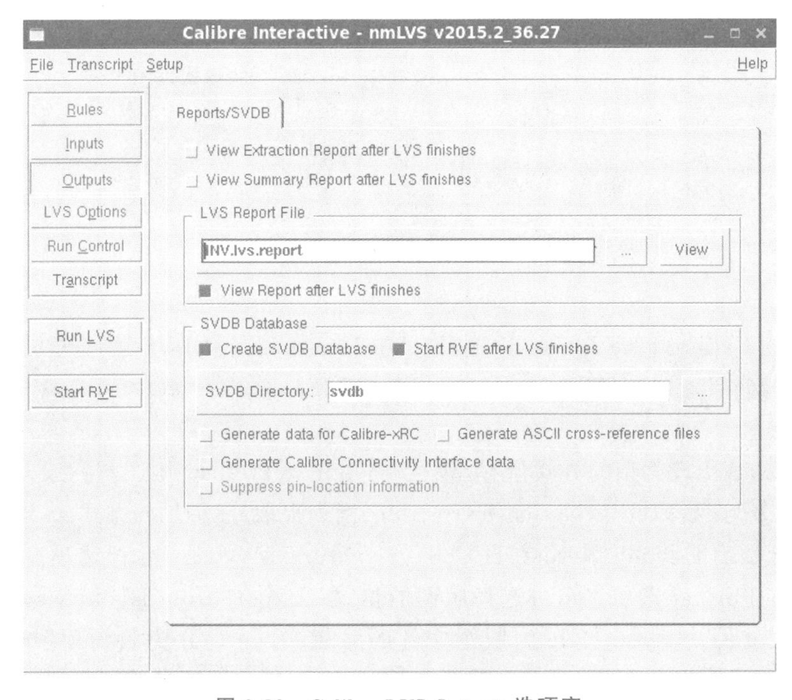

图 2-89 Calibre LVS Outputs 选项窗

其中 View Extraction Report after LVS finishes 复选项选中时表示在 LVS 完成后查看提取报告，View Summary Report after LVS finishes 复选项选中时表示在 LVS 完成后查看汇总报告。

LVS Report File 为 Calibre LVS 检查后生成的报告名称与路径，View Report after LVS finishes 复选框选中时表示 LVS 检查后自动开启查看器。

SVDB Database 框为 SVDB 数据设置，SVDB 是 Standard Verification Database 的缩写，称为标准验证数据库，也是 LVS 验证的结果。

选项窗中的 Creat SVDB Database 选项表示是否创建 SVDB 数据库文件；Start RVE after LVS finishes 选项表示是否在 LVS 检查完成后打开 RVE 窗口；SVDB Directory 为 SVDB 产生的名称与路径，默认为 svdb，这个路径是 Calibre RVE 进行调试时读取数据的路径；Generate data for Calibre-xRC 选项表示将为 Calibre-xRC 产生必要的数据；Generate ASCII cross-reference files 选项为产生 Calibre 连接接口数据的 ASCII 文件，这个文件可以用来进行后仿，或者让其他软件进行调用；Generate Calibre Connectivity Interface data 选项为产生 Calibre 连接界面上的相关数据。

4）LVS Options

图 2-90 是 LVS 一些更详细选项的设置，包括 Supply、Report、Gates、Shorts、ERC、Connect、Include、Database 和 Prop 九个选项卡。

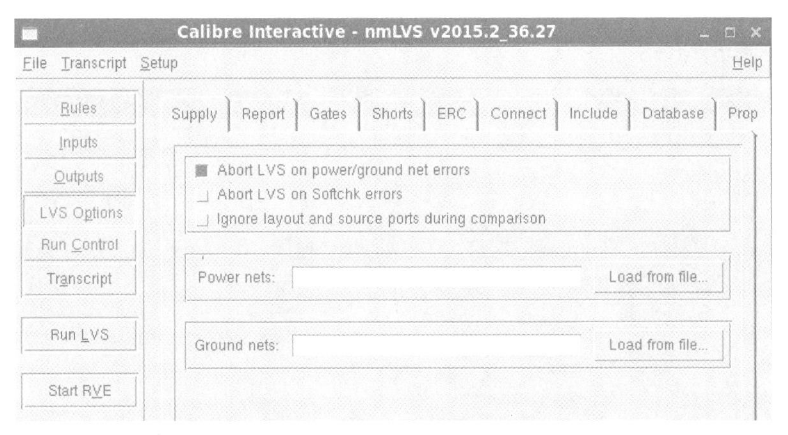

图 2-90 Calibre LVS Options→Supply 选项卡

Supply 选项卡中 About LVS on power/ground net errors 选项为当电源或地短路时中断 LVS；About LVS on Softchk errors 选项为当发现软连接错误时中断 LVS；Ignore layout and source ports during comparison 选项为 LVS 比较过程中忽略版图与电路图的接口；Power nets 为可加入的电源线网的路径与名称；Ground nets 为可加入的接地线网的路径与名称。

图 2-91 为 Report 选项卡，Report 选项卡中 LVS Report Options 可对 LVS 检查报告的项目进行选择；Max. discrepancies printed in report 选项为报告中可显示错误的最大数量；Create Seed Promotions Report 选项为产生将所有版图层次打平后的 LVS 报告；Max. polygons per seed-promotion in report 选项为报告中显示的最大多边形错误的数量。

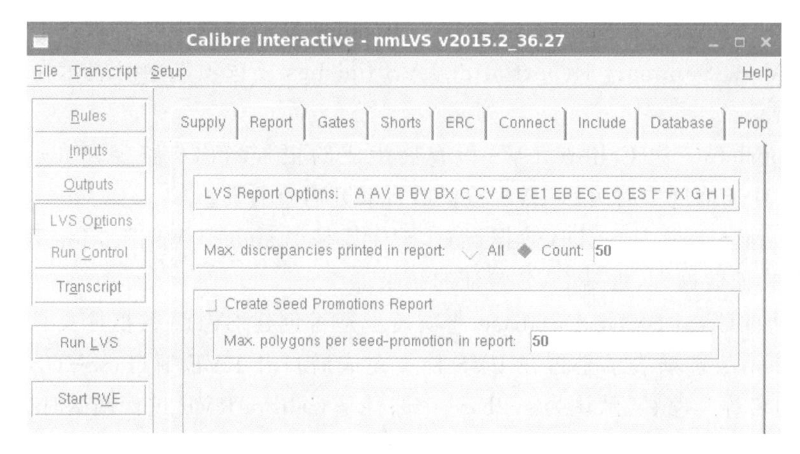

图 2-91 Calibre LVS Options→Report 选项卡

图 2-92 为 Gates 选项卡，其中：Gates Recognition 为门识别选项；Recognize all gates 为识别所有的逻辑门进行对比；Recognize simple gates 为识别简单逻辑门进行对比；Turn off 为只允许 LVS 按晶体管级别进行对比；Mix subtypes 选项为混合子类型进行对比；Split Gate Reduction 为减少分割门；Use setting from rules 选项即使用规则中的分离逻辑门方式，当取消勾选时，可以自定义逻辑门分割的一些选项；Filter Unused Device Options 为过滤无用器件选项，可以自定义该类器件的过滤种类，如选项框中第一个为源极、漏极和栅极连接在一起的 MOS 管。

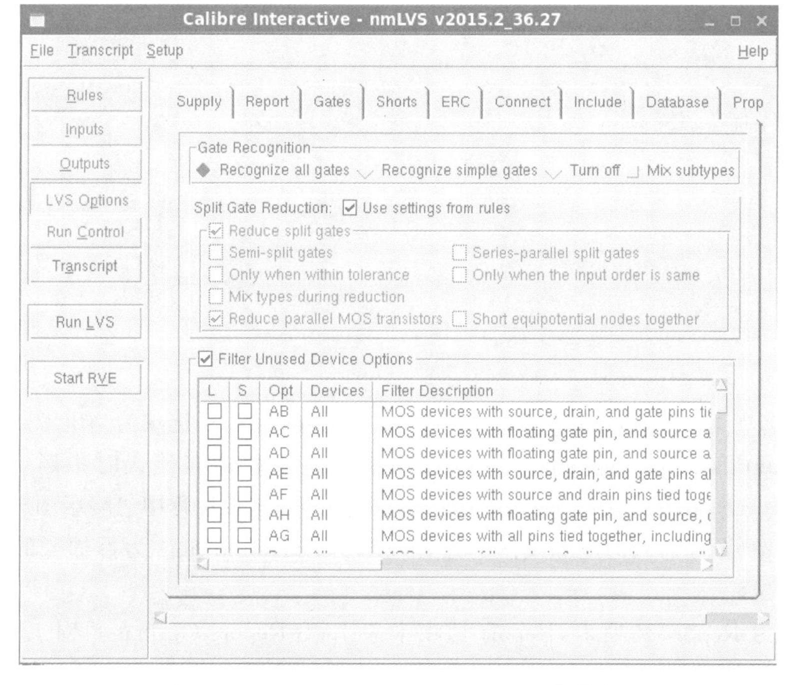

图 2-92 Calibre LVS Options→Gates 选项卡

图 2-93 为 Shorts 选项卡，它是 LVS 验证中的短路设置。其中：Run short isolation 为运行短路隔离检查；Output shorts by layer 为按层输出短路；Output shorts by cell 为按单

元输出短路；Run flat short-isolation 为运行平面短路隔离检查；Exclude contact polygons 为排除接触的多边形；Hierachical Options 为等级选项；Isolate short in top cell only 为只隔离顶层单元的短路；Isolate shorts in all cells 为隔离所有单元的短路；AND 选项表示等级之间关系为与，OR 为或；Between all names 选项表示在所有名字的等级进行 Short 设置；Between names 选项则可以对自定义的名字等级进行 Short 设置；Identify common paths 鉴定共同路径选项可以分辨不同等级之间的共同路径。

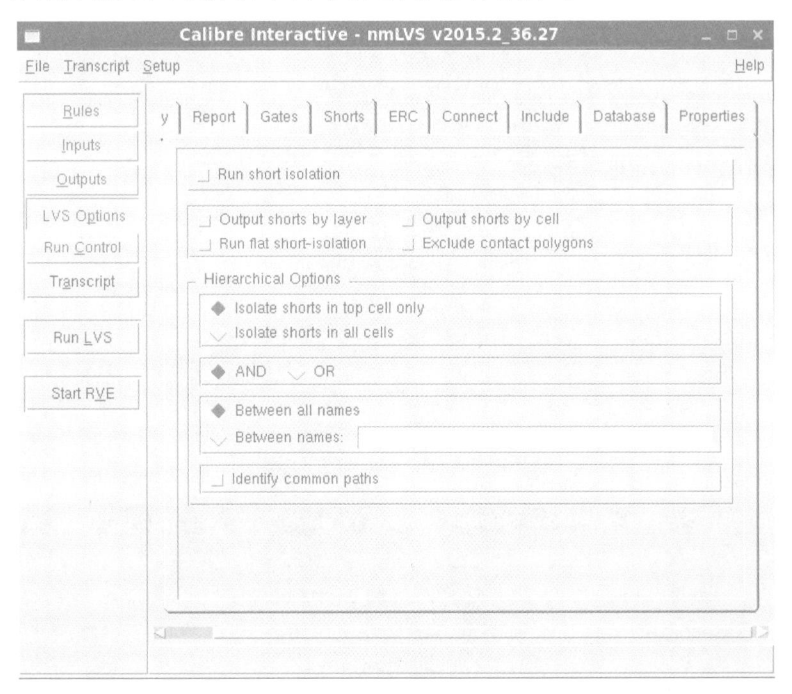

图 2-93　Calibre LVS Options→Short 选项卡

图 2-94 为 ERC 选项卡，其中：Run ERC 表示是否在 LVS 验证中运行 ERC 检查；Select Checks 可以对 ERC 检查的项目进行选择；ERC Results File 为 ERC 结果文件的目录与名称；Output ERC errors in cell space（Hierarchical LVS only）选项表示在单元的空白区域输出 ERC 错误，仅在 LVS 层次化时执行；Max. errors generated per check 选项表示每次检查所产生错误的最大数量；Max. vertices in output polygons 选项表示输出多边形的最大顶点数；ERC Summary File 选项为 ERC 总结文件的路径与名称；Replace file 为每次产生文件时替代之前的文件；Append to file 为不改变之前产生的文件追加产生新的文件。

图 2-95 为 Connect 选项卡，其中：Connect nets with colon（:）选项表示版图中中文标识后以冒号结尾的，默认为连接状态；Don't connect nets by name 选项表示不以文本名称方式连接线网；Connect all nets by name 选项表示以名称方式连接线网；Connect nets named 选项可以自定义按名称方式连接线网的名称。

Report connections made by name 选项表示报告通过名称方式的连接，当勾选时，其下方两个选项窗可以进行额外地选择连接；Don't report connections that are physically connected 为不报告物理连接；Max. connect messages printed in report 为连接报告中最大

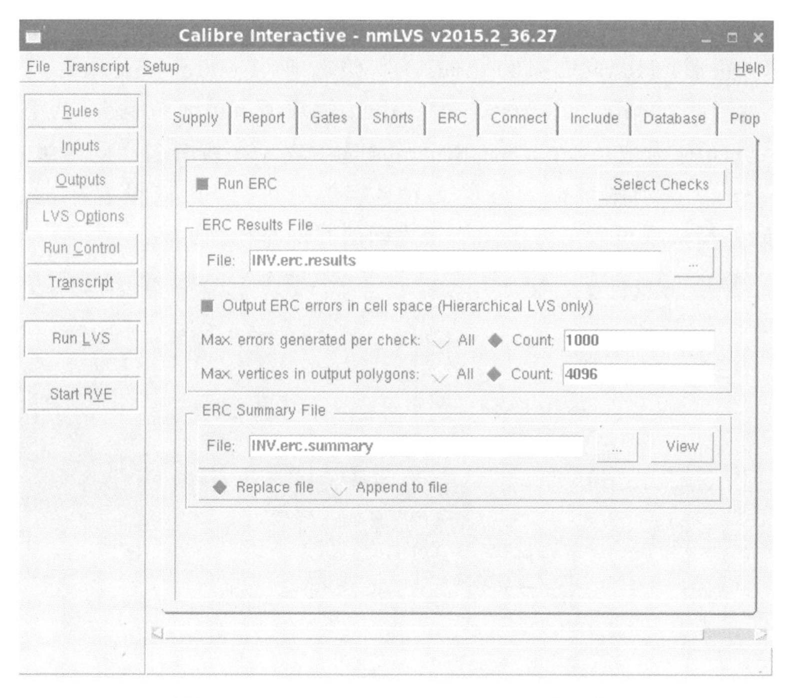

图 2-94 Calibre LVS Options→ERC 选项卡

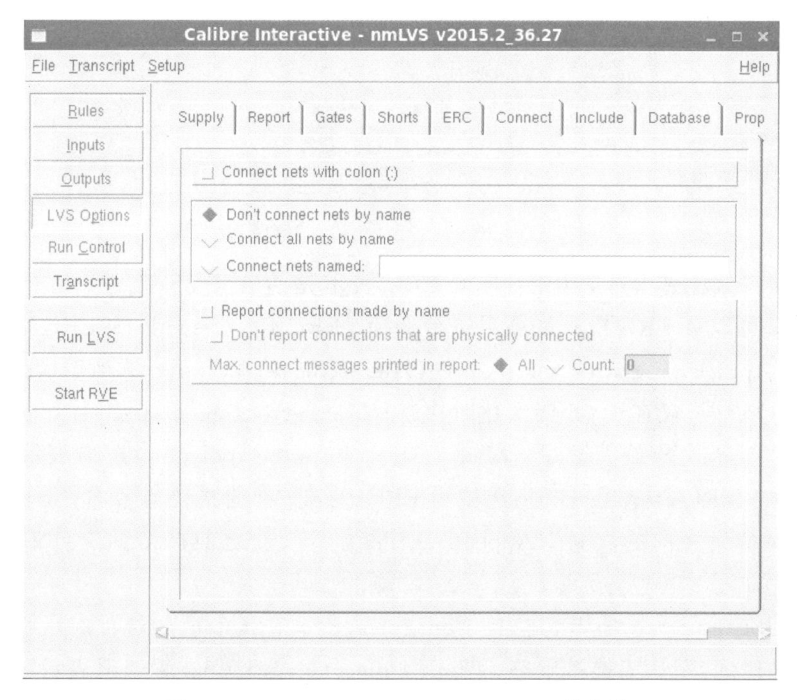

图 2-95 Calibre LVS Options→Connect 选项卡

的打印信息数量。

图 2-96 为 Include 选项卡，与 DRC 的 Include 选项设置一致。其中：Include Rule Files 选项为包含的规则文件，View 可以对选择的规则进行浏览；Include Rule Files After Main LVS Rules File 为除主 LVS 规则文件外包含的其他规则文件；Include Rule Statements 为

包含的规则语句；Include Layout Text File 为包含的版图文本文件。

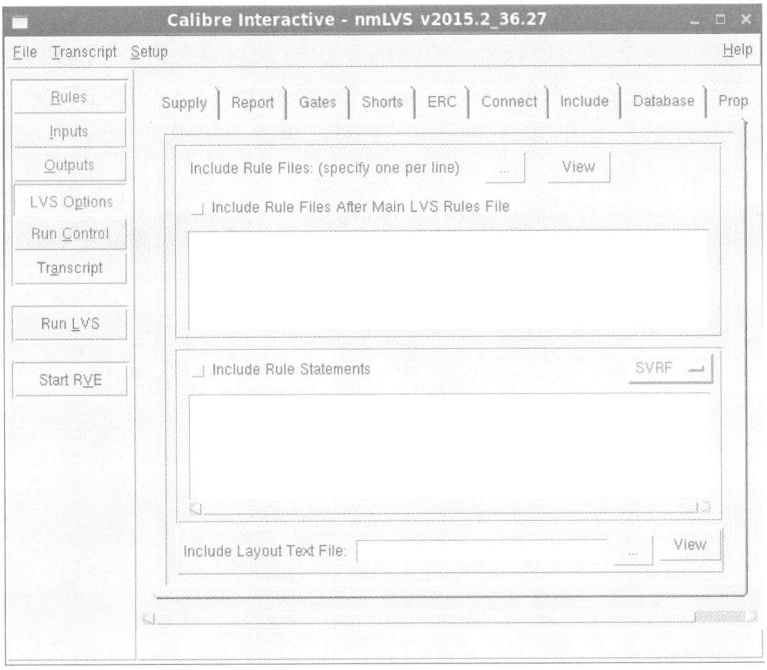

图 2-96　Calibre LVS Options→Include 选项卡

剩下的选项卡中 Database 为数据库选项窗，可以设置 LVS 精度、分辨率等；Properties 属性设置可以设置跟踪属性；Trace Property 为规则中所设置的，或者设计者可以自己添加文件进行设置。

5）Run Control

图 2-97 为运行控制设置中的 Performance，其中：勾选 Run Calibre-RVE on local host 表示在本地运行 Calibre-RVE；Run Calibre on 则可以选择是在本地主机运行 Calibre 还是在远程主机等运行；Host information 显示运行主机的工作数量以及系统信息；Run Calibre 选项还可以设置单线程运行还是多线程、分布式运行。

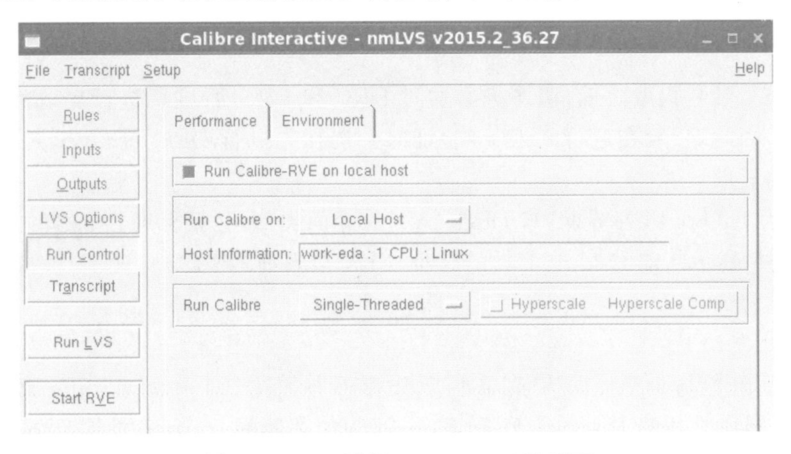

图 2-97　LVS 验证 Run Control 选项窗

Environment 选项卡为关于 LVS 许可的一些设置,一般设置为默认即可。

LVS 的 Transcript 与 DRC 的相同,从 Transcript 副本窗中可以查看 LVS 运行的一些信息。当上述设置选项全部设置好后,单击 Run LVS 就可以运行 LVS,通过利用 RVE 图形界面与版图工具,对最终结果进行核查: 若 LVS 结果正确,则在 RVE 显示界面上会出现一个"√"和笑脸; 若 LVS 结果错误,则在 RVE 显示界面会出现一个"×"。图 2-98 为 LVS 通过的 RVE 工具显示界面。

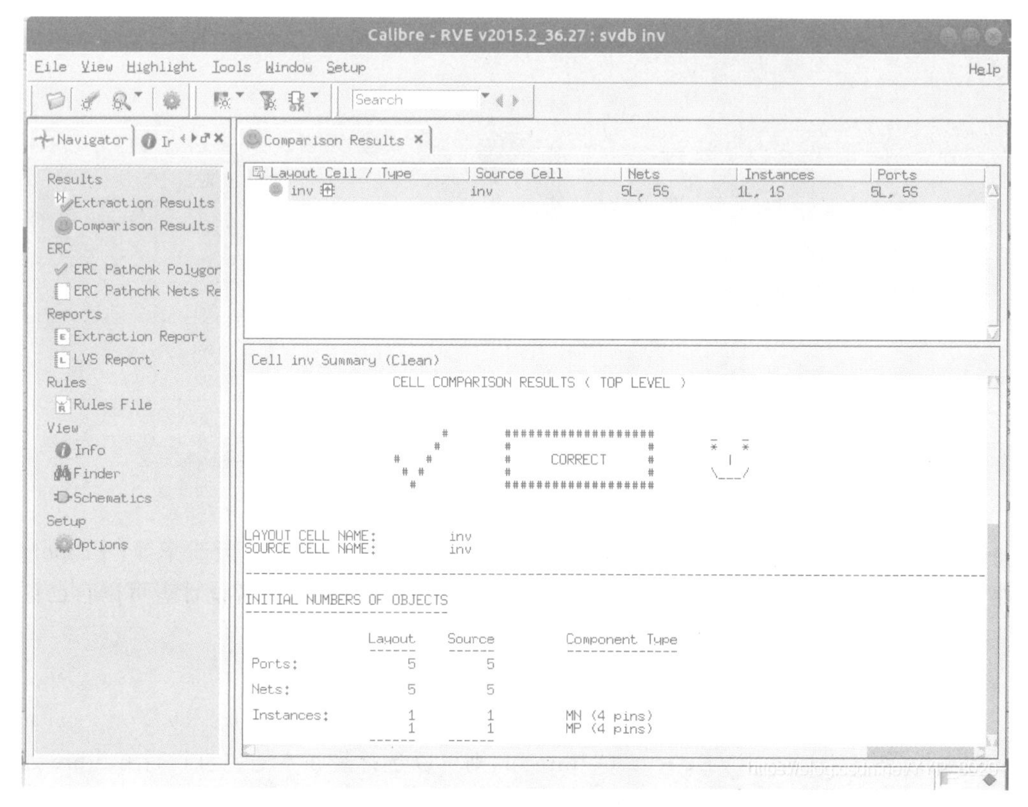

图 2-98 LVS 通过的 RVE 界面

2.3.5 Calibre PEX 工具

在执行寄生参数提取之前,版图务必通过 DRC 和 LVS,否则所进行提取的数据是没有任何意义的。因此,一般在进行 Calibre 验证时会选择先进行 DRC 和 LVS,再进行 PEX 寄生电阻电容的提取。

图 2-99 为 Calibre PEX 界面,与 DRC、LVS 的界面类似,包括标题栏、菜单栏和工具选项栏。其中标题栏显示当前 Calibre 工具的名称,PEX 指当前为 PEX 验证工具,v2015.2_36.27 为当前的版本号。

1. 菜单栏介绍

PEX 的菜单栏与 DRC、LVS 菜单栏十分相似。如图 2-100 所示,File 菜单栏中包含 New Runset,即建立新的 Runset; Load Runset 为加载新的 Runset,此时新的 Runset 为之前生成的 Runset 文件; Save Runset 为保存当前运行的 Runset,若是首次保存,则会弹出另一个窗口,新建一个目录并保存; Save Runset As 为另存 Runset,即将当前运行 Runset 的

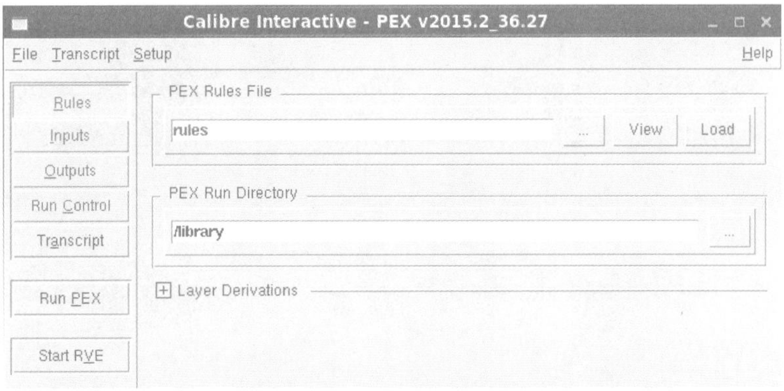

图 2-99 Calibre PEX 界面

所有内容另存为一个新路径并保存；View Text File 为查看文本文件，需打开指定路径的文件进行查看；Control File View、Save As 为查看控制文件以及将新 Runset 另存至控制文件；Recent Runsets 为最近使用过的 Runset 文件；Exit 为退出 Calibre PEX。

菜单栏第二栏为副本菜单 Transcript，如图 2-101 所示。其中包含：Save As 即将副本另存至文件进行保存；Echo to File 选项可打开指定文件路径将文件加载至 Transcript 界面；Save Errors and Warnings As 选项可将当前验证的错误与警告另存为文件；Search 选项则可在 Transcript 界面中进行文本查找。

菜单栏第三项为设置菜单 Setup，如图 2-102 所示。PEX Options 可以设置 DRC 选项是否出现在工具栏中，以及对 PEX 的一些详细设置；Set Environment 为设置环境，这个选项既可以添加环境变量还能查看当前环境变量的设置；Layout Viewer 为版图布局查看器设置，可以设置版图视图为 Cadence Virtuoso 或者选择其他版图软件；Preferences 选项设置 PEX 工作环境与操作习惯；Show ToolTips 选项为显示工具提示开关。

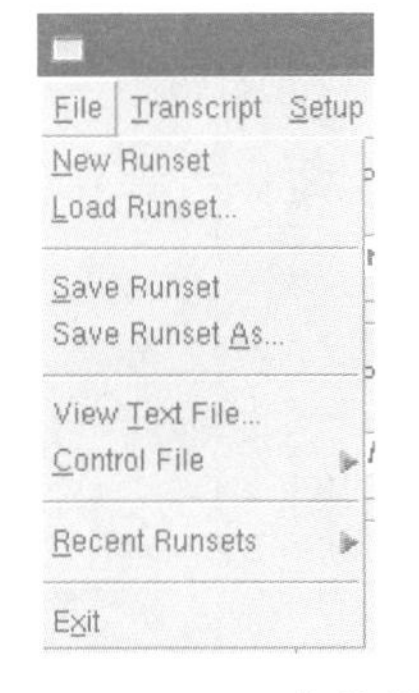

图 2-100 File 菜单栏

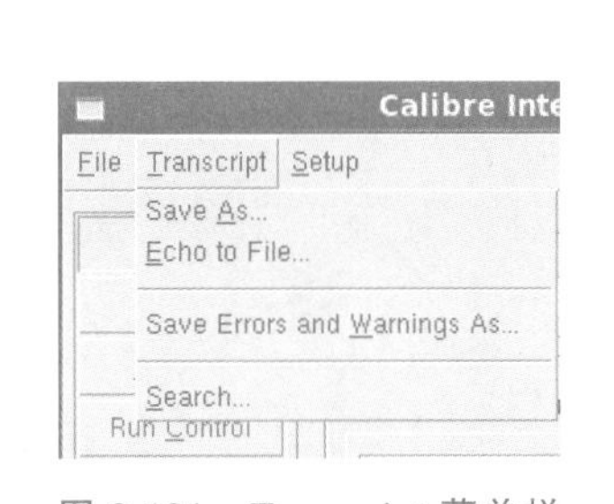

图 2-101 Transcript 菜单栏

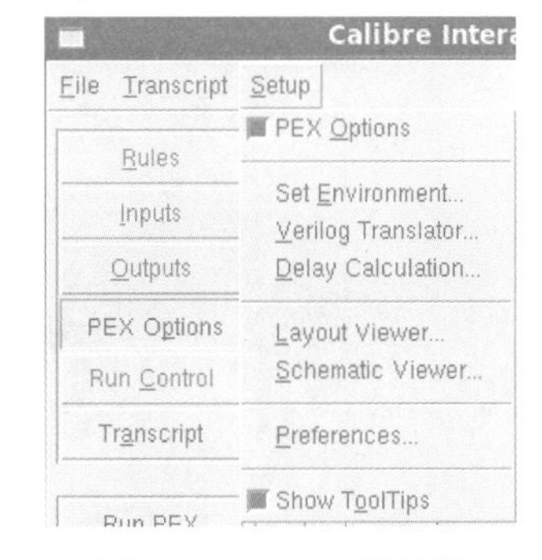

图 2-102 Setup 菜单栏

2. 工具栏

1) Rule

图 2-103 为 Calibre PEX Rules 选项窗，其中：PEX Rules File 为进行 PEX 验证时 PEX 规则文件的选择，View 可以查看当前选择 DRC 规则文件，Load 可以浏览最近选择过的 DRC 规则文件；PEX Run Directory 运行目录可以选择 PEX 执行的目录，这个路径会产生 PEX 运行时的过程文件。

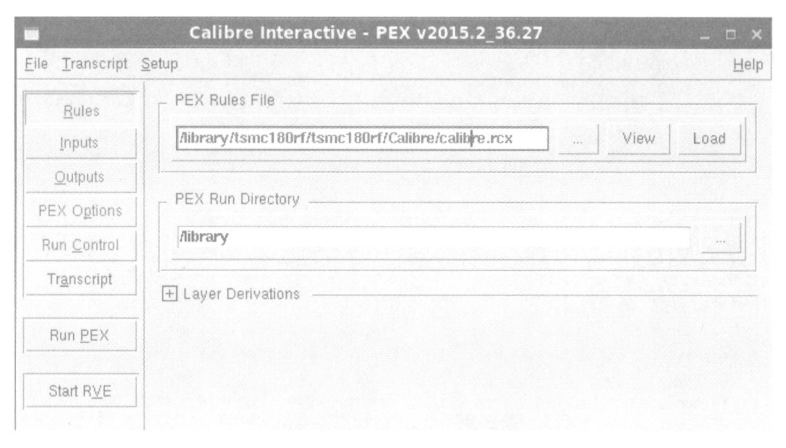

图 2-103 Calibre PEX Rules 选项窗

2）Inputs

图 2-104 为 Calibre PEX Inputs 选项窗，其中子菜单选项有 Layout、Netlist、H-Cells、Blocks、Probes 五种。选择 Layout 选项，其中：Format 选项表示可选择版图的格式；Export from layout viewer 为从版图查看器中导出文件；Layout File 为版图文件的路径；Top Cell 为版图顶层单元的名称；Library Name 显示当前版图所处的库的名称；View Name 为当前视图的名称。Netlist 为版图导出网表文件相关的设置，与 Layout 设置相似，因此不再单独介绍。H-Cells 选项设置需要在采用层次化运行 LVS，即 LVS 的 Hierarchical 模式时，H-Cells 选项才会生效，H-Cells 选项卡如图 2-105 所示，其中：Match cells by name 选项表示通过名称自动匹配单元；Use LVS H-Cells file 选项表示可以自定义 H-Cells 文件来匹配单元；PEX x-Cells file 选项表示为指定寄生参数提取单元文件。

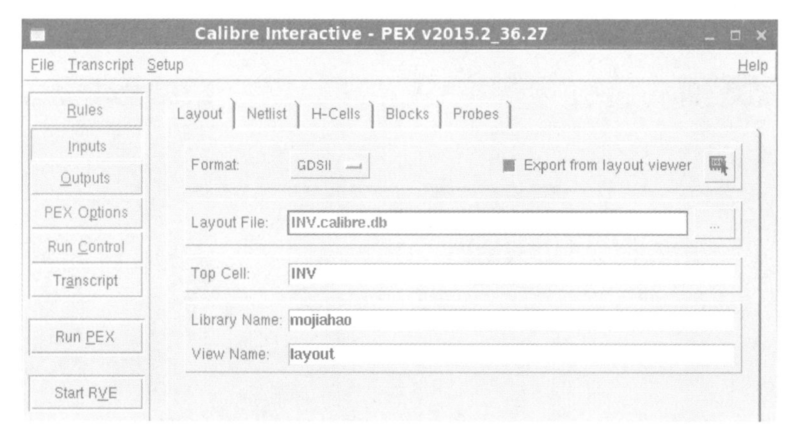

图 2-104 Calibre PEX Inputs 选项窗

图 2-106 为 Blocks 选项卡，其中 Netlist Blocks for ADMS/Hier Extraction 选项表示层次化或混合仿真网表提取的顶层单元，图中显示出反相器的 INV 单元例子。

如图 2-107 所示，Probes 选项卡用来打印观察点，通过 Add、Delete 对观察点进行增加或删除，同时可以通过 Load from File 选项从本地文件加载观测点，以及通过 Save to File 将所设置的观察点以文件方式保存到本地。

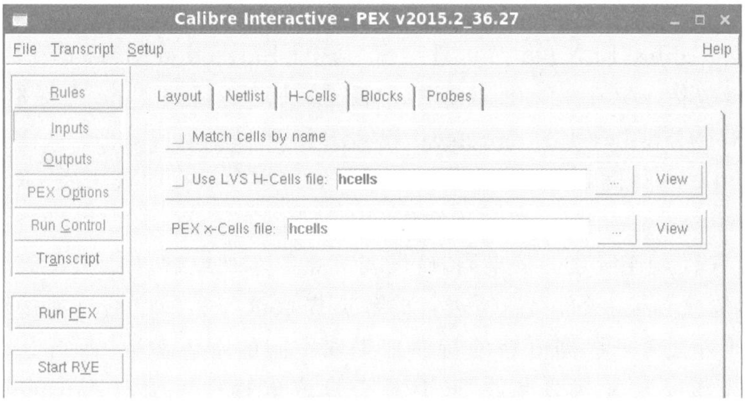

Calibre Interactive - PEX v2015.2_36.27
File Transcript Setup Help
Rules
Inputs
Outputs
PEX Options
Run Control
Transcript
Run PEX
Start RVE
Layout Netlist H-Cells Blocks Probes
Match cells by name
Use LVS H-Cells file: hcells ... View
PEX x-Cells file: hcells ... View

图 2-105 Calibre PEX Inputs→H-Cells 选项卡

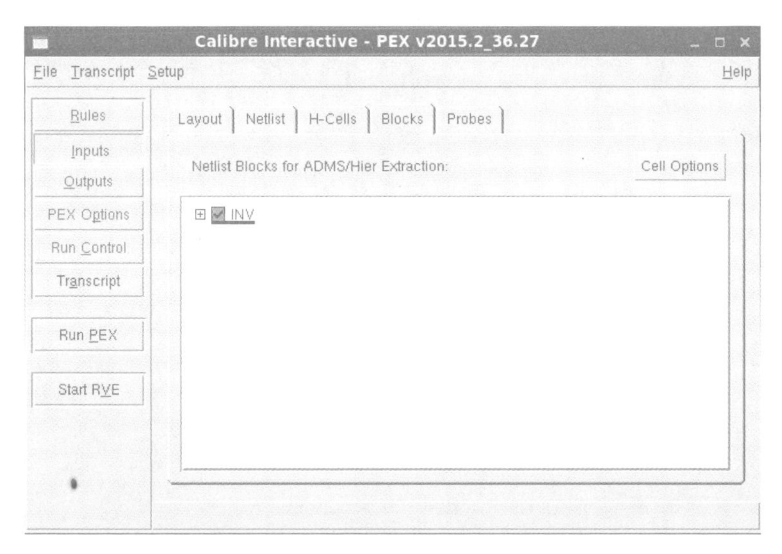

图 2-106 Calibre PEX Inputs→Blocks 选项卡

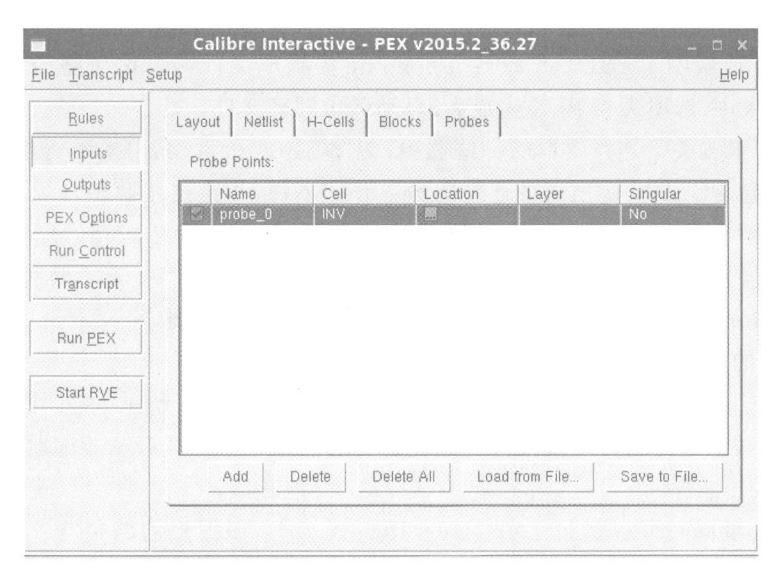

图 2-107 Calibre PEX Inputs→Probes 选项卡

3）Outputs

图 2-108 为 Calibre PEX Outputs 选项窗，其中：Extraction Mode 选项为 Calibre PEX 提取模式选项，包括 xACT 3D 和 xRC 两种模式；Extraction Type 为提取类型选项，有 Transistor Level、Gate Level、Hierarchical 和 ADMS 四种提取方式，R+C+CC、R+C、R、C+CC、No R 和 C 六种提取类型。图 2-108 显示的寄生参数提取模式为 xRC，提取方式为 Transistor Level 和 R+C+CC，在实际操作时设计者可按仿真需求对提取模式进行设置。提取方式中的 R 代表连线之间的电阻，C 代表节点的本征电容，CC 代表节点间的耦合电容。一般认为包含着越多的信息，所进行的数据提取也与实际电路更加接近。当经验足够丰富时，设计者会考虑根据电路的特性来提取不同的寄生参数，而当电路规模比较小时，可以直接选择提取所有的参数，同时是否提取电感选项也有 No Inductance、L（Self Inductance）与 L+M（Self+Mutual Inductance）三种选择，其选择依据与电容和电阻的选择相同。

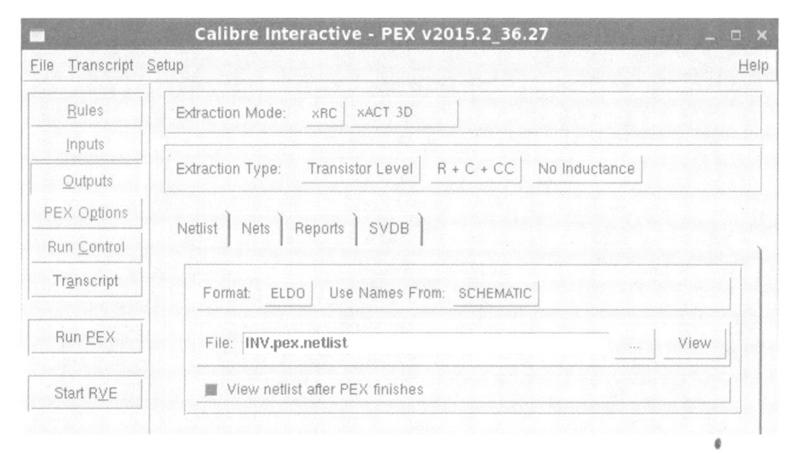

图 2-108 Calibre PEX Outputs 选项窗

选项窗下方的还有四个子选项窗：Format 为提取文件格式的选择，设计者可以根据自己想进行后仿的环境，选择不同格式的输出文件；Use Names From 可以根据原理图 SCHEMATIC 或版图 LAYOUT 命名节点；File 为提取文件的名称与路径；View netlist after PEX finishes 选项为当 PEX 完成后，自动弹出网表文件。

Nets 选项卡为关于连线提取的一些选项，如图 2-109 所示，其中提取寄生选项 Extract parasitics for 包含 All Nets 所有的连线与 Specified Nets 指定连线两种选项。当选择指定连线选项后，下方的 Top-Level Nets 顶层连线选项可以选择 Exclude 不包含的选项与 Include 包含的选项，Recursive Nets 选项同样包括 Exclude 与 Include 两种设置。Select netlist model for specific nets 选项表示为指定的线选择网表模型，Net Model File 选项则为连线模型文件的路径。

Reports 选项卡是对 PEX 报告文件的一些设置，如图 2-110 所示，其中 PEX Report 选项表示是否生成 PEX 报告，以及报告的路径名称的设置，View after run 选项可以设置运行 PEX 后自动打开报告。

运行 PEX 的同时可以运行 LVS，LVS Report 为 LVS 报告的路径与文件名称，View after LVS 为运行完 LVS 自动打开 LVS 报告。

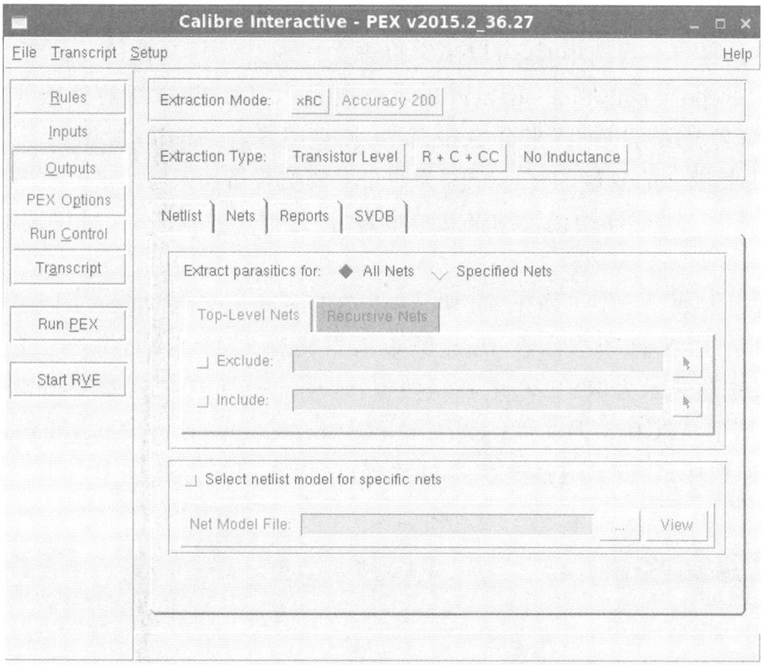

Calibre Interactive - PEX v2015.2_36.27

File　Transcript　Setup　Help

Rules
Inputs
Outputs
PEX Options
Run Control
Transcript
Run PEX
Start RVE

Extraction Mode:　xRC　Accuracy 200

Extraction Type:　Transistor Level　R + C + CC　No Inductance

Netlist　Nets　Reports　SVDB

Extract parasitics for:　◆ All Nets　Specified Nets

Top-Level Nets　Recursive Nets

Exclude:

Include:

Select netlist model for specific nets

Net Model File:　...　View

图 2-109　Calibre PEX Outputs→Nets 选项卡

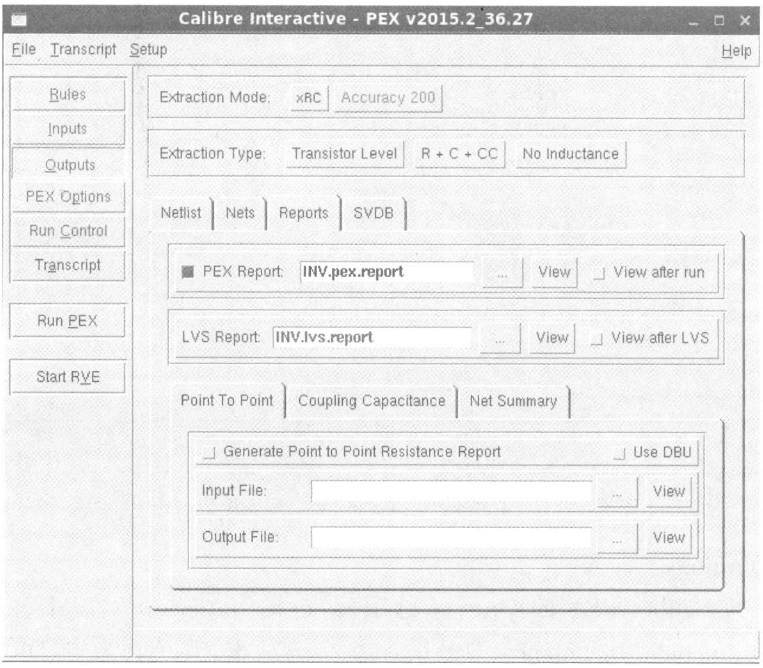

Calibre Interactive - PEX v2015.2_36.27

File　Transcript　Setup　Help

Rules
Inputs
Outputs
PEX Options
Run Control
Transcript
Run PEX
Start RVE

Extraction Mode:　xRC　Accuracy 200

Extraction Type:　Transistor Level　R + C + CC　No Inductance

Netlist　Nets　Reports　SVDB

PEX Report:　INV.pex.report　...　View　View after run

LVS Report:　INV.lvs.report　...　View　View after LVS

Point To Point　Coupling Capacitance　Net Summary

Generate Point to Point Resistance Report　Use DBU

Input File:　...　View

Output File:　...　View

图 2-110　Calibre PEX Outputs→Reports 选项卡

Point To Point 为点对点设置，Generate Point to Point Resistance Report 选项表示是否产生点对点电阻报告，Input File 与 Output File 可以分别设置点输入与点输出文件的目录。

Coupling Capacitance 为耦合电容的设置，Coupling Capacitance Report 选项表示是否产生耦合电容的报告。当选中时，可以确定报告文件的路径与名称，View 可以对产生的文件进行浏览。Report coupling on new-line 选项表示是否报告新的连线上的耦合，Use Name From 命名选项可以选择来自 Schematic 原理图或者 Layout 版图。当选中时报告耦合，Number 为其耦合的数量，Threshold 为数量的阈值设置。

Net Summary Report 为设置网格总结报告，当选择产生报告时，可以选择报告文件的路径与名称。

SVDB 选项卡如图 2-111 所示，其中：SVDB Directory 为产生 SVDB 的目录与名称；Start RVE after PEX 选项表示在 PEX 结束后自动弹出 RVE；Generate cross-reference data for RVE 选项表示为 RVE 产生参照数据；Generate ASCII cross-reference files 选项表示为 RVE 产生 ASCII 参照文件；Generate Calibre Connectivity Interface data 选项表示产生 Calibre 连接接口数据，通过产生接口数据，可以在第三方软件中对 PEX 的数据进行调用。

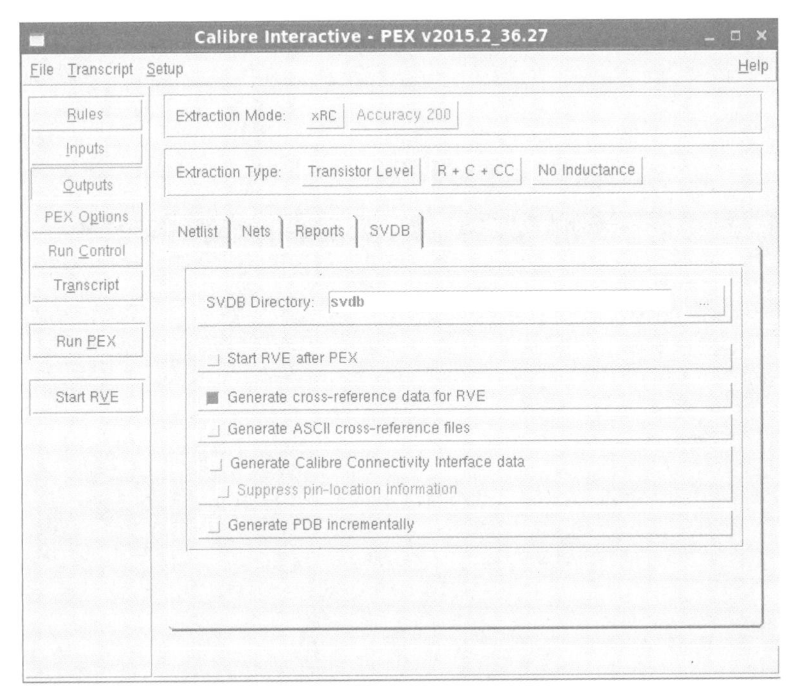

图 2-111 Calibre PEX Outputs→SVDB 选项卡

4）PEX Options

图 2-112 为 Calibre PEX 的 Options 选项窗，包括 Netlist、xACT 3D、LVS Options、Connect、Misc、Include、Inductance、Database 八个选项卡，其中内容与 DRC 和 LVS 的 Options 设置大致相同，不再赘述。

5）Run Control

图 2-113 为 Calibre PEX Run Control 选项窗，包含 Performance、Advanced、Environment 三个选项卡，其内容与 DRC、LVS 的 Run Control 的基本一致，不再赘述。

全部设置完成后，就可以单击 Run PEX 运行 Calibre PEX，成功运行后，会弹出参数提

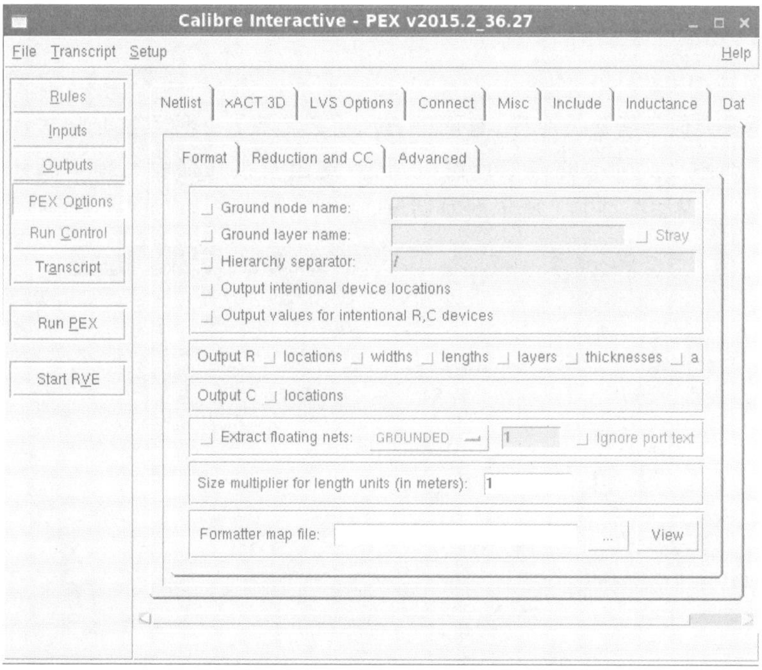

图 2-112　Calibre PEX Options 选项窗

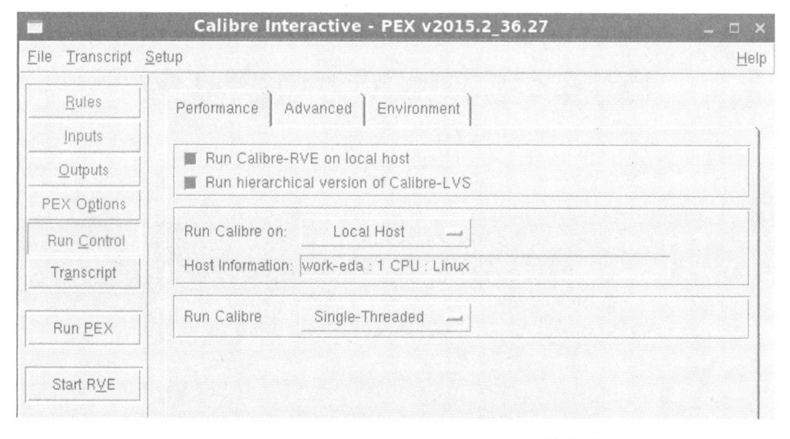

图 2-113　Calibre PEX Run Control 选项窗

取的网表文件。同时,提取出的参数文件还会添加到 Library 中的 Cell 里,在 Spectre 仿真器中,利用所提取的寄生参数文件,设置相应的环境变量就可以对电路进行后仿,从而更准确地查看电路的性能。

2.4　反相器的全定制实验

本节通过一个反相器设计来了解掌握前三节内容的应用,包括对反相器进行 Spectre 仿真,绘制其版图,完成 DRC 和 LVS 验证。通过对反相器的设计对电路图以及版图的设计与仿真流程进行实验应用。

2.4.1 电路图绘制及仿真

1. 新建原理图

新建原理图类似于新建一个库，有两种方法可以实现：一种方法是通过库管理器，另一种方法是通过如图 2-1 所示的命令行窗口新建，这里直接在命令行窗口新建，选择 File→New→Library，出现如图 2-114 所示的对话框。

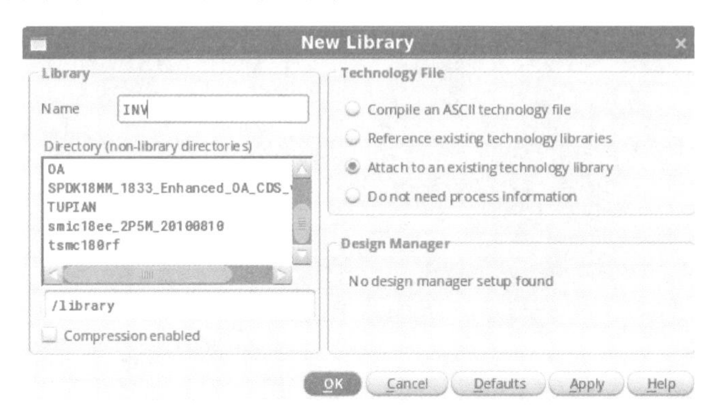

图 2-114 新建 Library

在 Name 框中输入名称 INV，并在右边选择 Attach to an existing technology library，在 Directory 框中可以选择把库建在哪个文件夹中，选择完成后单击 OK 按钮。

如图 2-115 所示，在新弹出的窗口选择 smic18mmrf 后单击 OK 按钮。

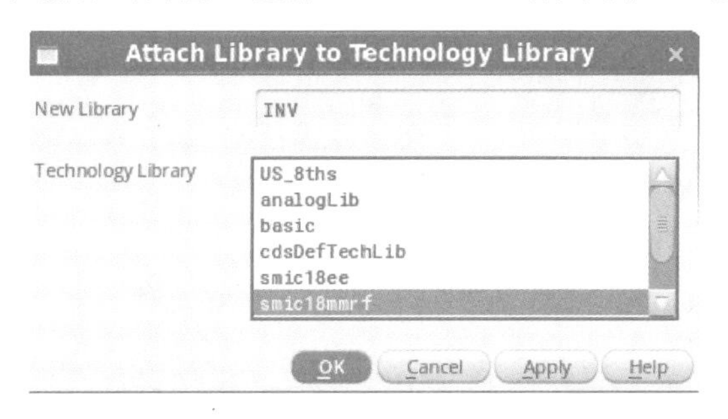

图 2-115 选择工艺库

回到命令行窗口，选择 File→New→Cellview，在弹出的窗口按照如图 2-116 所示填写后，单击 OK 按钮，则会出现电路图编辑器窗口，接下来就可以进行电路图的绘制。

图 2-116 新建 Cell

2. 绘制电路图

在电路图编辑窗口按快捷键 I，弹出器件调用的对话框，单击 Browse 按钮，在弹出的 Library Browser 窗口按照如图 2-117 所示进行选择后，单击 Close 按钮。

Library Browser - Add Instance
Show Categories
Library
Cell
View
smic18mmrf
n18
symbol
Close
Filters...
Display...
Help

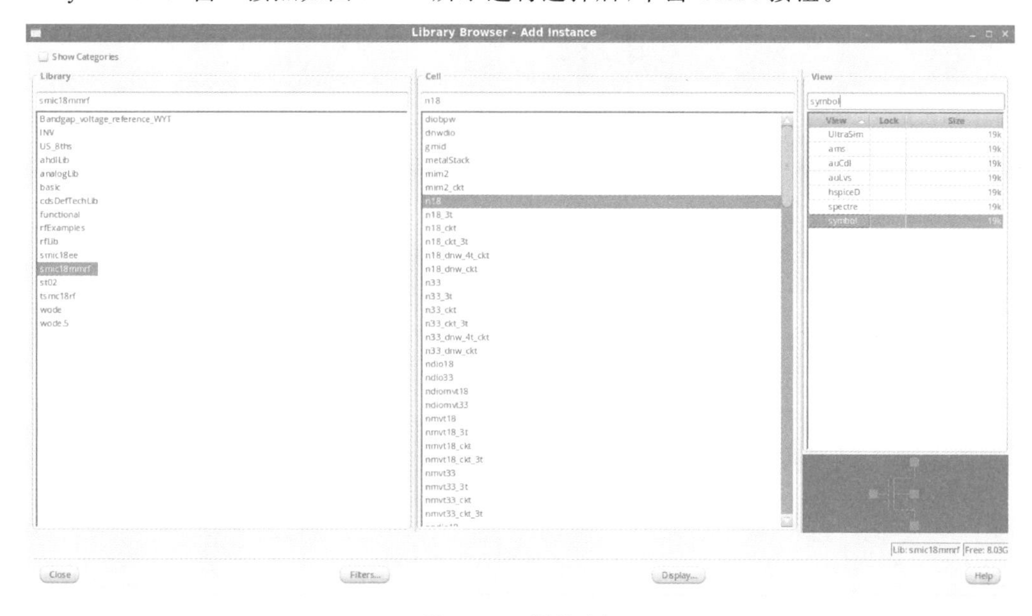

图 2-117 器件选择

回到 Add Instance 窗口，修改器件宽度 W 为 $2\mu m$，如图 2-118 所示，然后单击 Hide 按钮。

在电路图编辑界面单击放置 NMOS 管，如图 2-119 所示。

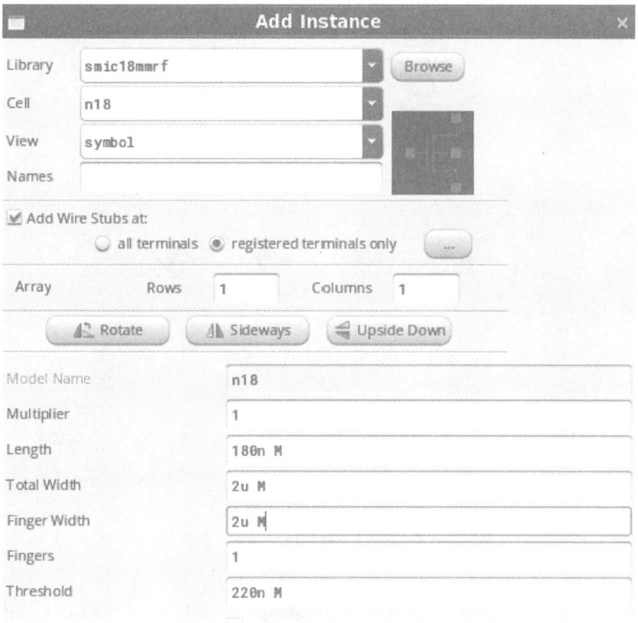

Add Instance
Library
smic18mmrf
Browse
Cell
n18
View
symbol
Names
Add Wire Stubs at:
all terminals
registered terminals only
Array
Rows
1
Columns
1
Rotate
Sideways
Upside Down
Model Name
n18
Multiplier
1
Length
180n M
Total Width
2u M
Finger Width
2u M
Fingers
1
Threshold
220n M

图 2-118 修改 n18 器件尺寸

n18
NM0
"n18"
w=2u
l:180n
fingers:1
m:1

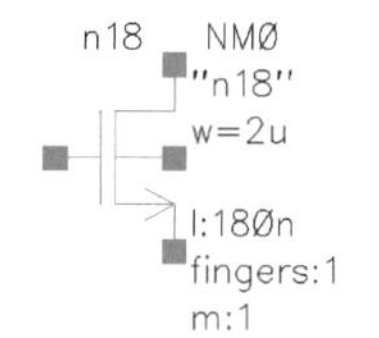

图 2-119 放置 NMOS 管

再次按快捷键 I，如图 2-120 所示，在 Cell 栏的下拉菜单中选择 p18，修改器件宽度 W 为 4μm，按快捷键 Hide，在电路图编辑界面放置 PMOS 管，如图 2-121 所示。

图 2-120 修改 p18 器件尺寸

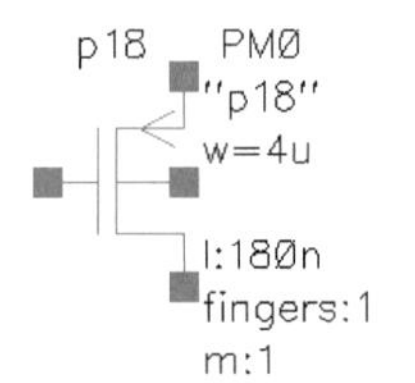

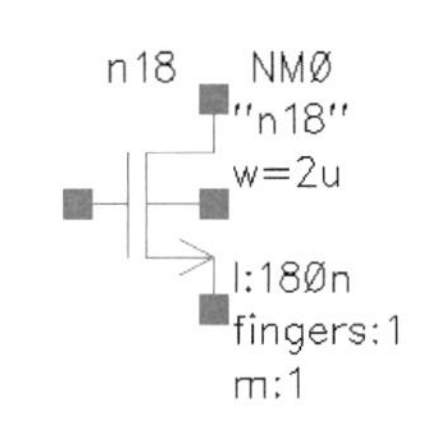

图 2-121 放置 PMOS 管

按快捷键 W 进行连线，如图 2-122 所示。

按快捷键 P，添加端口，添加完成后如图 2-123 所示。

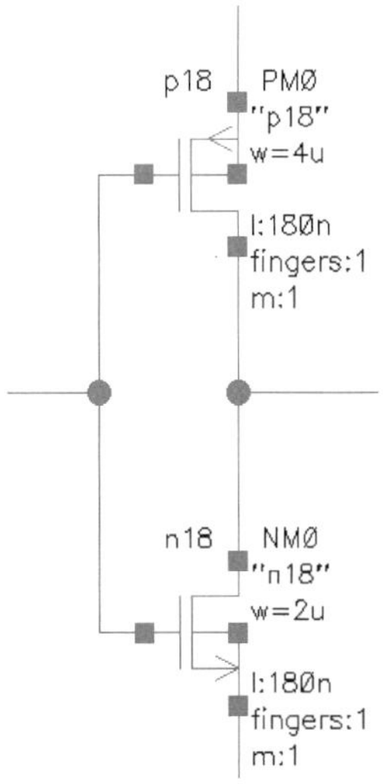

图 2-122 电路图连线

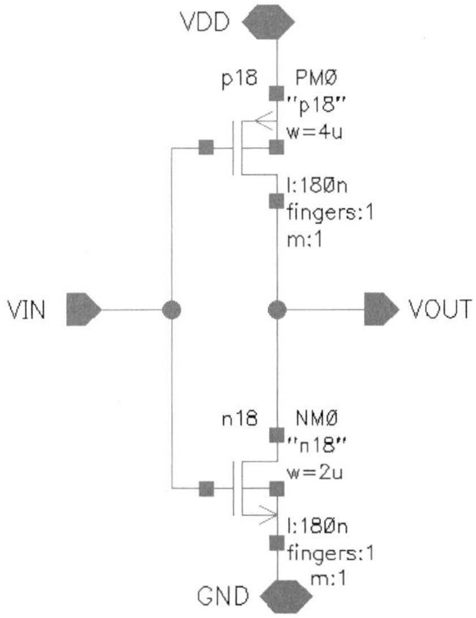

图 2-123 添加端口

设计完成的电路图需要经过检查才能进行仿真。单击菜单栏 Check and Save 按钮或者按快捷键 Shift+X，可以对电路进行检查并保存。检查后若有错误，则会在 CIW 窗口上显示错误或警告信息；若没有错误，则 CIW 窗口显示如图 2-124 所示。

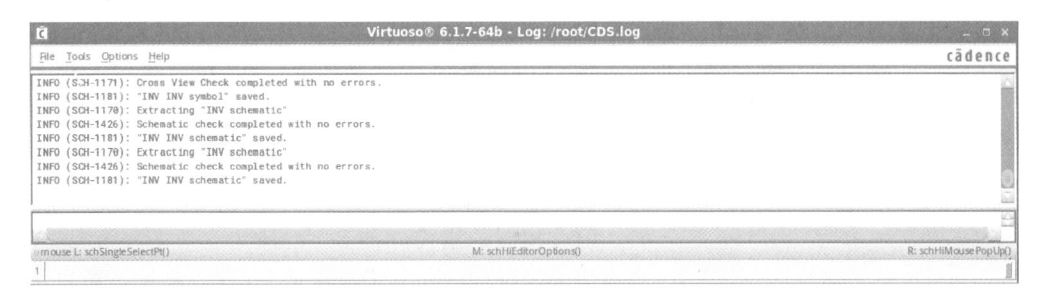

图 2-124 CIW 窗口显示

3. 绘制符号图

现在创建所画的反相器的 Symbol,这样做的是为了在更大的电路中用到我们前面所画的反相器时,可以用这个 Symbol 来代替。

在菜单栏选择 Create→Cellview→Form Cellview,出现如图 2-125 所示窗口,单击 OK 按钮。

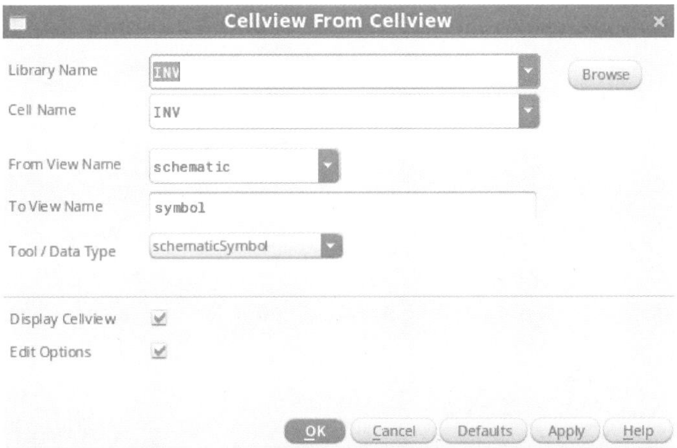

图 2-125 建立符号图

按照如图 2-126 所示选择各个引脚的位置,单击 OK 按钮。

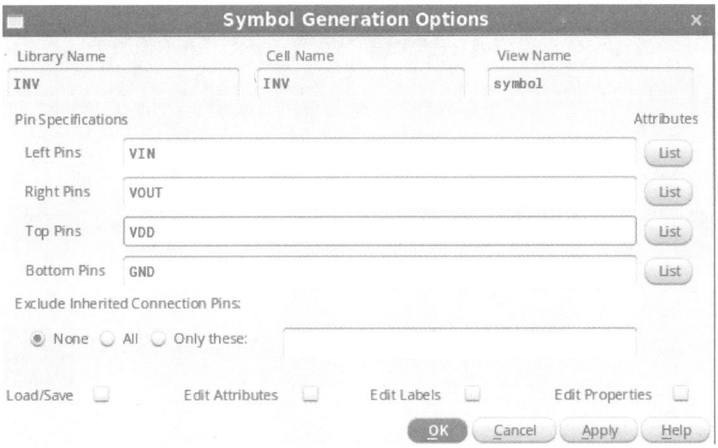

图 2-126 引脚选择

默认生成的反相器 Symbol 是在中间小的矩形框中，如图 2-127 所示，引脚按图 2-126 编辑好的方式排列。外圈大的矩形框代表调用这个模块时点选的区域，也就是说鼠标单击此区域范围才可以选中这个 Symbol。图中所有元素均可修改，但一般只修改小矩形框。

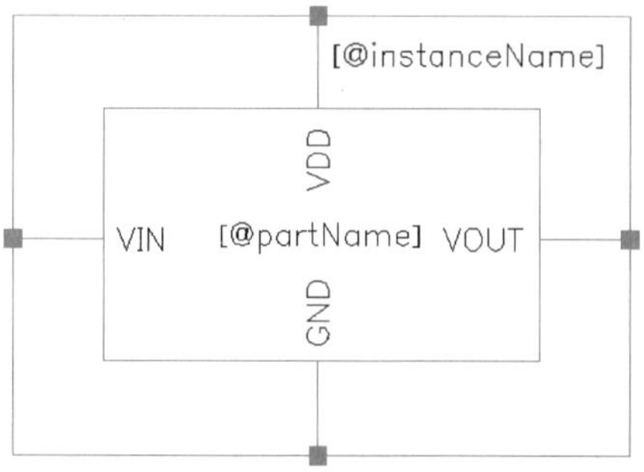

图 2-127 默认生成的反相器符号图

反相器习惯用一个三角形加小圆圈表示，修改后反相器的结构如图 2-128 所示。

画好的 Symbol 需要检查保存，检查结果显示在 CIW 窗口中。

4. 仿真分析

重新建一个 Cell，命名为 INV-test，如图 2-129 所示。在新建的电路编辑界面按快捷键 I 调用之前建好的反相器的 Symbol，如图 2-130 所示。调用完成后显示在电路图编辑器界面如图 2-131 所示。

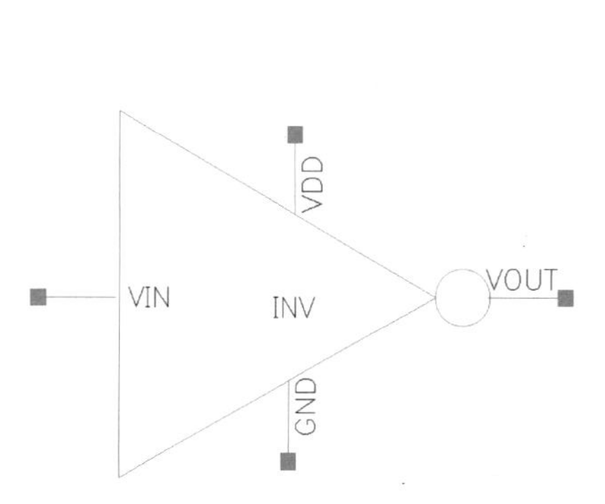

图 2-128 修改后的反相器符号图

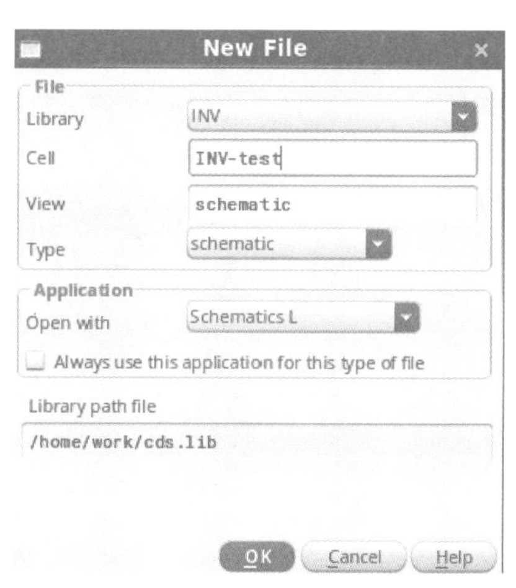

图 2-129 新建 INV-test 电路图

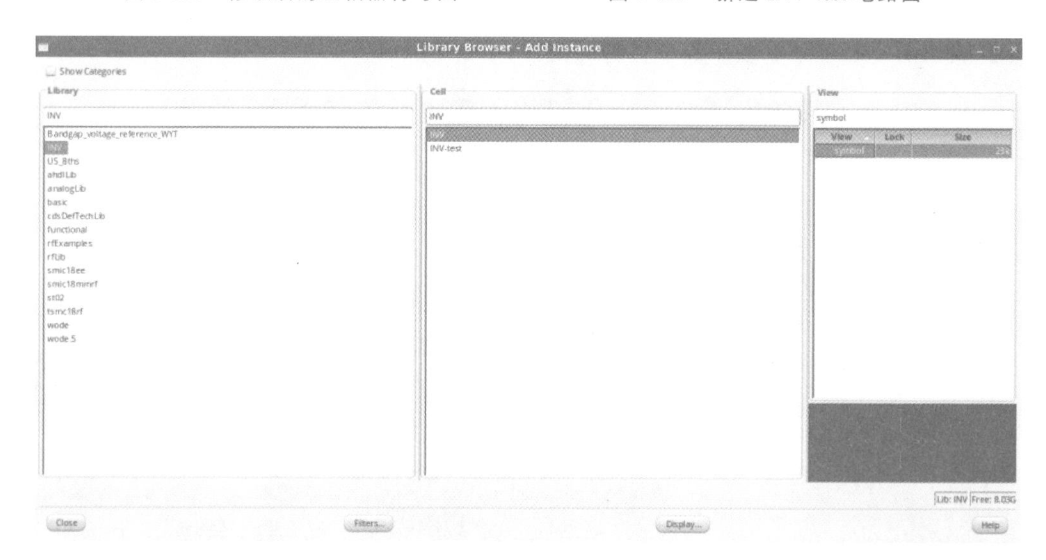

图 2-130 调用 INV 符号图

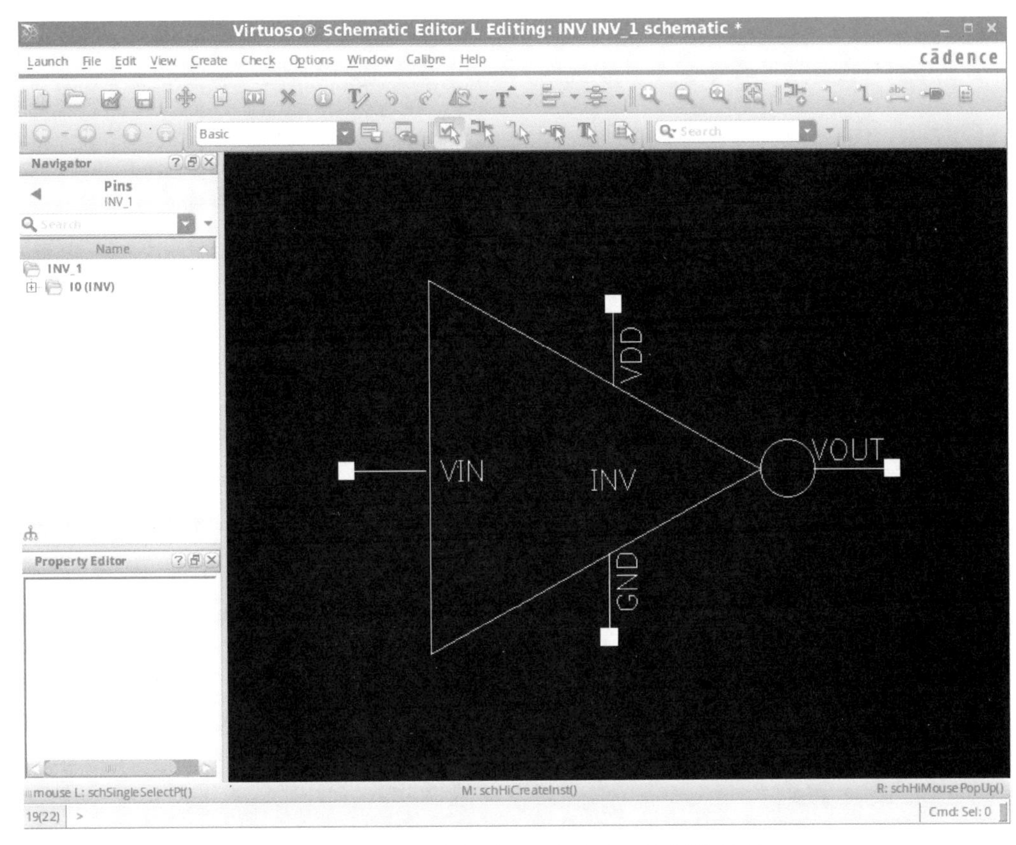

图 2-131 调用完成后显示在电路图编辑器界面

按快捷键I,在Cadence Spectre自带的analoglib库中添加仿真用的VDD和GND并添加相应的信号源,添加完成后如图2-132所示。

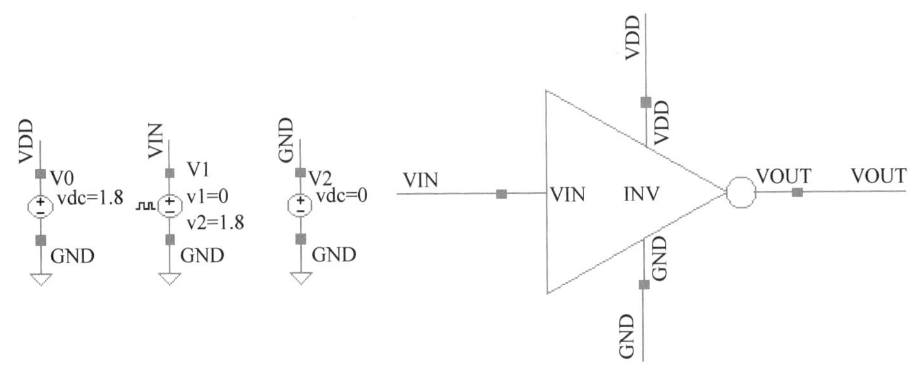

图 2-132 添加信号源

独立电源vdc也在analoglib库中,将其属性中的DC voltage设为1.8V。另一个激励信号是方波源,对应器件名称为vpulse,也位于analoglib库中。方波源的属性设置如图2-133所示。方波周期为10ns,脉冲宽度为5ns,voltage1设为0,voltage2设为1.8V。

接下来对其进行仿真分析,首先在电路编辑界面选择Launch→ADE L打开仿真窗口,选择.tran分析,定义的持续时间要大于几个周期,如图2-134所示;然后选择dc分析,在

Library Name	analogLib	off
Cell Name	vpulse	off
View Name	symbol	off
Instance Name	V1	off

Add Delete Modify

User Property	Master Value	Local Value	Display
lvsIgnore	TRUE		off

CDF Parameter	Value	Display
DC voltage		off
AC magnitude		off
AC phase		off
Voltage 1	0 V	off
Voltage 2	1.8 V	off
Period	10n s	off
Delay time		off
Rise time		off
Fall time		off
Pulse width	5n s	off

图 2-133　方波源参数设置

DC Analysis 一栏中选择 Save DC Operating Point，单击 OK 按钮，如图 2-135 所示。接下来选择要输出的波形，在菜单栏中选择 Outputs→To Be Poltted→Select On Design，如图 2-136 所示。在电路图中选择输出 VIN 和 VOUT，最终 ADE 窗口显示界面如图 2-137 所示，单击仿真按钮进行仿真。

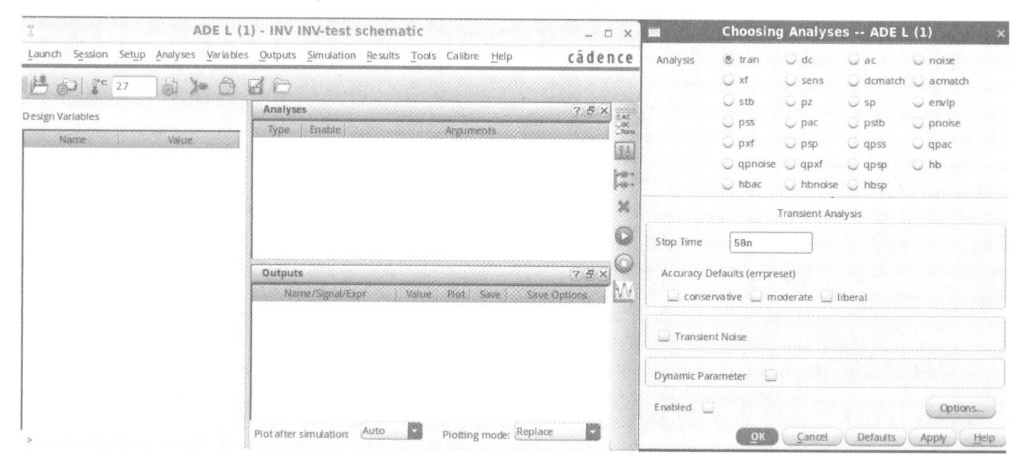

图 2-134　瞬态仿真设置

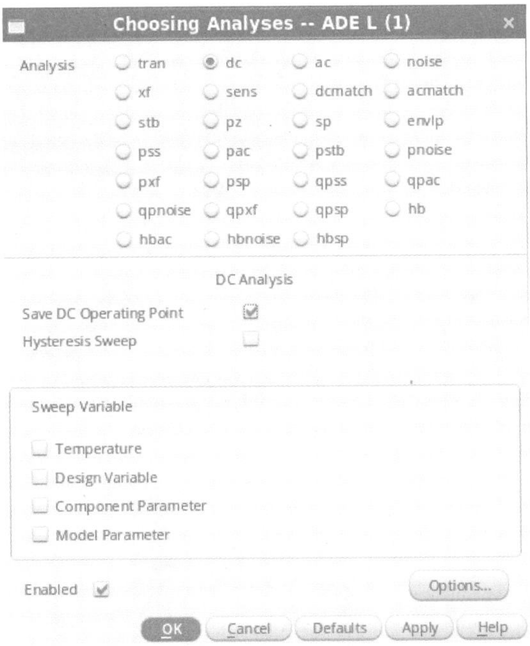

Choosing Analyses -- ADE L (1)
Analysis
tran
dc
ac
noise
xf
sens
dcmatch
acmatch
stb
pz
sp
envlp
pss
pac
pstb
pnoise
pxf
psp
qpss
qpac
qpnoise
qpxf
qpsp
hb
hbac
hbnoise
hbsp
DC Analysis
Save DC Operating Point
Hysteresis Sweep
Sweep Variable
Temperature
Design Variable
Component Parameter
Model Parameter
Enabled
Options...
OK
Cancel
Defaults
Apply
Help

图 2-135 直流工作点设置图

ADE L (1) - INV INV-test schematic
Launch
Session
Setup
Analyses
Variables
Outputs
Simulation
Results
Tools
Calibre
Help
cādence
27
Design Variables
Name
Value
Setup ...
Delete
Import
Export
Send To Expression Editor
To Be Saved
To Be Plotted
Save All ...
Select On Design
Add To
Remove From
Arguments
Outputs
Name/Signal/Expr
Value
Plot
Save
Save Options
Plot after simulation:
Auto
Plotting mode:
Replace
2(3)
Add To
Status: Ready
T=27 C
Simulator: spectre

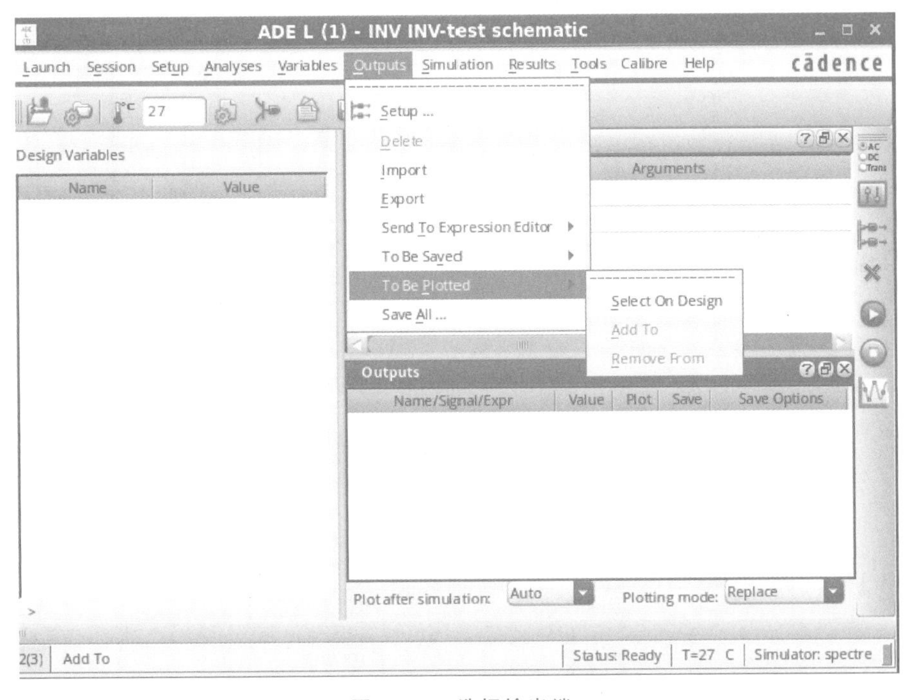

图 2-136 选择输出端

最终的仿真结果如图 2-138 所示。

如图 2-139 所示，在 ADE 窗口的菜单栏选择 Results→Annotate→DC Operating Points 可以查看各个直流工作点的值。在电路图中选中 symbol，按快捷键 E 可以返回到反相器的原理图中，查看原理图中 MOS 管的 vgs、vds、vth、id 以及过驱动电压。单击 Ctrl+e

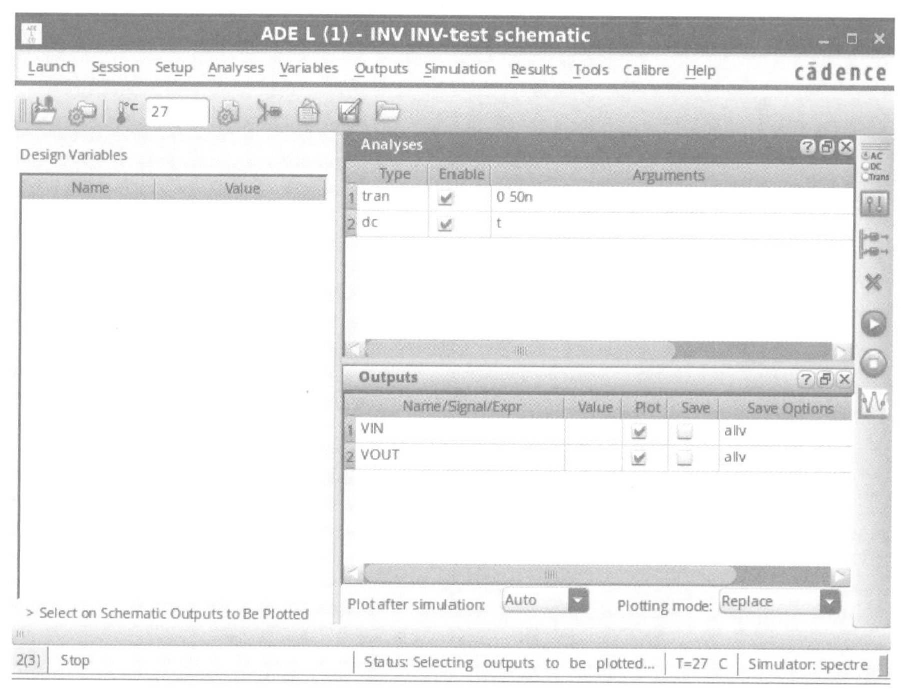

图 2-137 ADE 仿真设置完成界面

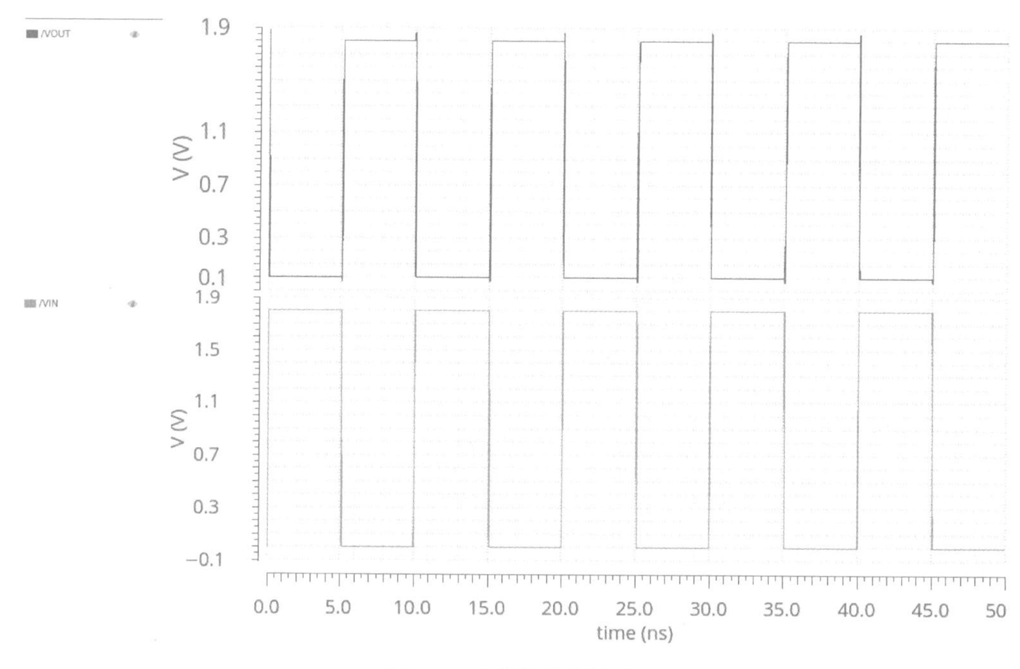

图 2-138 仿真输出波形

可以返回到现在的电路图中，注意此时的反相器原理图只可以查看，并不能对其进行修改。

在图 2-140 中选中一个 MOS 管，在 ADE 窗口菜单栏选择 Results→Print→DC Operating Points，如图 2-141 所示，可以详细查看该 MOS 管的寄生电容、阻抗、工作状态等所有的参数，图 2-142 为 MOS 管各个工作参数显示界面。

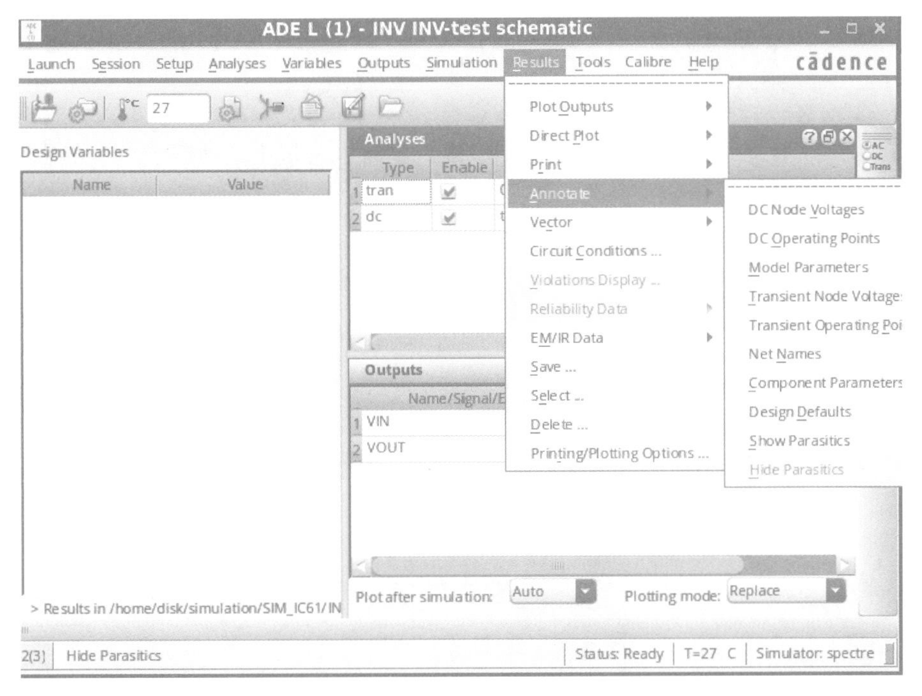

图 2-139　直流工作点查看选项

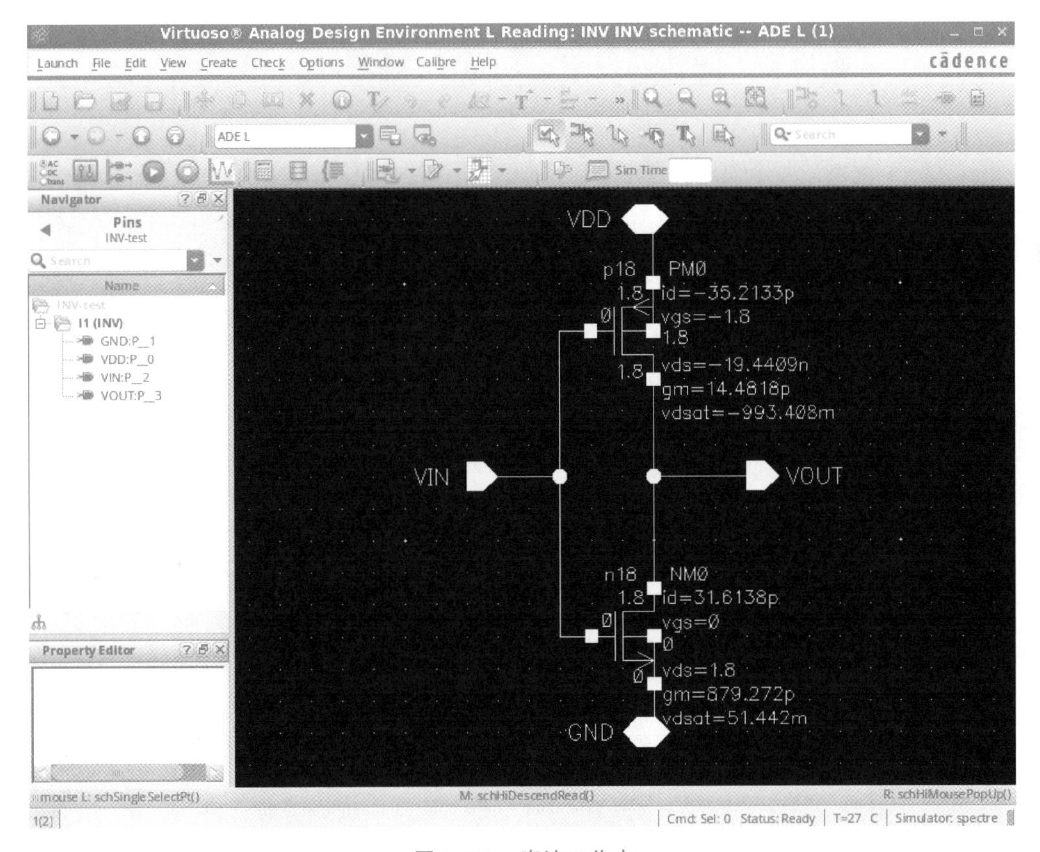

图 2-140　直流工作点

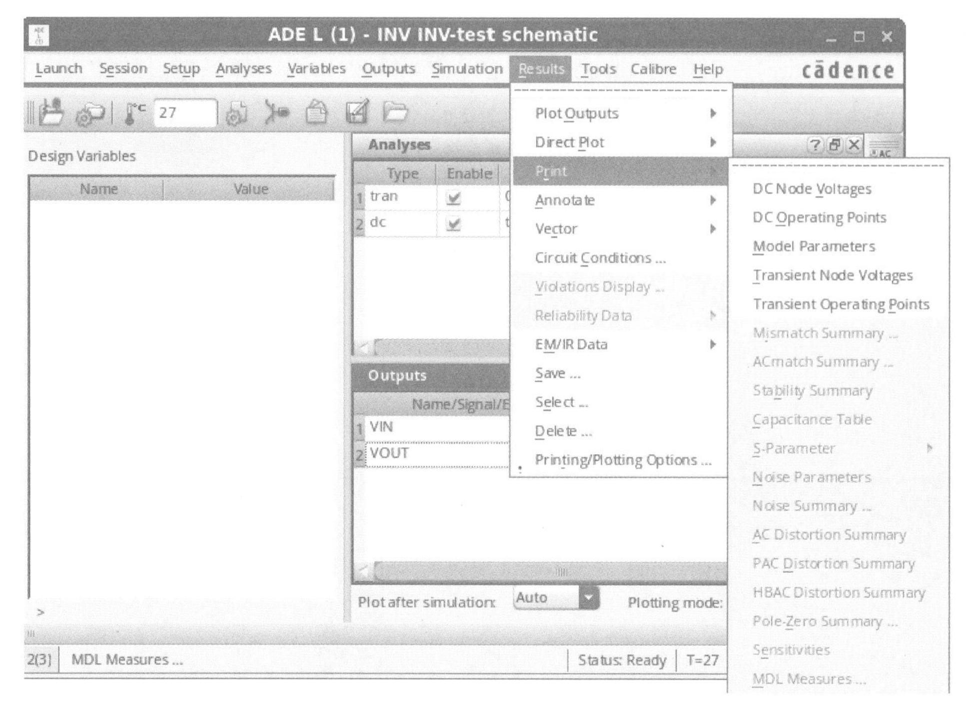

图 2-141 查看 MOS 管工作参数

Results Display Window

Window Expressions Info Help cādence

isub	60.8212e-3
pwr	684.579z
qb	1.08447f
qbi	1.08447f
qd	2.91533f
qdi	2.91533f
qg	-6.91513f
qgdovl	-1.29088f
qgi	-6.91513f
qgsovl	-1.29088f
qjd	82.7123y
qjs	68.4513e-2
qs	2.91533f
qsi	2.91533f
rdeff	455.625m
region	1
reversed	0
rgate	806.786m
rgbd	0
ron	551.549
rout	550.638
rseff	455.625m
self_gain	7.97424n
ueff	8.81339m
vbs	0
vdb	-19.4409n
vds	-19.4409n
vdsat	-993.408m
vdss	-993.408m
vearly	19.3898n
vgb	-1.8
vgd	-1.8
vgs	-1.8
vgt	-1.31476
vsat_marg	-993.408m
vsb	-0

14

图 2-142 MOS 管工作参数显示界面

2.4.2　版图绘制及验证

1. 新建版图

与新建原理图类似，打开建立的INV电路原理图，如图2-143所示，在菜单栏选择Launch→Layout XL，单击OK按钮后，弹出如图2-144所示的对话框。

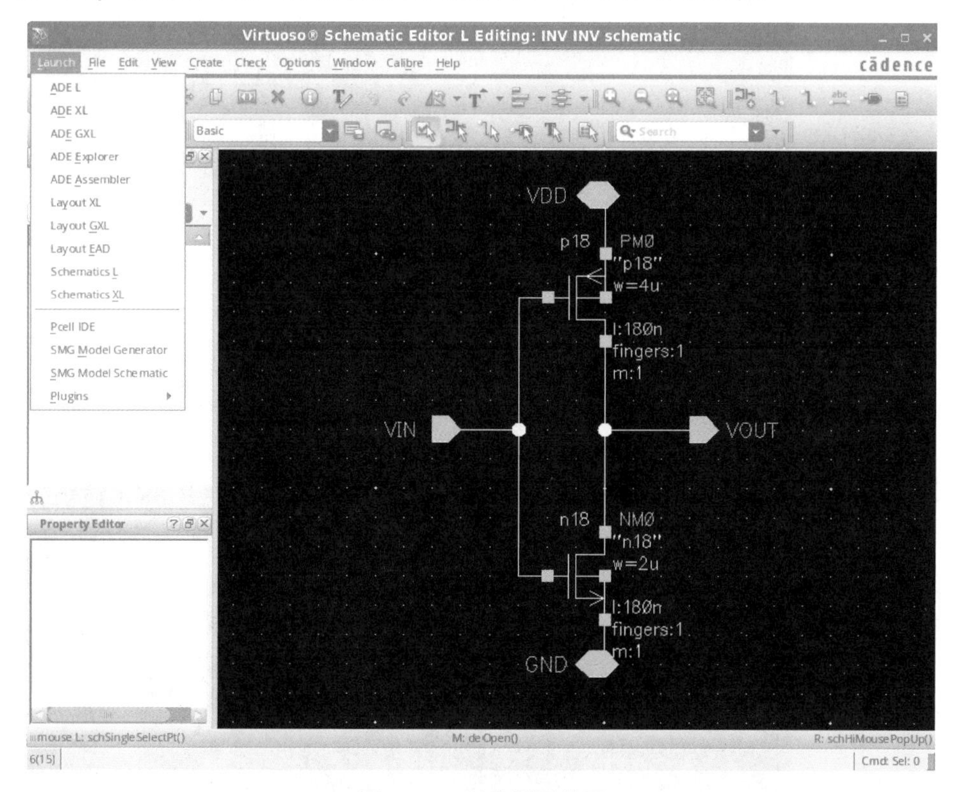

图2-143　新建版图界面

如图2-144所示，在Layout选项栏选中Create New，创建新的版图视图，在Configuration选项栏选中Automatic，自动配置版图物理层次结构，单击OK按钮，完成建立设置，弹出图2-145对话框。新建INV单元的layout版图视图，单击OK按钮，再次单击OK按钮，弹出如图2-146所示版图编辑界面。

图2-144　新建版图对话框

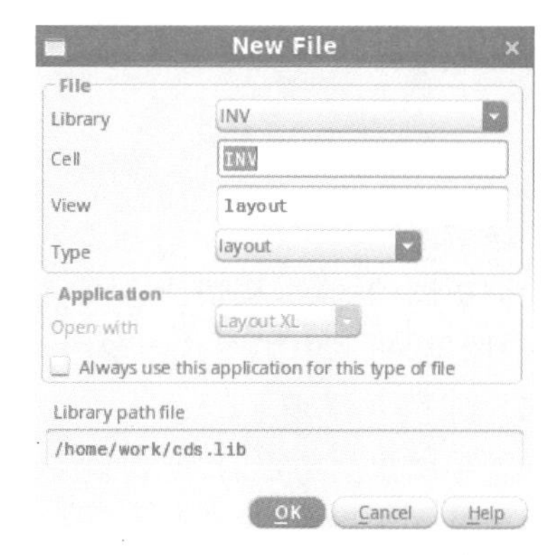

图2-145　新建版图编辑界面

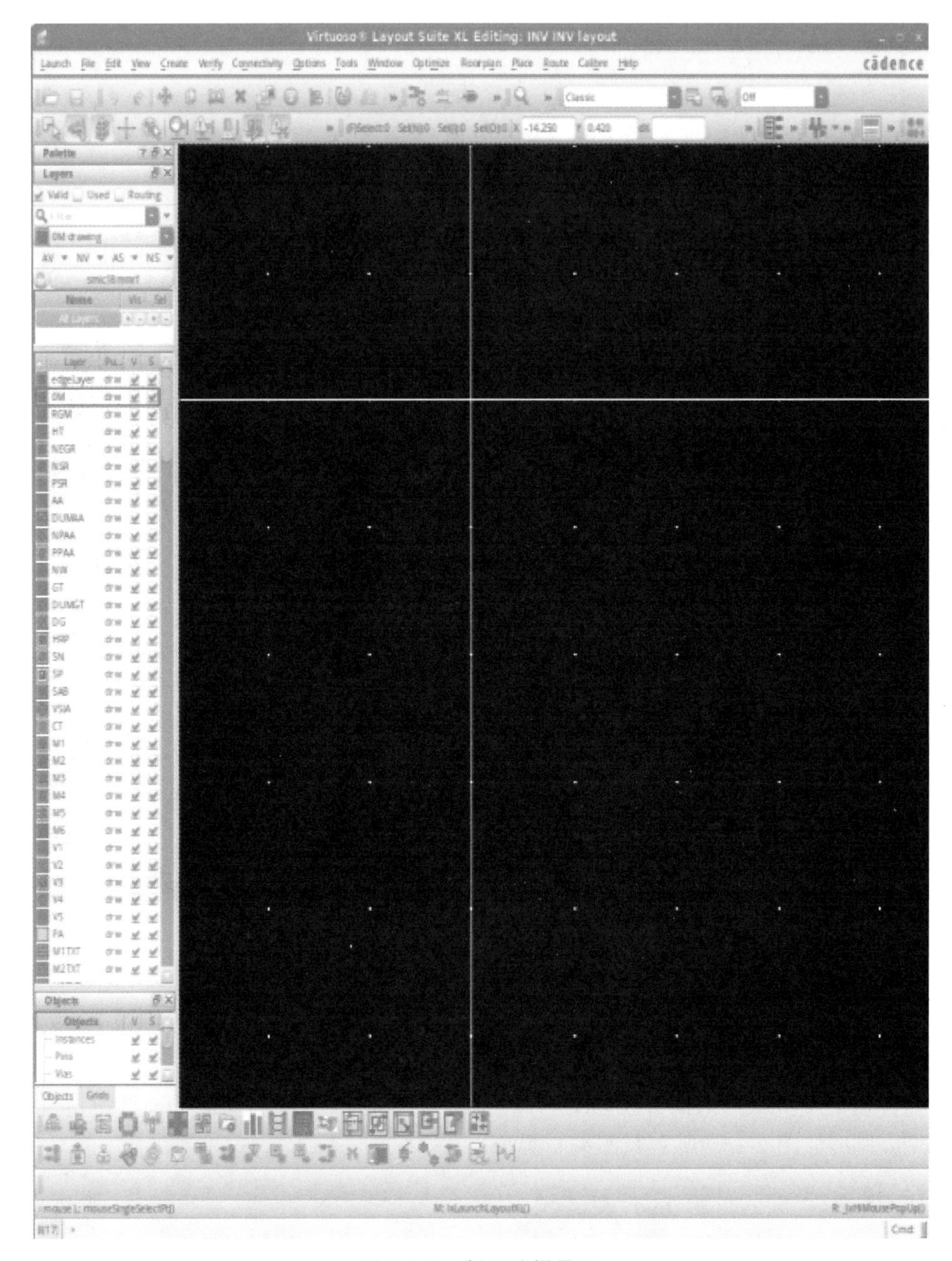

图 2-146　版图编辑界面

2. 版图绘制

选中绘制版图的区域，按快捷键 K，量出一个宽 4μm、长 3μm 的矩形。在 LSW 中选择 AA(有源区)图层，再选中版图绘制窗口，按快捷键 R，在尺子标记的区域拖曳鼠标即可以画出一个矩形，如图 2-147 所示。

画完后选中画出的矩形，按快捷键 Q，可以查看所画图形的大小是否符合要求，若存在偏差还可以对其进行修改，界面如图 2-148 所示。

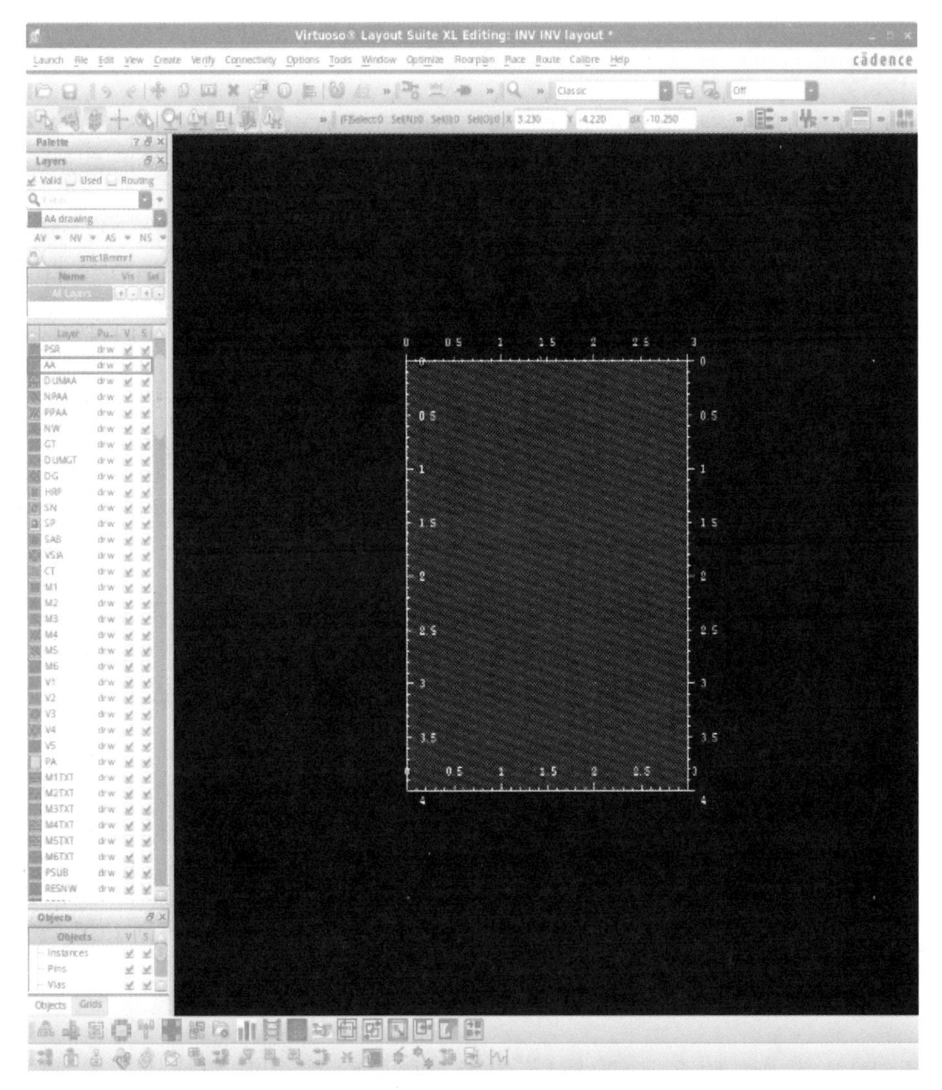

图 2-147　AA 图层绘制

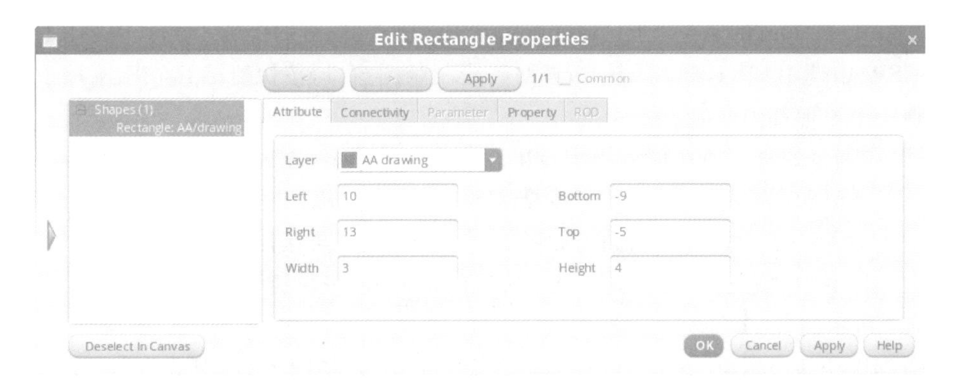

图 2-148　修改图形尺寸

重复上述步骤，再画一个长 3μm、宽 2μm 的长方形和两个长 3μm、宽 0.5μm 的长方形 AA 区域，如图 2-149 所示。

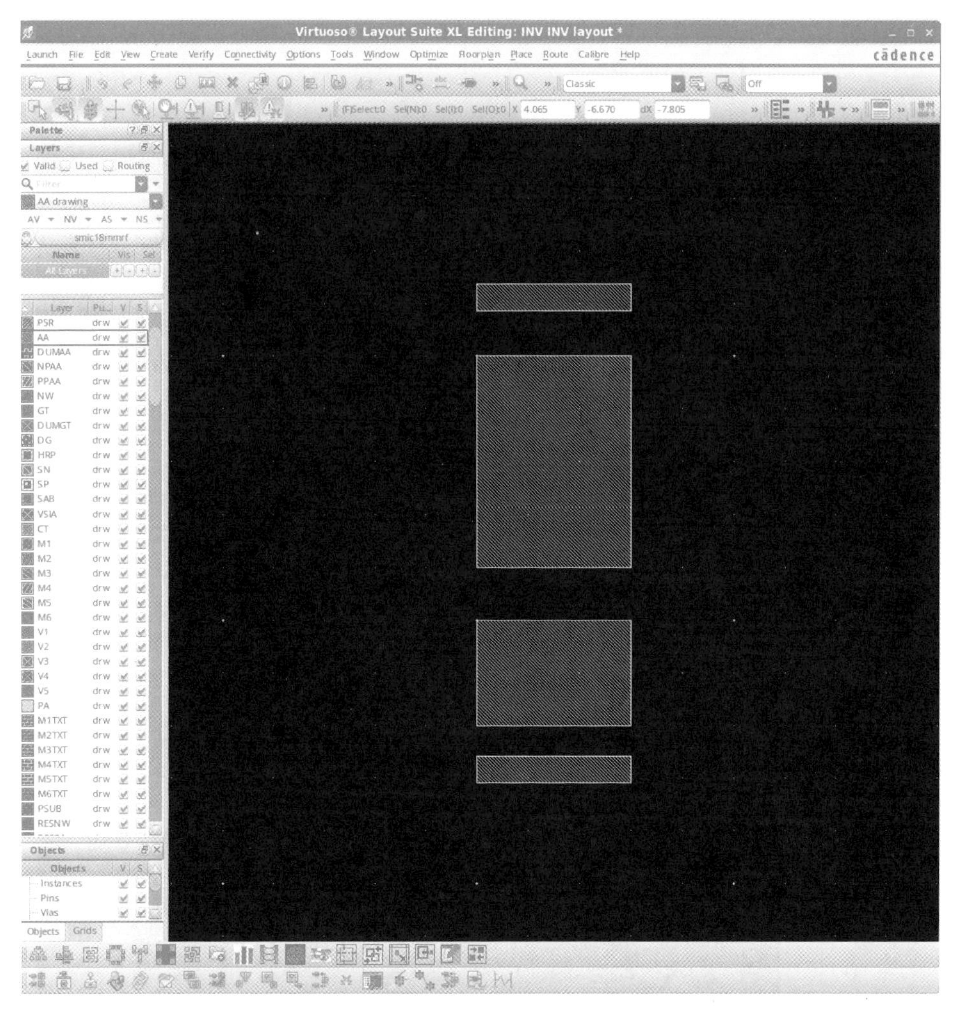

图 2-149 AA 图层绘制

在 LSW 中选中 GT(多晶硅)图层，再选中版图绘制窗口，按快捷键 R，画一个长 0.18μm、宽 8μm 的矩形，如图 2-150 所示。

在宽 4μm、长 3μm 的 AA 矩形区域四周用尺子量出 0.35μm 的矩形区域，如图 2-151 所示。

在 LSW 中选中 SP(P 注入)图层，再回到绘制版图窗口，按快捷键 R 在刚刚尺子所标注的区域画一个矩形如图 2-152 所示。

同样，在剩余的每个 AA 区域周围量出 0.35μm 的距离，在第一个和第三个 AA 区域绘制 SN(N 注入)图层，在第四个 AA 区域绘制 SP 图层，完成后如图 2-153 所示。

选中 M1(第一层金属)图层，画出如图 2-154 所示的矩形区域。

选中 CT(有效接触孔)图层，画出 0.22μm 的正方形，按快捷键 C 进行复制，分别放置在如图 2-155 所示的各个区域。

选中 NW(N 阱)图层，在 PMOS 管区域添加 N 阱区，如图 2-156 所示。

接下来用 CT 图层再画一个正方形，再画一层 GT 图层和 M1 图层，CT 图层长 0.22μm、宽 0.22μm，GT 图层长 0.42μm、宽 0.42μm，M1 图层长 0.8μm、宽 0.5μm。把画好的通孔放到输入端，并用 GT 图层与输入端连接起来，如图 2-157 所示。

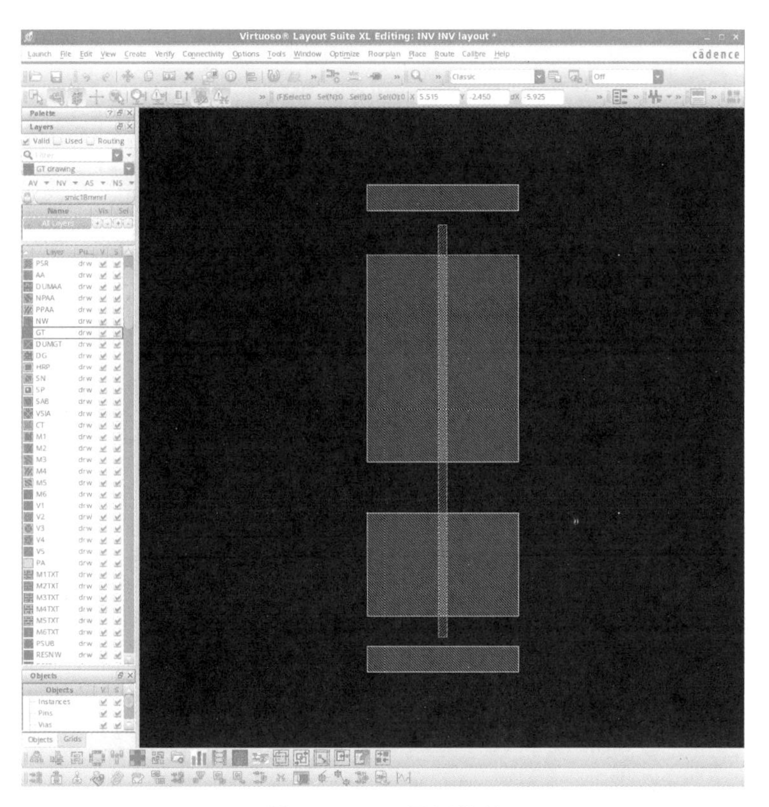

图 2-150　GT 图层绘制

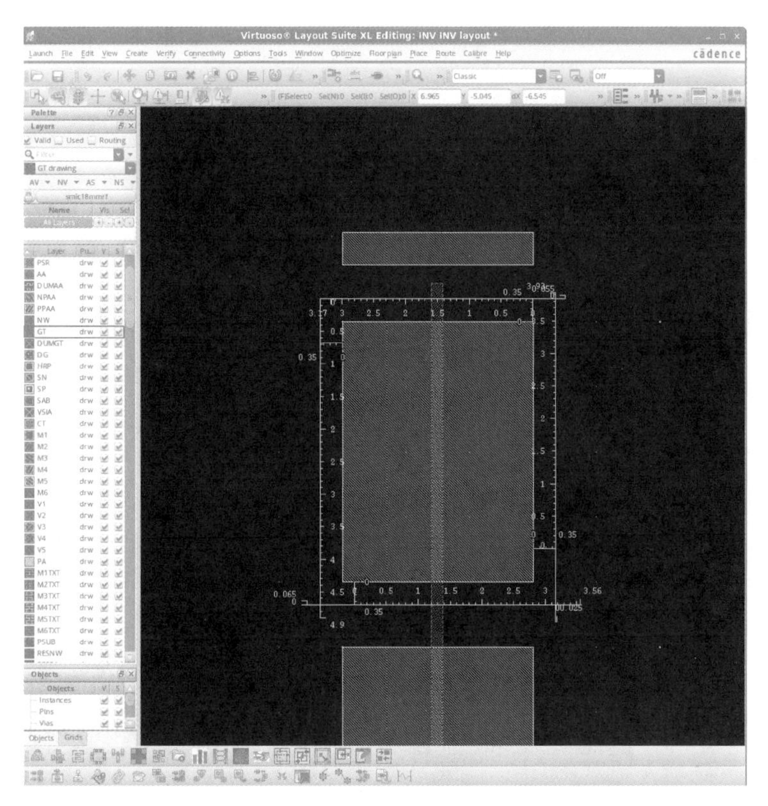

图 2-151　尺寸测量

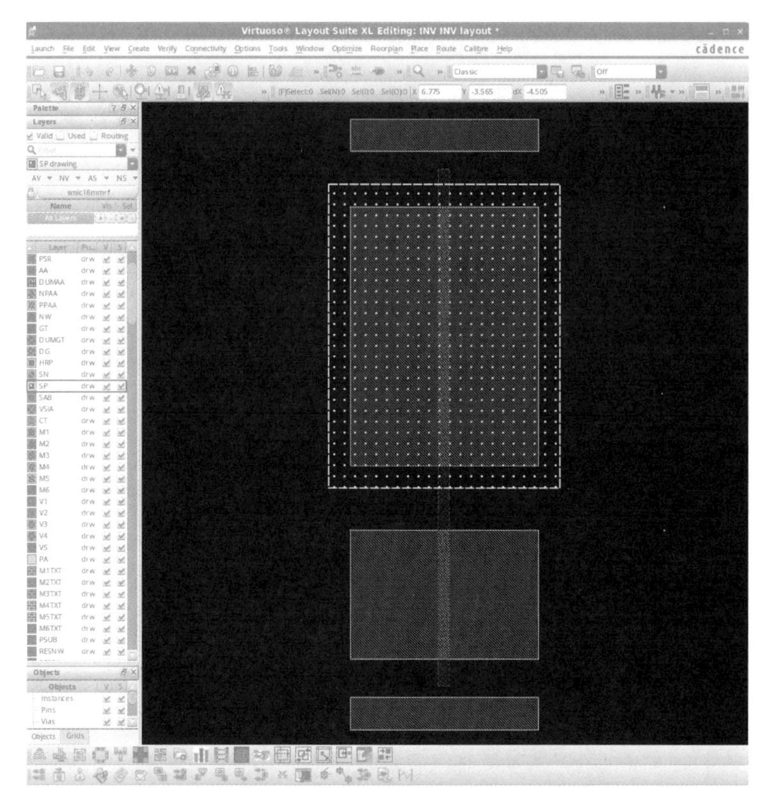

图 2-152 SP 图层绘制

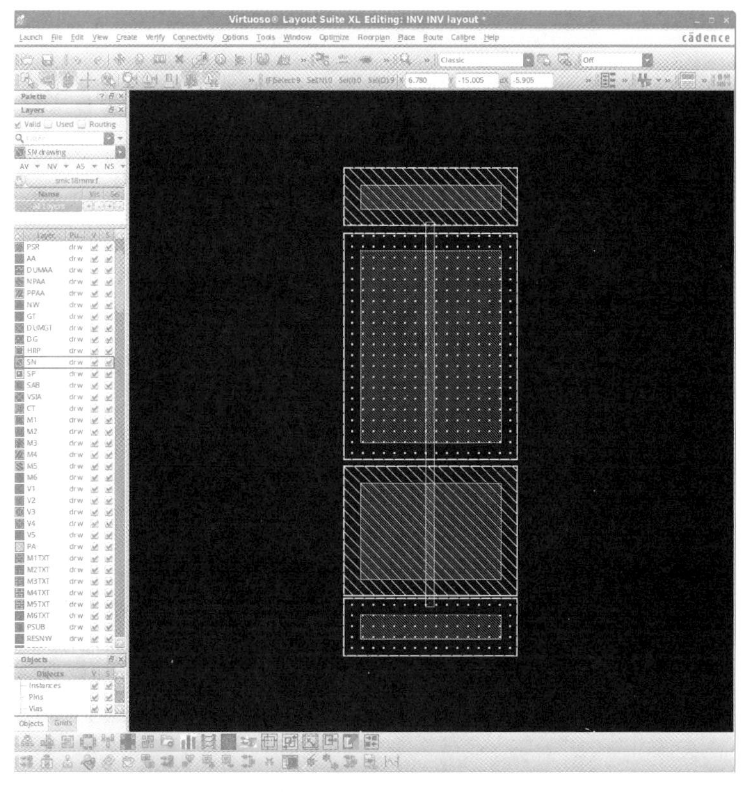

图 2-153 SN、SP 图层绘制

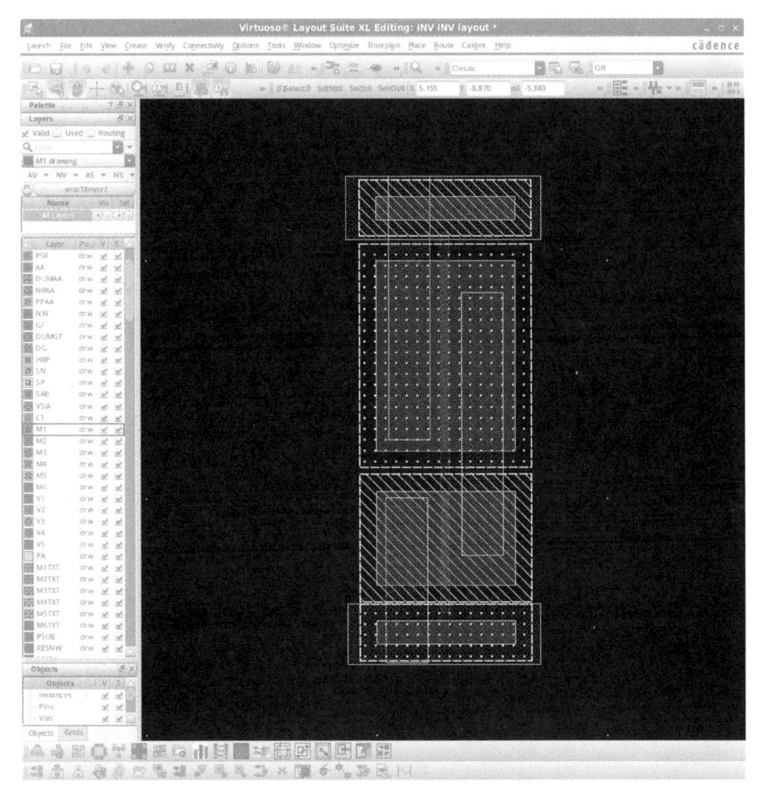

图 2-154　M1 图层绘制

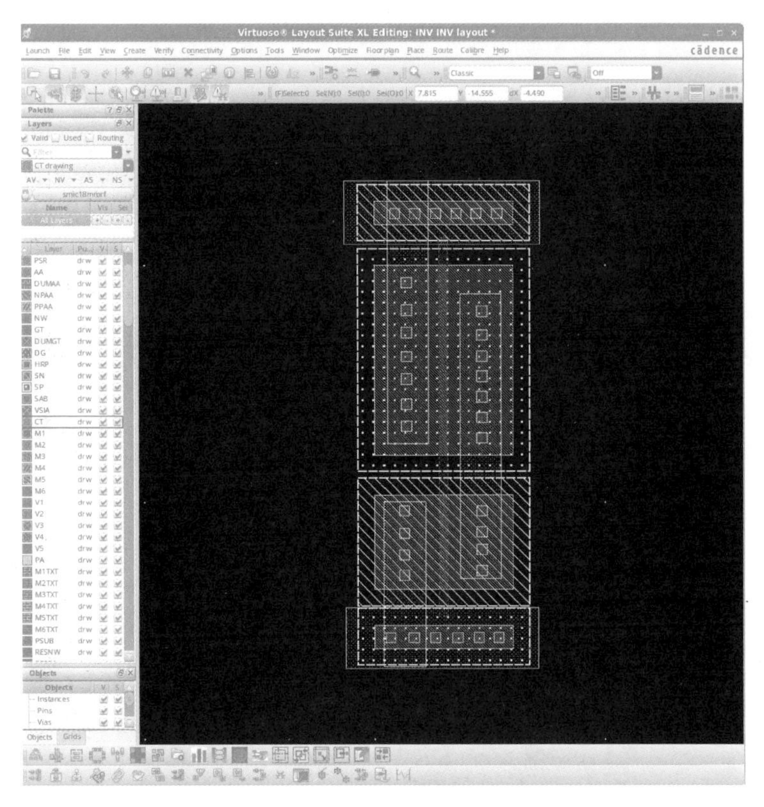

图 2-155　CT 图层绘制

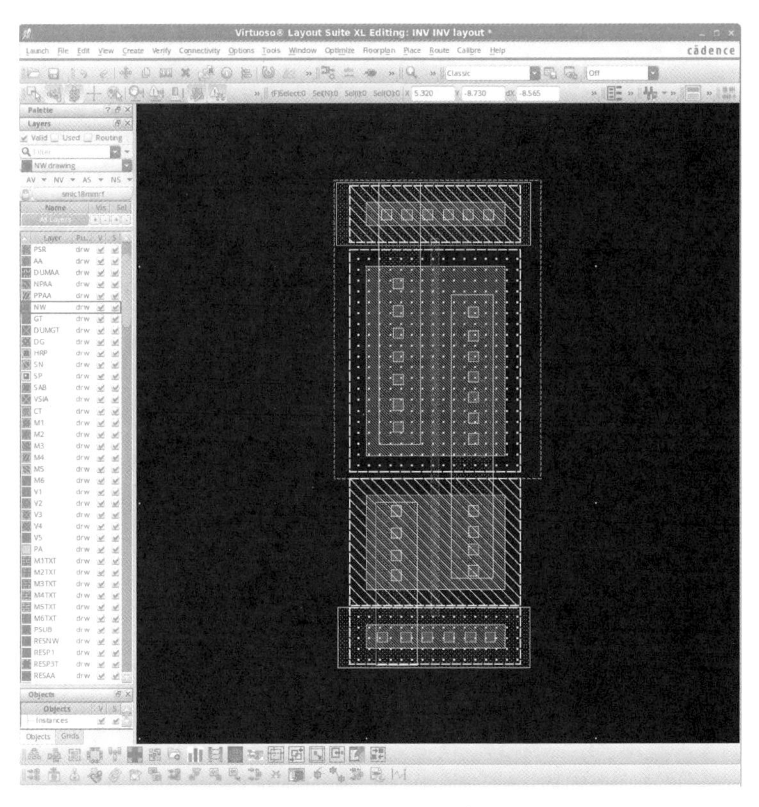

图 2-156 NW 图层绘制

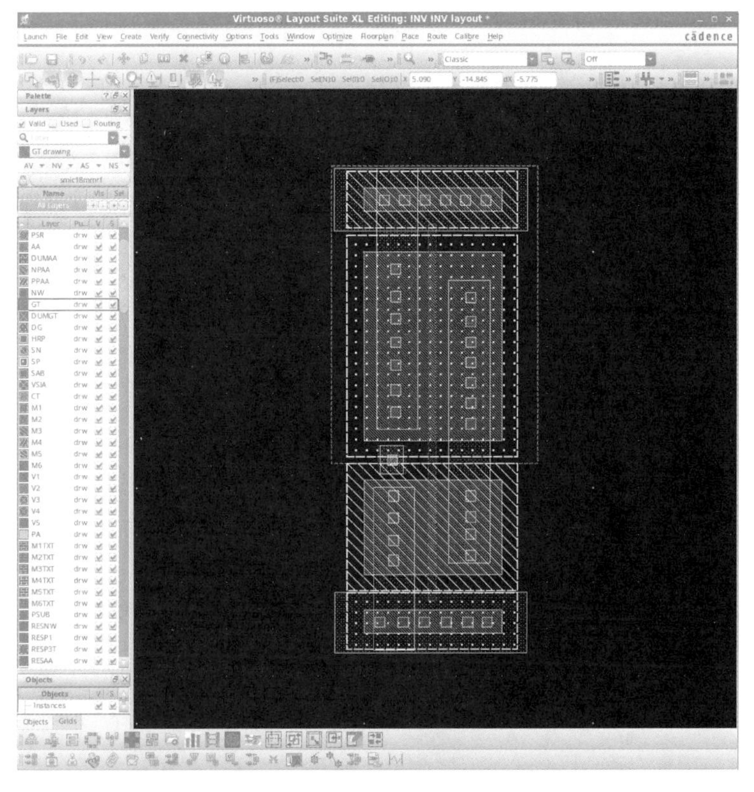

图 2-157 接触孔绘制

在 LSW 中选中 M1 图层，接着在版图窗口按快捷键 L，在弹出的对话框中输入 VDD，单击 Hide 后，放到代表 VDD 的 M1 层上，如图 2-158 所示。继续按快捷键 L 给 GND、VIN、VOUT 添加 Label，如图 2-159 所示，完成后单击保存按钮。

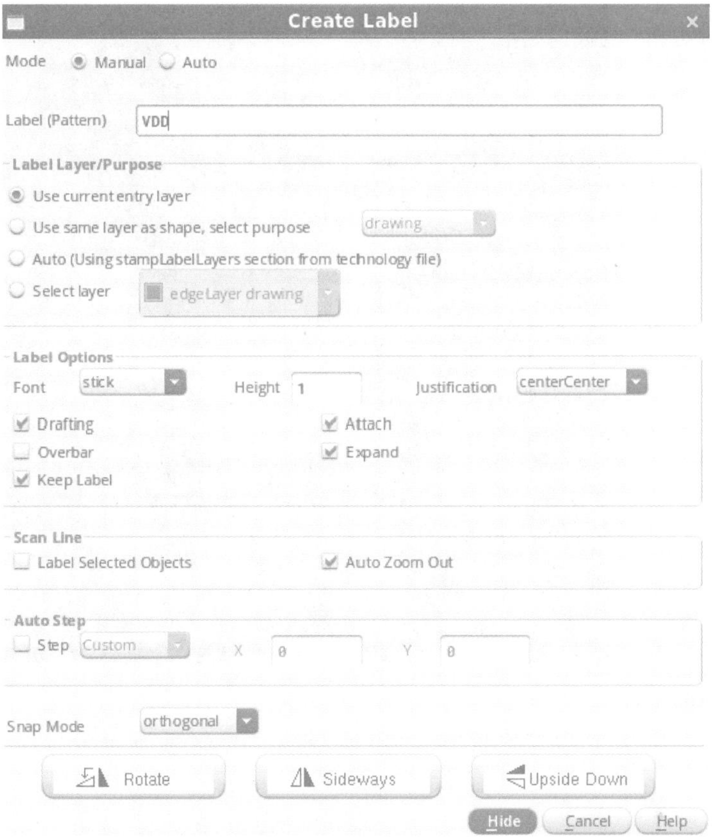

图 2-158 Label 添加(1)

3. DRC 验证

在版图编辑界面选择 Calibre→Run nmDRC，弹出如图 2-160 所示的界面，在 Load Runset File 中添加 DRC 规则文件，添加完成后单击 OK 按钮，Rules 填写完成后的界面如图 2-161 所示。

单击 Run DRC，出现如图 2-162 所示窗口。若只有关于密度的错误，则 DRC 验证通过；若还有其他错误，则 DRC 验证无法通过，还需要返回版图编辑界面根据错误提示对版图进行修改。

4. LVS 验证

DRC 验证通过后进行 LVS 验证，在版图编辑界面选择 Calibre→Run nmLVS，弹出如图 2-163 所示的界面，与 DRC 验证一样，添加 LVS 规则文件后单击 OK 按钮。

接着在如图 2-164 所示的界面选择 Inputs→Netlist→Export from schematic viewer→Run LVS，进行 LVS 验证，如图 2-165 所示。

若出现绿色笑脸，则 LVS 验证通过，如图 2-166 所示；否则，仔细检查修改版图，直到出现笑脸为止，才代表 LVS 验证通过。

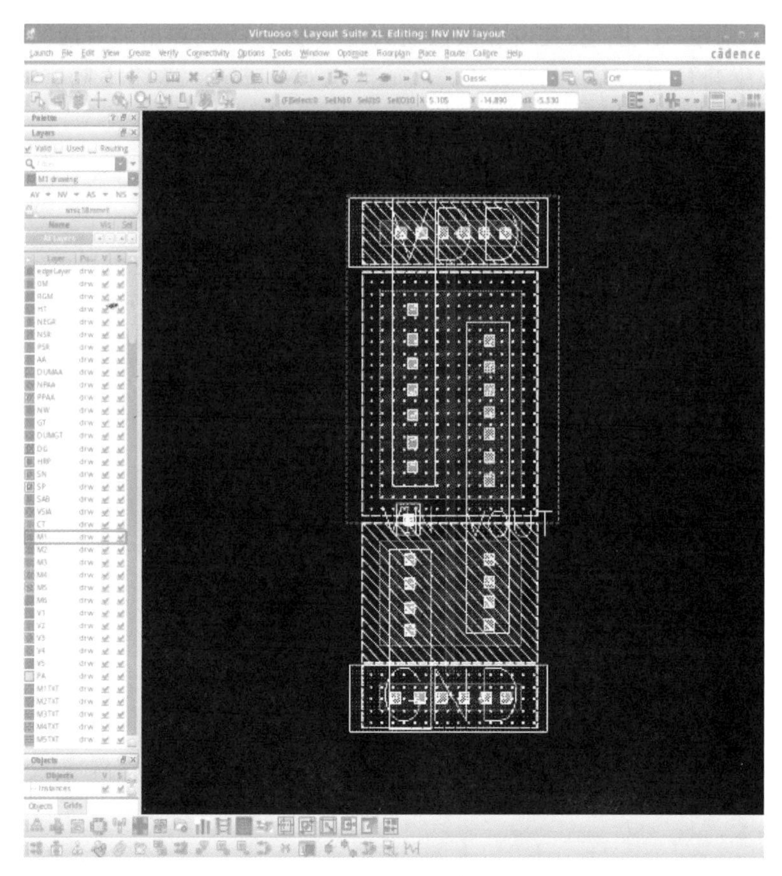

图 2-159　Label 添加(2)

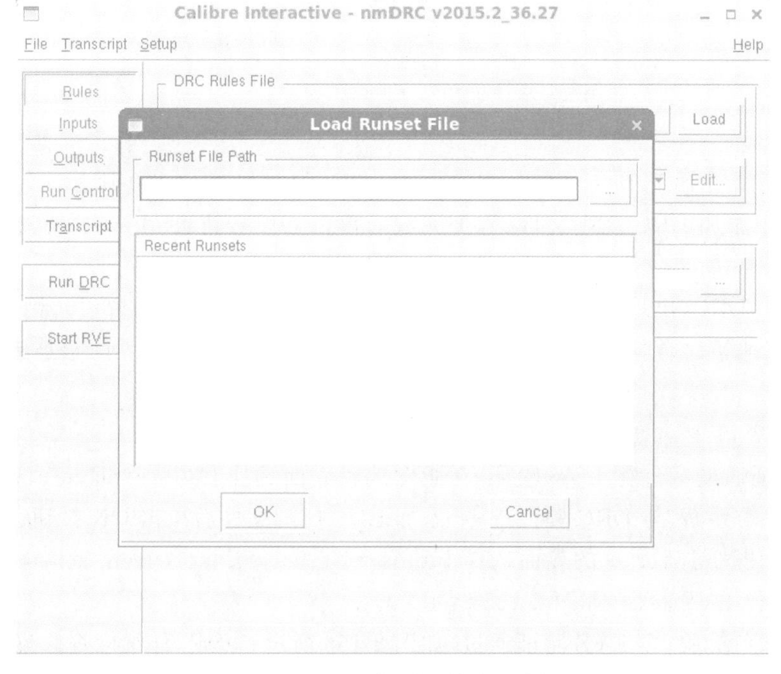

图 2-160　DRC 规则文件路径选择

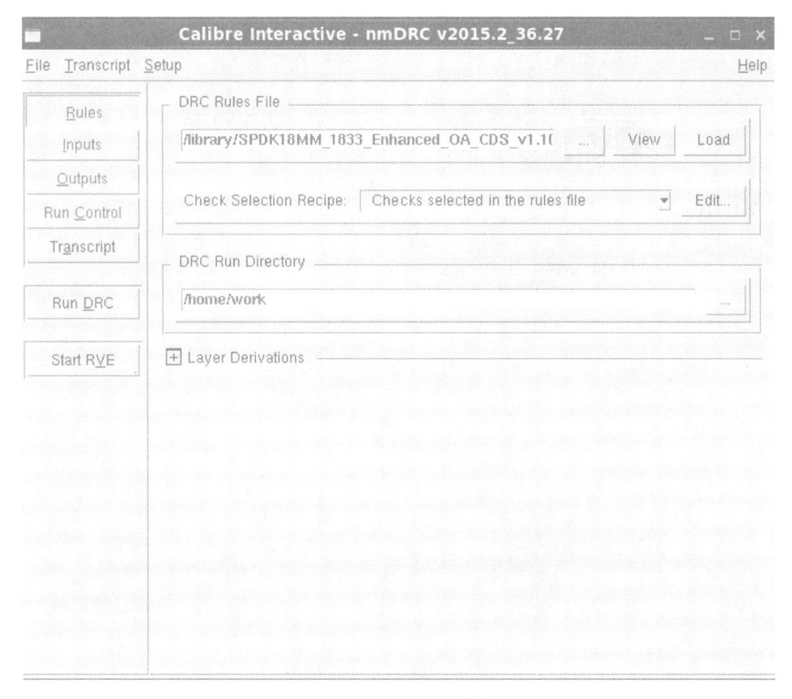

图 2-161　DRC 验证

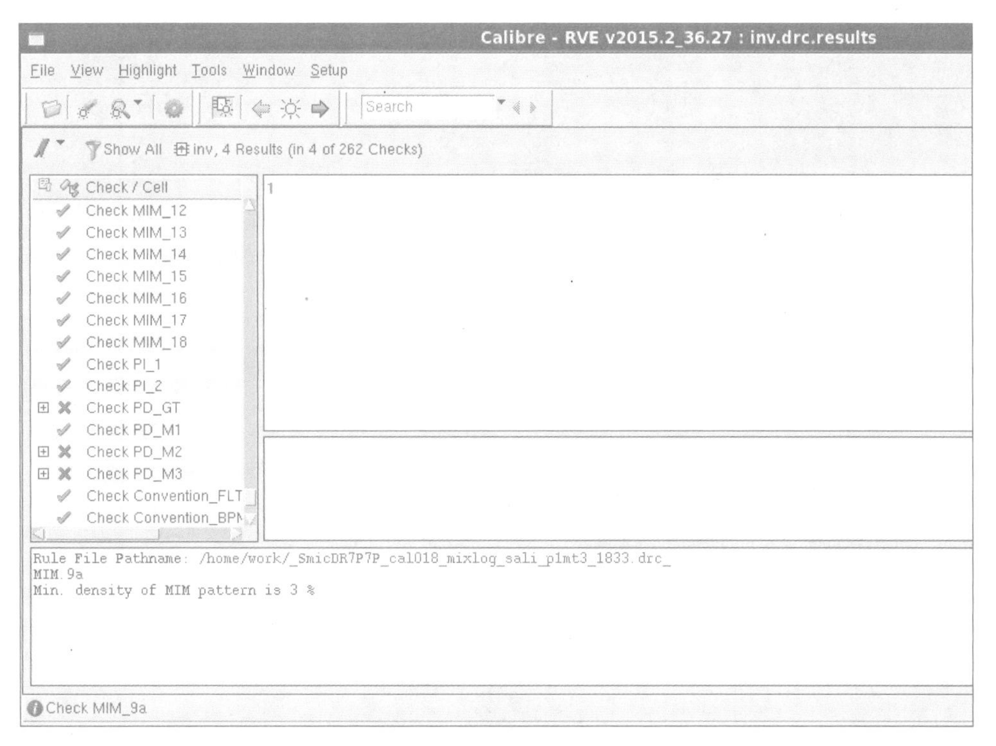

图 2-162　DRC 验证完成界面

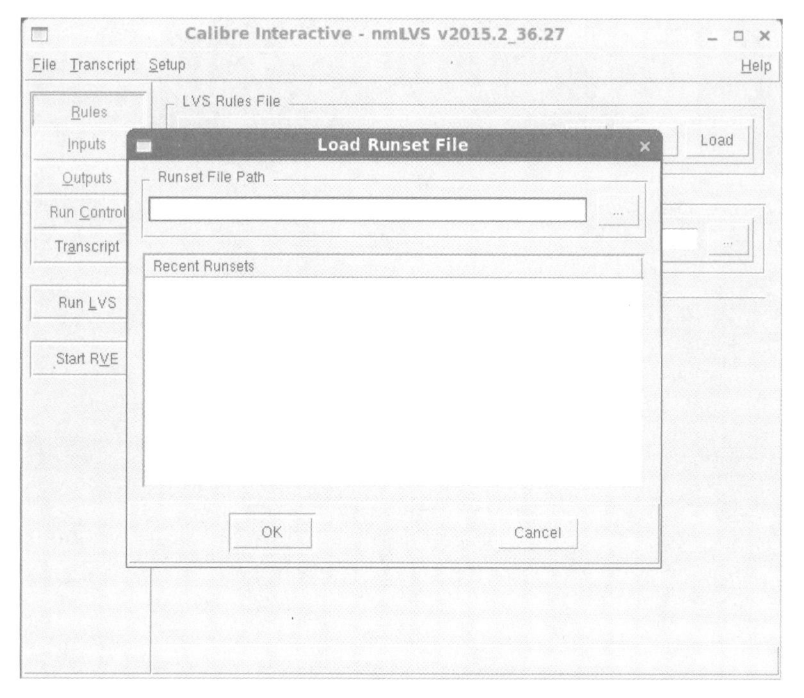

图 2-163 LVS 规则文件路径选择

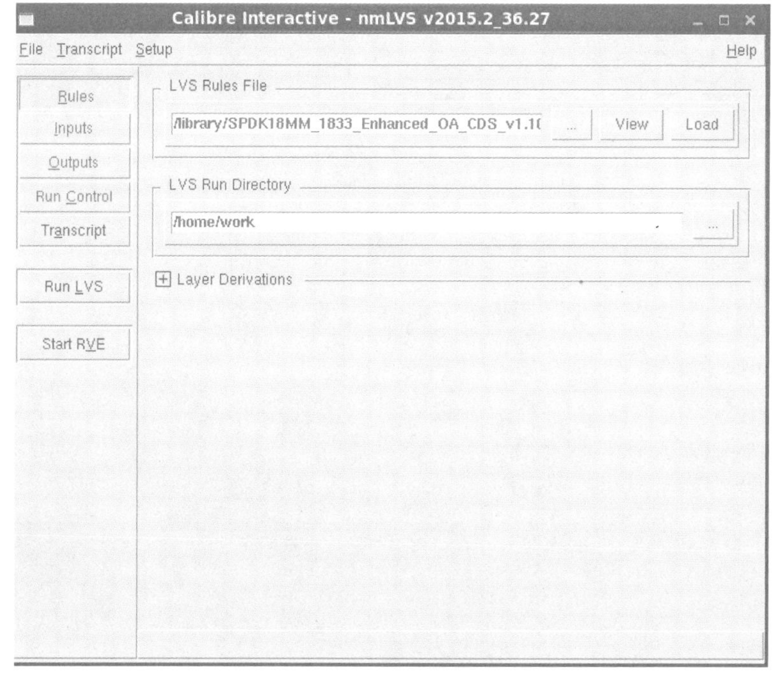

图 2-164 LVS 验证(1)

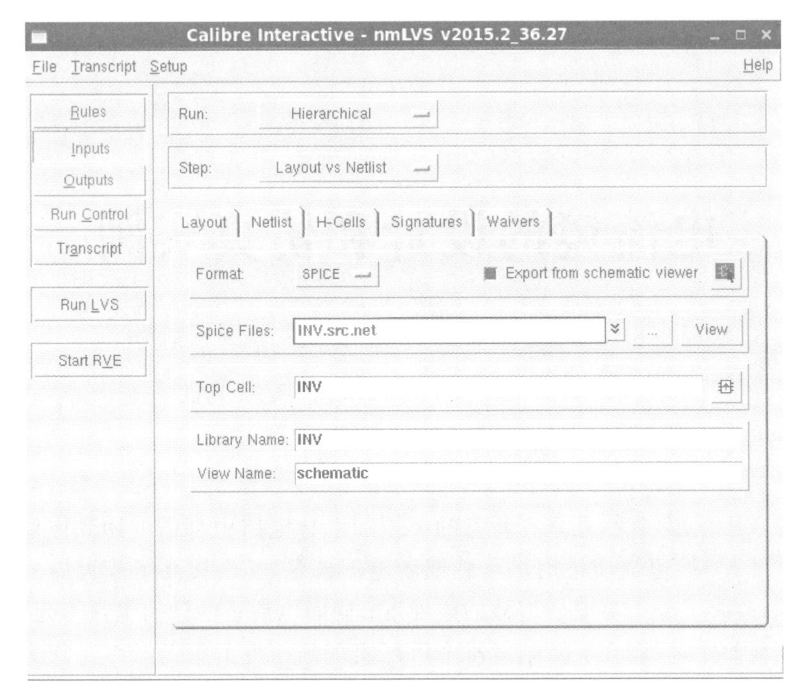

图 2-165　LVS 验证（2）

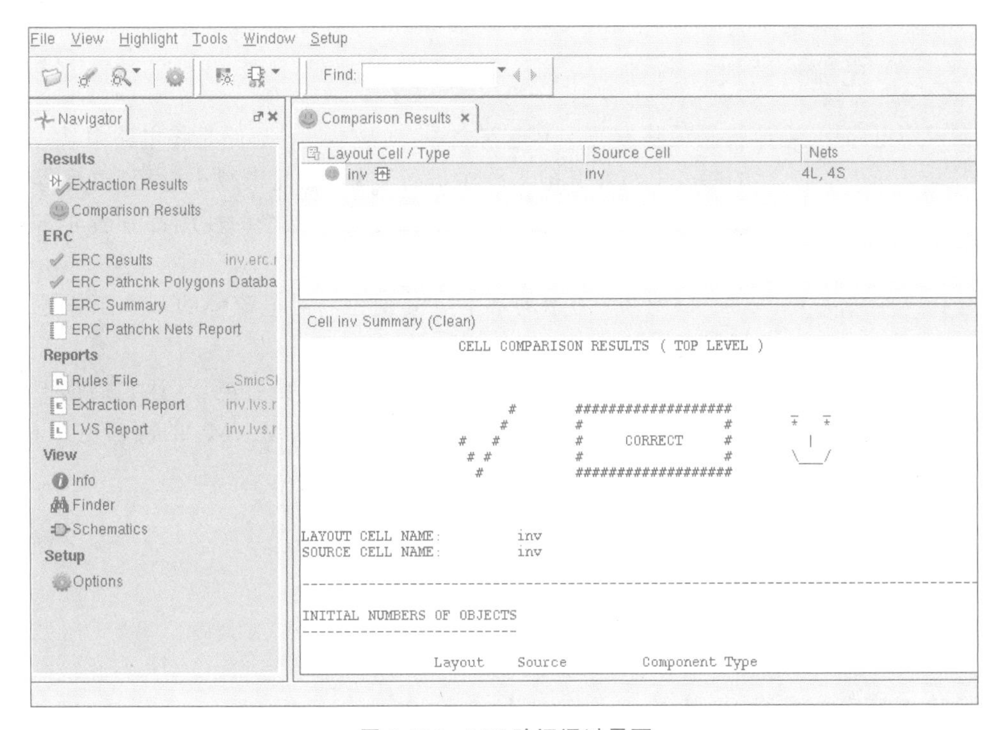

图 2-166　LVS 验证通过界面

第3章

电流镜的设计和仿真实例

3.1 电流镜设计基础

电流镜的应用范围广泛，几乎在所有的模拟和混合电路中都需要用到电流镜。在运算跨导放大器（OTA）中，电流镜被用作负载或者电流偏置，显著提高了放大器的电压增益和输出电压摆幅，改善了放大器电压增益的线性度；同时电流镜的输出电流恒定，能够实现对电容的恒流源充放电，应用在 RC 振荡器中可以实现高精度的振荡频率。作为电流信号处理的重要组成部分，随着电流信号处理技术的不断发展，电流镜的应用也在不断进行拓展。本章从基本的电流镜出发，介绍了几种常见的电流镜，并以此为基础，设计了一种改进型共源共栅电流镜。

3.1.1 电流镜的设计原理

在模拟电路中，电流镜是最基本的单元电路之一，其基本设计思路是将电路中某一支路的参考电流在其他支路中进行复制，以此来减小电压、温度等的变化造成的误差。电流镜的性能对整个电路的性能都有着非常重要的影响。

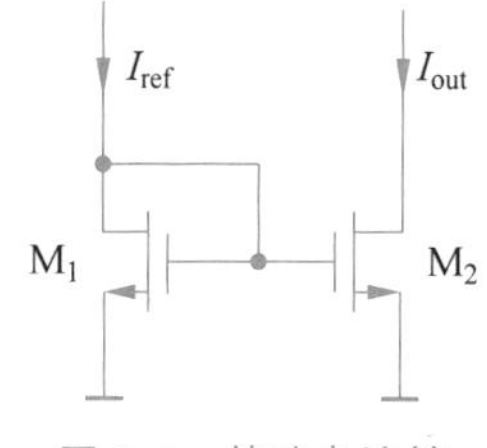

图 3-1 基础电流镜

以图 3-1 所示的基本电流镜为例对电流镜的基本工作原理进行讲解。

假设已经给 M_1、M_2 提供了合适的偏置电压，让它们都工作在饱和区，若不考虑沟道调制效应且假定 M_1、M_2 的阈值电压相等，由饱和萨氏方程可得

$$I_{ref}=\frac{\mu_n C_{ox}}{2}\left(\frac{W}{L}\right)_1 (V_{GS}-V_{th})^2 \tag{3.1}$$

$$I_{out}=\frac{\mu_n C_{ox}}{2}\left(\frac{W}{L}\right)_2 (V_{GS}-V_{th})^2 \tag{3.2}$$

$$I_{out}=\frac{(W/L)_2}{(W/L)_1} I_{ref} \tag{3.3}$$

式(3.3)表明，在忽略沟道调制效应的条件下，输出电流 I_{out} 与基准电流 I_{ref} 的比值只与 M_1、M_2 的宽长比有关，对 M_1、M_2 的宽长比进行调节，即可实现电流的复制，并且不受电

源电压、温度和工艺的影响。

在模拟集成电路中，很多时候还要用到输出电流值不同的电流镜，此时可以采用一个基准电流源形成多路输出的电流镜结构，通过调整各输出 MOS 管的宽长比获取所期望的电流值。图 3-2 为多路输出的电流镜，图中 I_1 流入到接地端，I_4 从电源端流出，在所有 MOS 管工作在饱和区的情况下，图中各输出支路的电流可以表示为

$$I_1=\frac{W_1/L_1}{W_0/L_0}I_{\mathrm{ref}} \tag{3.4}$$

$$I_2=I_3=\frac{W_2/L_2}{W_0/L_0}I_{\mathrm{ref}} \tag{3.5}$$

$$I_4=\frac{W_4/L_4}{W_3/L_3}I_3=\left(\frac{W_4/L_4}{W_3/L_3}\right)\left(\frac{W_2/L_2}{W_0/L_0}\right)I_{\mathrm{ref}} \tag{3.6}$$

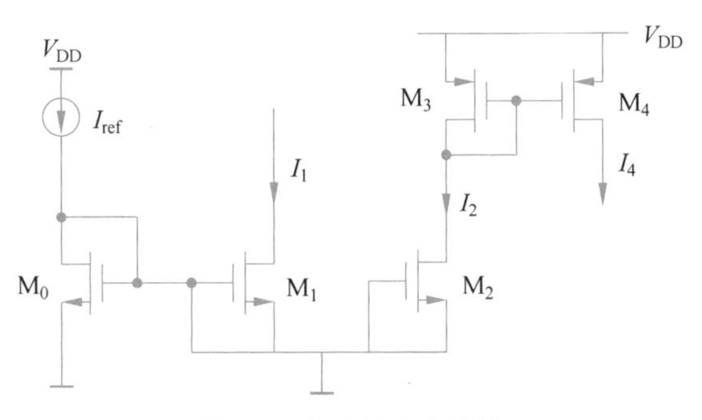

图 3-2 多路输出电流镜

3.1.2 电流镜中的误差分析

式(3.1)～式(3.3)是在理想条件下电流镜输出电流与基准电流之间的关系，而在实际的模拟 CMOS 集成电路中往往会存在一定的误差。输出误差的产生原因主要有 MOS 管的沟道长度调制效应引起的误差、阈值电压的偏差引起的误差和 MOS 管的尺寸误差。

在只考虑沟道调制效应后，则有

$$I_{\mathrm{D1}}=I_{\mathrm{ref}}=\frac{1}{2}k'_{\mathrm{n,1}}\left(\frac{W}{L}\right)_1(V_{\mathrm{GS1}}-V_{\mathrm{th1}})^2(1+\lambda V_{\mathrm{DS1}}) \tag{3.7}$$

$$I_{\mathrm{D2}}=I_{\mathrm{out}}=\frac{1}{2}k'_{\mathrm{n,2}}\left(\frac{W}{L}\right)_2(V_{\mathrm{GS2}}-V_{\mathrm{th2}})^2(1+\lambda V_{\mathrm{DS2}}) \tag{3.8}$$

$$\frac{I_{\mathrm{out}}}{I_{\mathrm{ref}}}=\frac{(W/L)_2}{(W/L)_1}\frac{(1+\lambda V_{\mathrm{DS1}})}{(1+\lambda V_{\mathrm{DS2}})} \tag{3.9}$$

实际上，V_{DS1} 通常是不变的，而 V_{DS2} 与 I_{out} 连接的节点电压有关。一般情况下，这个节点的电压是随着输入信号变化而变化的，所以，$\lambda\neq0$ 时，I_{out} 不可能是 I_{ref} 的精准复制。为了减小这种误差，一般采用栅长 L 较大的管子来减小 λ 的值，从而减小电流镜的误差；还可以采用共源共栅的电流镜结构来抑制输出电流随输出电压的波动，从而减小误差。

MOS 管的阈值电压不同主要是 CMOS 的工艺偏差造成的，因此在对电流镜的版图设

计过程中应注意两个 MOS 管匹配，使阈值电压的偏差降到最小。

MOS 管的加工尺寸误差可以通过将管子 W 与 L 的尺寸在适当条件下尽可能取大一些来尽量减小 MOS 管尺寸失配的影响。

注意：在实际设计中，电流镜中的所有 MOS 管一般取相同的沟道长度 L，减小源/漏区边缘扩散(LD)所产生的误差。

3.1.3 常见的电流镜

为了对电流镜的性能指标进行改善，在基础电流镜的结构基础上进行了改进，设计出了多种类型的改进后的电流镜，下面对几种常见电流镜进行介绍。

1. 威尔逊电流镜

图 3-3 为威尔逊电流镜，其基本原理为通过负反馈作用来提高电流镜的输出阻抗，使其具有更好的恒流特性。

由图 3-3 可以看出

$$V_{DS1}=V_{GS3}+V_{GS2} \tag{3.10}$$

同时，$V_{GS1}=V_{GS2}$，所以得到 $V_{DS1}>V_{GS1}$，即 M_1 一定工作在饱和区，由饱和萨氏方程可得

$$\frac{I_{out}}{I_{ref}}=\frac{(W/L)_2}{(W/L)_1}\cdot\frac{(1+\lambda V_{DS2})}{(1+\lambda V_{DS1})} \tag{3.11}$$

由式(3.10)以及 $V_{DS2}=V_{GS2}$ 得到 $V_{DS1}\neq V_{DS2}$。因此，在威尔逊电流镜中，I_{out} 与 I_{ref} 的比值不仅取决于 M_1、M_2 宽长比的大小，还与 V_{GS2} 以及 V_{GS3} 的值有关。

图 3-4 为威尔逊电流镜的交流小信号等效电路。

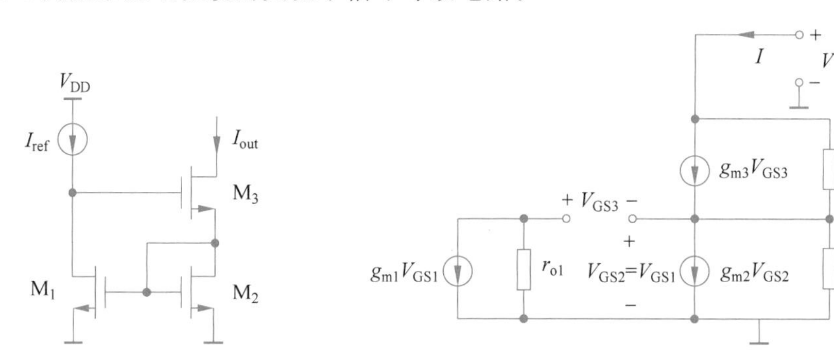

图 3-3 威尔逊电流镜　　　图 3-4 威尔逊电流镜的交流小信号等效电路

通过图 3-4 可以求出其输出阻抗为

$$r_o=r_{o3}+r_{o3}\left[\frac{g_{m1}g_{m3}r_{o1}+g_{m3}}{g_{m2}+1/r_{o2}}\right]+\frac{1}{g_{m2}+1/r_{o2}} \tag{3.12}$$

整理后可得

$$r_o=\frac{1}{g_{m2}}+r_{o3}\left[1+\frac{g_{m3}}{g_{m2}}(1+g_{m1}r_{o1})\right] \tag{3.13}$$

假设 $g_{m1}=g_{m2}=g_{m3}$，并且 $g_{m1}r_{o1}\gg 1$，则可得

$$r_o=r_{o3}g_{m1}r_{o1} \tag{3.14}$$

由其阻抗公式可以看出,与基础电流镜相比,威尔逊电流镜的输出阻抗更大,性能也得到了一定的提升,并且结构简单,能够在亚阈值区工作。

尽管其恒流特性得到了提高,但该电路中 M_2 与 M_3 的 V_{DS} 值仍然是不相同的,在此基础上,又提出了如图 3-5 所示的改进型威尔逊电流镜。

在图 3-3 的基础上增加了 MOS 管 M_4,使电路结构具有了更好的恒流特性。根据图 3-5 可得

$$V_{DS1}=V_{GS2}+V_{GS3}-V_{GS4} \tag{3.15}$$

当 $V_{GS3}=V_{GS4}$ 时,有 $V_{DS1}=V_{GS2}=V_{DS2}$。所以根据式(3.9)可得

$$\frac{I_{out}}{I_{ref}}=\frac{(W/L)_2}{(W/L)_1} \tag{3.16}$$

式(3.16)表明,改进型威尔逊电流镜消除了沟道调制效应产生的影响,能够实现对电流的精确复制,同时结构也较为简单,可以工作在亚阈值区,相比之下得到了较为广泛的应用。

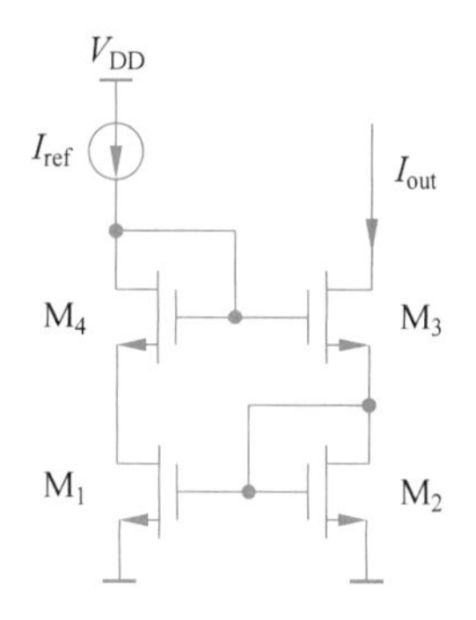

图 3-5 改进型威尔逊电流镜

2. 共源共栅电流镜

图 3-6 为共源共栅电路结构,使 $V_{DS2}=V_{DS1}$ 来改善恒流特性。其基本原理:通过合理设置 V_b 的值来使 $V_X=V_Y$,则 I_{out} 就可以非常接近 I_{ref};同时又因为共源共栅结构可以屏蔽 V_p 对 V_Y 的影响,所以 V_p 的变化基本不会对 I_{out} 产生影响。

为产生共源共栅偏置电压对电路结构进行了改进,得到了如图 3-7 所示的完整共源共栅电流镜结构,由图可得 $V_N=V_{GS0}+V_X=V_{GS3}+V_Y$。

$$I_{ref}=\frac{\mu_n C_{ox}}{2}\left(\frac{W}{L}\right)_0(V_{GS0}-V_{th})^2=\frac{\mu_n C_{ox}}{2}\left(\frac{W}{L}\right)_1(V_{GS1}-V_{th})^2 \tag{3.17}$$

$$I_{out}=\frac{\mu_n C_{ox}}{2}\left(\frac{W}{L}\right)_3(V_{GS3}-V_{th})^2=\frac{\mu_n C_{ox}}{2}\left(\frac{W}{L}\right)_2(V_{GS2}-V_{th})^2 \tag{3.18}$$

已知 $V_{GS1}=V_{GS2}$,因此当 $(W/L)_0/(W/L)_3=(W/L)_1/(W/L)_2$ 时,有 $V_{GS0}=V_{GS3}$,$V_X=V_Y$。

考虑衬底偏置效应,由于 $V_{th0}=V_{th3}$,以上的式子仍然是成立的。

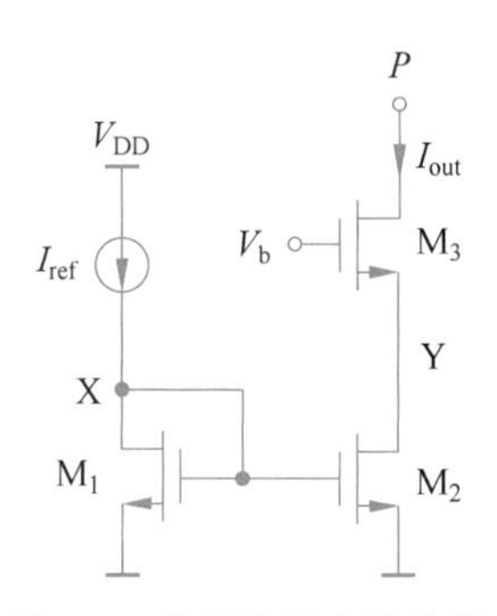

图 3-6 共源共栅电路结构

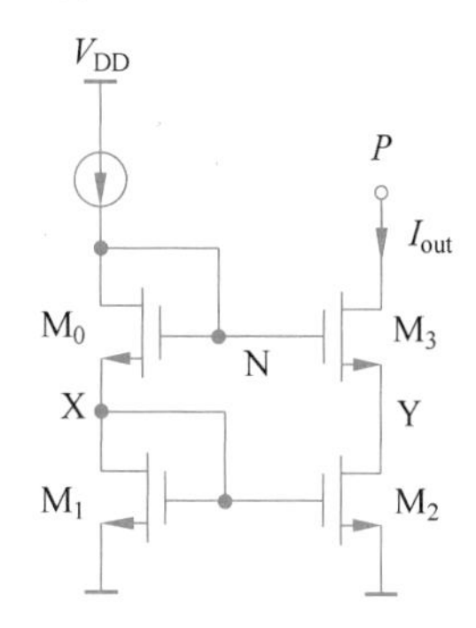

图 3-7 完整共源共栅电流镜

由图 3-7 推导可得共源共栅结构电流镜的输出阻抗为

$$r_o = r_{o2} + r_{o3} + r_{o2} r_{o3}(1+\eta_3) g_{m3} \tag{3.19}$$

共源共栅电流镜消除了沟道调制效应引起的电流误差，能够得到较精确的电流比，并且其输出阻抗非常大，提高了电流镜的带负载能力。但其高阻抗是以牺牲输出电压幅度为代价换来的，并且该结构要求更高的电源电压，并不适用于低压环境。在此基础上，又提出了低压共源共栅电流镜。

3. 低压共源共栅电流镜

图 3-8 为低压共源共栅电流镜的电路结构。

由图 3-8 可知，要使 M_1、M_2 处于饱和区，则 V_b 应满足：

$$V_{GS1} - V_{th1} \leqslant V_A (= V_b - V_{GS4}) \tag{3.20}$$

$$V_b - V_{th4} \leqslant V_X (= V_{GS1}) \tag{3.21}$$

得到

$$V_{GS4} + (V_{GS1} - V_{th1}) \leqslant V_b \leqslant V_{GS1} + V_{th4} \tag{3.22}$$

即

$$V_{GS4} - V_{th4} \leqslant V_{th1} \tag{3.23}$$

此时，V_b 是有解的，该条件在现有工艺下一般都可以满足。

所有晶体管都处于饱和区时，令 $V_{GS4} = V_{GS3}$，当 $V_b = V_{GS4} + (V_{GS1} - V_{th1}) = V_{GS3} + (V_{GS2} - V_{th2})$ 时，M_2、M_3 消耗的电压裕度最小，并且可以精确复制 I_{ref}。

相比于共源共栅结构，低压共源共栅电流镜有更大的输出阻抗、稳定的输出电流和较大的输出电压摆幅，但其需要额外的偏置电路来提供 V_b，以确保晶体管工作在饱和区。产生 V_b 有多种方法，下面介绍了一种用来产生 V_b 的偏置电路。

图 3-9 为自偏置型共源共栅电流镜，其在电路的输入端串联了一个电阻，其中，V_b 可以表示为

$$V_b = I_{ref} R + V_{GS1} \tag{3.24}$$

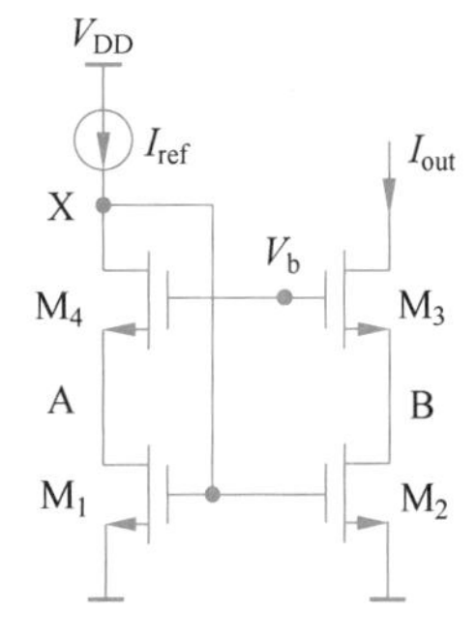

图 3-8 低压共源共栅电流镜

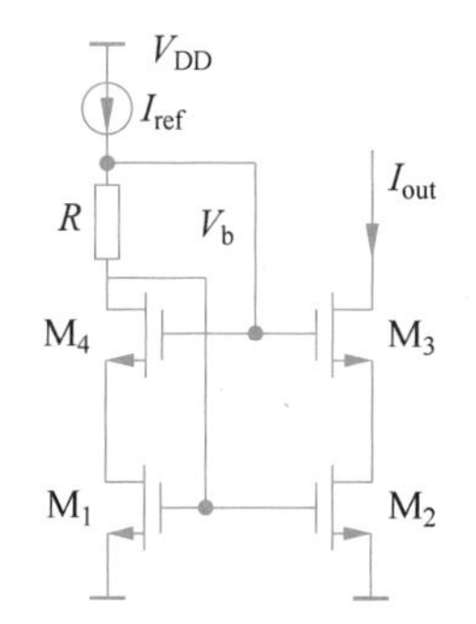

图 3-9 自偏置型共源共栅电流镜

将式(3.24)代入式(3.22)中，可以得到

$$\frac{V_{GS4} - V_{th1}}{I_{ref}} \leqslant R \leqslant \frac{V_{th4}}{I_{ref}} \tag{3.25}$$

当 R 的取值小于下限时，M_1 工作在线性区，M_4 工作在饱和区；当 R 的取值大于上限时，M_1 工作在饱和区，M_4 工作在线性区。因为 R 也要消耗电压 RI_{ref}，导致需要更大的输入电压，因此 R 值趋近于下限值更合适。

这种结构较为简单并且增加了输入电流的范围，但是电阻会受到工艺变化的影响，因此栅端电压会不精确。此外，随着输入电流的增加，电阻值会有所降低。

3.2 电流镜设计与仿真

3.2.1 电流镜性能参数要求

(1) 输出阻抗：输出阻抗衡量的是输出电流与输出电压的关系，较高的输出阻抗即代表低输入电阻，输入电阻越低，输出电压受输入电流的影响就越小。

(2) 输出压摆：无论输出电压是多少，理想电流镜都应该产生一个精确的输出电流。实际设计电路中，电流镜在输出端需要一个小电压来保证器件工作在饱和区，该电压就是电流镜能维持正常工作的最小压降。

(3) 电流匹配精度，即电流镜输出电流随输入电流的变化关系。

电流匹配精度误差可表示为

$$Q = \left| \frac{I_{\text{in}} - I_{\text{out}}}{I_{\text{in}}} \right| \times 100\% \tag{3.26}$$

3.2.2 电路设计

(1) 确定电路工艺及工艺参数。本设计采用 0.18μm CMOS 工艺，主要工艺参数有 $\mu_n C_{ox} = 322\mu\text{A/V}^2$，$V_{thn} = 0.4185\text{V}$。

(2) 确定电流镜设计指标。

性能参数	指标要求
工作电压/V	5(1±10%)
电流复制比	1∶1
输出端最小工作电压/V	<0.5
输入电流变化范围/μA	0～100

(3) 计算相关参数。为了得到较为精确的电流比，提高电路的性能，在共源共栅电流镜的基础上对电路结构进行了改进，得到了如图 3-10 所示的电流镜。

对电流镜结构进行分析，其中，每个 MOSFET 的衬底都接地，$(W/L)_1 = (W/L)_2$，$(W/L)_3 = (W/L)_5$。其中 R 为负载，从设计指标入手来确定各 MOS 管的宽长比。

首先，为了满足输出端最小工作电压的值小于 0.5V，使 M_5 工作在临界饱和区，即

$$V_{\text{outmin}} = V_{D5} = V_{G5} - V_{th} \tag{3.27}$$

当输入电流逐渐增大时，M_1、M_2 先工作在过饱和区，最终工作在临界饱和区。同时，M_1、M_2 工作在临界饱和区时，有

$$V_{DS1} = V_{DS2} = \frac{V_{\text{outmin}}}{2} \tag{3.28}$$

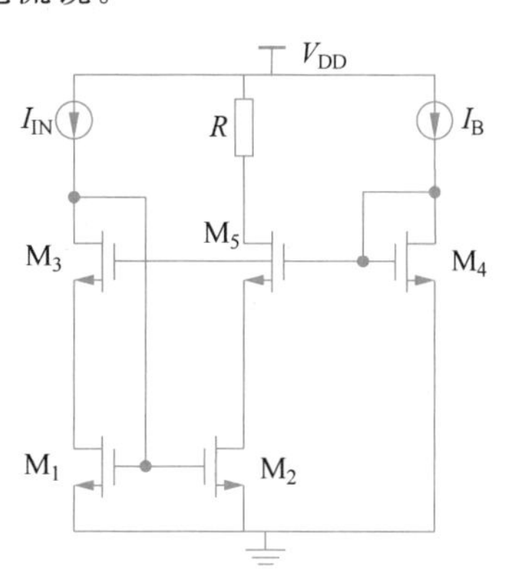

图 3-10 改进共源共栅电流镜

M_1、M_2 宽长比的确定。M_1、M_2 工作在饱和区条件为(以 M_1 为例)

$$V_{DS1} \geqslant V_{GS1} - V_{th} \tag{3.29}$$

根据饱和萨氏方程可得

$$V_{DS1} \geqslant \sqrt{\frac{2I_{inmax}}{\mu_n C_{ox}\left(\frac{W}{L}\right)_1}} \tag{3.30}$$

所以有

$$\left(\frac{W}{L}\right)_1 \geqslant \frac{2I_{inmax}}{(V_{DS1})^2 \mu_n C_{ox}} \tag{3.31}$$

在满足不等式成立的前提下,计算得到 $(W/L)_1 = (W/L)_2$ 取最小值约为 10。

M_3、M_5 宽长比的确定。从 M_5 的角度考虑,当 $I_{in} = 100\mu A$ 时,为了使 M_2 工作在临界饱和区,V_{GS5} 的压降不能过大,即

$$V_{GS5} \leqslant V_{G5} - V_{DS2} \tag{3.32}$$

又因为 M_5 工作在临界饱和区,所以

$$V_{GS5} \leqslant V_{D5} + V_{th} - V_{DS2} \tag{3.33}$$

即

$$\sqrt{\frac{2I_{inmax}}{\mu_n C_{ox}\left(\frac{W}{L}\right)_5}} \leqslant \frac{V_{outmin}}{2} \tag{3.34}$$

因此

$$\left(\frac{W}{L}\right)_5 \geqslant \frac{2I_{inmax}}{\left(\frac{V_{outmin}}{2}\right)^2 \mu_n C_{ox}} \tag{3.35}$$

同样,在满足不等式成立的前提下,计算得到 $(W/L)_5 = (W/L)_3$ 最小取值约为 10。

I_B 的确定。M_5 工作在临界饱和区,所以有

$$V_{G5} = V_{D5} + V_{th} \tag{3.36}$$

同时,由电路图结构可得

$$V_{G5} = V_{DS4} = V_{GS4} \tag{3.37}$$

$$I_B = \frac{1}{2}\mu_n C_{ox}(V_{G5} - V_{th})^2 \left(\frac{W}{L}\right)_4 \tag{3.38}$$

为了节省版图面积以及设计的方便,取 $(W/L)_4 = 1$,计算得 $I_B = 40\mu A$。

考虑沟道调制效应、寄生性、匹配性等要求,取 $L = 2\mu m$,则 $(W/L)_1 = (W/L)_2 = (W/L)_5 = (W/L)_3 = 20\mu m/2\mu m$,$(W/L)_4 = 2\mu m/2\mu m$,$I_B = 40\mu A$。

3.2.3 仿真结果

采用得到的数据,同时取 $R = 46k\Omega$,使 M_5 进入临界饱和状态,对电路进行 dc 仿真,仿真过程如图 3-11 所示,设 I_{in} 的范围为 0~100μA,查看其输出端电压的范围。

得到其输出端电压如图 3-12 所示。

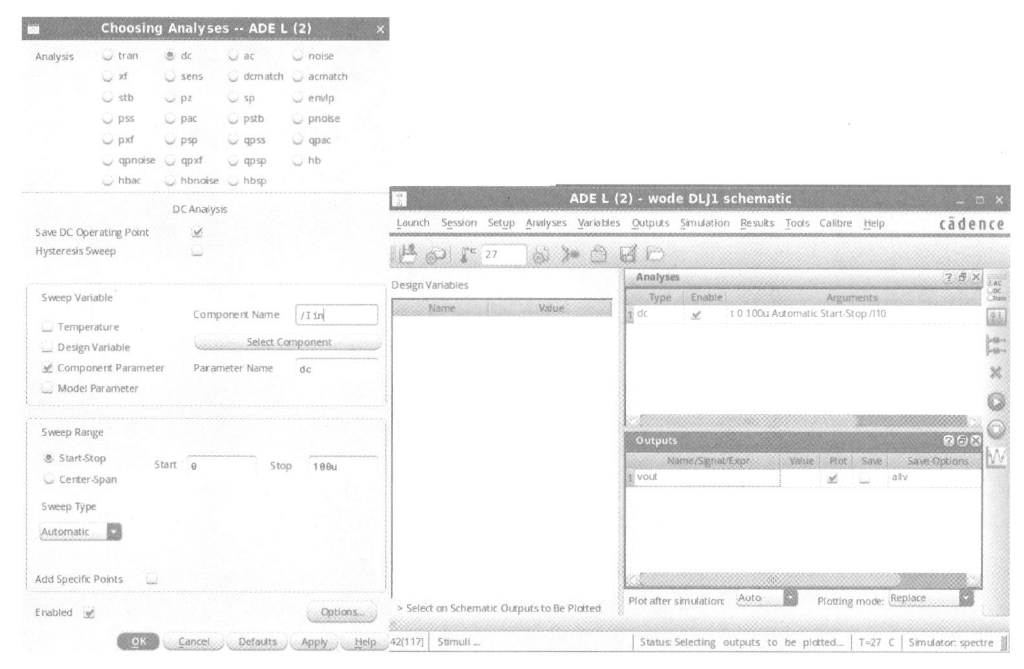

图 3-11　输出电压 dc 仿真过程

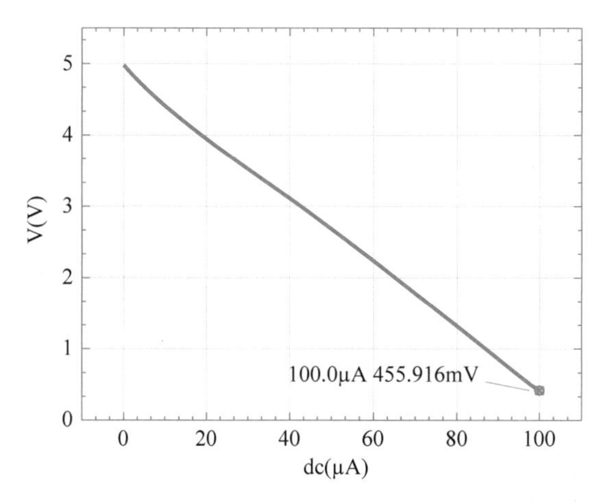

图 3-12　输出端工作电压

由图可以看出其输出端最小工作电压约为0.45V，小于0.5V，达到了提出的设计要求。在此基础上对其他参数指标进行仿真。

输入端工作电压如图3-13所示。

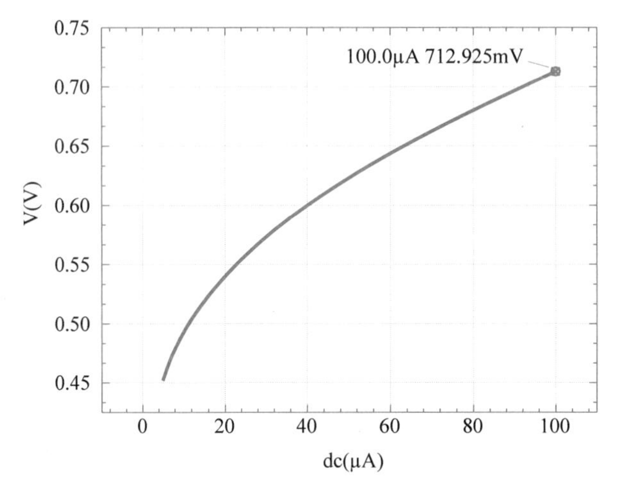

图 3-13 输入端工作电压

当 $I_{in}=100\mu A$ 时，输出端工作电压的最大值 $V_{outmax}\approx 0.71V$。

总的输出电流与输入电流之间的关系如图3-14所示。

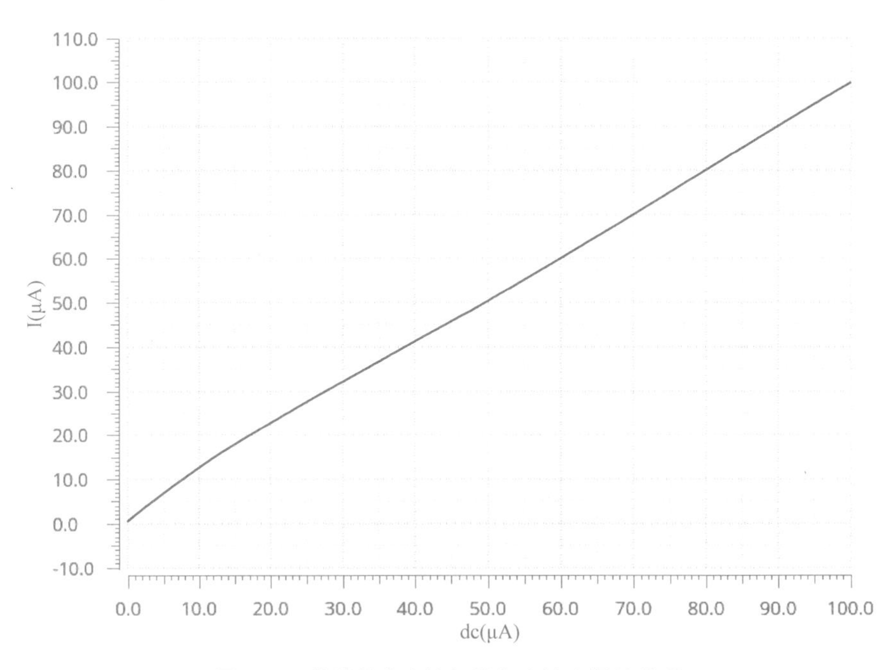

图 3-14 总的输出电流与输入电流之间的关系

当 $I_{in}=50\mu A$ 时，由图3-15计算得到电流匹配精度误差为

$$\left|\frac{I_{in}-I_{out}}{I_{in}}\right|\times 100\%=\frac{0.09124}{50}\times 100\%\approx 0.18\% \tag{3.39}$$

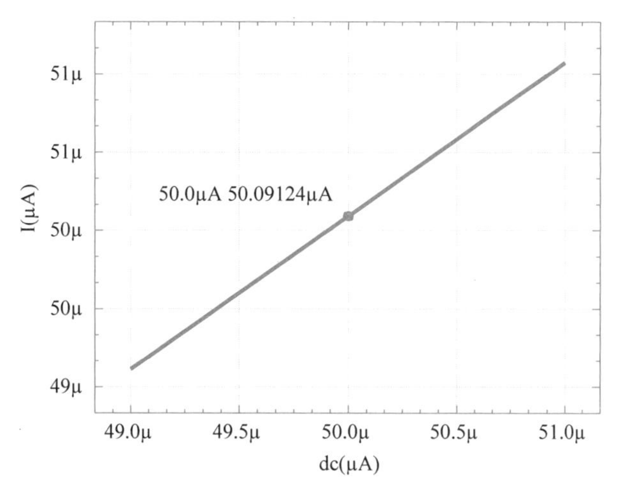

图 3-15　$I_{in}=50\mu A$ 处局部放大

当 $I_{in}=100\mu A$ 时，由图 3-16 计算得到电流匹配精度误差为

$$\left|\frac{I_{in}-I_{out}}{I_{in}}\right|\times 100\%=\frac{0.09176}{100}\times 100\%\approx 0.1\% \tag{3.40}$$

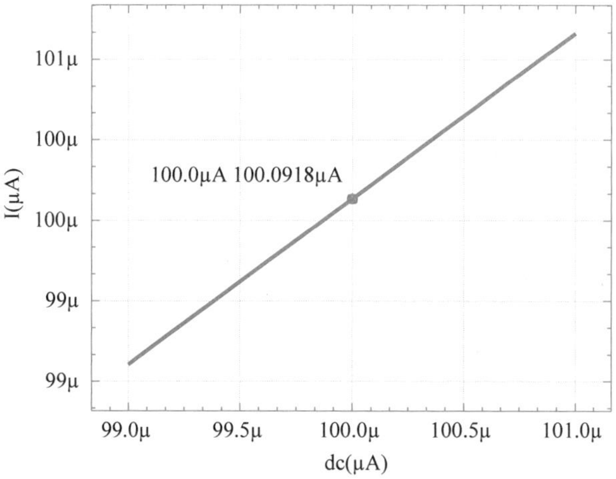

图 3-16　$I_{in}=100\mu A$ 处局部放大

由上可以看出，电流匹配精度误差较小，得到电流复制比基本达到了设计指标的要求。

在此基础上，把指标要求的电流复制比更改为 1∶2，由电流镜的设计原理可以得到在忽略沟道调制效应的前提下改变两个 MOS 管的宽长比的比即可以实现成比例的电流复制比。如图 3-9 所示电路中，改变 M_2、M_5 的宽长比为其原来的 2 倍，即 $(W/L)_2=(W/L)_5=20$，此时再对电路进行仿真，得到其输入与输出电流之间的关系。

在改变电流复制比为 1∶2 的条件下输入电流和输出电流之间的关系如图 3-17 所示。

由上可以看出，基本满足了设计指标的要求。

本节对设计的电流镜进行了仿真分析，得到了较为精确的电流复制比，但从仿真结果中也能观察到在输入电流较小时的电流复制比结果相比于电流较大时的结果并不十分理想，

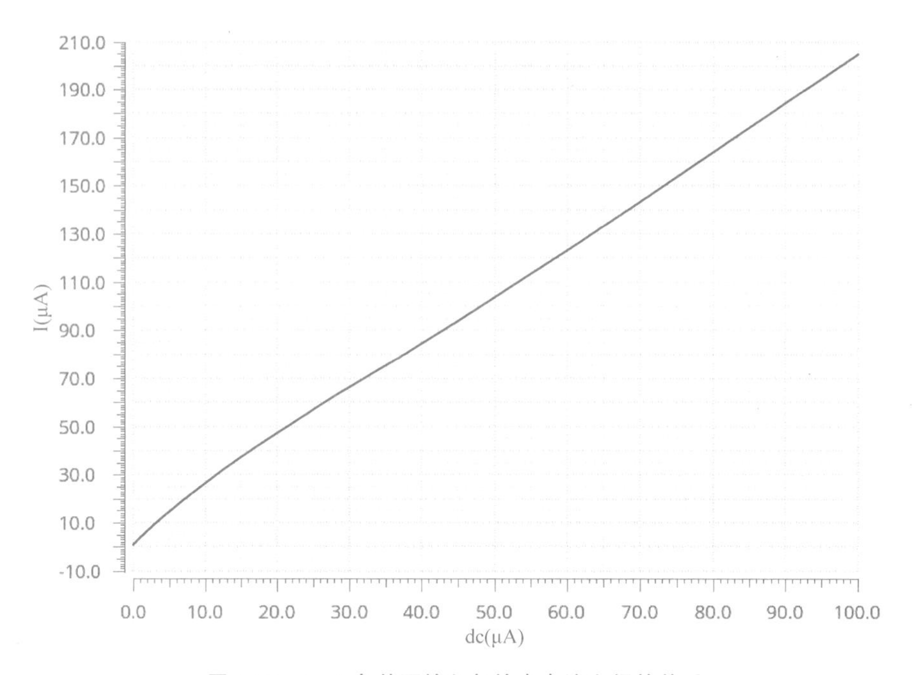

图 3-17　1∶2 条件下输入与输出电流之间的关系

虽然基本满足了设计指标的要求，但仍然存在改进的空间，在以后的设计中要做到更加精益求精来实现更好的电路性能要求。

第4章

单级运算放大器的设计与仿真实例

4.1 单级运算放大器设计基础

单级放大器是复杂 CMOS 运算放大器的基础，具有结构简单、响应速度快、功耗低等优点，但单级放大器的增益有限。常见的单级放大器有共栅放大器、共源放大器、共漏放大器、共源共栅放大器以及差分放大器等。本章通过设计一款单级放大器，分析放大器的设计目标和电路结构之间的关系，说明放大电路正向设计的基本思路。

掌握常见单级放大器的基本结构特点，弄清基本电路结构对其特性参数的影响规律，是成为一名优秀 IC 工程师的必由之路。因此这里首先回顾常见的单级放大器和相关性能参数的概念。

4.1.1 常见的单极放大器

1. 共源极放大器

图 4-1 为 NMOS 晶体管构成的电阻负载共源放大器结构及其小信号等效电路图，其输入接在栅极，输出接在漏极。考虑沟道调制效应，通过观察小信号等效电路可以看出其输出电阻为

$$R_{out} = r_o \,/\!/\, R_D \tag{4.1}$$

式中：r_o 为 NMOS 管的输出阻抗；R_D 为负载电阻。

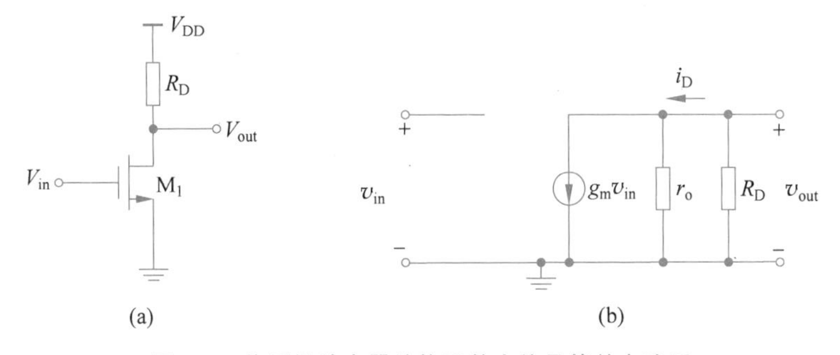

图 4-1 共源极放大器结构及其小信号等效电路图

同时，可以得出共源极放大器的增益为

$$A_v = -g_m(r_o \,/\!/\, R_D) \tag{4.2}$$

若要使增益最大化，则必须增大负载电阻使 $R_D \gg r_0$，这时共源极放大器的增益近似等于MOS管的本征增益 $-g_m r_0$。而MOS管的本征增益一般只有几十到几百倍，因此共源极放大器的增益并不高。通过利用仿真工具，得出本设计所采用工艺库中NMOS管的本征增益与跨导效率的关系如图4-2所示，可以看出NMOS管的本征增益最大为500倍左右。而共源极放大器增益近似为单个MOS管的本征增益，因此可认为共源极放大器的增益范围为0～500，换算分贝为0～54dB。而根据设计经验，在实际设计电路时往往很难达到40dB，这是因为设计放大器时必须考虑多个性能指标，因此可认为共源极放大器在电路中具有的增益为10～40dB。共源极放大器在低频时，输入阻抗可以看作无限大，而输出阻抗近似为 r_0 非常小，因此共源极结构常用作多级放大器的中间级或输出级。

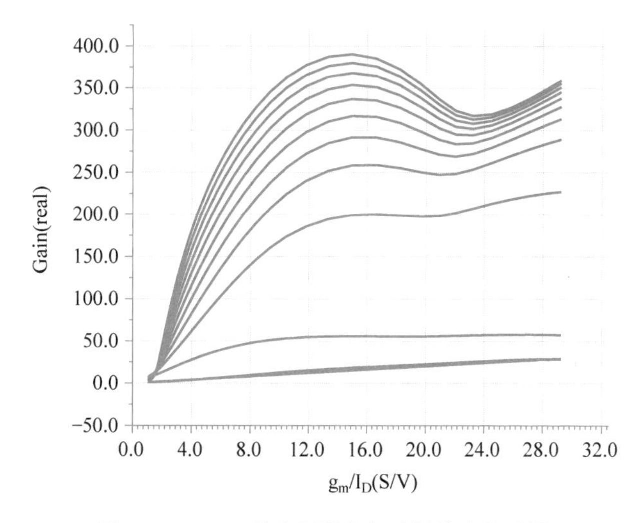

图4-2 NMOS管本征增益与跨导效率关系图

2. 共漏极放大器

共漏极放大器也称为源极跟随器，图4-3为共漏极放大器结构及其小信号等效电路图。信号由NMOS管的栅极输入，由源极输出。共漏极放大器具有输入阻抗大、输出阻抗小的特点，通过观察小信号等效电路图可以看出，其电路增益近似为

$$A_v = \frac{g_m R_S}{1 + g_m R_S} \tag{4.3}$$

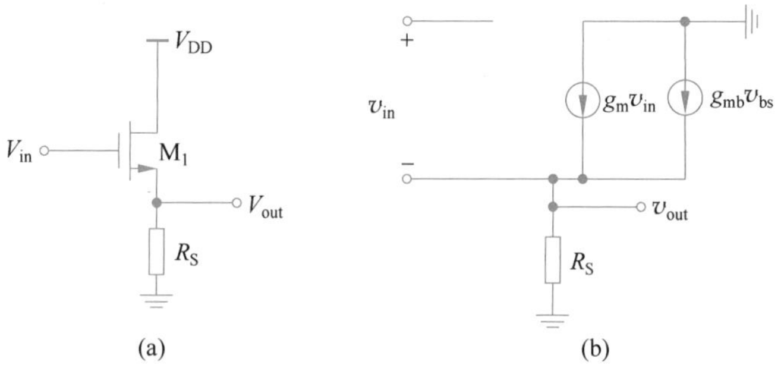

(a)　(b)

图4-3 共漏极放大器结构及其小信号等效电路图

当计算共输出阻抗时，输出端 V_{out} 等效为输入端，此时忽略掉了电阻 R_S，则其输出阻抗为

$$R_{out}=\frac{1}{g_m+g_{mb}} \tag{4.4}$$

当电阻 R_S 变得很大时，增益接近 1，并没有电压放大作用。此外，与共源极放大器增益对比，共漏极放大器的增益为正，这表明其输出和输入相位是相同的，因此也称作源跟随器。在高增益运算放大器电路中，为了使信号经放大后损失最小，电路需要获得高输出阻抗，因此不能直接驱动电阻负载，而源跟随器虽然没有电压放大功能，但由于其输入阻抗高而输出阻抗低的特点，常用作电路的输出级，充当电路的电压缓冲器。

3. 共栅极放大器

图 4-4 是直接耦合的共栅极放大器结构及其小信号等效电路图。共栅极放大器与前两种放大器结构不同之处是共栅极电路从源极输入，由漏极输出。共栅极放大器的增益近似为

$$A_v=(g_m+g_{mb})r_o+1 \tag{4.5}$$

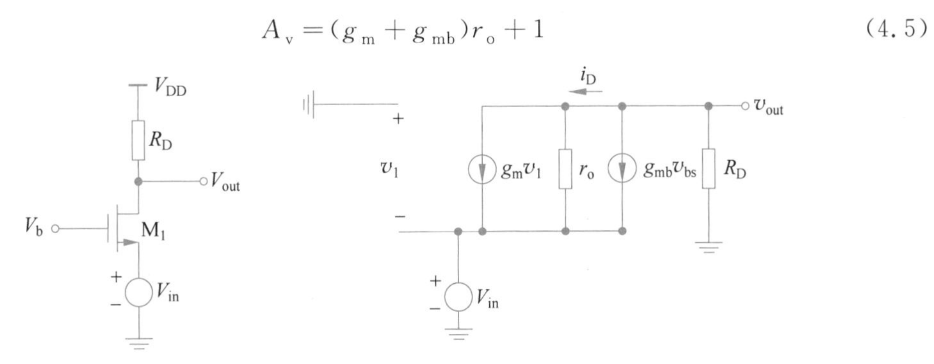

图 4-4　直接耦合的共栅极放大器结构及其小信号等效电路图

与共源极放大器比较发现共栅极放大器的增益要稍微大一些，这主要是背栅电压的存在所致。同时相比共源极电路，共栅极放大器的输出电压与输入电压同相。

共栅极放大器还具有输入电阻小、输出电阻大等特点，其输入阻抗为

$$R_{in}=\frac{1}{g_m+g_{mb}}+\frac{R_D}{(g_m+g_{mb})r_o} \tag{4.6}$$

这是在共栅极漏端电阻比较小的情况下计算出的，计算共栅极电路的输出电阻时还需考虑信号源的内阻以及晶体管的输出阻抗，假设信号源内阻为 R_S，其输出电阻近似为

$$R_{out}=\{[1+(g_m+g_{mb})r_o]R_S+r_o\} /\!/ R_D \tag{4.7}$$

可以看出共栅极的输出电阻比共源极和共漏极都要大。

相对于共源极和共漏极放大器，共栅极放大器显著的特点是高频性能好。当考虑 MOS 管的极间电容时，在高频下，共源极和共漏极的栅漏电容起着严重的影响，放大器的栅极和漏极之间存在很大的增益 $g_m R_{out}$，其中 R_{out} 为电路的输出电阻，这个增益使得电容得到翻倍的增加，这种现象称为密勒效应。而共栅极电路由于极间电容都接地，不会受到密勒效应的影响。这个特点使得共栅极电路常在电路中搭配其他电路一起使用，从而改善电路的高频性能。高频下的共栅极放大器结构及其小信号等效电路图如图 4-5 所示。

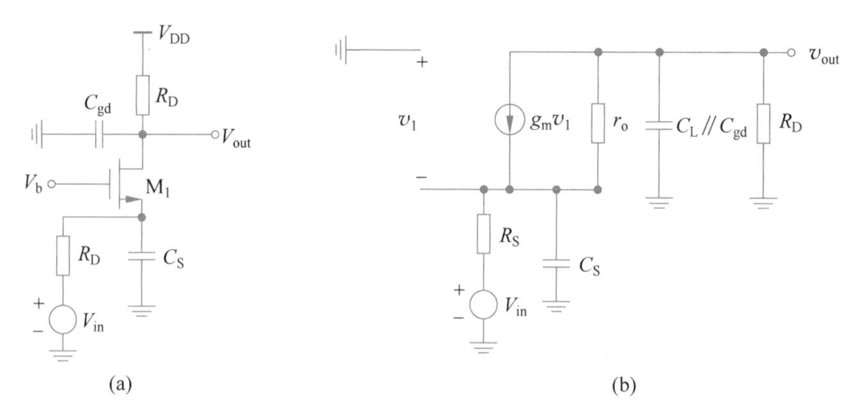

图 4-5 高频下的共栅极放大器结构及其小信号等效电路图

4. 共源共栅放大器

图 4-6 为无源负载的共源共栅放大器结构及其小信号等效电路图。当计算输出阻抗时，输出端视为输入端，可以将共栅共源结构看作为一个带源极负载 r_{o1} 的共源极电路，此时共源共栅结构输出电阻近似为

$$R_{out}=(g_{m2}+g_{mb2})r_{o2}r_{o1} \tag{4.8}$$

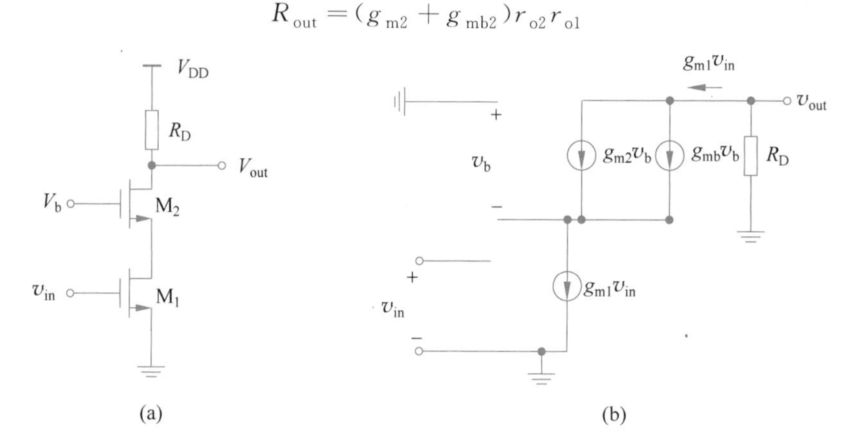

图 4-6 无源负载共源共栅放大器结构及其小信号等效电路图

这一输出电阻是无源极负反馈的共源极电路输出电阻的$(g_{m2}+g_{mb2})r_{o2}$倍。由于共栅共源结构中共栅管的电流与共源管的电流相同，所以采用电阻作负载的共源共栅放大器的增益近似为

$$A_v=g_{m1}(r_{o1} // R_D) \tag{4.9}$$

通过分析发现，带漏极负载电阻时它的增益与共源极电路的增益相同，因此在实际应用时很少采用电阻负载的共源共栅结构。而当共源共栅结构以电流源为负载时，就可以忽略 R_D，此时再对比共源结构，两者之间输出电阻提升的倍数就相当于增益提升的倍数。共源共栅极放大器的增益近似为

$$A_v=g_{m1}(g_{m2}+g_{mb2})r_{o2}r_{o1} \tag{4.10}$$

通过式(4.10)可以看出，共源共栅放大器的增益相当于两个 MOS 管的本征增益的乘积，单个 MOS 管本征增益为 0～54dB，而共源共栅结构增益理论上可以达到 108dB。但是，在实际设计运算放大器时必须考虑多个指标，仅仅设计放大器达到了高增益要求，其他带

宽、工作速度以及频率特性等性能指标则会非常差。此外，共源共栅结构还可以扩展为更多器件的层叠来获得更高的输出阻抗与增益，但也消耗了更大的电压裕度，使得电路的输出电压摆幅下降。

由于共源共栅电路结构的输出阻抗大，输出节点电压变化后其共源管 M_1 的漏源端电压变化很小，这种共源共栅结构的屏蔽特性使得它在许多电路中是非常有用的。除了起放大器作用，共源共栅结构还常用作电流源，超高的输出阻抗使其近似为理想的电流源；但是缺点也很明显，降低了输出电压摆幅，这使得共源共栅结构在低电源电路中使用非常受限。

4.1.2 运算放大器的主要性能参数

根据应用环境的不同，对电路的指标要求也往往不同。衡量一个运算放大器的性能优劣，主要观察其参数指标是否满足上下级电路的要求。下面将结合运算放大器的参数指标，介绍运算放大器设计的一些基本思路。这里先给出本章设计的单级运算放大器的一些性能参数指标要求，如表 4-1 所示。

表 4-1 设计指标

性能参数	设计指标
工作电压 V_{DD}/V	3(1±10%)
负载电容 C_L/pF	10
开环增益 A_v/dB	≥40
单位增益带宽(GB)/MHz	10
相位裕度(PM)/(°)	≥45
输出电压摆幅 $V_{out,max}-V_{out,min}$/V	≥1.8
压摆率(SR)/(V/μs)	≥10

1. 工作电压

常见的运算放大器都具有两个电源接口，运算放大器的工作电压就由这两个输入端提供，并且等于这两个输入电压之间的差值。运算放大器一般分为单电源运算放大器和双电源运算放大器，其中单电源运算放大器电路的一个电源引脚接工作电压 V_{DD}，另一个引脚接电源地 GND，而双电源运算放大器则由一个正电源和一个相等电压的负电源组成。一般情况下，双电源供电的电压动态范围和电压精度以及抗干扰性能要优于单电源供电，目前随着低功耗应用的需求，单电源供电也变得常见，通过靠减少供电电压来降低功耗。单电源供电电压一般为 5V、3V 或者更低，而且给出的设计指标为 3(1±10%)V，因此只需要为运算放大器选择电源电压为 3V 的单电源供电就可满足要求。

2. 负载电容

运算放大器在实际应用时，其电路往往要受到运算放大器后续电路的影响。最为明显的是后序电路带来的负载电容会影响前序运算放大器的次极点，当负载电容大到一定程度时甚至会引起电路的振荡，因此在设计运算放大器时必须要考虑其输出端的电容负载。在一些实际应用电路的说明中，应该包含其电路稳定性与负载电容大小的性能曲线，上面设计指标中明确给出了 10pF 负载电容要求，这是我们设计的单级运算放大器必须要满足的指标，以确保电路的可靠性与稳定性。

3. 开环增益

开环增益是指在没有反馈状态时的差模电压增益，是放大器中最重要的性能指标之一，

定义为运算放大器工作在线性区时,输出电压变化与差分输入电压变化的比值,即

$$A_{vd}=\left.\frac{dV_o}{dV_{id}}\right|_{V_{ic}=0} \tag{4.11}$$

式中:V_{ic} 为运算放大器的共模输入电压,理想状态下 $V_{ic}=0$;V_{id} 为运算放大器的差模输入电压;V_o 为运算放大器的输出电压。增益一般用 dB 表示,表示为 $20\lg A_{vd}$。在实际应用时 A_{vd} 会随着频率的升高而降低,因此开环增益一般是指低频小信号下的增益。

由于单级运算放大器结构的限制,增益往往是有限的,并且要考虑到多个指标的折中。表 4-1 的设计指标中要求增益大于或等于 40dB,在之前分析中可知单级放大器中共源、共栅、共漏三种经典放大器由于结构限制很难达到这个要求,所以设计时只需要考虑更为复杂结构的共源共栅放大器。

4. 单位增益带宽

单位增益带宽是指运算放大器闭环增益为 1 时的 −3dB 带宽,在数值上等于开环增益下降为 1 时的频率 ω_u。对于单级放大器,可以表示为

$$GB=\frac{g_{m,in}}{2\pi C_L} \tag{4.12}$$

式中:$g_{m,in}$ 为输入 MOS 管的跨导;C_L 为单级放大器的负载电容。

运算放大器的带宽通常可以体现放大器处理小信号的能力,带宽越高,能处理的信号频率就越高,高频特性越好;否则电路就容易发生失真。此外,衡量运算放大器速度的另一个参数还有压摆率,注意单位增益带宽是表示在小信号下的性能参数,压摆率是表示在大信号下的性能参数。

下面举例说明在设计电路时如何选择电路的单位增益带宽才能让输出信号不失真。假设电路需要放大一个频率为 5kHz 的输入信号,将其放大 100 倍,则运算放大器就需要至少 500kHz 的单位增益带宽才能让信号输出波形不失真。

5. 相位裕度

相位裕度是指运算放大器开环增益为 0dB 时的相位与 −180°的差值,其表达式为

$$PM=\varphi(\omega_u)-(-180°) \tag{4.13}$$

式中:ω_u 为放大器增益为 1 时的频率;$\varphi(\omega_u)$为频率 ω_u 时的相位。

它主要用来衡量负反馈系统的稳定性,相位裕度越大,系统越稳定;当相位裕度过大时,动态间响应速度也会减慢。而相位裕度过小,相位越接近 180°,电路就越容易引起振荡。因此,必须选择一个合适的相位裕度来使电路既稳定又响应速度快。通常情况下,相位裕度在 45°~70°时电路会表现出电路最大平坦度与较快的响应速度。

6. 输出电压摆幅

输出电压摆幅就是所有晶体管都工作在饱和区时的输出电压的范围,一般所认为的输出电压摆幅就是电路中的 V_{DD} 减去各个器件所消耗的电压裕度。在 MOS 管的电路中,输出电压过大或过小,都会导致部分 MOS 管进入线性区,增益剧烈变化,这时电路的输出就不再是线性的。因此在设计电路时必须保证一个合适的电压输出范围,使电路中各个 MOS 管都能工作于饱和区,防止增益出现失真。

7. 压摆率

压摆率其实就是电压转换速率,定义为 1μs 内电压升高的幅度,即

$$SR=\frac{dV}{dt} \tag{4.14}$$

对于单级放大器,压摆率主要由输出端的负载电容充放电速度所决定,即

$$SR=\frac{dV}{dt}=\frac{I_C}{C_L} \tag{4.15}$$

式中：I_C 为流经电容的电流。

同时可以认为,压摆就是产生建立时间的原因,也是限制运算放大器速度的重要因素。因此,压摆率不能设定太低,否则电路极容易产生失真。压摆率设置太高会导致电路功耗的增加,因此,在设计电路时必须选择一个合适的压摆率来达到对各种性能参数的折中。此外,该如何确定一个运算放大器的压摆率。假设对运放电路输入一个频率为 f、电压幅值为 V_m 的正弦波,输入信号的电压 $V_i=V_m\sin 2\pi ft$,根据式(4.14)可得

$$SR=\frac{dV}{dt}=V_m 2\pi f\cos 2\pi ft \tag{4.16}$$

此时,压摆率正好等于信号的变化率,只有让压摆率大于信号的变化速率,输出才不会失真。因此,取此时的SR最大值为 $V_m 2\pi f$ 就是设计所要达到的最低要求。同样,根据电路设计所要求压摆率也可以求出电路所能工作的最大频率为

$$f_{max}=\frac{SR}{2\pi V_m} \tag{4.17}$$

这就是压摆率与电路工作频率之间的关系。

8. 共模电压范围

共模电压范围(VCM)即放大器第一级所有MOS管工作在饱和区的共模电压输入范围。在这个范围内运放能够线性工作,输出电压能够线性跟随输入电压发生变化而不失真。为了增大共模电压输入范围,通常会选择降低输入级MOS管的过驱动电压,保留一定的设计裕量。

9. 共模抑制比

运算放大器的差模电压增益与共模电压增益之比称为共模抑制比(CMRR)。共模抑制比的大小反映了差分放大器对共模扰动影响的抑制能力,即

$$CMRR=20\log\frac{A_{vd}}{A_{vc}}\quad (dB) \tag{4.18}$$

运算放大器的共模抑制比一般为70～120dB,理想运算放大器的差模增益为无限大,而共模放大倍数为0,但实际运放几乎不可能达到。共模信号产生的主要原因是运算放大器输入级的不匹配,在设计时应尽量减小失配,增大差模增益,从而增强抑制共模信号的能力。

10. 电源抑制比

运算放大器输入到输出的增益与电源到输出的增益之比称为电源抑制比(PSRR)。电源抑制比的大小反映了运放对电源噪声的抑制能力,即

$$PSRR=\frac{A_v\mid_{v_{dd}=0}}{A_{DD}\mid_{v_{in}=0}}\quad (dB) \tag{4.19}$$

式中：$v_{dd}=0$,$v_{in}=0$ 分别指电压源与输入电压的交流小信号为0。

对于理想的运算放大器认为电源发生变化,输出不发生变化,但实际上输出往往会受电

源变化的影响。通常希望运算放大器的 PSRR 越大越好，增大 MOS 管的栅长 L 可提高增益进而提高电源抑制比，当设计指标对电源抑制比要求很高时，还需采用共源共栅结构来增强电源抑制比。

4.2 单级放大器的结构确定与参数计算

设计单级放大器的步骤：首先在工艺库中得到计算所需的器件的工艺参数；根据既往的经验选择并确定电路的结构，在此基础上根据电路的指标计算每一个 MOS 管的尺寸；当电路中每个器件的尺寸大小参数都确定后，就可以利用 Cadence 软件系列中的 Virtuoso 工具进行电路仿真；最后根据仿真结果，并借助积累的经验进行电路调试，直到达到电路设计指标的要求。

对于简单电路，设计步骤不算复杂，根据理论设计结果与仿真结果通常比较接近，电路进行调整时也容易综合考虑。对于复杂电路，由于多重器件非线性因素的叠加与积累，在设计时必须同时考虑多个指标的影响，各个设计指标之间相互制约。例如，在设计运算放大器时先考虑噪声、失真，再考虑频率补偿，而在调整频率补偿时必须进行微调而不能进行大幅度调整，否则会影响到之前所考虑的噪声与失真设计，严重时甚至会推翻之前所进行的指标考虑。图 4-7 为模拟设计电路的八边形法则，在实际设计时甚至还会考虑更多的因素，如成本、芯片面积、电路系统的鲁棒性等。因此，模拟电路设计要求设计工程师要具有深厚的经验以及完备的理论知识，从而对电路的结构、器件的尺寸以及指标参数的选择进行综合考虑与分配。此外，复杂电路首次仿真所展示的仿真结果通常与理论计算的预期有很大出入，这是 MOS 管的二级效应与其他不可控因素的多重叠加所导致的，因此仿真后还需耐心进行反复测试。IC 工程师应当注意积累多种电路的设计经验，掌握丰富的理论知识，拥有足够的耐心，以及应对先进工艺库下 MOS 管器件参数变化与电路性能改变所带来的挑战。

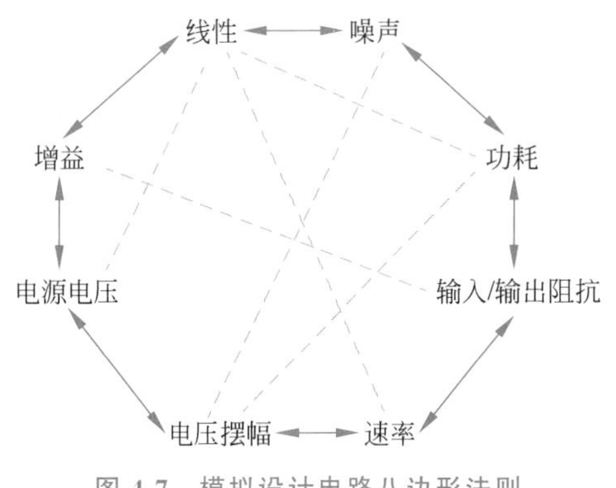

图 4-7 模拟设计电路八边形法则

4.2.1 选择工艺库和确定工艺参数

本设计采用 0.18μm CMOS 工艺库，在这个工艺库中简单设计一个测试电路进行仿真，在仿真软件中查看仿真结果，就可以得到工艺库中的 MOS 管的一些工艺参数，这里采用的 CMOS 工艺库，其主要工艺参数 $\mu_n C_{ox}=322\mu A/V^2$，$V_{thn}=0.4185V$，$\mu_p C_{ox}=109\mu A/V^2$，$V_{thp}=-0.424V$。

4.2.2 电路结构的选择与确定

首先观察电路的设计指标，要想满足设计要求的增益，采用最简单结构的共源放大器等三种经典的单管放大器显然是不可行的。在常见的单级放大器电路结构中，两管的共源共栅结构相比单管放大器结构具有更高的增益，能够达到设计指标中的增益，因此可以首先考虑采用共源共栅结构。

再观察设计指标中要求输出电压摆幅大于 1.8V,若采用共源共栅结构作为放大器,最简单的共源共栅放大器虽然可以达到增益的要求,但实际上其电路结构仅是在理想偏置与负载下实现的。假设采用共源共栅电流镜作为负载,电路的增益虽然会比理想负载情况下变小,但仍能满足增益要求。为了抑制共模干扰,在设计运算放大器时往往采用差分输入方式,此时电路结构也称为套筒式共源共栅,如图 4-8(a)所示。套筒式共源共栅结构增益得到了提升,但输出摆幅下降了很多。通过分析发现,若要满足设计指标的输出摆幅要求,则需要大幅度减小 MOS 管的过驱动电压,这会导致电路的速度变小,MOS 管进入亚阈值区,以及对运算放大器的带宽、线性度等带来的影响。因此,考虑到驱动电压的影响,套筒式共源共栅结构无法满足设计要求。

根据 MOS 模拟集成电路的基础知识,共源共栅结构还包含折叠式共源共栅结构,如图 4-8(b)所示。折叠式共源共栅放大器与套筒式共源共栅放大器相比,输出摆幅大,增益小。目前常采用共源共栅电流镜来提高增益,此时的折叠式共源共栅结构增益近似两个 MOS 管的本征增益乘积,增益范围可以达到指标要求。

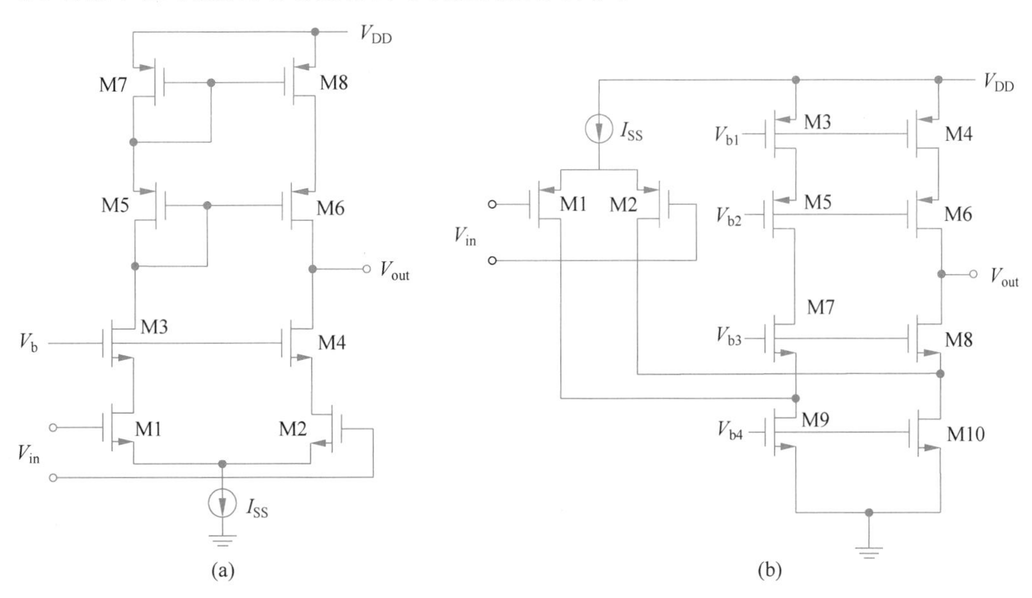

图 4-8 套筒式共源共栅放大器与折叠式共源共栅放大器电路结构图

当电路结构满足增益指标后,就可以考虑其他约束条件。之前已经判断套筒式共源共栅放大器难以满足设计指标中的输出电压摆幅,折叠式共源共栅放大器输出摆幅比套筒式共源共栅放大器要多一个过驱动电压,在为电路中 MOS 管选择过驱动电压大小时就可以留出足够的裕度来进行设计,因此选择折叠式共源共栅放大器。折叠式共源共栅放大器比套筒式共源共栅放大器噪声大,为了降低其噪声,可以采用 PMOS 管作为输入管。

选择了折叠式共源共栅放大器后,就要考虑是否需要根据其他设计指标对电路进行调整。前面的设计指标对电路的要求除了高增益、大摆幅之外,还要满足高带宽以及高相位裕度。这两个要求都可以在不改变电路整体结构情况下实现,因此只需要根据电路指标再对 MOS 管尺寸进行计算即可。

确定基本的放大电路后,还需要设计偏置电路。为了简化设计流程,在这里用一个理想电流源替代基准电流源电路。采用 Wilson 电流镜电路，通过设置 MOS 管宽长比，就可以产生放大器中需要的偏置电流。通过调节电阻的大小，就可以产生折叠共源共栅放大器所需要的偏置电压，这样就确定了最终电路结构。图 4-9 左侧为偏置电路，右侧部分为采用差分输入的折叠式共源共栅放大器。

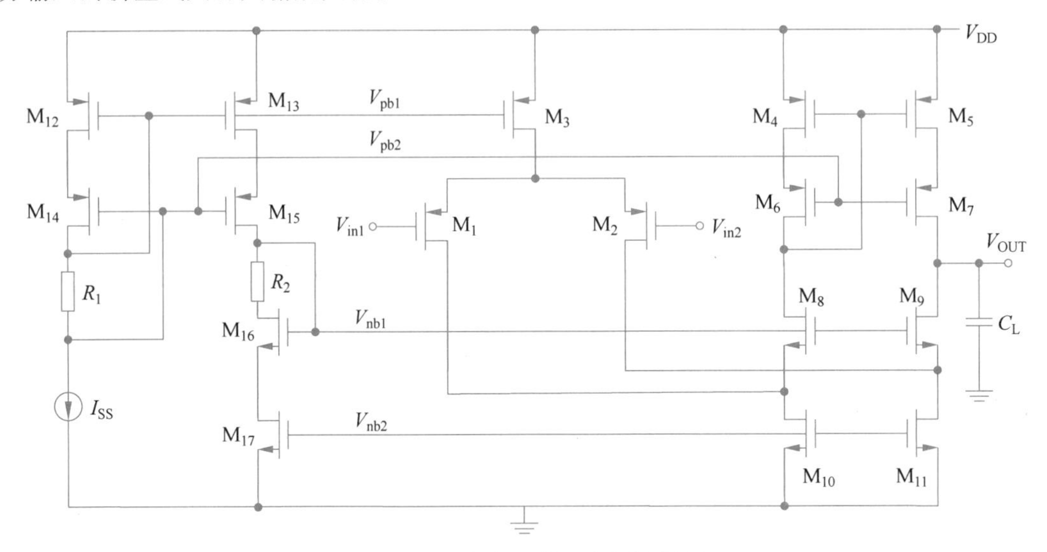

图 4-9 折叠式共源共栅放大器结构图

通过观察可以计算出电路的增益为

$$|A_v| = g_{m2}\{[g_{m7}r_{o7}r_{o5}] \mathbin{/\!/} [g_{m9}r_{o9}(r_{o2} \mathbin{/\!/} r_{o11})]\} \tag{4.20}$$

从式(4.20)可知，虽然折叠式共源共栅只是一个单级放大器，但其增益已经相当于两个五管差分单元的放大，所以其增益很高。若用 V_{OD} 代表 MOS 管的过驱动电压，即 $V_{OD}=V_{GS}-V_{th}$，再观察电路的输出电压摆幅，其中输出电压摆幅的低端为 $V_{OD9}+V_{OD11}$，高端为 $V_{DD}-V_{OD5}-V_{OD7}$，因此其电压摆幅应为 $V_{DD}-(V_{OD9}+V_{OD11}+V_{OD7}+V_{OD5})$。而设计指标要求摆幅大于 1.8V，只需令这几个 MOS 管的过驱动电压小于 0.3V，就可以满足输出摆幅的指标。因此，选择折叠式共源共栅放大器符合本次设计单级放大器的要求。

4.2.3 电路器件参数的计算

在给定指标设计一款电路时，若想符合每个指标的要求，必然存在一定的折中。比如从前面给出的指标来看，增益很容易达到设计指标，折叠式共源共栅电路本身具有高增益的特性使得人们可以不用先考虑增益的要求，因此可以从其他指标入手设计这款电路，满足其他的要求时再决定这款电路各部分的参数。

1. 确定电路所需的电流

指标中已经给出要求压摆率大于 10V/μs，根据式(4.13)可以计算出电路流过的最大电流 $I_{max} \geqslant SR \times C_L$，即最大漏电流 $I_{m3} > 100\mu A$。同时，为了避免共源共栅电流镜出现零电流，在设计时应令 M_{10} 与 M_{11} 的漏电流大于 M_3 的漏电流。

为了减小输入热噪声，应尽量增大跨导，使 I_{m3} 大，故令 $I_{m3}=200\mu A$。

2. 确定 MOS 管的宽长比

对于单位增益带宽(GB)为 10MHz，由式(4.12)并分析电路可得

$$GB=\frac{g_{m1}}{2\pi C_L}=1\times10^6 \tag{4.21}$$

已知 $C_L=10\text{pF}$，所以可以求出 $g_{m1}=g_{m2}=628\mu\text{S}$，意味着 g_{m1} 与 g_{m2} 至少要大于 $628\mu\text{S}$。知道了两个 MOS 管的跨导，就可以进一步确定两个 MOS 管的宽长比。

由 MOS 管工作在饱和区的萨氏方程可得

$$g_m=\sqrt{2\mu_n C_{ox}\frac{W}{L}I_D}=\frac{2I_D}{V_{GS}-V_{th}} \tag{4.22}$$

前面已知 $I_{m3}=200\mu\text{A}$，所以单个差分对 MOS 管的 $I_D=100\mu\text{A}$。根据设计经验，对于用作输入管的 MOS 管，过驱动电压 $V_{OD}=200\text{mV}$，代入式(4.22)，求得其跨导为

$$g_{m1}=g_{m2}=\frac{2I_D}{V_{GS}-V_{th}}=\frac{2\times100\times10^{-6}}{200\times10^{-3}}=1(\text{mS}) \tag{4.23}$$

通过转换饱和区萨氏方程可得

$$\frac{W}{L}=\frac{2I_D}{\mu_n C_{ox}(V_{GS}-V_{th})^2}=\frac{g_m}{\mu_n C_{ox}(V_{GS}-V_{th})} \tag{4.24}$$

利用式(4.24)用(μ_p 替换 μ_n)就可以求出 M_1、M_2 管的宽长比，代入数据可得

$$\left(\frac{W}{L}\right)_{1,2}=\frac{1\times10^{-3}}{109\times10^{-6}\times200\times10^{-3}}=45.87 \tag{4.25}$$

取整数为 46，考虑沟道调制效应，并且为了增加其跨导，L 应大于工艺库的 6 倍的最小尺寸，在本设计中选取 $L=2\mu\text{m}$，则 M_1 和 M_2 的宽长比为 $92\mu\text{m}/2\mu\text{m}$。本设计所用到的库其宽长最大值为 $100\mu\text{m}$，而根据设计经验，输入 MOS 管的 W/L 太大，在设计版图时源和漏之间的多晶硅栅线非常大，从而产生相当大的电阻。因此，可以将 MOS 管进行并联均流使用，将 MOS 管分成几个小块，从而减小寄生电阻。在本设计中将其分成四个小 MOS 管进行并联，即设置 MOS 管的 Multiplier 为 4，宽长比 W/L 为 $23\mu\text{m}/2\mu\text{m}$。

同样，对于 M_4、M_5、M_6、M_7 管，考虑输出电压摆幅，令这四个 MOS 管的过驱动电压为 200mV，为了留出足够的裕度，漏电流 I_D 选择最大漏电流 $240\mu\text{A}$，代入式(4.24)(用 μ_p 替换 μ_n)可求出其宽长比为

$$\left(\frac{W}{L}\right)_{4,5,6,7}=\frac{2\times240\times10^{-6}}{109\times10^{-6}\times(200\times10^{-3})^2}=110 \tag{4.26}$$

令其 $L=0.5\mu\text{m}$，则其宽长比为 $55\mu\text{m}/0.5\mu\text{m}$。

对于 M_8、M_9、M_{10}、M_{11} 这四个 MOS 管在电路中起着电流镜作用，其中 M_8 与 M_9 相当于共源共栅结构中的共栅极，而 M_{10}、M_{11} 在运放的两条支路中充当电流源。为了增强电流镜中电流的匹配性，需要令 M_{10} 与 M_{11} 过驱动电压大一些，从而使 MOS 管可以工作在过饱和状态，这里选择过驱动电压 $V_{OD}=250\text{mV}$。对于漏电流同样选择设计的最大电流值 $I_D=240\mu\text{A}$，这样所得出的宽长比虽然会留有很大的裕度，计算也偏为保守，但可以尽可能满足指标要求，从而减少后续对电路的调整次数，代入式(4.24)后求其宽长比为

$$\left(\frac{W}{L}\right)_{8,9,10,11}=\frac{2\times240\times10^{-6}}{322\times10^{-6}\times(250\times10^{-3})^2}=23.85 \tag{4.27}$$

取其整数 24，为了减小电流镜的噪声，应尽量减小 L 值，令 $L=0.5\mu\text{m}$，则 M_8、M_9、M_{10}、M_{11} 的宽长比为 $12\mu\text{m}/0.5\mu\text{m}$。

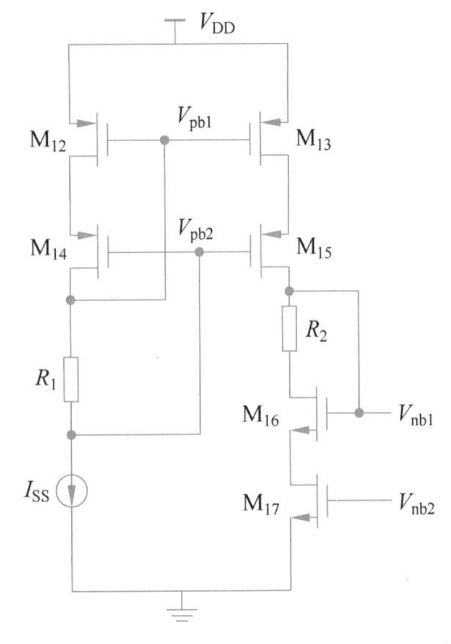

图 4-10 偏置电路原理图

3. 偏置电路设计

本设计采用的偏置电路如图 4-10 所示，其中 M_{12}、M_{13}、M_{14}、M_{15} 构成电流镜，V_{pb1} 为 M_3 提供偏置电流，V_{pb2} 为 M_6 和 M_7 提供偏置电流，V_{nb1} 为 M_8 和 M_9 提供偏置电压，V_{nb2} 为 M_{10} 和 M_{11} 提供偏置电压，I_{SS} 为 $10\mu A$ 的理想电流源。对于偏置电路，为了增强电流匹配性，偏置电路中晶体管长度 L 应尽量与运算放大器中对应的晶体管 L 长度相同。

对于 M_{16} 与 M_{17}，由电流源比例公式可得

$$\left(\frac{W}{L}\right)_{16}=\left(\frac{W}{L}\right)_{17}=\frac{10\mu A}{240\mu A}\times\left(\frac{W}{L}\right)_{8,9,10,11}=\frac{1}{24}\times 24=1 \tag{4.28}$$

令 $L=0.5\mu m$，则 M_{16}、M_{17} 的宽长比为 $0.5\mu m/0.5\mu m$。

对于 M_{12}、M_{13}、M_{14}、M_{15}，由电流源比例公式可得

$$\left(\frac{W}{L}\right)_{12,13,14,15}=\frac{10\mu A}{240\mu A}\times\left(\frac{W}{L}\right)_{4,5,6,7}=\frac{1}{24}\times 110=\frac{9.17}{2} \tag{4.29}$$

令 $L=0.5\mu m$，则宽长比为 $2.3\mu m/0.5\mu m$。

对于 M_3，由电流源比例公式可得

$$\left(\frac{W}{L}\right)_3=\frac{200}{10}\times\frac{110}{24}=\frac{183}{2} \tag{4.30}$$

令其 $L=0.5\mu m$，M_3 的宽长比为 $46\mu m/0.5\mu m$。

而对于电阻 R_1，通过分析电路可以看出

$$R_1=\left|\frac{V_{G8}-V_{G9}}{10\mu A}\right| \tag{4.31}$$

由于

$$V_{G12}=V_{DD}+V_{DS12}+V_{th12} \tag{4.32}$$

$$V_{G14}=V_{DD}+V_{DS12}+V_{th14}+V_{DS14} \tag{4.33}$$

$$V_{DS}=V_{GS}-V_{th} \tag{4.34}$$

将式(4.32)～式(4.34)代入式(4.31)可得

$$R_1=\left|\frac{V_{th12}-V_{th14}-V_{DS14}}{10\mu A}\right| \tag{4.35}$$

由于存在衬底偏置效应，V_{th14} 要比 V_{th12} 高一些，经过 Cadence Spectre 仿真验证，$V_{th14}=-440mV$，$V_{th12}=-544mV$。根据电流镜设计经验，$V_{DS14}\approx 200mV$，将其代入式(4.35)，得出 $R_1>20k\Omega$。在进行首次仿真时，就可以取 $R_1>20k\Omega$ 的某个值，但 R_1 不能无限大，否则 V_{G9} 降低，其所提供的偏置电压 V_{pb2} 也会降低，导致 M_6 管的 V_{DS} 升高而降低 V_{out} 的输出空间。在本设计中将 R_1 设置为 $40k\Omega$ 进行仿真实验。

可以用相同的方法求出 R_2，在本设计中 R_2 设置为 $50k\Omega$。

将以上所有设计结果进行汇总，电路所设计器件的参数如表 4-2 所示。

表 4-2 电路中所有晶体管参数

MOS 管	类型	$W/\mu m$	$L/\mu m$	Multiplier
M_1, M_2	PMOS	23	2	4
M_3	PMOS	46	0.5	1
M_4, M_5, M_6, M_7	PMOS	55	0.5	1
M_8, M_9, M_{10}, M_{11}	NMOS	12	0.5	1
$M_{12}, M_{13}, M_{14}, M_{15}$	PMOS	2.3	0.5	1
M_{16}, M_{17}	NMOS	0.5	0.5	1

4.3 电路仿真实例

本设计使用的虚拟机软件为 VMware Workstation，虚拟机系统为 Linux，使用 Cadence Virtuoso 绘制电路，使用 Cadence Virtuoso 中的 ADE 仿真工具进行仿真。本设计在 Cadence 软件中所绘制出的电路如图 4-11 所示。其中电路左边是折叠式共源共栅放大器的电流偏置电路，中间是差分输入部分，右边是折叠式共源共栅放大器的主体部分。

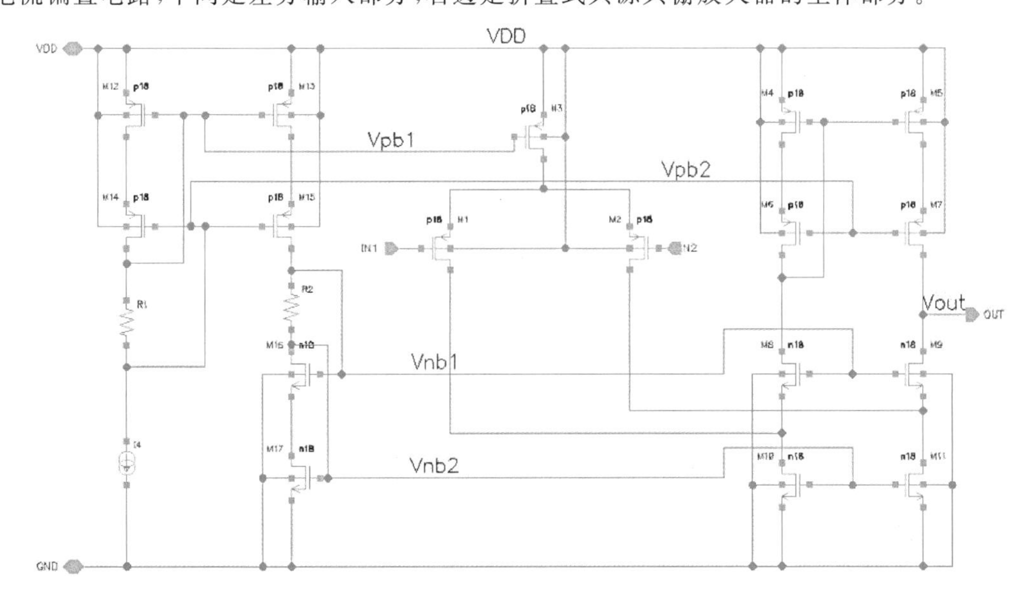

图 4-11 Cadence 软件中的完整电路图

仿真之前，首先在 SMIC 0.18μm 工艺库中创立一个 Cellview，然后将想要仿真的电路图绘制出来，其中各个元器件的参数要按之前设定好的参数进行设置。

4.3.1 直流仿真

首先对电路进行直流分析，计算直流工作点，对电路进行直流特性扫描。在 Virtuoso 软件界面中单击左上 Launch 菜单栏中的 ADE 进入仿真器界面，如图 4-12 所示。在 ADE 仿真器中，首先在右边菜单栏的 Choose Analyses 进行仿真方式的选择，如图 4-13 所示。

ADE L (3) - smic18mmrf danjiop02 schematic
Launch Session Setup Analyses Variables Outputs Simulation Results Tools Calibre Help
cādence
27
Design Variables
Name Value
Analyses
Type Enable Arguments
Outputs
Name/Signal/Expr Value Plot Save Save Options
Plot after simulation: Auto
Plotting mode: Replace
5(8)
Status: Ready T=27 C Simulator: spectre

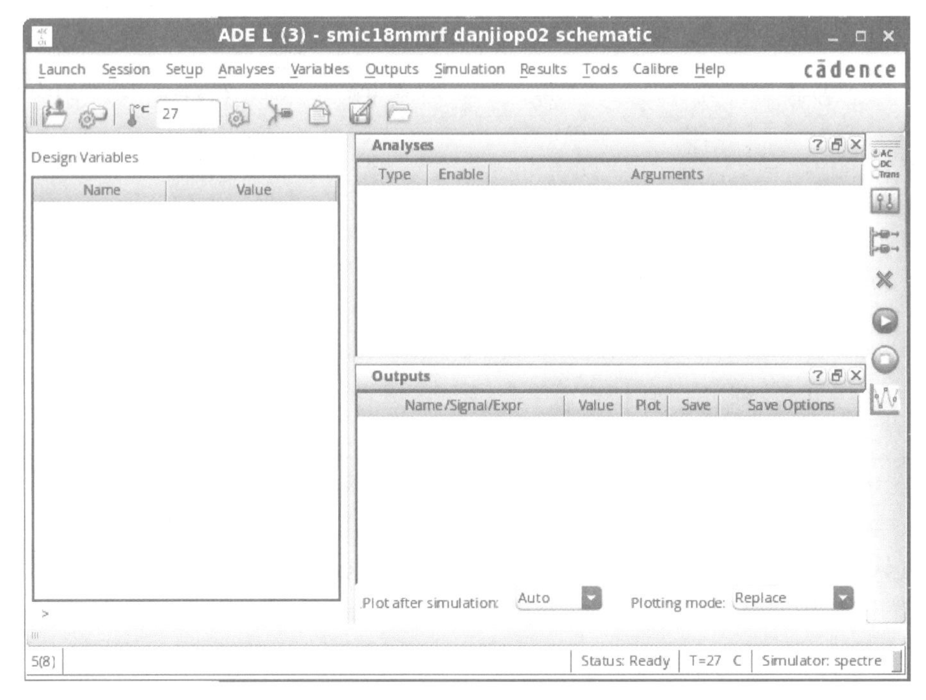

图 4-12 ADE 仿真器界面

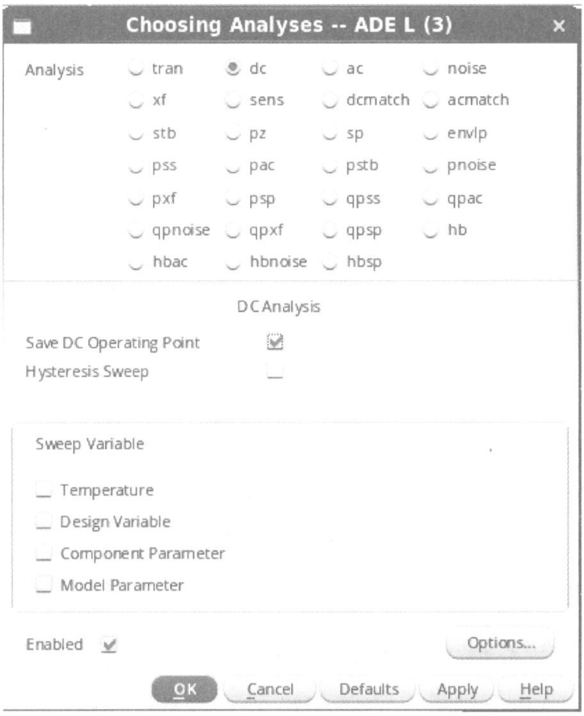

Choosing Analyses -- ADE L (3)
Analysis
tran dc ac noise
xf sens dcmatch acmatch
stb pz sp envlp
pss pac pstb pnoise
pxf psp qpss qpac
qpnoise qpxf qpsp hb
hbac hbnoise hbsp
DC Analysis
Save DC Operating Point
Hysteresis Sweep
Sweep Variable
Temperature
Design Variable
Component Parameter
Model Parameter
Enabled
Options...
OK Cancel Defaults Apply Help

图 4-13 仿真方式的选择界面

在选择dc直流扫描分析后，还需单击Save DC Operating Point保存直流工作点的信息以便之后查看，选择好后单击OK按钮。

选择好分析方式后，再设置输出，如图4-14所示，单击From Design按钮，就可以从原理图中选择输出，单击电路的输出节点，就可以设置好仿真的输出。

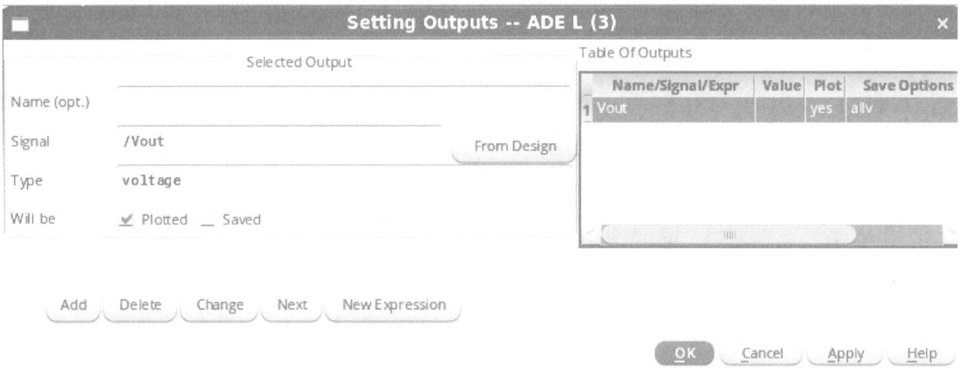

图4-14　输出节点的选择

全部设置好后，单击运行，若电路各个部分没有问题，则运行成功。然后在ADE仿真工具中选择Results→Annotate→DC Operating Points，就可以查看整个电路的直流工作点，如图4-15所示。如图4-16所示，通过观察各个MOS管的V_{ds}和V_{dsat}，其中V_{dsat}为MOS管的过饱和电压。对于长沟道器件，过饱和电压V_{dsat}与过驱动电压V_{OD}是相等的；

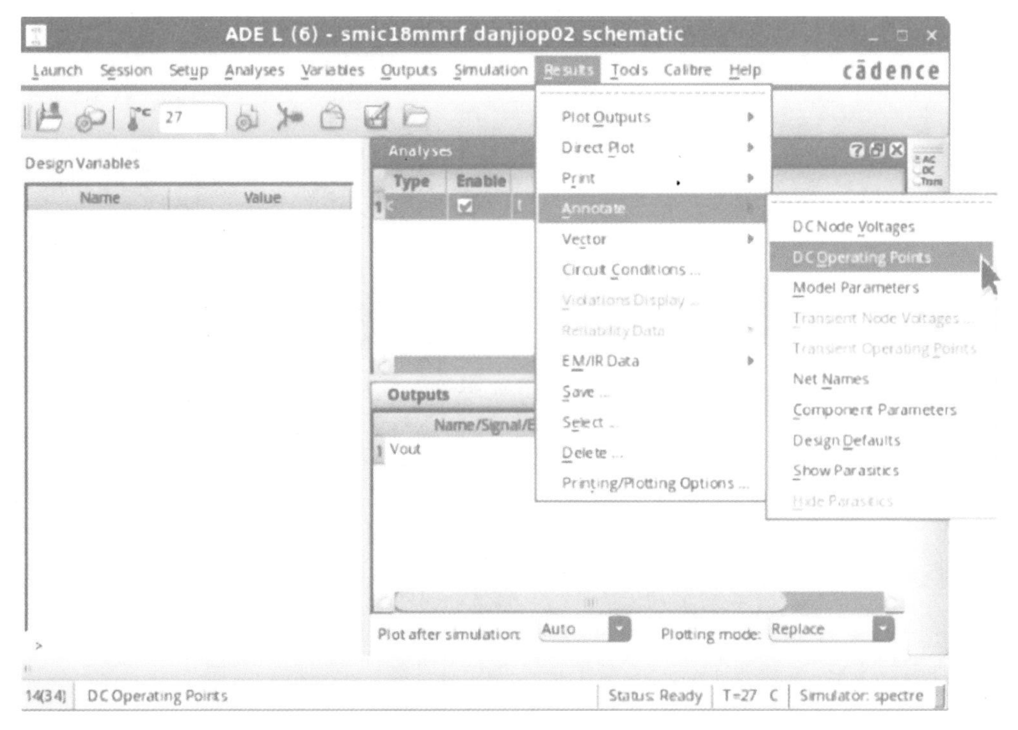

图4-15　查看电路直流工作点

而对于短沟道器件，由于二阶效应的存在，沟道中的多子因为速度饱和效应，V_{ds} 在达到 V_{OD} 之前，漏电流 I_D 就会饱和，这时 $V_{ds}-V_{th}$ 等于 V_{dsat}。在实际设计时，V_{OD} 往往会留出一定的裕度，不能设置得太小，防止 MOS 管由于工艺偏差而工作在线性区，并且 MOS 管工作在饱和区边缘时其 r_{ds} 较小，导致 MOS 管的本征增益变小，从而影响电路的性能。通过观察电路直流工作参数发现各个 MOS 管的 V_{ds} 都大于 V_{dsat}，说明所有的 MOS 管都工作在饱和区，电路工作正常。再观察其跨导 g_m，发现 M_1 和 M_2 的跨导为 691μS，大于以单位增益带宽为指标计算出的 628μS，而小于以过驱动电压为指标计算的 1mS。再观察其过饱和电压，发现 $V_{dsat}=243$mV，大于过驱动电压 V_{OD} 的设计值 200mV，由于跨导的平方与宽长比为正比，过驱动电压与宽长比成反比，增大 MOS 管的跨导只需增大宽长比即可。再看流过 M_3 的电流 $I_D=208$mA，与设计值相差不大，因此电路是基本满足设计所要求的静态工作点而能成功运行的。

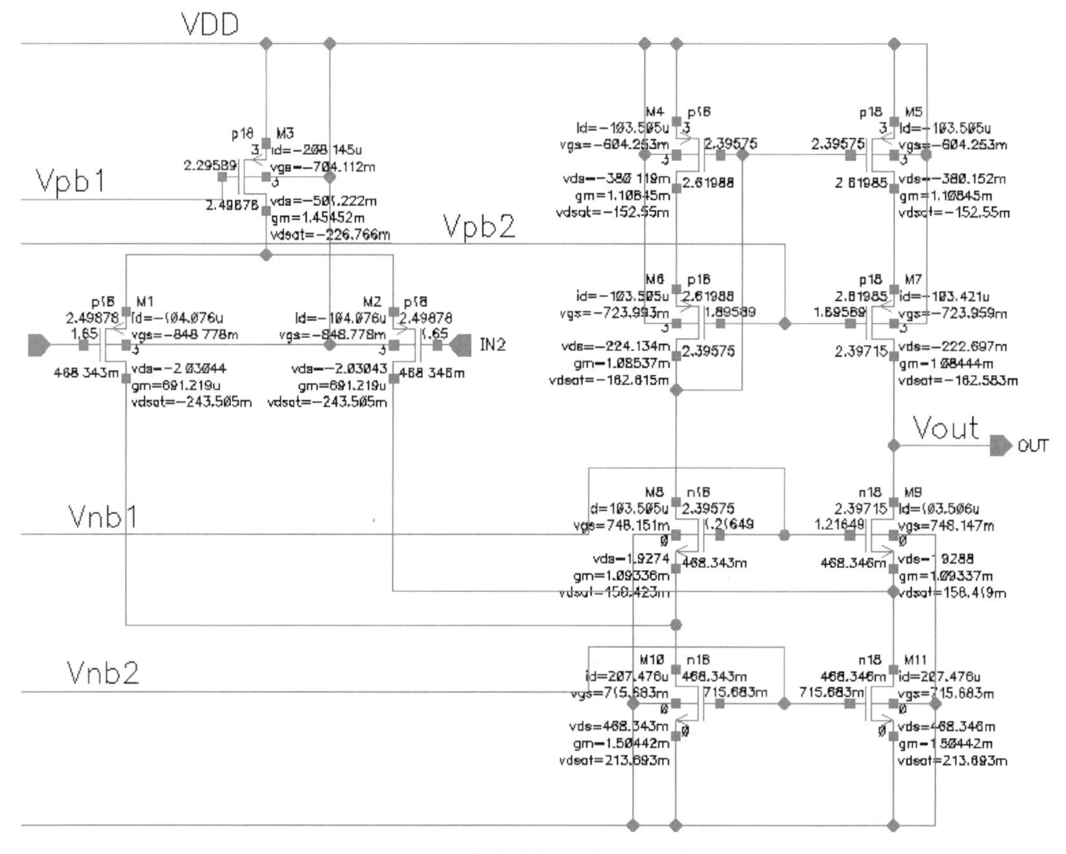

图 4-16 电路中部分直流工作点

如图 4-17 所示，可以在 ADE 仿真器中选择 Results→Print→DC Operating Points，然后单击电路图中想要查看的单个 MOS 管，就会弹出这个 MOS 管的所有工作参数，如图 4-18 所示。

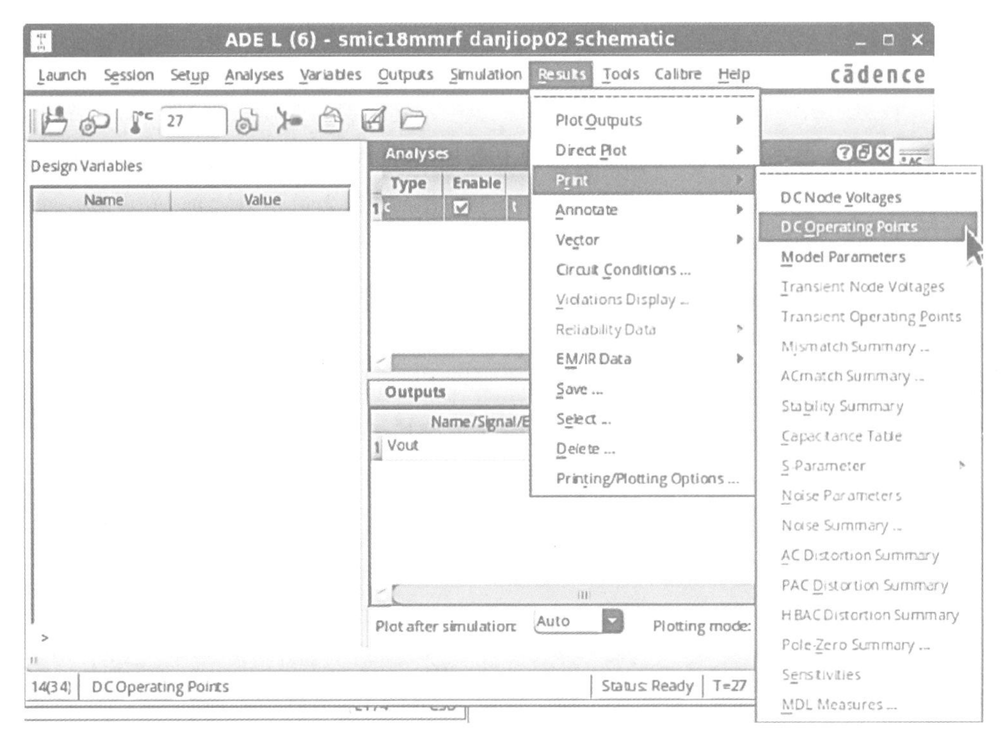

图 4-17　查看具体 MOS 管的详细工作参数

Results Display Window

Window　Expressions　Info　Help　cadence

signal　OP("/I0/M1" "??")

beff	2.84003m
betaeff	2.94647m
cbb	267.967f
cbd	-5.35097a
cbdbo	-5.35097a
cbg	-102.547f
cbgbo	-102.547f
cbs	-165.415f
cbsbo	-165.415f
cdb	-93.251f
cdd	32.8581f
cddbo	19.2863a
cdg	-377.989f
cdgbo	-345.15f
cds	438.382f
cdsbo	438.382f
cgb	-34.8691f
cgd	-32.8577f
cgdbo	-18.8517a
cgg	1.0416p
cggbo	965.311f
cgs	-973.873f
cgsbo	-930.423f
cjd	52.4908f
cjs	77.9629f
covlgb	0
covlgd	32.8388f
covlgs	43.45f
csb	-139.847f
csd	4.91638a
csg	-561.065f
css	700.907f
fug	105.617M

17

图 4-18　放大器中 M1 的所有工作参数

4.3.2 交流仿真

交流仿真是在静态直流输入电压的基础上叠加一个小信号交流电源对电路进行扫描分析，其中最主要的是观察其增益和相位随频率的变化。进行交流仿真之前，先设置一个交流信号源，交流小信号的幅值可以随意设置，不会影响电路正常工作结果，进行 AC Analysis 时先进行直流分析再进行交流分析。本设计中电压源 V_{in1} 的 AC magnitude 设置为 1V，AC phase 设置为 0，V_{in2} 的 AC magnitude 设置为 1V，AC phase 设置为 180，代表着 V_{in2} 与 V_{in1} 有着 180°的相位差。当然也可以设置 V_{in2} 的 AC magnitude 为－1V，－1V 也表示与 1V 相位有着 180°的相位翻转，AC phase 为 0，这两种情况是相同的。

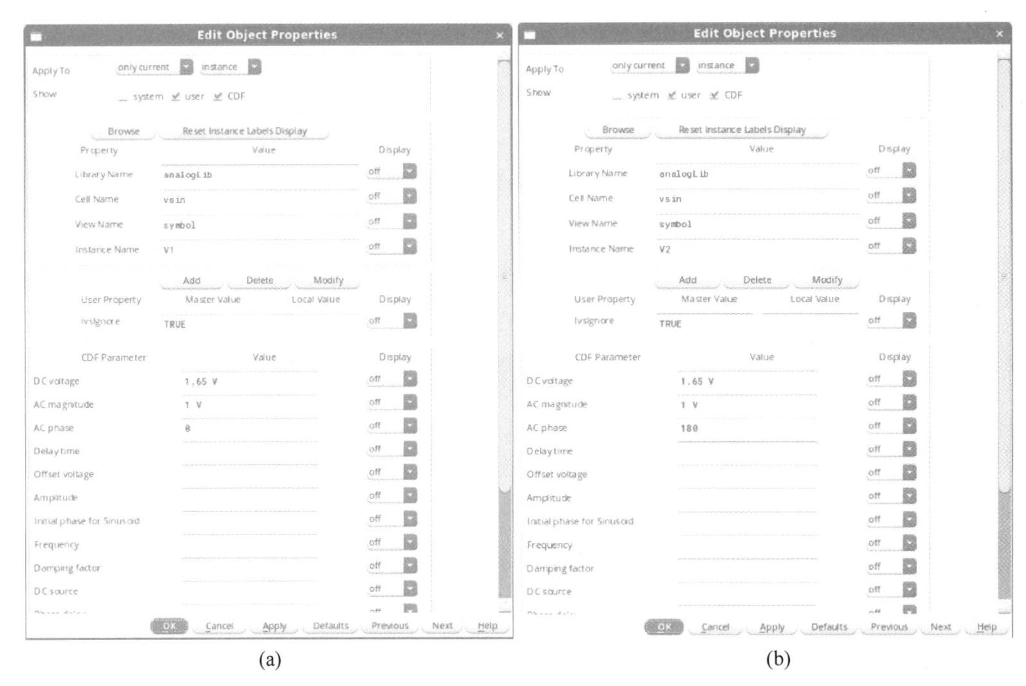

图 4-19 交流电压源的设置

打开 ADE 仿真工具，在选择仿真方式时需要选择 ac 交流仿真，而 sweep variable 扫描变量选择 Frequency 频率，在这里设置频率在 1Hz～1GHz 范围进行扫描，如图 4-20 所示。

然后设置所需要输出图像，选择电路中的 Vout 节点，设置好图像的输出，如图 4-21 所示，最后单击运行按钮，仿真结果如图 4-22 所示。

从仿真结果可以发现，运放的单位增益带宽为 21.8675MHz，增益为 63.4064dB，相位裕度为 83.4°，均满足设计指标的要求。

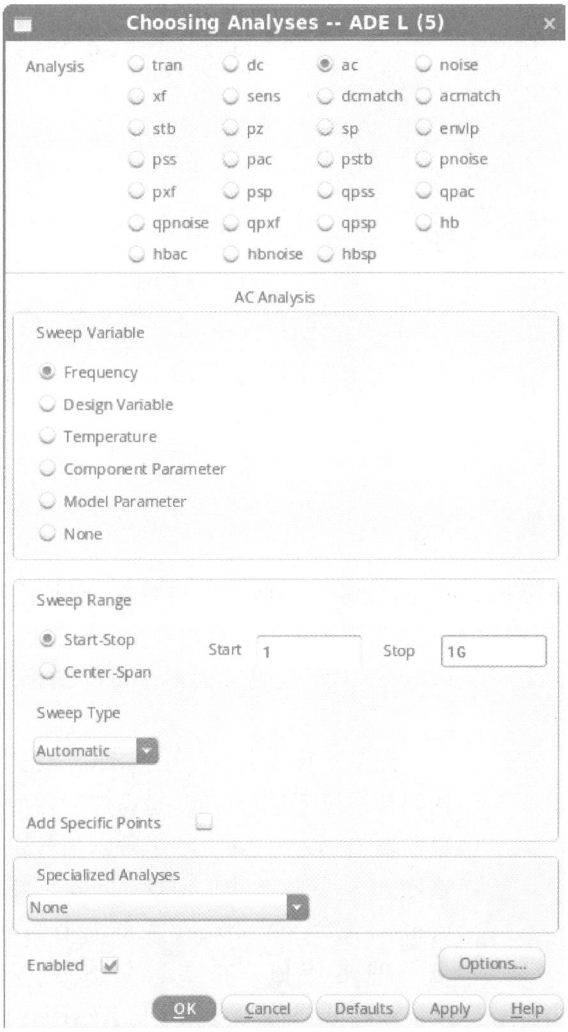

Choosing Analyses -- ADE L (5)

Analysis　tran　dc　ac　noise
xf　sens　dcmatch　acmatch
stb　pz　sp　envlp
pss　pac　pstb　pnoise
pxf　psp　qpss　qpac
qpnoise　qpxf　qpsp　hb
hbac　hbnoise　hbsp

AC Analysis

Sweep Variable
Frequency
Design Variable
Temperature
Component Parameter
Model Parameter
None

Sweep Range
Start-Stop　Start 1　Stop 1G
Center-Span
Sweep Type
Automatic
Add Specific Points

Specialized Analyses
None

Enabled　Options...
OK　Cancel　Defaults　Apply　Help

图 4-20　仿真方式设置

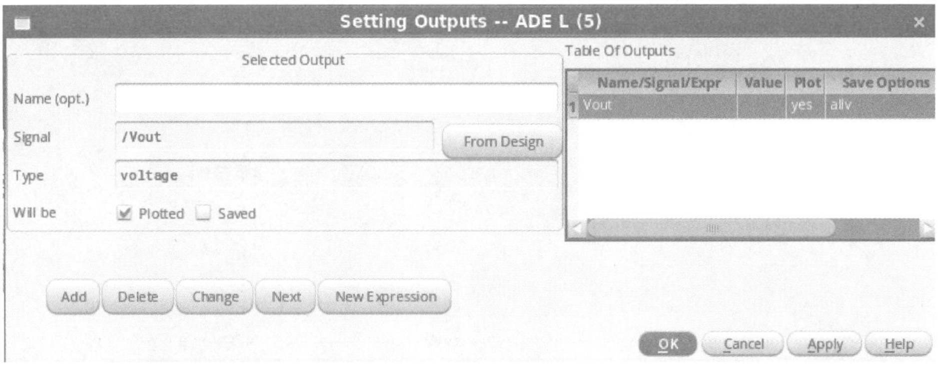

Setting Outputs -- ADE L (5)

Selected Output
Name (opt.)
Signal　/Vout　From Design
Type　voltage
Will be　Plotted　Saved

Table Of Outputs

	Name/Signal/Expr	Value	Plot	Save Options
1	Vout		yes	allv

Add　Delete　Change　Next　New Expression
OK　Cancel　Apply　Help

图 4-21　设置输出节点

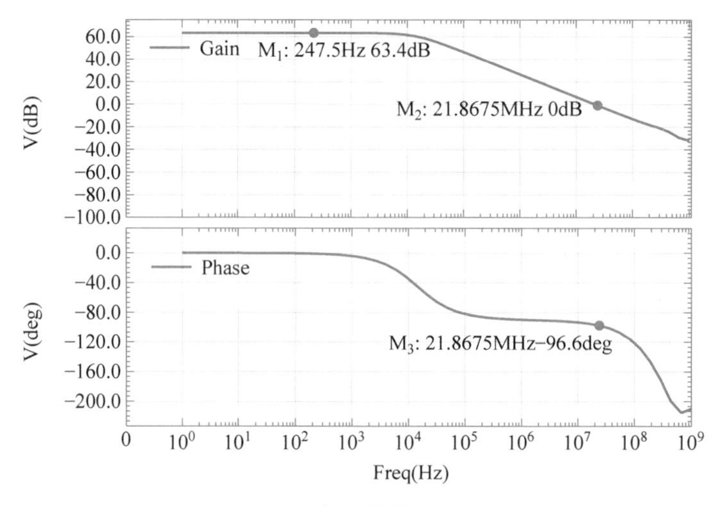

图 4-22　电路的增益与相位

4.3.3　压摆率仿真

在对电路的其他指标仿真时，不仅考虑小信号传递特性，而且需要考虑大信号传递特性，需要结合不同的电源或输入信号。为了更加直观地展示对电路的仿真，对折叠式共源共栅放大器的原理图建立为一个 symbol，对于运算放大器的电路图符号，将其绘制成一个三角形，如图 4-23 所示。

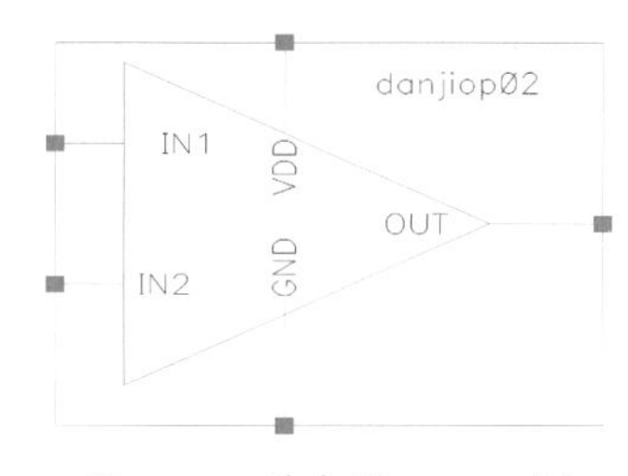

图 4-23　放大器 symbol 图

测量运算放大器的压摆率，需要让电路工作在单位增益的闭环情况下进行仿真，运算放大器的两个输入端一端接运放的输出，另一端输入一个阶跃信号。在本设计中选择让电路输入一个脉冲电压，即 cadence 自带库 analogLib 中的 vpulse，其参数 Voltage1 为低电平的电压值，Voltage2 为高电平的电压值。在本次仿真中 Voltage1 设置为 0V，Voltage2 设置为电源电压值 3V，Rise time 和 Fall time 设置为 1ns，从而接近理想脉冲。Delay time 设置为 1μs，Pulse Width 设置为 10μs，Period 设置为 20μs，设置完成后保存电路图，仿真所用到的电路图如图 4-24 所示。

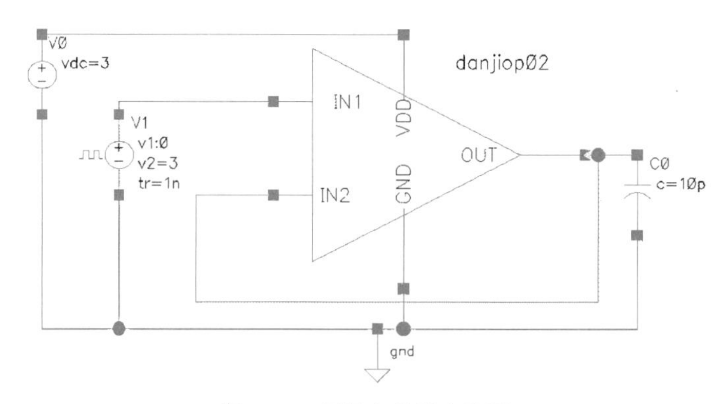

图 4-24　压摆率仿真电路图

对电路进行瞬态仿真，为了能更直观地观察波形，瞬态仿真截止时间选择两个周期的时间 40μs，仿真时分析方式选择 tran，如图 4-25 所示，然后在设置输出节点选择电路的输入与输出，就可以直观地观察两个波形的对比。

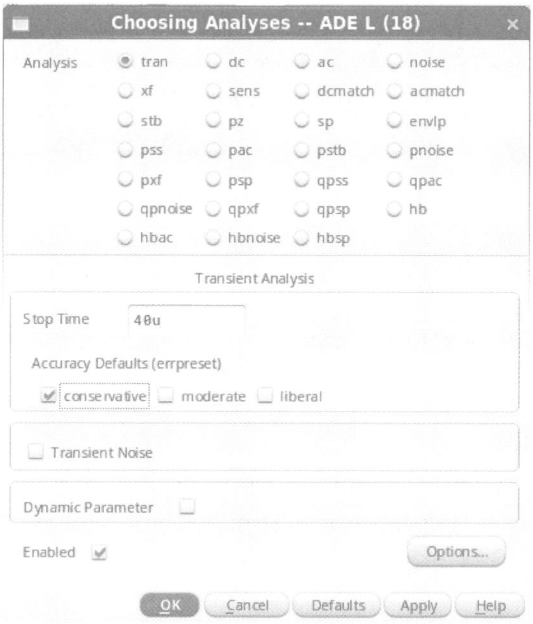

Choosing Analyses -- ADE L (18)
Analysis
tran
dc
ac
noise
xf
sens
dcmatch
acmatch
stb
pz
sp
envlp
pss
pac
pstb
pnoise
pxf
psp
qpss
qpac
qpnoise
qpxf
qpsp
hb
hbac
hbnoise
hbsp
Transient Analysis
Stop Time
40u
Accuracy Defaults (errpreset)
conservative
moderate
liberal
Transient Noise
Dynamic Parameter
Enabled
Options...
OK
Cancel
Defaults
Apply
Help

图 4-25　tran 瞬态仿真设置界面

图 4-26 为仿真后得到的输入信号与输出信号的波形图，右击对波形进行区域放大，可以看出其输出信号在变化时有一定的坡度，如图 4-27 所示。

V (V)
3.2
2.6
2.2
1.8
1.4
1.0
0.6
0.2
-0.2
0.0
2.0
4.0
6.0
8.0
10.0
12.0
14.0
16.0
18.0
20.0
22.0
24.0
26.0
28.0
30.0
32.0
34.0
36.0
38.0
40.0
42.0
time (us)

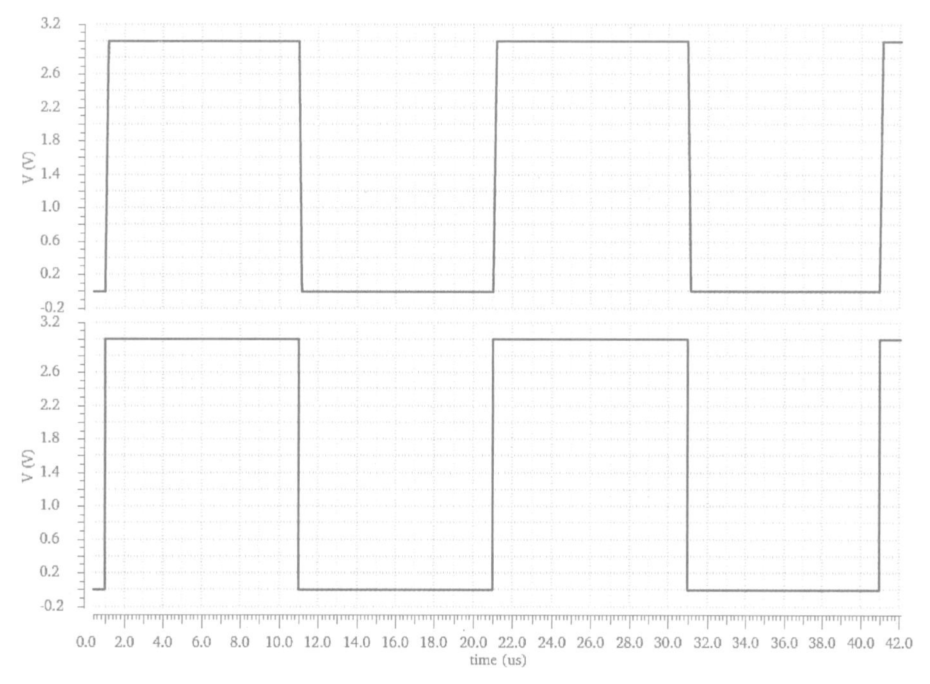

图 4-26　输入信号与输出信号波形图

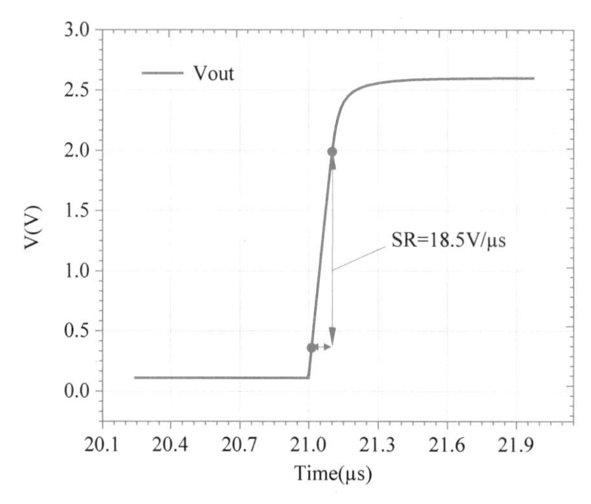

图 4-27 运算放大器输出信号上升阶段压摆率

根据式(4.14)可知 SR 等于电压对时间 t 的导数，即等于输出电压信号上升阶段的斜率。从图 4-27、图 4-28 可以读出运算放大器输出信号在上升阶段的 SR 为 18.5V/μs，在下降阶段的 SR 为 20.5V/μs，大于指标中所给出的 SR，所以设计的运算放大器压摆率满足指标要求。

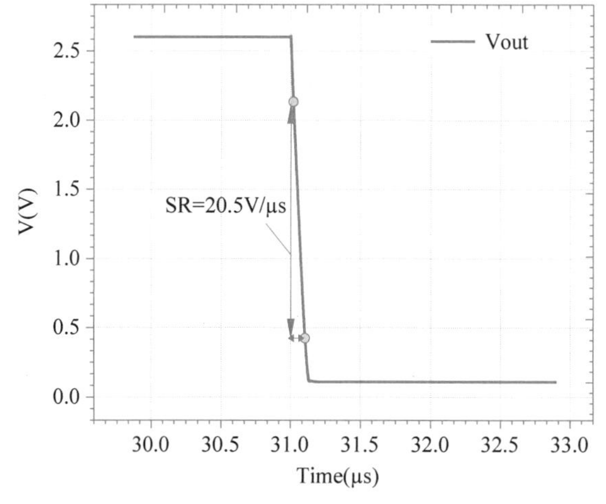

图 4-28 运放输出信号下降阶段压摆率

4.3.4 仿真结果

在根据上述操作对电路仿真完成后，将仿真结果与设计指标进行对比(表 4-3)，再按照设计指标的要求，对电路进行调整与优化。

表 4-3 仿真结果与设计指标的对比

性能参数	设计指标	仿真结果
工作电压 V_{DD}/V	3(1±10%)	3
负载电容 C_L/pF	10	10

续表

性能参数	设计指标	仿真结果
开环直流增益 A_v/dB	≥40	63.4
单位增益带宽(GB)/MHz	10	21.9
相位裕度(PM)/(°)	≥45	83.4
输出电压摆幅 $V_{out,max}-V_{out,min}$/V	≥1.8	≥1.8
压摆率(SR)/(V/μs)	≥10	18.5

从表4-3中可以看出，本设计是在设计指标的限制下进行的，运算放大器的各个性能均满足设计指标要求。其中电路的切入点为压摆率与单位增益带宽，而这两个性能参数都要比设计值高出许多，这是因为设计时所采用的“保守”设计方法。即为了满足设计指标，在进行设计时均采用更大裕度的参数代进平方律公式进行计算，以及平方律公式在短沟道器件存在着许多误差，从而导致了仿真值与设计值存在差距。

然而，这仅仅是简单电路的计算，在进行复杂电路计算时，利用公式进行计算的结果与电路的仿真值差距还会进一步增大。这时IC设计工程师就要学会对电路的性能进行优化，只有对电路理解的透彻，才能清楚如何针对某一指标进行优化。在对电路参数进行更改的同时不仅要考虑单一性能是否达到要求，还应考虑各个参数之间的折中，即回到开始设计电路时所进行的多方考虑。而当某一设计指标非常苛刻时，就必须首先从这一指标入手进行设计，而仿真结果也往往不太理想，这时就要进行多次调试，直至满足设计指标要求。

第5章

两级运算放大器

第4章介绍了一款折叠式共源共栅放大器的设计，其增益达到了60dB，其他性能也比较良好。但在实际应用中单级放大器的性能无法满足需求，并且仅靠改变电路中MOS管的尺寸已无法对电路的性能进行大幅度的提升。此外，单级放大器在面对多种指标要求时会产生各种矛盾，如要想提升运算放大器的线性范围，则增益会下降，直接驱动大负载时，放大器的增益与带宽都会受到严重的影响，因此运算放大器通常需要由两级甚至两级以上的放大器组成。本章将讨论一款两级运算放大器，这款两级放大器对比折叠式共源共栅放大器，减少了MOS管数量，却提升了性能。通过合理地选择两级放大器电路的结构，可以满足大多数的指标要求。而对于更多级别的放大器，比如三级放大器的设计，多数是为了满足增益的要求，但三级放大器极点的增多会引起稳定性的下降，因此两级放大器是目前最常见的多级运放结构。

本章介绍两级放大器设计思路，还介绍了g_m/I_D设计方法，这种设计方法相比利用饱和区平方律公式进行手算更加准确，并且在电路性能指标之间进行折中时也比较直观。通过在Cadence软件中进行仿真验证，结果显示了g_m/I_D设计方法的优越性。

5.1 两级运算放大器设计基础

5.1.1 两级运算放大器结构概述

之前介绍的单级放大器只经过了一次转换，即电压到电流的转换或者电流到电压的转换，因此增益往往被限制在MOS管的跨导与输出阻抗的乘积。而第4章设计的折叠式共源共栅放大器，差分输入级将差模电压转换为差模电流，差模电流再经过电流镜负载恢复成差模电压，放大器的增益则相当于两个MOS管本征增益的乘积。但由于其共源共栅结构的存在，其输出摆幅受到了非常大的影响，无法用于低电压电源中。仅靠单级放大器已经无法满足较大的输出摆幅以及较高的增益的要求，因此两级放大器的设计需求就更加广泛。两级放大器相比单级放大器可以满足更多高性能的要求，仅让单级放大器增益达到50dB就需要降低其他许多性能指标，而两级放大器每级增益为40dB，总增益就能达到80dB以上，并且比单级放大器速度快、带宽宽。

在进行两级放大器设计时，往往会将这两级分开进行处理与设计。如图5-1所示，两级运放的输出级常常要满足较大输出摆幅的要求，因此很少会考虑具有高增益的共源共栅结构。而输入级常设计为高增益级，当设计指标要求实现较高的增益，并且没有超低功耗的需求，则折叠式共源共栅结构用在两级运放的输入级将十分合适。此外，相比于单级放大器，两级放大器输入级基本会采用差分输入而不是单端输入，这是因为两级放大器由于电路的复杂度上升，更需要提升电路的稳定性，抑制输入噪声与共模干扰。

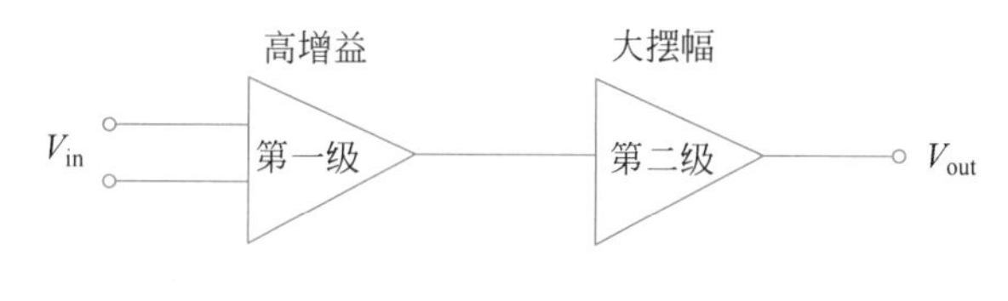

图 5-1 两级运算放大器

5.1.2 两级运算放大器频率补偿

在实际应用中，运算放大器常采用负反馈系统(图 5-2)来改善运放的稳定性，并且其开环增益越高，反馈放大器的精度也越高。但也正是反馈系统的接入，反馈将输出反馈到输入，系统很容易因为设计误差等而出现振荡，因此一个稳定的负反馈系统需要有足够的相位裕度。根据设计经验，相位裕度为 60°～90°，系统会表现出较好的性能。相位裕度过小，系统容易发生振荡而变得不稳定；相位裕度过大，系统的响应速度会大幅度减小。因此，在选择相位裕度时也要考虑速度与稳定性的折中。

一般可以将单级放大器看作单极点系统，相移通常不会大于 90°，如图 5-3 所示，因此不需要考虑额外的相位补偿。两级放大器相移能够达到 180°，当相移 180°的频率点在单位增益频率之前，再加上负反馈引入的 180°相移，运放系统的相移就超过了 360°，这个频率点的增益大于 1，运放会将自身的噪声放大，运放系统就会在这个点发生振荡，因此在设计时两级放大器往往需要进行额外的频率补偿。

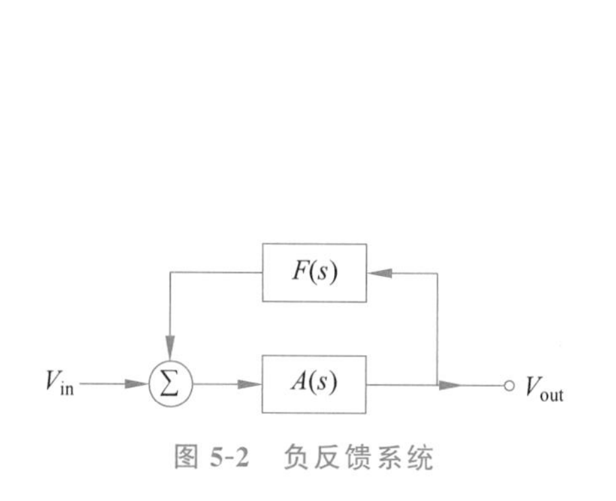

图 5-2 负反馈系统

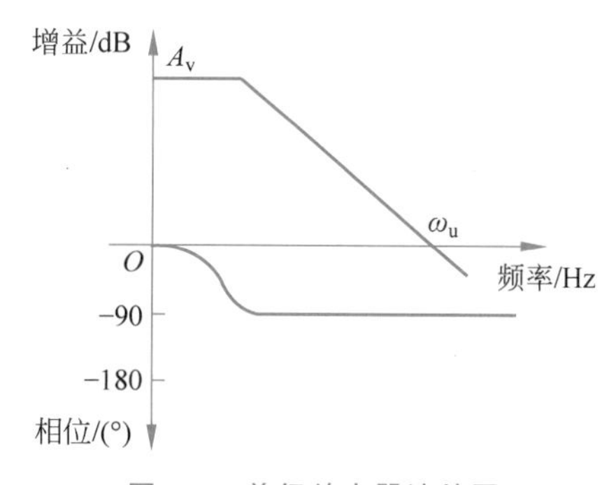

图 5-3 单级放大器波特图

两级放大器最采用的频率补偿方式为密勒补偿，如图 5-4 所示，通过在两级放大器的输入级与输出级之间添加一个密勒电容 C_C 就可以实现极点分裂，使非主极点频率变得更大，主极点频率变小，即将图像向左移，如图 5-5 所示。这样可以使单位增益频率在非主极点之前，相移超过 180°的频率点在单位增益之后，在这个点系统就不会发生振荡。在设计两级甚至多级运放时，必须留出足够的相位裕度，从而使系统能够保持稳定。

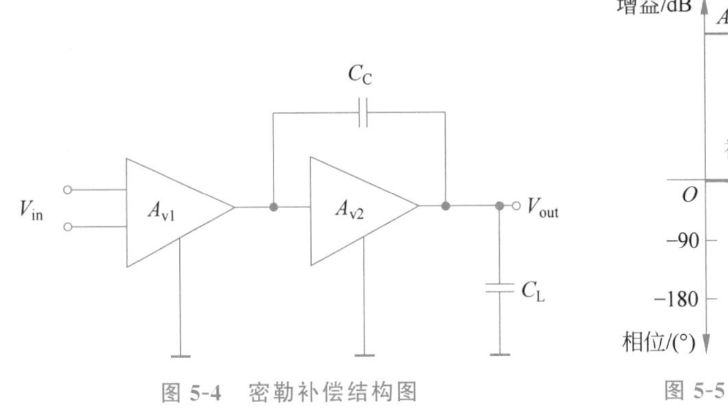

图 5-4 密勒补偿结构图

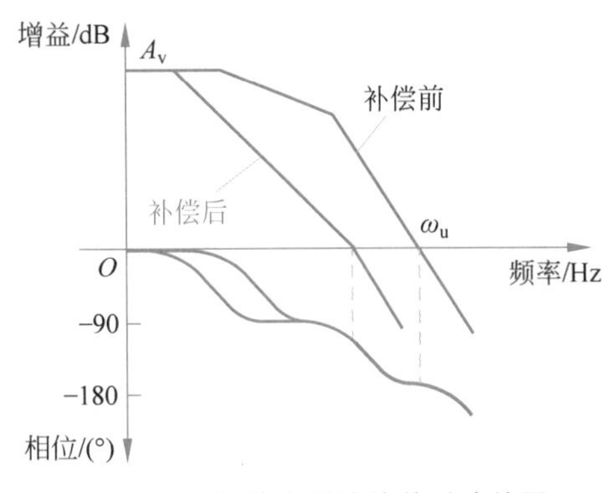

图 5-5 两级放大器补偿前后波特图

5.1.3 g_m/I_D 设计方法

前面设计折叠式共源共栅放大器时，在确定电路结构之后，通过指标中的压摆率确定了电路的电流，再从单位增益带宽入手，利用晶体管的 Square-law 公式确定电路中 MOS 管的尺寸，最终完成电路设计后，其仿真结果虽能满足设计指标，但存在着较大的误差，这在设计一些要求严格的复杂电路上非常受限，电路往往需要经过多次调试才能满足设计要求。此外，在先进的工艺库中，MOS 管的模型也变得更加复杂，很多工艺库已经无法直接查找到 MOS 管的 μ、C_{ox}、λ 参数，MOS 管的短沟道效应也变得更加严重，这时的 Square-law 公式已经不适合计算晶体管的尺寸。本章将采用另一种设计方法，即利用 g_m/I_D 参数，通过计算机软件仿真与手算相结合来进行电路设计。

在进行电路设计时，通常会以过驱动电压作为关键参数来对电路中的 MOS 管进行设计。其中 MOS 管一般设置工作在饱和区，即令过驱动电压 $V_{OD}>0$。目前随着多种需求的出现，为了满足低功耗的要求，有时需要 MOS 管工作在亚阈值区来获得更低的功耗，由于二阶效应的存在，这时所设计 MOS 管的过驱动电压与实际大小存在着非常大的误差。基于上述需求，本章选择 MOS 管的 g_m/I_D 值代替过驱动电压对 MOS 管的工作区域进行选择，g_m/I_D 参数不仅在设置时误差较小，并且对电路性能上的折中更为直观。

如图 5-6 所示，图像的横坐标为 MOS 管的过驱动电压，纵坐标为 MOS 管的跨导 g_m、特征频率 f_T、漏电流 I_D 以及跨导效率 g_m/I_D。根据 MOS 管的基础知识，当 $V_{GS}<V_{th}$ 时，MOS 管会关断，但实际上 V_{GS} 在 V_{th} 附近时，MOS 管仍然存在较小的漏电流 I_D，此时 MOS 管工作在亚阈值区，也称为弱反型区；当 $V_{GS}>V_{th}$ 时，MOS 管会工作于饱和区，也称为强反型区。在实际情况下，强反型区与弱反型区中间会有一个中等反型的过渡区。根据设计经验，一般认为过驱动电压大于 80mV 时，MOS 管才会真正工作在饱和区。可以看出，当工作于亚阈值区时，MOS 管的电流、跨导和特征频率都比较小，较小的电流意味着较低的功耗，与此同时跨导效率 g_m/I_D 却很大，因此在一些有低功耗需求的电路会考虑 MOS 工作在亚阈值区时的这些特性，而在一些对速度有需求的电路中应尽量避免 MOS 管工作在亚阈值区。

由 MOS 管工作在饱和区的平方律公式可推出关系式

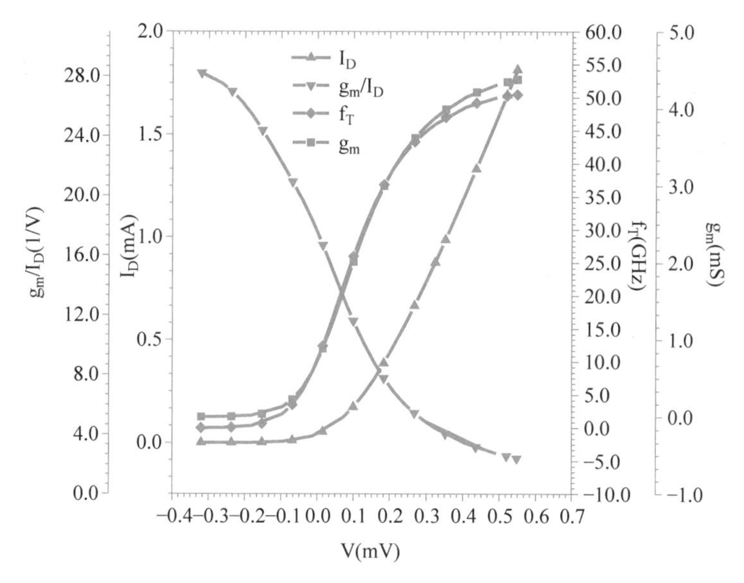

图 5-6　过驱动电压与各个参数关系图

$$\frac{g_m}{I_D} \approx \frac{2}{V_{od}} \tag{5.1}$$

通过式(5.1)不难发现，g_m/I_D 与过驱动电压有着紧密的关系，选择电路的 g_m/I_D 就是在选择电路的过驱动电压 V_{OD}。当 $g_m/I_D=10$ 时，$V_{OD}\approx 0.2$V，从这里可以看出 g_m/I_D 的大小也能够反映器件的工作区域，并且选取不同的 g_m/I_D 值实际上是电路在功耗和速度之间进行的折中。

理解了 g_m/I_D 参数的含义，就可以利用这个参数来替代平方律公式设计电路的器件尺寸。在设计之前，首先要对工艺库的晶体管进行仿真扫描，找出 g_m/I_D 与晶体管的本征增益、电流密度 I_D/W 以及其他参数之间的关系，然后根据设计指标进行折中考虑，为每一个MOS 管选取合适的 g_m/I_D。

5.2　两级运算放大器结构确定与参数计算

本节以采用密勒补偿的两级运算放大器设计为例，介绍关于两级放大器的设计过程中的一些设计方法与步骤，利用 g_m/I_D 模拟集成电路设计方法举例说明在实际设计电路中的设计流程。其中电路结构包括偏置电路、输入级与输出级以及补偿电路。在设计完电路之后，对电路进行了各个指标的仿真，经过仿真验证，仿真结果满足设计指标，并证实了 g_m/I_D 设计方法具有较高的准确性。熟练掌握了 g_m/I_D 设计方法之后，在设计其他电路时可以更加快速准确地设计出符合要求的电路。下面详细讲述如何利用 g_m/I_D 设计方法设计满足指标的两级放大器。

5.2.1　两级运算放大器设计目标

使用 SMIC 0.18μm 工艺库设计一款两级运算放大器，其中放大器的设计指标如表 5-1 所示。

表 5-1 两级运算放大器设计指标

参 数 名	设 计 指 标
工作电压 V_{DD}/V	3(1±10%)
负载电容 C_L/pF	10
开环直流增益 A_v/dB	≥70
单位增益带宽(GB)/MHz	40
相位裕度(PM)/(°)	60～70
共模电压范围 $V_{IN,COM}$/V	0.7～2.3
输出电压摆幅 $V_{out,max}-V_{out,min}$/V	≥2.4
共模抑制比(CMRR)/dB	≥80
压摆率(SR)/(V/μs)	≥20
静态功耗/mW	≤10
电源抑制比(PSRR)/dB	≥80

5.2.2 确定电路结构

在设计电路之前,首先需要分析电路指标,确定电路的结构。通过观察指标对增益、带宽、相位裕度等要求,可以明确该电路指标中的增益以及功耗对两级运算放大器的要求并不苛刻,通过比较常见的结构来满足要求。两级放大器输入级一般选择差分输入,差分输入级相比单端输入具有抑制共模输入信号、抑制零点漂移以及抗干扰的作用,因此广泛用于运算放大器的输入级。本设计要求,输入级采用简单的五管差分放大单元就可以满足要求。

再观察指标中的输出摆幅要求,要求摆幅>2.4V,而电源电压为3V,将电压裕度分配到MOS管上只有0.6V,这大约是两个MOS管的过驱动电压,对于折叠式共源共栅结构以及共源共栅结构都很难达到要求。而已知共源结构可以提供较大的输出摆幅,因此输出级采用共源极结构能够满足设计要求。本设计选用了经典五管差分输入单元用作两级放大器的输入级,而输出级选择共源放大器作为第二级,从而提高电压摆幅。两级密勒补偿运算放大器结构图如图5-7所示。

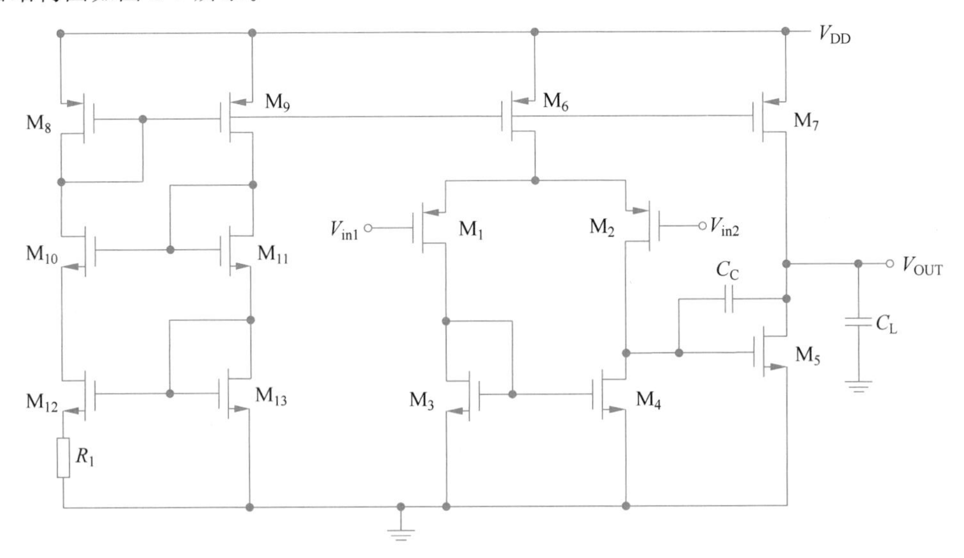

图 5-7 两级密勒补偿运算放大器结构图

5.2.3 选择 g_m/I_D 参数

为了更好地理解 MOS 管的性能表现，利用优值系数(FoM)来反映不同 g_m/I_D 大小对 MOS 管性能的影响。令

$$\text{FoM}=f_T\times\frac{g_m}{I_D} \tag{5.2}$$

式中：f_T 反映了 MOS 管的工作速度；g_m/I_D 反映了 MOS 管的跨导产生效率。

通过对 g_m/I_D 进行扫描，得到如图 5-8 所示的关系图。从图中可以看出，当 g_m/I_D 取 6～14 时，MOS 管的综合性能表现最好。而具体到为电路中的每个 MOS 管时选取 g_m/I_D 值时，就需要考虑电路的指标，通过分析不同的指标对 g_m/I_D 的要求，并进行一定的折中，最终确定不同 MOS 管的 g_m/I_D 值。

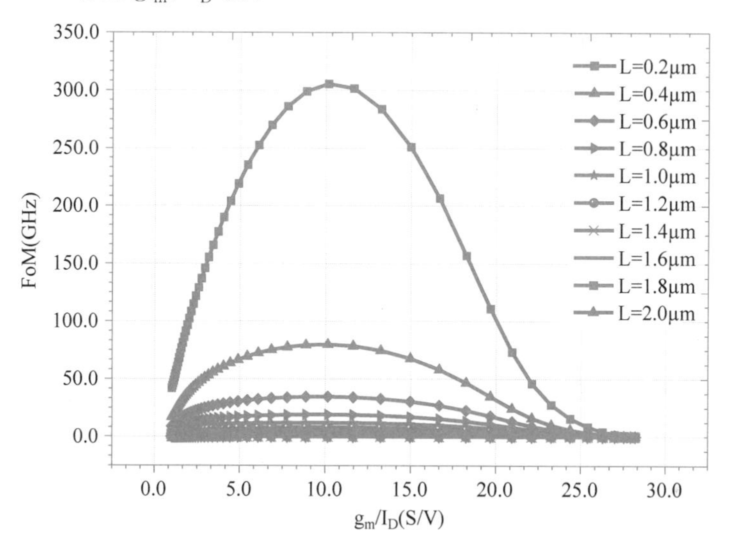

图 5-8 FoM 与 g_m/I_D 之间的关系

1. 噪声

已知道 g_m 与 f_T、噪声成正比，若 MOS 管作为电流源器件工作，则其噪声谱密度为

$$I_n^2=4kT\gamma g_m \tag{5.3}$$

其输出噪声为

$$\overline{V_{n,out}^2}=4kT\gamma g_m r_o^2 \tag{5.4}$$

式中：γ 为系数，长沟道的晶体管可以认为 $\gamma=2/3$，短沟道的晶体管 $\gamma\approx1$。

从式(5.4)可以看出，噪声与跨导 g_m 成比例关系，因此，在运算放大器中，若想要电路中的电流噪声较小，则需要减小 g_m，即选择一个较小的 g_m/I_D 值。若 MOS 管作为放大器使用，就不能只考虑输出噪声，其输入噪声为

$$\overline{V_{n,in}^2}=\frac{\overline{V_{n,out}^2}}{A_v^2}=\frac{4kT\gamma}{g_m} \tag{5.5}$$

此时选择一个较大的 g_m 值能够减小电流噪声，即为用作放大器的 MOS 管选择一个较大的 g_m/I_D 值。

2. 过驱动电压

选择 g_m/I_D 值还可以从电路的摆幅考虑，若需要一个较大的输出摆幅，则作为电流源工作的晶体管要有一个较小的过驱动电压，根据式(5.1)，需要选择较大的 g_m/I_D 值。

3. 失配

过驱动电压还与电路的失配有着重要的关系，失配也是导致高失调和低共模抑制比、低电源抑制比的主要原因。在对差动放大器进行分析时，通常建立在电路完全对称的情况下。但实际情况下，完全相同的两个器件也可能存在着失配现象。对于图 5-7 所示的差分输入电路，经过计算，得出其直流失调电压为

$$V_{OS,in}=\left\{\frac{|V_{GS}-V_{th}|_N}{2}\left[\frac{\Delta(W/L)}{\left(\frac{W}{L}\right)}\right]_N+\Delta V_{th,N}\right\}\frac{g_{mN}}{g_{mP}}+\frac{(V_{GS}-V_{th})_P}{2}\left[\frac{\Delta(W/L)}{(W/L)}\right]_P+\Delta V_{th,P} \tag{5.6}$$

对于电流镜的电流失配，用平均电流值归一化后可以表示为

$$\frac{\Delta I_D}{I_D}=\frac{\Delta(W/L)}{W/L}-2\frac{\Delta V_{th}}{V_{GS}-V_{th}} \tag{5.7}$$

从式(5.6)可以看出，输入差分对的失调电压与过驱动电压成正比，因此在设计时，电流一定的情况下，过驱动电压越大，g_m/I_D 越小，其输入失调电压越小。这就意味着，输入管的 g_m/I_D 不能太大，否则会增强电路的非线性。通过式(5.7)可以看出，增大过驱动电压可以减小电流镜的电流适配，即在选择电流镜的 g_m/I_D 时应尽量选择较小的值。

4. 功耗

在设计时还应关注设计指标中的功耗，假如电路要求功耗非常低，则必须为电路中的 MOS 管选择较大的 g_m/I_D 值，如图 5-9 所示，必要时甚至考虑让其中一些 MOS 管工作在亚阈值区以降低功耗。

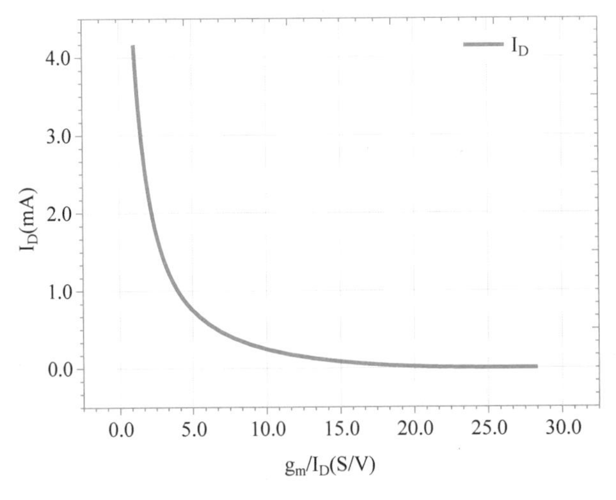

图 5-9 g_m/I_D 与 I_D 的关系图

5. 速度

若对电路有速度的要求，则需尽可能减小 MOS 管的 g_m/I_D 值，如图 5-10 所示。晶体

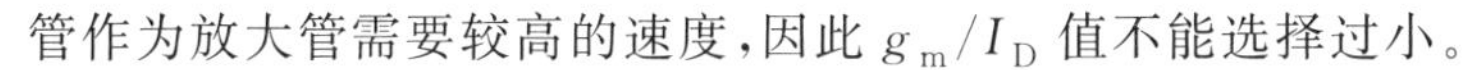

管作为放大管需要较高的速度，因此 g_m/I_D 值不能选择过小。

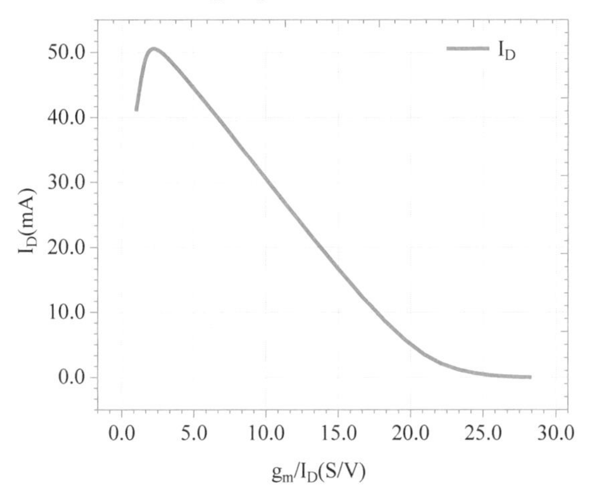

图 5-10　g_m/I_D 与 f_T 关系图

在最终进行选择 g_m/I_D 时，应对多方影响因素进行权衡，尤其是考虑 g_m/I_D 对这些性能参数影响的优先级。比如，通过增大第二级放大管的过驱动电压来减小 g_m，从而减小其输出噪声；但过驱动电压不能设置太大，否则会影响输出电压摆幅。

5.2.4　确定电路具体参数

在设计电路时，首先分析指标中的约束项。电路的共模输入范围 $V_{IN,COM}$，即第一级放大器的所有 MOS 管工作在饱和区的共模电压输入范围。本设计采用的两级运放，共模输入电压最高时需保证 M_1 工作在饱和区，M_6 的漏源电压 $|V_{DS6}|>|V_{GS6}|$，因此共模电压最大为 $V_{DD}-|V_{GS6}|-V_{GS1}-|V_{th1}|$。当共模输入电压最小时，需保证 M_1 工作在饱和区，而 M_3 栅漏短接，共模输入电压最小值为 $V_{GS1}-|V_{th1}|+V_{th3}$，因此所设计运放的共模输入范围应为

$$V_{GS1}-|V_{th1}|+V_{th3}\leqslant V_{IN,COM}\leqslant V_{DD}-V_{GS6}-V_{GS1}-|V_{th1}| \tag{5.8}$$

从式(5.8)可以看出，若满足指标要求，M_1 管的过驱动电压不能太大。本设计所采用的 SMIC 0.18μm 工艺库，其中 NMOS 管的阈值电压为 0.4185V，则 M_1 管的过驱动电压不能大于 280mV，即 g_m/I_D 至少大于 7.14，在设计时尽可能增大 g_m/I_D。对于 M_6 管，则 V_{GS6} 不能大于 420mV。

再查看指标中的输出动态范围。输出电压应在 0.3～2.7V 范围内进行波动，这就要求输出级 MOS 管的过驱动电压 V_{OD} 不能太大，即输出电路中的 MOS 管 V_{OD} 不能大于 300mV，由图 5-2 中的 V_{OD} 与 g_m/I_D 的关系可以得出输出管的 g_m/I_D 不能小于 4.8。再看电路的静态功耗要求。指标是 10mW 以内，而电源电压为 3V，所以电路所消耗的总电流要控制在 3.3mA 以内。

在了解设计电路时的一些约束条件后，设计电路时依照直流增益等指标要求来确定电路结构才会变得更加准确，其他指标的设计方法将在之后具体设计参数步骤中介绍。

在本设计中，考虑到电路的速度大小、过驱动电压的选取以及功耗，选择统一为电路中

的放大管设置 $g_m/I_D=12$，电流源工作的晶体管 $g_m/I_D=6$。

1. 输入管 g_m 的确定

g_m/I_D 设计方法和第4章相同，计算MOS管的参数都需要先从输入管入手，已知指标GB要求不小于40MHz，而 g_m 通常是从带宽来确定的，由单位增益带宽与跨导的关系可得

$$GB=\frac{g_m}{2\pi C_L} \tag{5.9}$$

将其换算可得

$$g_m=GB\times 2\pi C_L \tag{5.10}$$

本设计的两级运算放大器，g_m 即差分输入对管 M_1 与 M_2 的跨导 g_{m1} 与 g_{m2}，式中的 C_L 为第一级的负载电容。在一些设计中，为了方便会直接取密勒电容 C_C 作为 C_L，存在一定的误差，考虑到前后两级电路中输入与输出寄生电容的影响，在计算时一般会取 C_{L1} 稍大于 C_C。根据模拟设计经验，密勒电容 $C_C=(0.25\sim0.5)C_L$，此时的相位裕度对应为60°～90°。假设电路中密勒补偿电容 $C_C=4pF$，则取 C_{L1} 稍大于 C_C，令 $C_{L1}=5pF$，将其代入式(5.10)中进行计算，得到

$$g_{m1}=g_{m2}=1.256mA/V \tag{5.11}$$

这样就计算出第一级放大电路输入对管的跨导，两级放大器两级的输入管都对运放的主要参数有影响，第二级为一个共源极放大器，接下来计算第二级输入管 M_5 的跨导 g_{m5}。

两级放大器电路往往需要进行频率补偿，在电路引入密勒补偿后，电路极点发生了分裂，形成了单极点近似，为了让电路更加稳定，电路的非主极点 ω_{p2}，即第二级运放电路带来的极点，要求大于单位增益带宽 ω_u，一般取

$$\omega_{p2}=(2\sim 3)\omega_u \tag{5.12}$$

$$\frac{g_{m5}}{C_L}=(2\sim 3)\frac{g_{m1}}{C_C} \tag{5.13}$$

而 $C_C=0.4C_L$，取最小值计算，最终算得 $g_{m5}=7.5g_{m1}$。也就是 g_{m5} 至少要大于 $7.5g_{m1}$，本设计令 $g_{m5}=10g_{m1}$，即 $g_{m5}=12.56mS$。

2. 确定MOS管尺寸

确定电路中晶体管的尺寸，可以从MOS管的本征增益入手，对于两级运放电路，其增益为

$$A_v=A_{v1}A_{v2} \tag{5.14}$$

增益一般表现为分贝格式，即

$$A_v=20\log|A_v|\,(dB) \tag{5.15}$$

电路指标要求增益要大于70dB，求得电路放大倍数为3162，电路总增益为第一级与第二级增益的乘积。令两级的放大倍数都为57，通过分析电路可以看出，第一级放大器增益为

$$A_{v1}=g_{m2}(r_{o2}\,/\!/\,r_{o4})\approx\frac{1}{2}g_{m2}r_{o2} \tag{5.16}$$

即令 $g_{m2}r_{o2}>114$，PMOS管的self_gain-gmoverid曲线如图5-11所示，当self_gain大于

114 时，L 最小长度取 0.6μm 就可以满足增益要求。

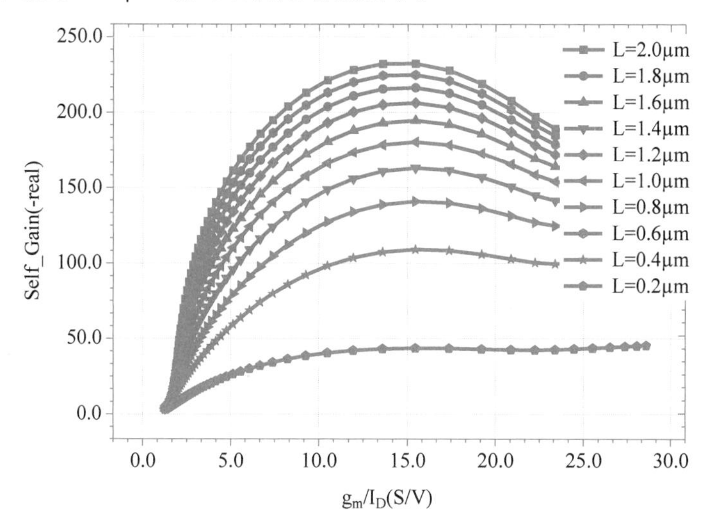

图 5-11 PMOS 晶体管的 self_gain-gmoverid 函数关系图

晶体管的 idoverw_gmoverid 曲线如图 5-12 所示，当 $L=0.6\mu m$，$g_m/I_D=12$ 时，由曲线可以得出 $I_D/W=1.209\ 53$。

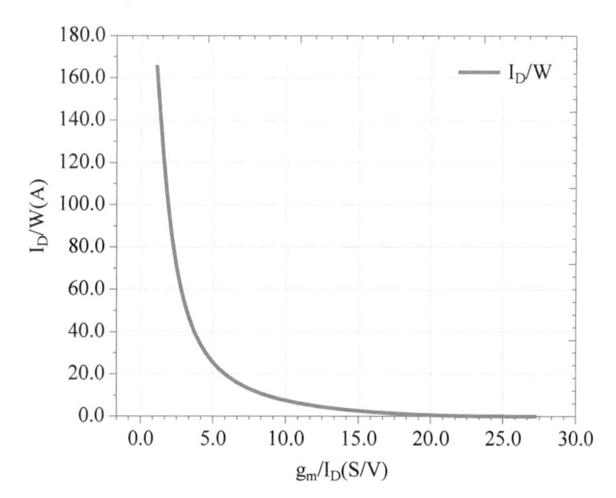

图 5-12 PMOS 晶体管的 idoverw_gmoverid 函数关系图

上面已经确定了 M_1、M_2 的 $g_m/I_D=12$，把之前求得的 g_m 代入，计算出 $I_D=104.66\mu A$。确定了 MOS 管的 L 以及 g_m/I_D 的大小，再由曲线图得出 $I_D/W=1.209\ 53$，将 I_D 代入，就求出第一级放大器的输入管 M_1 与 M_2 的宽长比 $W/L=86.5\mu m/0.6\mu m$。

对于第一级放大器中的电流镜的 M_3 和 M_4，为了让电路有较小的噪声，令其 $g_m/I_D=6$，NMOS 管的 self_gain-gmoverid 曲线图如图 5-13 所示，当 self_gain 大于 117 时，同样取 $L=0.6\mu m$。

NMOS 管的 idoverw-gmoverid 函数关系如图 5-14 所示，当 $g_m/I_D=6$ 时，$L=0.6\mu m$，此时 $I_D/W=20.8589$，而 $I_D=104.66\mu A$，和输入管 M_1 的电流相等，代入后求出 M_3 与 M_4 的宽 $W=5\mu m$。

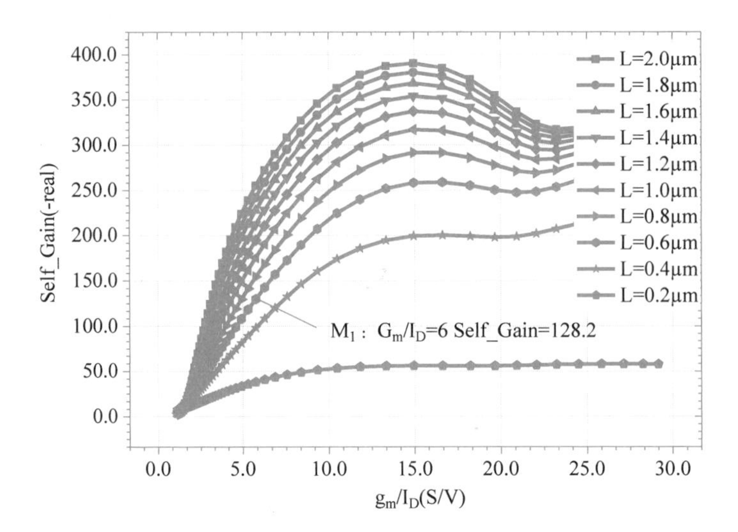

图 5-13 NMOS 的 self_gain-gmoverid 关系图

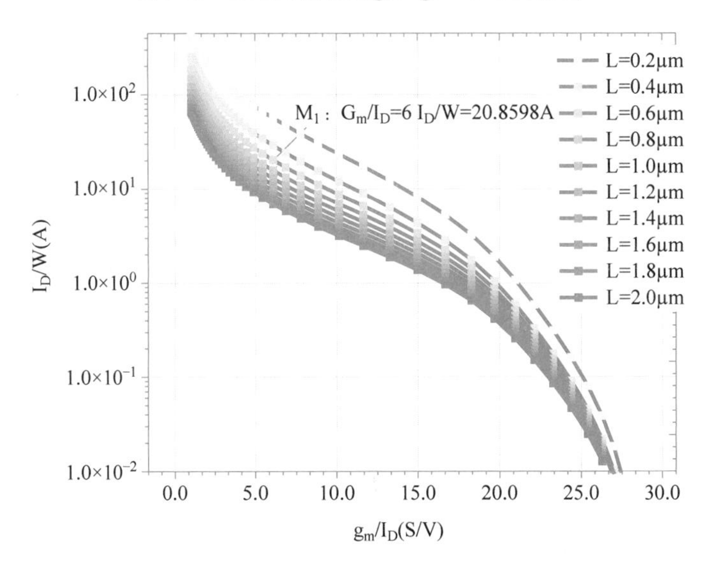

图 5-14 NMOS 管的 idoverw-gmoverid 函数关系图

确定第一级放大器的四个管的宽长比后，接下来设计输出级放大电路的 MOS 管。首先观察电路的原理图，第一级的 M_1 和第二级的 M_5 的直流工作点是一致的，即 V_{GS} 值相等。

通过对电路进行直流仿真(图 5-15)，发现 $V_{GS}=765\text{mV}$。NMOS 的 gmoverid-vgs 曲线如图 5-16 所示，当 $V_{GS}=765\text{mV}$ 时，gmoverid 的值约为 6。

确定晶体管 M_5 的 gmoverid 的值为 6，由图 5-16 可见，当 self_gain 大于 117 时，最小栅长 $L=0.6\mu\text{m}$，故 M_5 的 $L=0.6\mu\text{m}$。

而 $g_m/I_D=6$，在前边已经求出 $g_{m5}=12.56\text{mS}$，将 g_{m5} 代入后就可以求出 $I_D=2.09\text{mA}$，NMOS 管的 idoverw-gmoverid 的曲线如图 5-17 所示，当 $g_m/I_D=6$ 时，$I_D/W=20.8582$，可以求出 $W=100.298\mu\text{m}$。本设计采用的工艺库 W 限制了其最大尺寸为 $100\mu\text{m}$，为了减小寄生参数，不妨取 $W=50\mu\text{m}$，Multiplier$=2$。

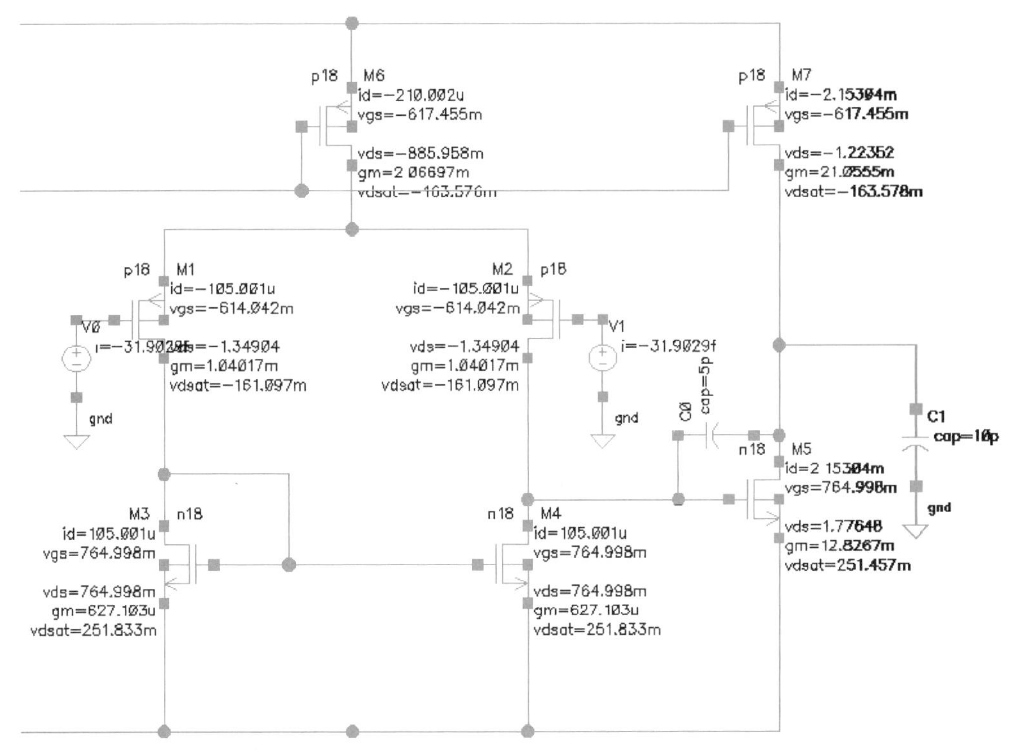

图 5-15 两级运放的部分直流工作点

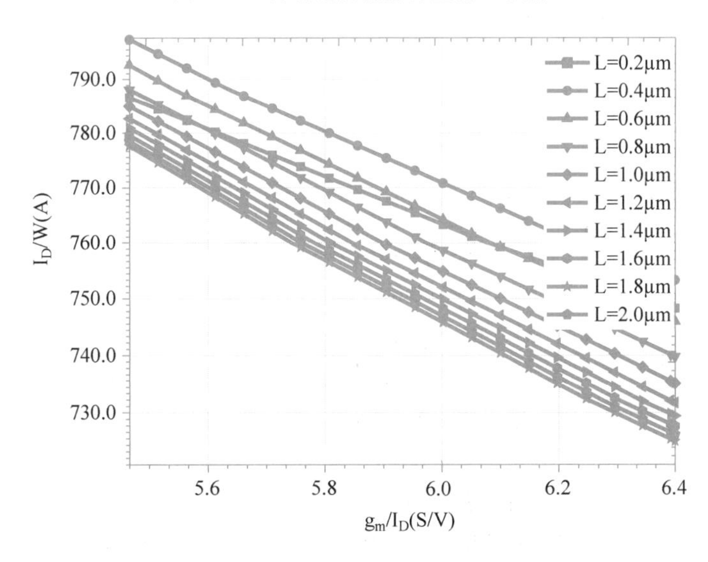

图 5-16 NMOS 管的 gmoverid-vgs 曲线图

3. 偏置电路设计

本设计中，偏置电路是由两个 PMOS 管、四个 NMOS 管与一个电阻 R 组成的共源共栅 Widlar 电流镜。M_{12} 与 M_{13} 相比，源极添加了电阻 R_1，构成了一个微电流源，M_8 与 M_9、M_{10} 与 M_{11} 的宽长比应该相同。两级运放中的 M_6、M_7 根据电流镜比例公式可以产生比例电流，前面已经计算出 M_1 和 M_2 的漏电流 I_D 为 104.66μA，M_6 的漏电流等于 M_1 和 M_2 的漏电流之和 209.32μA，在这里不妨令电流镜的输出电流也为 209μA。

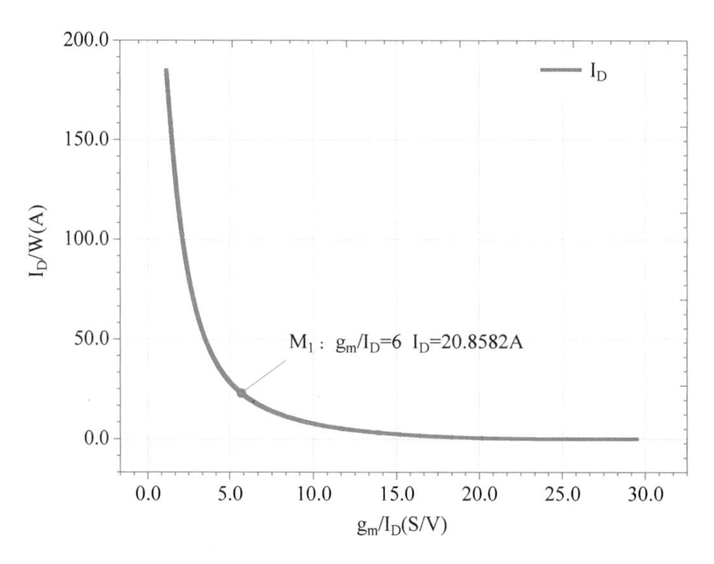

图 5-17 NMOS 管的 idoverw-gmoverid 曲线图

对于基准电流源同样可以采用 g_m/I_D 设计方法。首先通过分析图 5-18 所示的电路，可以得到以下关系式：

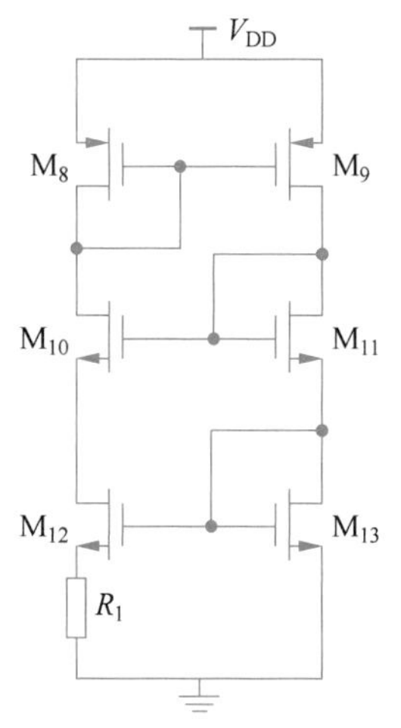

图 5-18 基准电流源原理图

$$V_{GS12}+I_{ref}R=V_{GS13} \tag{5.17}$$

又已知

$$\frac{g_m}{I_D}=\frac{2}{V_{OD}} \tag{5.18}$$

$$V_{GS}-V_{th}=V_{OD} \tag{5.19}$$

将式(5.18)、式(5.19)代入式(5.17)中，可得

$$2\left[\frac{1}{(g_m/I_D)_{13}}-\frac{1}{(g_m/I_D)_{12}}\right]=I_{ref}R \tag{5.20}$$

通过选取 M_{12} 与 M_{13} 的 g_m/I_D 值，就可以求出电阻 R_1，其中已经设定 $I_{ref}=209\mu A$，不妨设 M_{12} 的 $g_m/I_D=12$，M_{13} 的 $g_m/I_D=6$，代入式(5.20)得 $R=797\Omega$。

设计电流镜的 MOS 管尺寸也可以采用 g_m/I_D 设计方法，即通过查阅晶体管的 idoverw-gmoverid 曲线图来确定 MOS 管的宽长比。在本设计中，为了更加简单高效，并增强电流的匹配性，选择采用直接引入法，输入级的 M_1 与 M_2 的电流已经确定为 I_{D1}，M_6 的电流为 2 I_{D1}，则 M_6 的宽长比可以采用 M_1 的 2 倍，在设计中选择将 M_6 的 Multiplier 直接变为 2，这样就相当于两个 M_1 尺寸的 PMOS 管并联，同样 M_7 的 Multiplier 改为 20，就可以直接获得 2.09mA 的电流。而 M_8 与 M_9 的漏电流与 M_6 的漏电流相等，所以直接复制 M_6 的尺寸给 M_8 与 M_9。M_{10} 与 M_{11} 的漏电流等于 M_3 与 M_4 的 2 倍，所以采用相同的方法直接复制 M_3 的宽长比给 M_{10} 与 M_{11}，并将这两个 MOS 管的 Multiplier 设为 2。

对于 M_{12} 和 M_{13}，采用 g_m/I_D 设计方法，通过图 5-19 所示可以得出其 W_0。令 M_{12} 和 M_{13} 的 $L=0.6\mu m$，通过图可以得出 g_m/I_D 为 6 和 12 时，I_D/W 分别为 20.8589 和 4.832 69，将 $I_D=209\mu A$ 代入后可以分别得出 M_{12} 的 $W=43.25\mu m$，M_{13} 的 $W=10\mu m$。

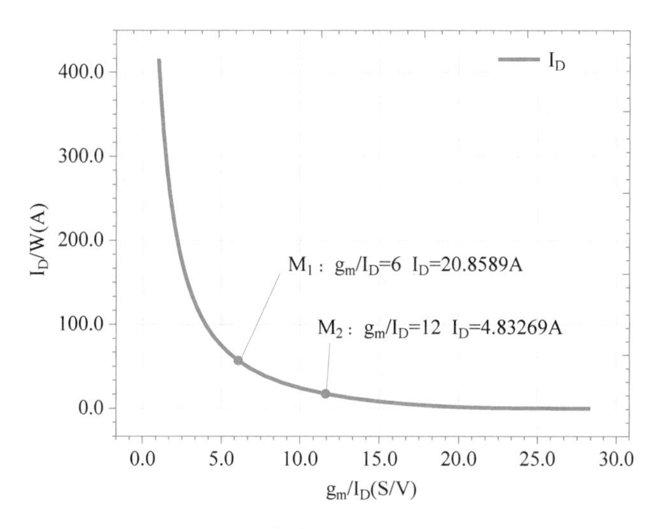

图 5-19 NMOS 管的 idoverw-gmoverid 曲线图

通过这种方式设计的电流源，不仅可以保证电流的匹配性好（因为电流源中 MOS 管的 W 和放大器电路中的 MOS 管 W 一样大），而且可以在绘制版图时，使电路中的晶体管排列整齐。

将以上所有计算结果汇总，器件参数最终设计如表 5-2 所示。

表 5-2 电路中所有晶体管的参数

MOS 管	类型	$W/\mu m$	$L/\mu m$	Multiplier	g_m/I_D
M_1，M_2	PMOS	86.5	0.6	1	12
M_3，M_4	NMOS	5	0.6	1	6
M_5	NMOS	50	0.6	2	6
M_6	PMOS	86.5	0.6	2	12
M_7	PMOS	86.5	0.6	20	12
M_8，M_9	PMOS	86.5	0.6	2	12
M_{10}，M_{11}	NMOS	5	0.6	2	6
M_{12}	NMOS	43.25	0.6	1	12
M_{13}	NMOS	5	0.6	2	6

5.3 电路仿真实例

本设计采用 Cadence Virtuoso 软件绘制电路图，使用 Cadence ADE 工具进行仿真，电路在软件中的实现如图 5-20 所示，其中 VIN1 与 VIN2 为差分输入电压，VDD 为电源电压。电路的左半部分为基准电流源，中间部分为差分输入单端输出的第一级放大器，右边部分为一个共源放大器。在之前采用的 g_m/I_D 设计方法用到了晶体管的 gmoverid-self_gain 曲线图以及 idoverw_gmoverid 曲线图，在对总电路进行仿真前，首先展示如何通过 ADE 仿真工具获得 g_m/I_D 设计方法所需要的图表。

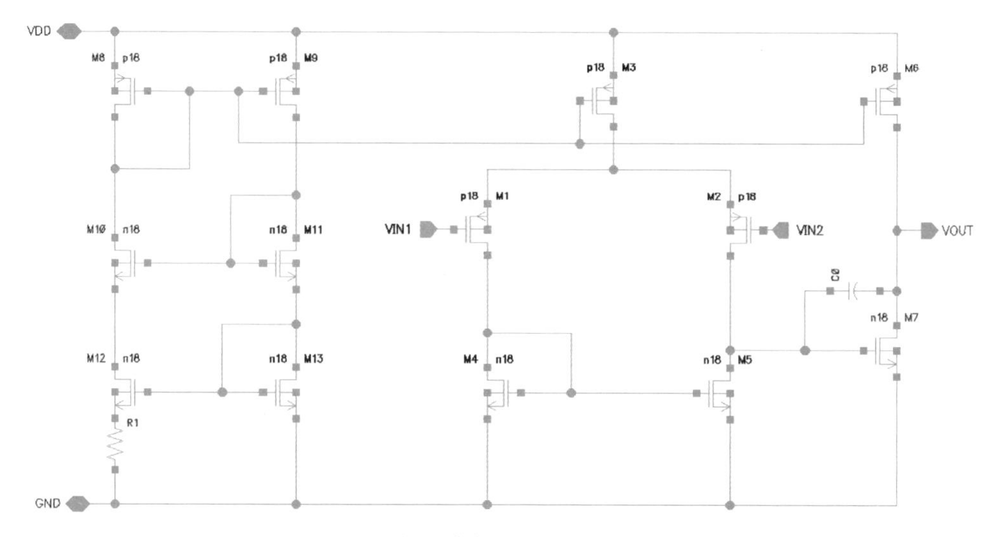

图 5-20　两级运放在 Cadence 软件中的实现

5.3.1　g_m/I_D 仿真操作方法

在 Cadence Virtuoso 软件中，首先绘制一个可以让 MOS 管正常工作的最简电路，如图 5-21 所示。在本次仿真中采用 NMOS 晶体管进行仿真，PMOS 晶体管的方式与 NMOS 晶体管原理相同。

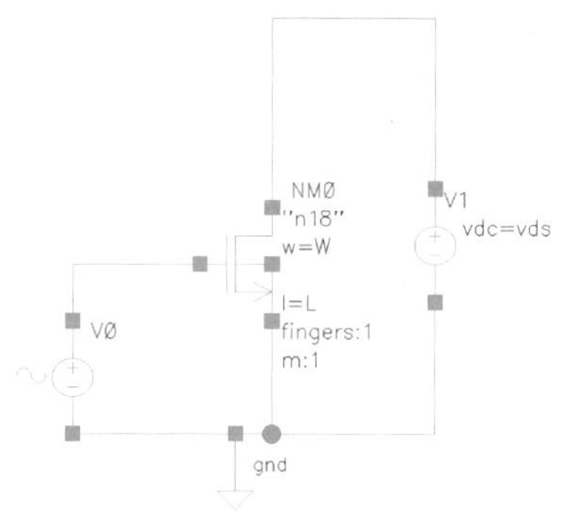

图 5-21　NMOS 晶体管操作原理图

在设计过程中，首先要对 NMOS 管的宽、长、栅源电压以及漏源电压定义为变量，然后打开 ADE 仿真工具，对电路中的四个变量定义一个初始值，并且能够使 NMOS 晶体管正常运行。在这里定义变量初始值 L=200n，W=10μ，vgs=800m，vds=800m，如图 5-22 所示，注意 W 的取值对电路仿真的曲线影响很小，这点在仿真时通过扫描 W 在不同取值下的仿真结果也可以验证，而在设计时只需采用中间值就可以减小不必要的误差。

在设置完变量后，在 Choosing Analyses 中选择 dc 扫描分析，Sweep Variable 选择 Design Variable 后设置扫描变量为 vgs，扫描范围为 0.2～1.6，单击 OK 按钮。

在设置输出时，需要输出 NMOS 晶体管的 gmoverid 和 self_gain 等参数，这些参数不能在电路图中直接得到，需要用到仿真器的 Calculator 工具，如图 5-23 所示。

进入 Calculator 工具后，若想输出波形，首先在 Function Panel 中选择 waveVSWave，然后在 Configure selections 中选择 os 函数，再单击电路原理图中的 NMOS 晶体管，就可以从 os 所给出的参数中得到晶体管的 gmoverid，如图 5-24 所示。将其复制到 waveVSWave 函数的 xtrace，按照相同的步骤找到晶体管的 self_gain，将其复制到 ytrace，单击 OK 按钮，就可以得到想要波形的函数表达式。再单击 Calculator 界面中的齿轮图案，就可以直接将函数表达式送到 ADE 仿真器的输出设置中。

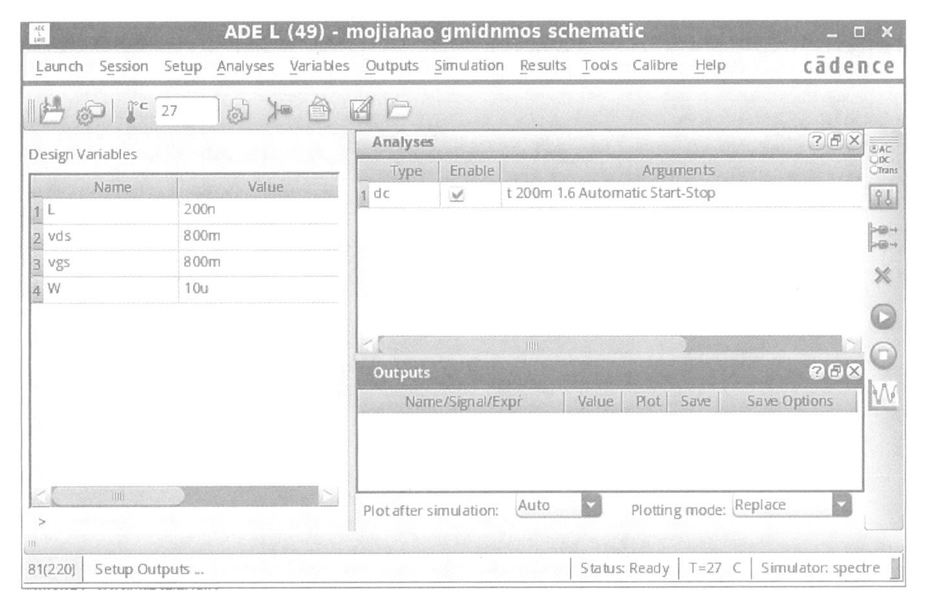

图 5-22　ADE 仿真器设置界面

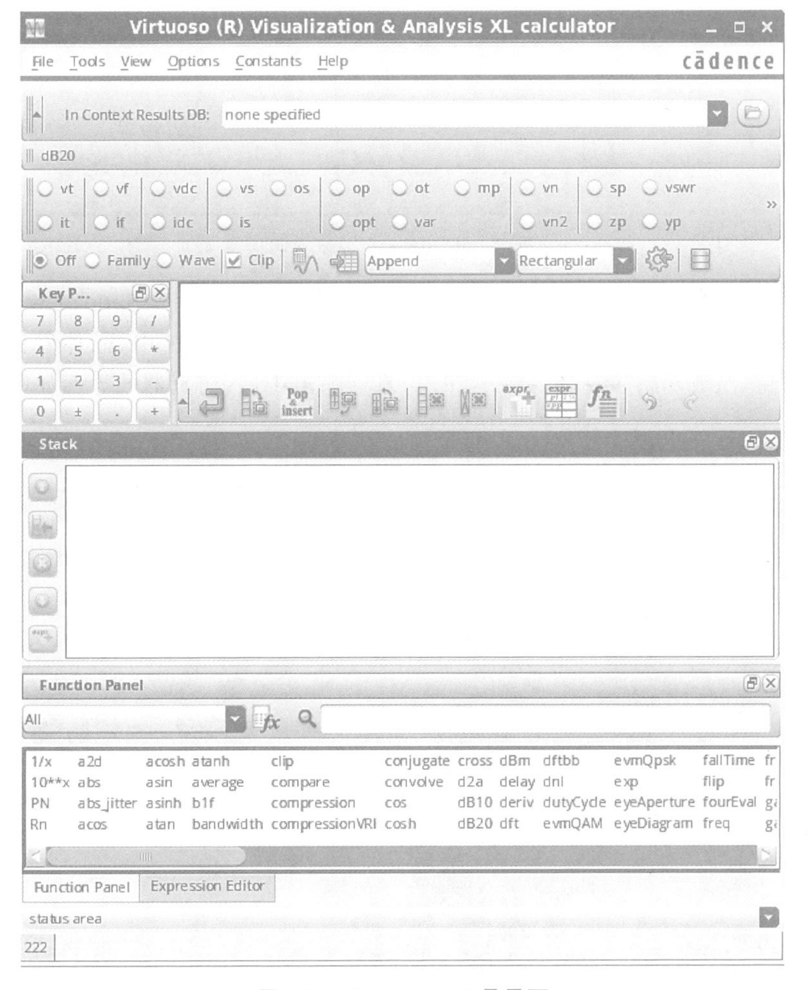

图 5-23　Calculator 工具界面

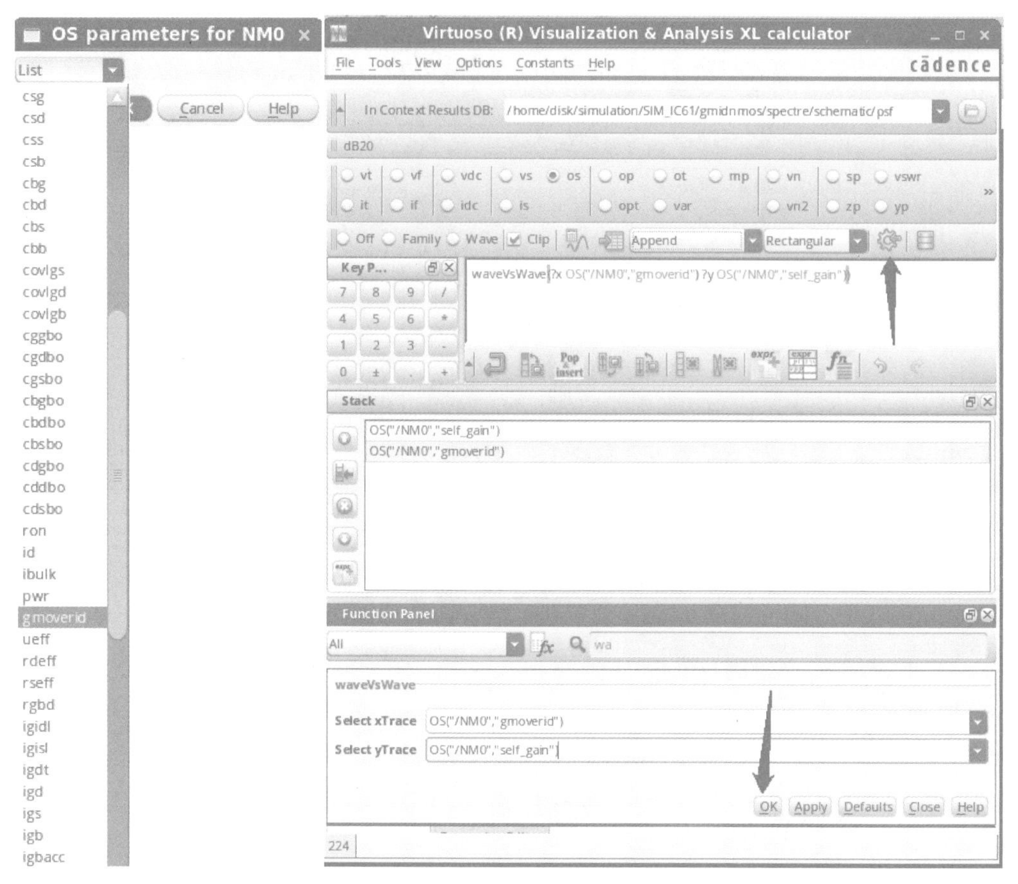

图 5-24 利用 Calculator 设置输出图像表达式

再按照同样的方式可以设置 idoverw_gmoverid 的图像输出，其中 idoverw 无法在 os 参数中直接得到，需要用到 Calculator 中的除法运算。id 存在于 os 中，晶体管的 W 可以在 var 函数中找到，当成功将表达式送入 ADE 仿真器输出中后，仿真器的界面如图 5-25 所示。

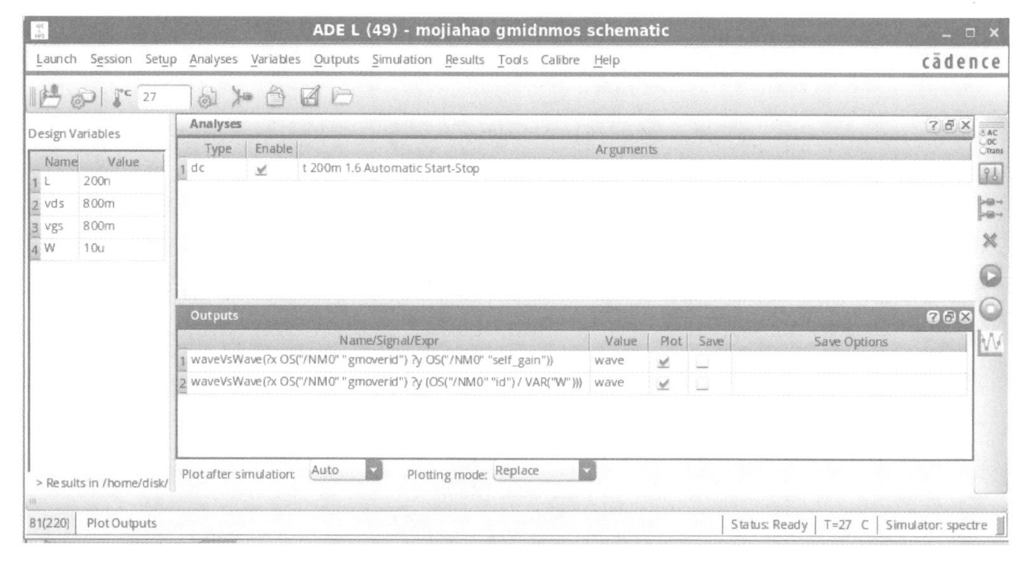

图 5-25 设置完成的 ADE 仿真器界面

全部设置好后，就可以单击仿真运行，得到图5-26所示的曲线。接下来就需要用到ADE仿真器中菜单栏Tools中的Parametric Analysis工具，通过参数扫描工具就可以仿真输出中查看不同设置变量下的输出图像，从而进行更加直观的对比。

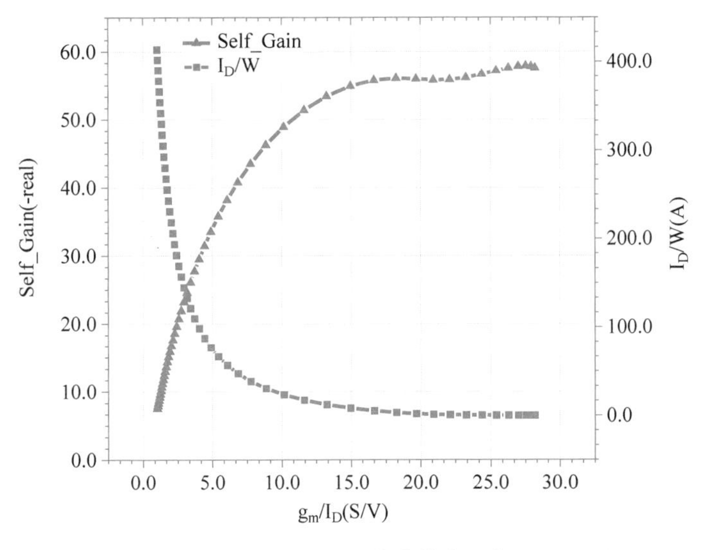

图5-26 g_m/I_D 仿真输出图像

打开ADE仿真器界面菜单栏Tools中的Parametic Analysis工具，设置扫描变量Variable为L，然后设置扫描范围。在本设计中扫描范围设置为200n～2000n，Step Mode选择为Linear Steps，Step Size设置为200n，表明对变量L每隔0.2μm的长度进行一次仿真，全部设置好后就可以单击运行，设置好后的界面如图5-27所示。

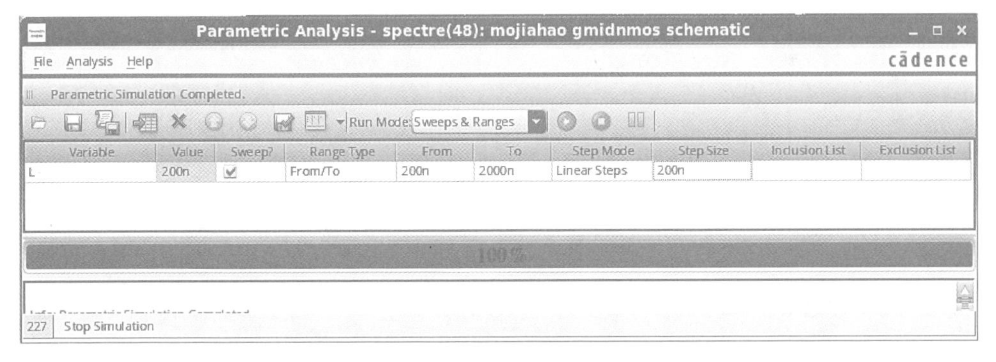

图5-27 参数分析工具界面

使用Parametic Analysis工具进行参数扫描分析后的输出图像如图5-28和图5-29所示。图5-28为NMOS晶体管的self_gain与gmoverid的函数关系图，图5-29为NMOS晶体管的idoverw与gmoverid函数关系图。

通过图5-28和图5-29，在选择晶体管的g_m/I_D值时，就可以确定晶体管自身的增益以及I_D/W值。此外，还可以查看其他任何参数的变化，比如设计中用到的vgs。同样，Calculator工具可以实现其他任何想要的输出图像，而当设计者熟练各种输出的函数表达式时，直接在Setting Outputs中的Expression输入表达式即可直接运行仿真，如图5-30所示，从而大大节省了操作时间。

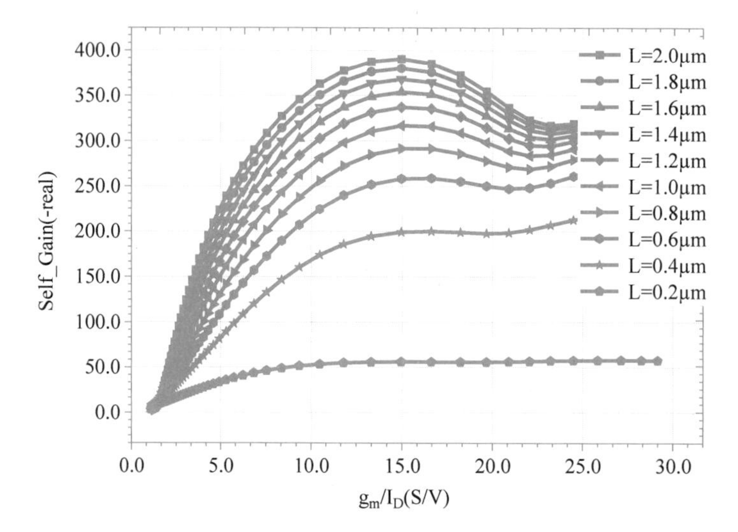

图 5-28　NMOS 的 self_gain 与 gmoverid 函数曲线图

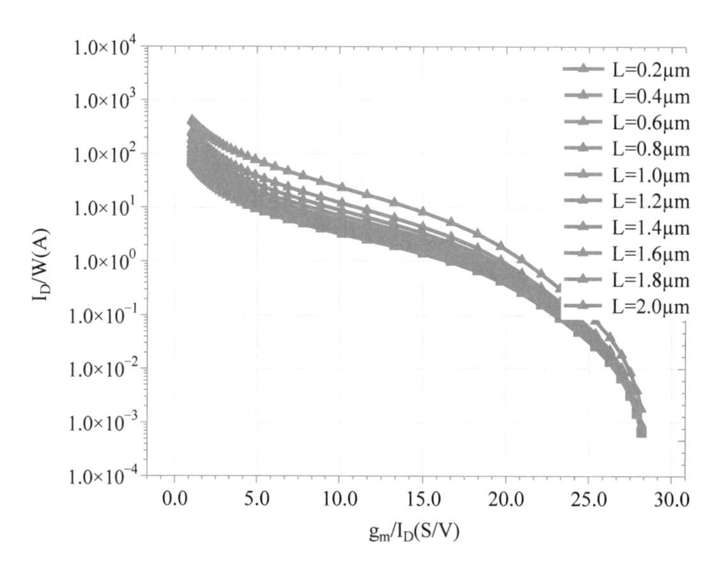

图 5-29　NMOS 的 idoverw 与 gmoverid 函数曲线图

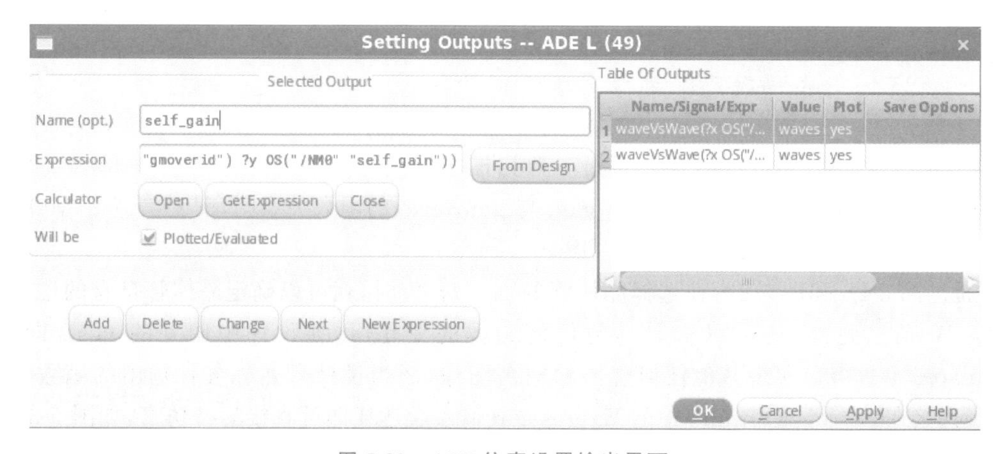

图 5-30　ADE 仿真设置输出界面

5.3.2　两级运算放大器的直流仿真

1. 仿真静态直流工作点

在电路各个部分全部设计完成后，首先进行 dc 仿真，查看电路静态工作点是否正确，MOS 管是否饱和。图 5-31 为电路的直流工作点图，可以看出，电路中每个 MOS 管都工作在饱和区，其中流经 M_6 的电流为 255.072μA，M_1 与 M_2 的跨导 $g_m=1.41$mS，高于设计值。这是设计基准电流源时采用的 g_m/I_D 与过驱动电压之间的近似计算以及未考虑 MOS 管的二级效应产生的。

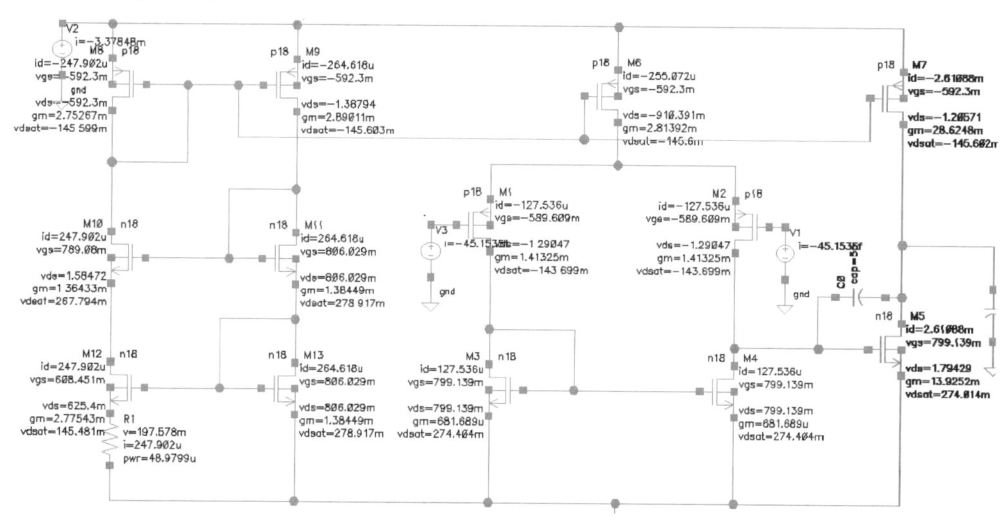

图 5-31　电路主体直流工作点

通过修改电阻 R_1 的大小，可以使基准电流源产生的电流更加准确。本设计中仍然通过仿真器来选择合适的电阻 R_1。首先设置电阻 R_1 为一个变量 R；其次在 ADE 仿真工具中选择 dc 直流分析，Sweep Variable 选择 Design Variable；然后设计变量选择 R，设置一个合适的扫描范围进行扫描分析，而输出选择流经 M_{12} 与 M_{13} 的漏源电流，全部设置完成后，进行仿真。可在如图 5-32 所示的曲线中找到最合适的电阻大小，从而产生所需的电流值。

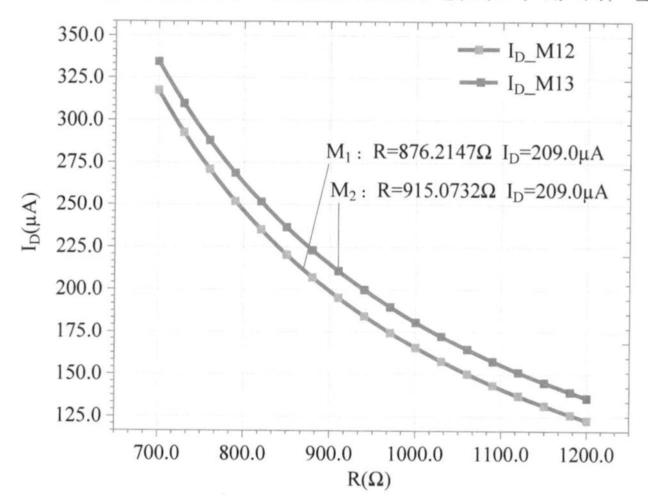

图 5-32　电阻 R_1 与基准电流源的关系图

图 5-32 中两条曲线分别代表基准电流源两条支路的电流。当电流为 209μA 时，两条支路的电流并不相同，为了减小误差，取两种情况下电阻的中间值，设电阻 $R_1=895\Omega$，对电路再次进行直流仿真，如图 5-33 所示。从图可以看出，流经 M6 的漏电流为 209.1μA，已经非常接近理论计算值。

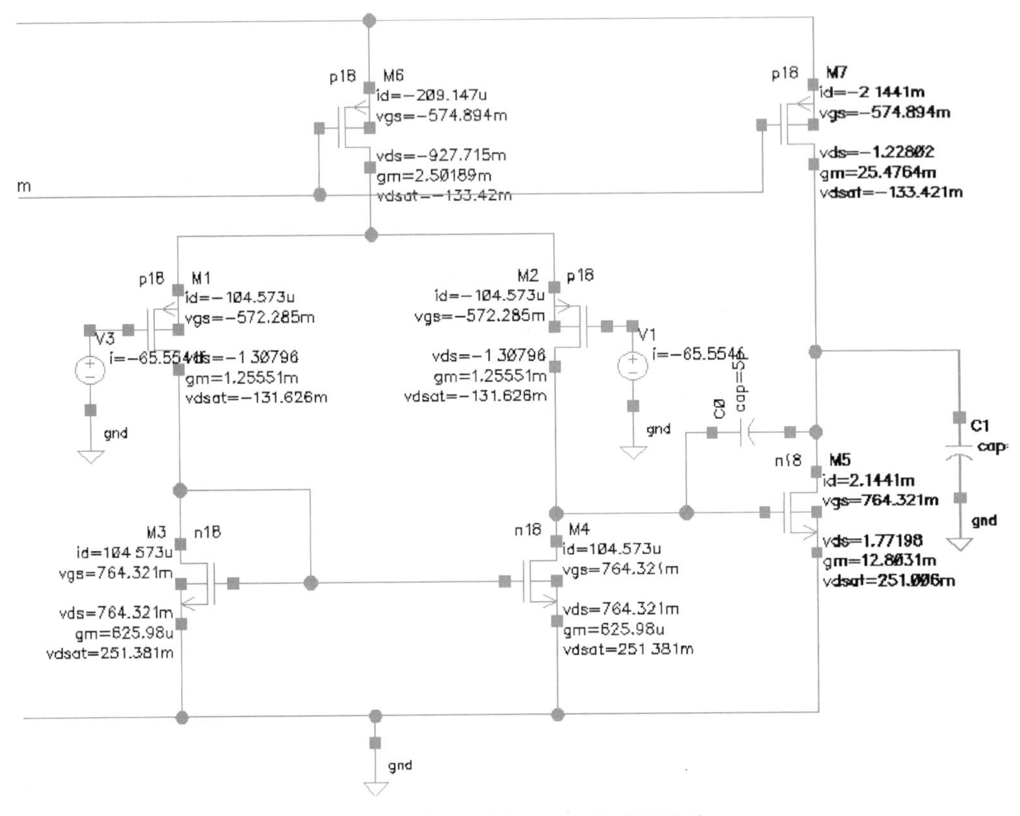

图 5-33　修改电阻 R_1 后再次直流仿真

2. 静态功耗仿真

修改电阻 R_1 后，再次对电路进行仿真查看电路的静态功耗，仿真电路如图 5-34 所示。仿真成功运行后，在 ADE 仿真环境中选择 Results→Print→DC Operating Points，再单击运放电路的电压源信号，如图 5-35 所示。这样就可以得出电路工作的静态电流为 2.8054mA，所以电路的静态功耗为 3V×2.8054mA=8.4162mW，符合设计指标的要求。

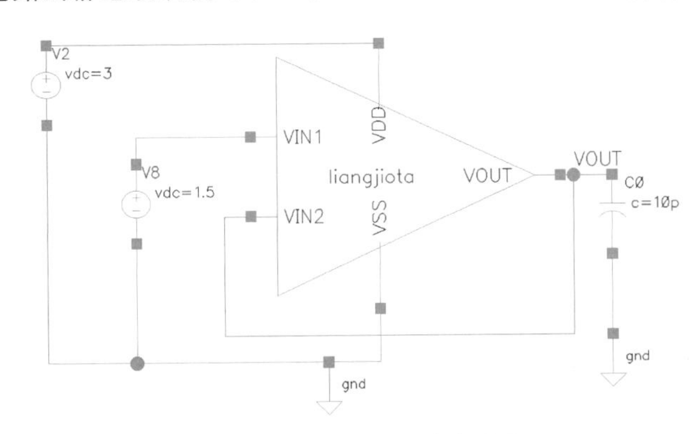

图 5-34　静态功耗仿真电路图

Results Display Window

Window Expressions Info Help cādence

signal	OP("/V2" "??")
i	-2.8054m
pwr	-8.41621m
v	3

图 5-35 运算放大器的静态总电流

3. 共模输入电压范围仿真

仿真完电路的静态功耗后，可对运放的共模输入电压范围进行仿真。将电路连接成单位增益负反馈形式，运放的反相端直接连接到输出端，正相输入端的 vdc 共模电压设置为一个变量 vcm，对其进行直流扫描分析。仿真环境的输出选择运放的输出端口与正相输入端口，从而查看输入与输出的波形情况，其中仿真时所用电路如图 5-36 所示。

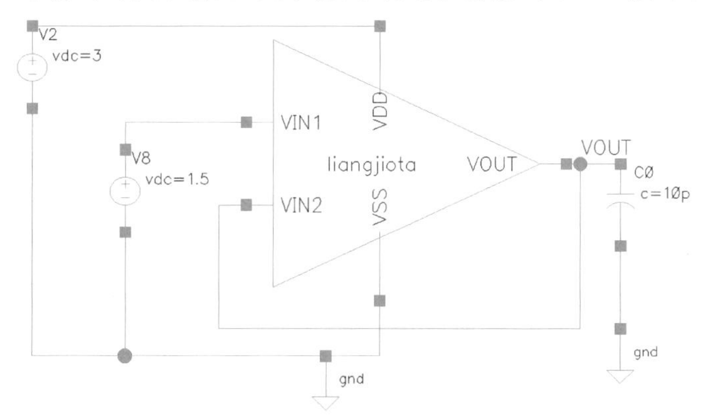

图 5-36 共模电压范围仿真电路

仿真结果如图 5-37 所示，从图中可以看出，共模输入电压在 360mV～2.4V 之间时电路能正常工作，输入级的 MOS 管都工作在饱和区，能够满足设计指标共模输入范围的要求。

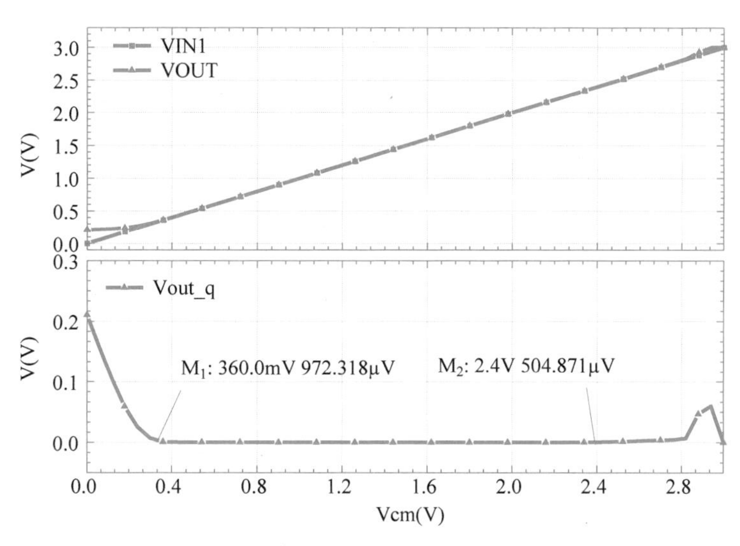

图 5-37 共模电压仿真结果图

通过查看每个 MOS 管的详细参数，再将仿真值与设计值进行对比，可以得出表 5-3。由于 $M_6 \sim M_{11}$ 采用直接复制法，所以不再进行对比。对比电路中主要 MOS 管的跨导 g_m 与 g_m/I_D 值，可以看出设计值与仿真值差别很小，由此也可以证明 g_m/I_D 设计方法在对 MOS 管的参数设置上非常准确。

表 5-3　电路主要 MOS 管设计值与仿真值对比

MOS 管	设计值		仿真值	
	g_m/mS	g_m/I_D	g_m/mS	g_m/I_D
M_1, M_2	1.256	12	1.250	12.0379
M_3, M_4	无	6	624.105	6.008 98
M_5	12.56	6	12.7653	5.995 32
M_{12}	无	12	2.437 42	12.1317
M_{13}	无	6	1.271 78	5.866 29

5.3.3　两级运算放大器的交流仿真

1. 增益与相位裕度仿真

通过对电路进行交流小信号分析，可以得到电路的增益以及相位关系。运放仿真增益与相位裕度所用到的电路如图 5-38 所示，运放的输入端接共模电压 1.5V、交流电压幅值为 1V，相位相反的电压源。设计仿真时 ADE 工具界面设置如图 5-39 所示，其中 Outputs 选择直接添加增益以及相位的函数表达式，就可以直接得到增益与相位的关系图。

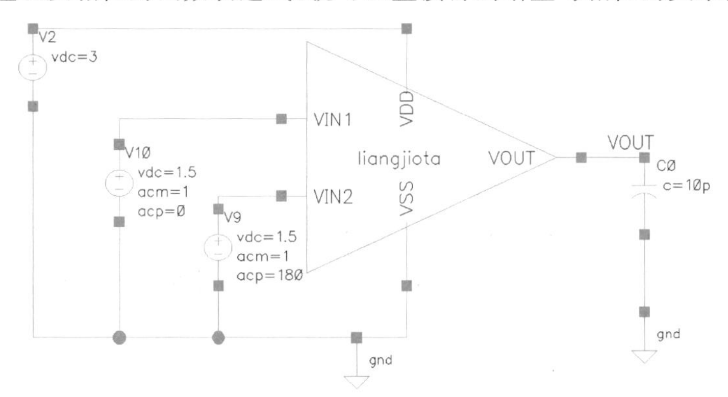

图 5-38　ac 交流仿真电路图

设置完成后进行仿真，得到如图 5-40 的最终结果。从图中可以看出，增益达到了 80.32dB，单位增益带宽为 55MHz，相位裕度为 60.8°，均达到了设计要求。

2. 共模抑制比仿真

对运放的共模抑制比进行仿真，可以将运放连接成单位增益负反馈形式。首先对反相输入端接一个交流电压幅值为 1V 的电压源并连接至输出端，正相输入端则接一个共模电压为 1.5V、交流电压幅值为 1V 的电压源，仿真所用的电路如图 5-41 所示。对电路进行 ac 仿真，仿真结果如图 5-42 所示。

从图 5-42 可以看出，运放的共模抑制比为 76.8267dB，略小于指标要求。对于两级运放的差分输入级，其中输入晶体管 M_1 与 M_2 的值已经确定，过驱动电压也比较小，因此无须再调整输入晶体管的参数。再观察差分输入级中的电流源，若想提高共模抑制比，则需减

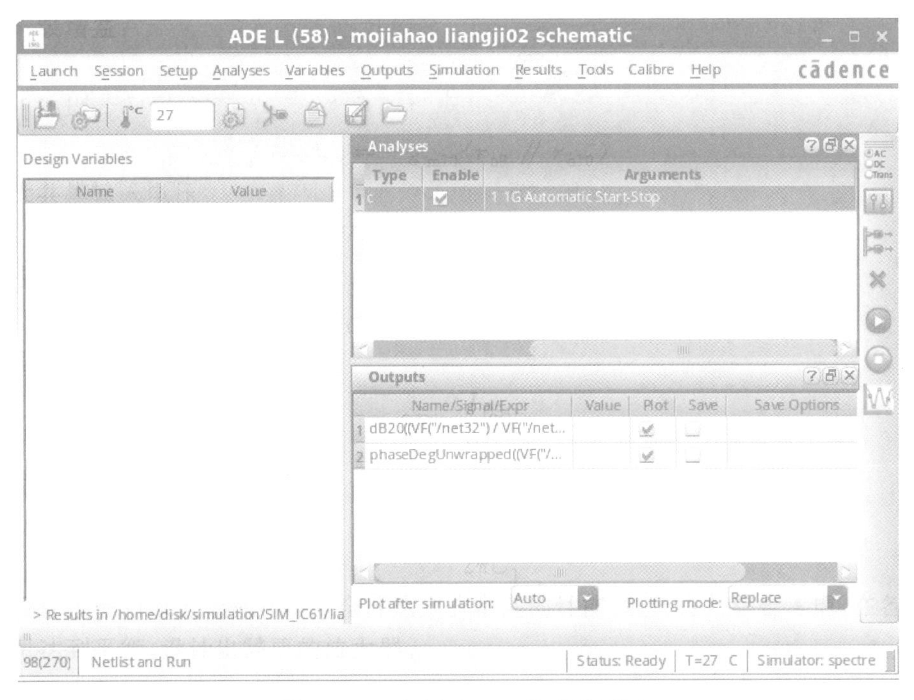

图 5-39 ac 分析时 ADE 仿真器界面

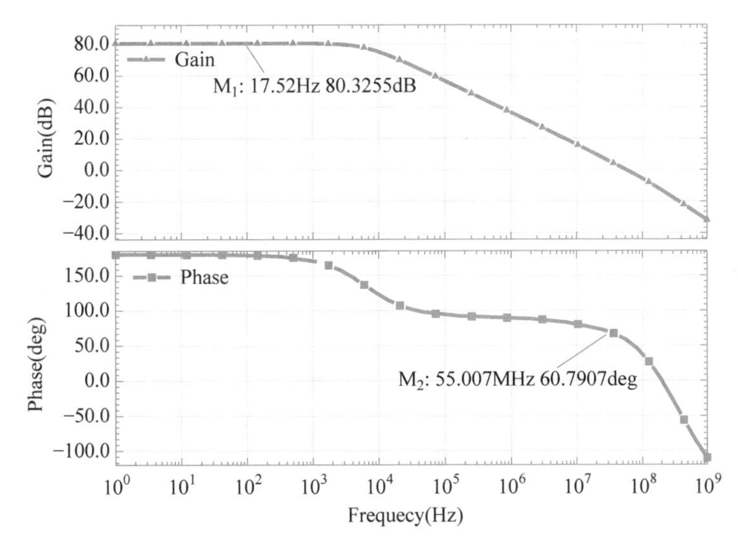

图 5-40 两级运放的增益与相位曲线图

小电流失配，其中过驱动电压 V_{OD} 与 $g_{\mathrm{m}}/I_{\mathrm{D}}$ 值已经确定，因此应尽量不考虑修改电流源晶体管的过驱动电压。除了增大过驱动电压可以增强电流镜的匹配性，还可以增大沟道长度 L。本设计所采用的电流源 MOS 管的 $L=600\mathrm{nm}$，为了减小失配，选择将所有的电流源 MOS 管的 L 增大 2 倍，同样其 W 也要增大 2 倍。全部修改完成后，对电路的共模抑制比再次进行仿真，仿真结果如图 5-43 所示。由图可见，共模抑制比达到了 83.5377dB，满足设计指标的要求，结果也展示了在设计指标对共模抑制比有要求时，设计电流镜要增强匹配性，沟道长度 L 就不能设置得太小。

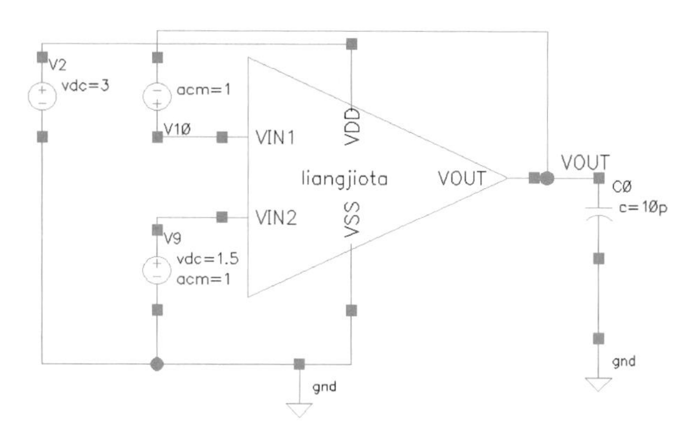

图 5-41 CMRR 仿真电路

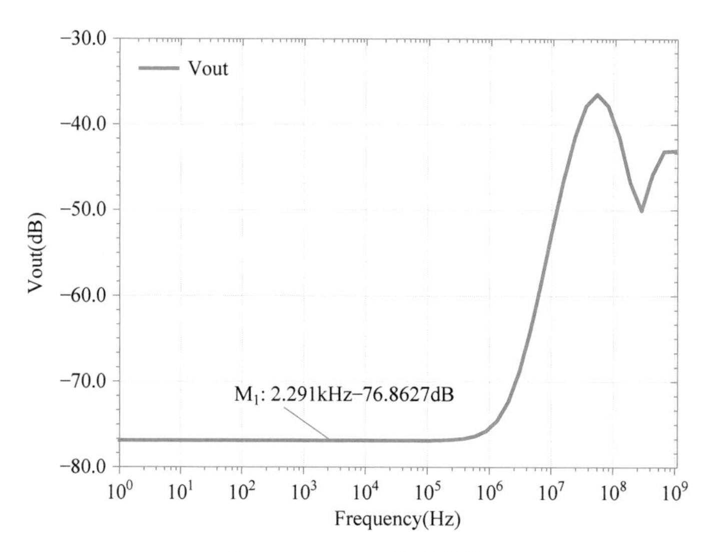

图 5-42 CMRR 仿真结果

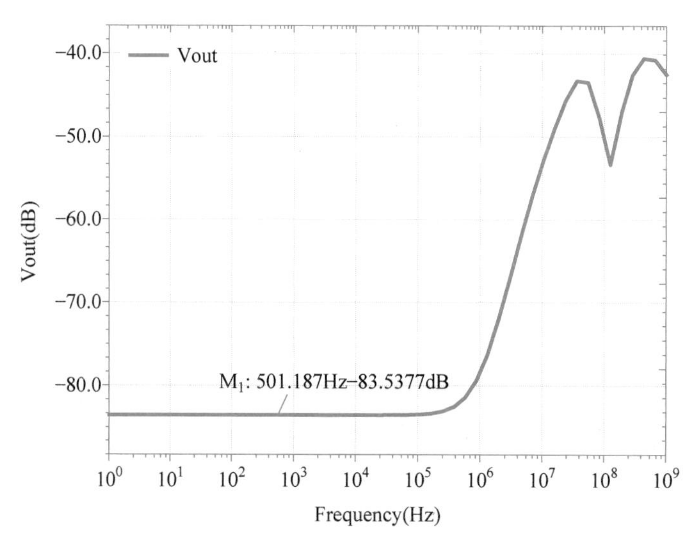

图 5-43 修改后的电路 CMRR 仿真结果

3. 电源抑制比仿真

对运放的电源抑制比进行仿真，首先对电路的电源信号处叠加一个交流电压为 1V 的电压源，将运放的正相输入端直接接输出端，反相输入端接共模电压 1.5V。进行 ac 交流小信号仿真，扫描频率范围设置为 1～100MHz。进行仿真时电路如图 5-44 所示，仿真结果如图 5-45 所示，可以看出，低频时电源抑制比为 108.787dB，满足设计指标。

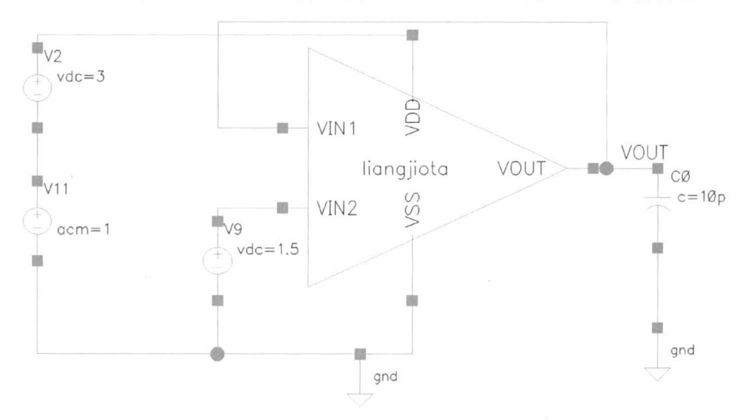

图 5-44 PSRR 仿真电路

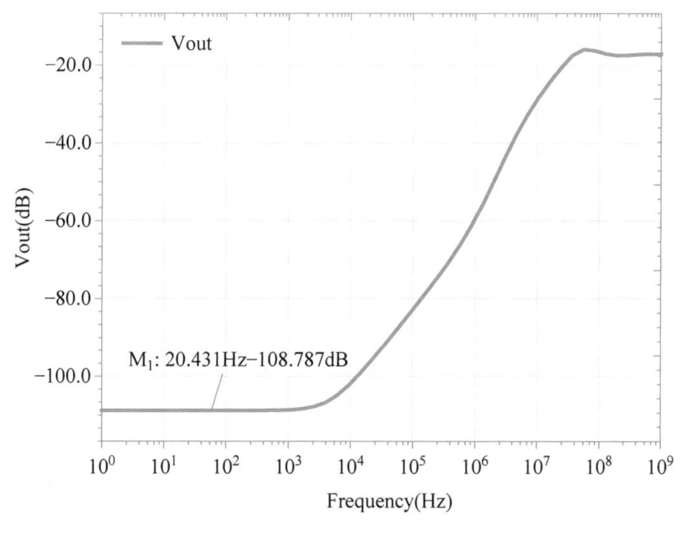

图 5-45 PSRR 仿真结果

5.3.4 瞬态分析

通过对电路进行瞬态分析可以查看两级运放的压摆率大小，仿真电路如图 5-46 所示。

从图 5-47 读出运放输出信号在上升阶段的 SR=32.3406V/μs，从图 5-48 读出运放在下降阶段的 SR=43.366 48V/μs，因此运放的压摆率 SR=32.3406V/μs，满足设计指标的要求。

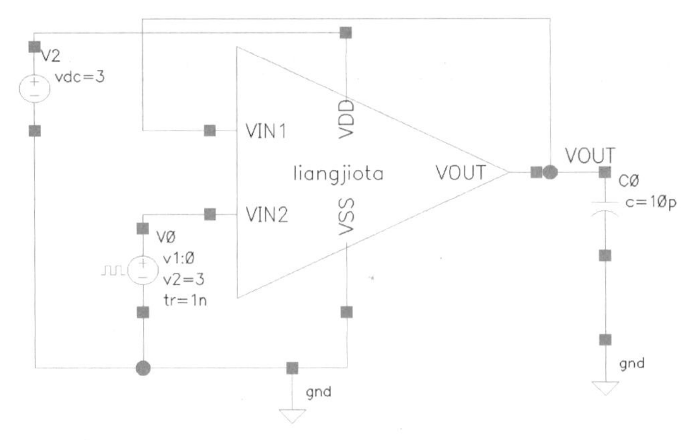

图 5-46 SR 仿真电路

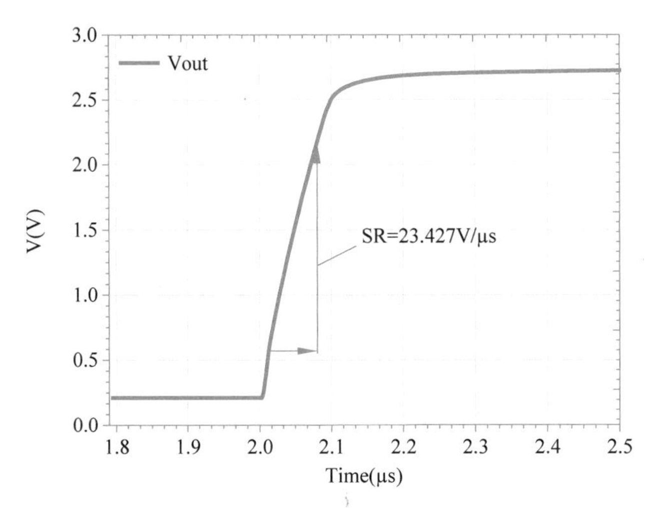

图 5-47 两级运放输出信号上升阶段的压摆率

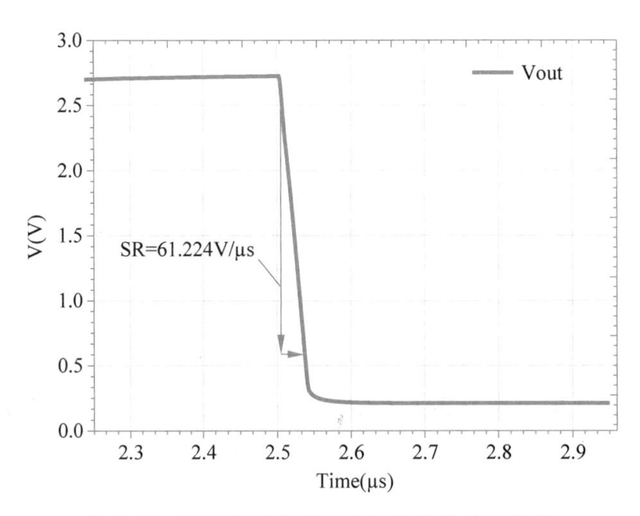

图 5-48 两级运放输出信号下降阶段的压摆率

5.4 仿真结果对比

仿真结果与设计指标的对比,见表 5-4。从表 5-4 中可以看出,仿真结果满足设计指标的要求,结果展示了 g_m/I_D 设计方法的准确性。其中由于共模抑制比的要求,利用 g_m/I_D 所设计的器件尺寸在整个设计过程只进行了一次调整,即增大电流源 MOS 管的沟道长度。这也是设计初期就应该考虑的优化方法,由此也证实了模拟集成电路设计需考虑的多方面折中。

表 5-4 仿真结果与设计指标的对比

性能参数	指标要求	仿真结果
工作电压(V_{DD})/V	3(1±10%)	3
负载电容(C_L)/pF	10	10
开环直流增益(A_v)/dB	≥70	80.3255
单位增益带宽(GB)/MHz	40	55.007
相位裕度(PM)/(°)	60~70	60.7907
共模电压范围($V_{IN,COM}$)/V	0.7~2.3	0.36~2.4
输出电压摆幅($V_{out,max}-V_{out,min}$)/V	≥2.4	≥2.4
共模抑制比(CMRR)/dB	≥80	83.5377
压摆率(SR)/(V/μs)	≥20	23.427
静态功耗/mW	≤10	8.4126
电源抑制比(PSRR)/dB	≥80	98.983

通过本次两级运放的设计与仿真实例可以看出,g_m/I_D 设计方法比利用 Square-law 公式手工计算 MOS 管尺寸更为准确,尤其是随着工艺库逐渐缩小,晶体管的最小栅宽也变得更窄,通过手算所带来的误差也越来越大。本章节利用的 g_m/I_D 设计方法整个设计周期也更短,比利用公式手算 MOS 管的尺寸效率更高。因此,g_m/I_D 设计方法在设计一些先进工艺库的电路时更加合适快捷,在晶体管过驱动电压的选取上具有很大的优势,以及对晶体管的功耗效率与速度之间进行折中时更为准确直观。

第6章

带隙电压基准的设计与仿真实例

在模拟集成电路中，人们希望得到不随电源电压、温度以及工艺误差等的变化而变化的基准电压源来为系统提供直流参考电压，使电路能够稳定地工作在期望状态。带隙电压基准作为模拟电路的一个基本组成模块，在A/D和D/A转换器、存储器、各种电源管理芯片、压控振荡器等基本模拟电路中都是必不可少的组成部分，对整个电路的性能都起着至关重要的作用。

了解掌握带隙电压基准的基本工作原理与重要的性能参数是设计带隙电压基准必不可少的前提条件。因此，本章主要介绍带隙电压基准的基本工作原理与性能参数以及常见的带隙基准结构，在此基础上设计一种低压带隙基准并进行简单仿真分析。

6.1 传统带隙电压基准的结构与工作原理

Robert Widlar等在1971年首次提出带隙基准源的概念，如图6-1所示，将具有负温度系数的三极管V_{BE}电压与具有正温度系数的两个三极管V_{BE}电压差ΔV_{BE}相结合获得具有零温度系数的基准电压，理论上获得的基准电压不随外界实际温度、电源电压等的变化而变化。

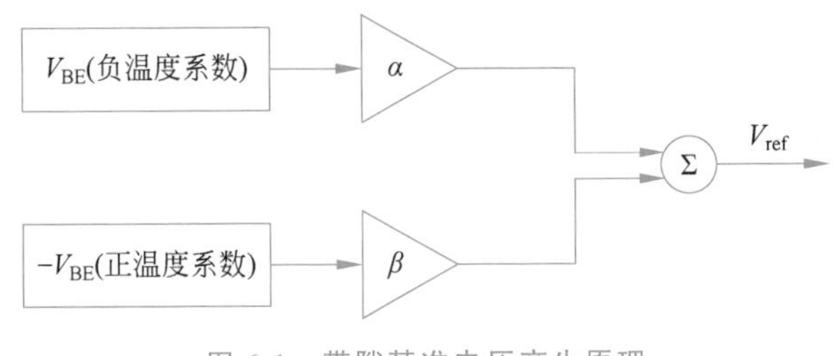

图6-1 带隙基准电压产生原理

其基本表达式为

$$V_{ref}=\alpha V_{BE}+\beta\Delta V_{BE} \tag{6.1}$$

下面简要介绍通过电路实现其正、负温度系数电压的基本原理。

6.1.1 负温度系数电压的产生

PN结的正向电压和温度呈负相关特性，即PN结正向电压随环境温度的增大而减小。双极型晶体管的基极-发射极可以看作一个PN结，因此，晶体管的导通电压V_{BE}同样与温度呈负相关特性，V_{BE} 就可以称为负温度系数(CTAT)电压。

对于工作在放大区的双极型晶体管来说，它的基极-发射极电压 V_{BE} 与集电极电流 I_C 以及饱和电流 I_S 的关系如下：

$$V_{BE}=V_T\ln(I_C/I_S) \tag{6.2}$$

$$I_C=I_S\exp\left(\frac{V_{BE}}{V_T}\right) \tag{6.3}$$

$$I_S=bT^{4+m}\exp\frac{-E_g}{kt} \tag{6.4}$$

式中：V_T 为热电压，$V_T=kT/q$；k 为玻耳兹曼常数；q 为电子电荷。

对式(6.2)两边取关于温度 T 的一阶偏微分，得到 V_{BE} 的温度系数为

$$\frac{\partial V_{BE}}{\partial T}=\frac{\partial V_T}{\partial T}\ln\frac{I_C}{I_S}-\frac{V_T}{I_S}\frac{\partial I_S}{\partial T} \tag{6.5}$$

将式(6.3)、式(6.4)代入式(6.5)可得

$$\frac{\partial V_{BE}}{\partial T}=\frac{V_{BE}-(4+m)V_T-E_g/q}{T} \tag{6.6}$$

式中：m 为迁移率的温度指数，$m\approx-1.5$；E_g 为硅的带隙能量，$E_g\approx1.12\text{eV}$。

在室温下，即 $T=300\text{K}$ 时，$V_{BE}\approx0.75\text{V}$，$V_T\approx0.026\text{V}$，计算得到 $\partial V_{BE}/\partial T\approx-1.5\text{mV/K}$。

6.1.2 正温度系数电压的产生

1964年，D. Hilbiber 发现工作在不同电流密度下的两个双极型晶体管的基极-发射极电压差值 ΔV_{BE} 随晶体管工作温度增大而增大，即 ΔV_{BE} 与温度正相关，称为正温度系数(PTAT)电压，其电路结构如图6-2所示。

由图6-2可知，两个集电极电流之比为 m、发射结面积之比为 n 的双极型晶体管，在工艺条件相同的情况下，通常可以认为其反向饱和电流是相等的，即 $I_{S1}=I_{S2}=I_S$。

由PN结理论可得反向饱和电流与发射结面积成正比，根据式(6.3)可得

$$V_{BE1}=V_T\ln\left(\frac{mI_0}{I_{S1}}\right) \tag{6.7}$$

$$V_{BE2}=V_T\ln\left(\frac{I_0}{nI_{S2}}\right) \tag{6.8}$$

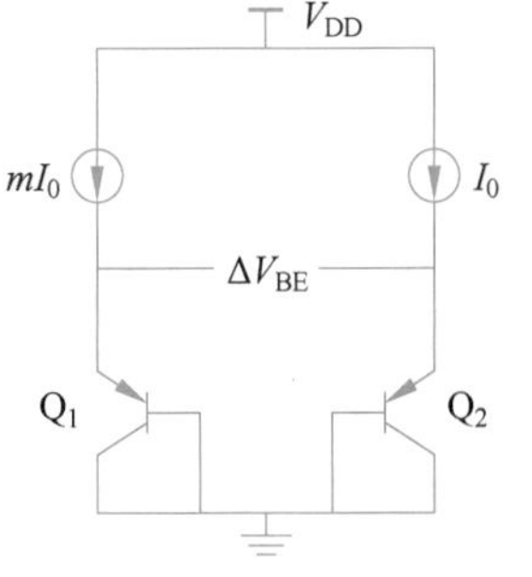

图6-2 正温度系数电压产生电路

电压差即为

$$\Delta V_{BE}=V_{BE1}-V_{BE2} \tag{6.9}$$

其中 $I_{S1}=I_{S2}=I_S$，将式(6.7)、式(6.8)代入式(6.9)可得

$$\Delta V_{BE}=V_T\ln\left(\frac{mI_0}{I_{S1}}\right)-V_T\ln\left(\frac{I_0}{nI_{S2}}\right) \tag{6.10}$$

$$=V_T\ln(mn)=\frac{kT}{q}\ln(mn) \tag{6.11}$$

对式(6.11)两边取关于温度 T 的一阶偏微分可得

$$\frac{\partial \Delta V_{BE}}{\partial T}=\frac{k\ln(mn)}{q} \tag{6.12}$$

式中：k 为玻耳兹曼常数；q 为电子电荷；m、n 均为大于 1 的常数。可见由式(6.12)得到 $\partial \Delta V_{BE}/\partial T$ 的取值大于 0，且与温度无关。因此，ΔV_{BE} 是一个与温度成正比的电压，有正的温度系数。

6.1.3 零温度系数电压

由上述分析可知，可以将负温度系数电压 V_{BE} 和正温度系数电压 ΔV_{BE} 进行线性组合，同时选择合适的比例系数，就能一定程度上抑制输出电压随温度的变化，得到较为理想的带隙基准电压，即

$$V_{ref}=\alpha V_{BE}+\beta \Delta V_{BE} \tag{6.13}$$

将式(6.11)代入式(6.13)可得

$$V_{ref}=\alpha V_{BE}+\beta V_T\ln(mn) \tag{6.14}$$

对式(6.14)两边取关于温度 T 的一阶偏微分可得

$$\frac{\partial V_{ref}}{\partial T}=\alpha\frac{\partial V_{BE}}{\partial T}+\beta\frac{\partial V_T}{\partial T}\ln(mn) \tag{6.15}$$

室温下，通常 $\partial V_{BE}/\partial T\approx -1.5\text{mV/K}$，$\partial V_T/\partial T\approx 0.087\text{mV/K}$，将其代入式(6.15)，取 $\alpha=1$，令 $\partial V_{ref}/\partial T=0$ 得到

$$\beta\ln(mn)\approx 17.2 \tag{6.16}$$

所以得到传统的带隙电压基准其零温度系数电压也就是硅的带隙电压，约为

$$V_{ref}=V_{BE}+17.2V_T\approx 1.25(\text{V}) \tag{6.17}$$

6.2 常见带隙基准的实现电路

6.2.1 带隙基准源之一

图 6-3 为 Kuijk 于 1973 年提出的 Kuijk 带隙基准电压源结构，是带隙基准电压原理实现的一个典型结构。

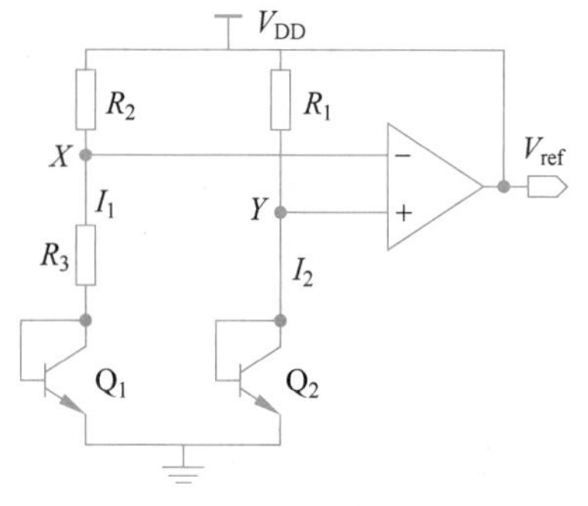

图 6-3 Kuijk 带隙基准电压源

Q_1 和 Q_2 为发射结面积之比为 n 的 NPN 型晶体管，该带隙基准采用了负反馈的运算放大器来对 R_1、R_2 两端进行钳位，使得流过 R_1、R_2 的电流几乎相等，即

$$I_1=I_2 \tag{6.18}$$

R_3 的电压为 Q_1、Q_2 基极-发射极间的电压差，流过 R_3 的电流为

$$I_{R3}=I_1=\frac{V_{BE2}-V_{BE1}}{R_3}=\frac{\Delta V_{BE}}{R_3} \tag{6.19}$$

由图 6-3 可得输出基准电压 V_{ref} 由电阻 R_1 两端的电压以及晶体管 Q_2 的基极-发射极电压 V_{BE2} 组成，所以有

$$V_{\text{ref}} = V_{\text{BE2}} + I_{R3}R_1 = V_{\text{BE2}} + \frac{R_1}{R_3}V_{\text{T}}\ln n \tag{6.20}$$

由式(6.20)可知，V_{BE2} 为负温度系数电压，V_{T} 为正温度系数电压，只要选择合适的 n 以及 R_1、R_3 的值，V_{ref} 在理论上即为一个零温度系数的输出基准电压。

6.2.2 带隙基准源之二

图 6-4 为 Paul Brokaw 于 1974 年提出的基准源，由图可知，输出基准电压 V_{ref} 由晶体管 Q_1 的基极-发射极电压以及电阻 R_2 两端的电压组成，即

$$V_{\text{ref}} = V_{\text{BE1}} + V_{\text{R2}} \tag{6.21}$$

由于运算放大器的钳位作用，其两个输入端的电压几乎相等，所以流过 $R_{3\text{A}}$、$R_{3\text{B}}$ 的电流也是相等的，有

$$I_{\text{C1}} = I_{\text{C2}} \tag{6.22}$$

即 Q_1、Q_2 的集电极电流是相等的。同时忽略 Q_1、Q_2 的基极电流，可得

$$I_{\text{E1}} = I_{\text{E2}} = I_{\text{R1}} \tag{6.23}$$

流过 R_1 的电流又可以表示为

$$I_{R1} = \frac{V_{\text{BE1}} - V_{\text{BE2}}}{R_1} = \frac{\Delta V_{\text{BE}}}{R_1} \tag{6.24}$$

同时，有

$$I_{\text{R2}} = 2I_{\text{R1}} \tag{6.25}$$

得到输出基准电压为

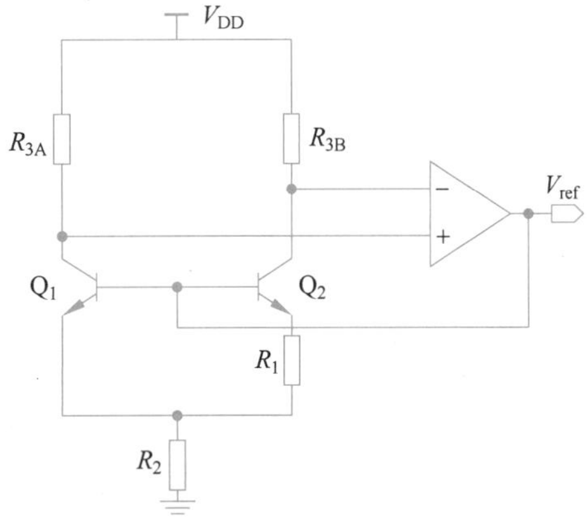

$$V_{\text{ref}} = V_{\text{BE1}} + 2\frac{R_2}{R_1}V_{\text{T}}\ln n \tag{6.26}$$

图 6-4　Brokaw 带隙基准源

由式(6.26)可知，选择合适的比例系数，即可实现零温度系数的输出基准电压 V_{ref}。

图 6-3、图 6-4 所示的带隙基准结构都是在双极型工艺下实现的，只需要把双极型晶体管接成二极管连接结构即可；但是，在标准的 CMOS 工艺下没有双极型晶体管，通常利用寄生的纵向 PNP 型晶体管来实现。接下来介绍的电路结构与上述两种不同，都可以在标准的 CMOS 工艺下实现。

6.2.3 带隙基准源之三

如图 6-5 所示的带隙基准电路是在平时应用中比较常见的一种。

由图 6-5 可知，运算放大器连接的两条支路产生的正温度系数电压经过 MOS 管镜像到输出电阻 R_2 上产生了正温度系数电压，再与具有负温度系数的双极型晶体管 Q_3 的基极-发射极电压 V_{BE} 相加得到了零温度系数的基准电压 V_{ref}。

由于运算放大器的钳位作用可以得到 $V_{\text{X}} = V_{\text{Y}}$，即电阻 R_1 两端的电压为晶体管 Q_1、Q_2 的电压差值 ΔV_{BE}。Q_1、Q_2、Q_3 为 PNP 型晶体管，其发射结面积之比为 $1:n:1$。工作

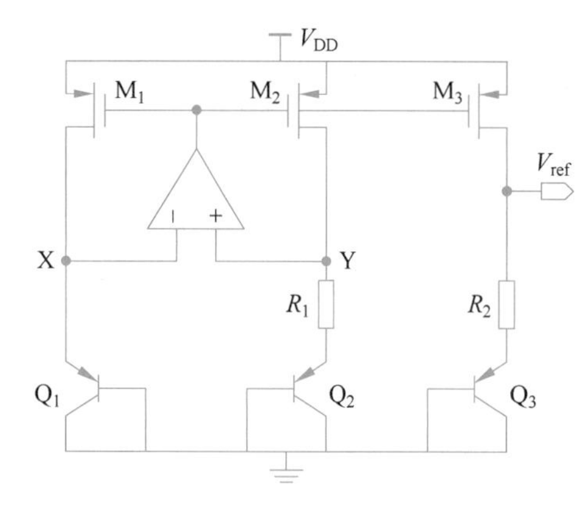

图 6-5 CMOS 带隙基准经典电路

在饱和区的 M_1、M_2、M_3 能够给运算放大器提供偏置电流，假设它们具有相同的宽长比，则流过它们的电流也是相等的，即 $I_{R1}=I_{R2}$。

综上可以得到带隙基准电压的表达式为

$$\begin{aligned}V_{ref}&=V_{BE3}+I_{R2}R_2\\&=V_{BE3}+\frac{\Delta V_{BE}}{R_1}R_2\\&=V_{BE3}+\frac{R_2}{R_1}V_T\ln n\end{aligned}\tag{6.27}$$

由式(6.27)可知，合理调节 R_1、R_2 以及 n 的值，即可实现零温度系数的输出基准电压 V_{ref}。同时，合理调节电阻的比值也可以提高输出基准电压的精度。

6.2.4 带隙基准源之四

传统带隙基准电压源的基准电压一般约为硅的带隙电压(1.25V)，随着电源电压的不断降低，这类带隙基准已经不能满足低电压应用的要求，因此又提出了一系列的低压带隙基准源来解决这一问题。

如图 6-6 为 Neuteboom 等于 1997 年设计的带隙基准源，该带隙基准采用了电阻分压技术，从而获得了低于硅带隙电压的输出基准电压。Q_1、Q_2、Q_3 为纵向的 PNP 型晶体管，发射结面积之比为 1 ∶ n ∶ 1。同样，由于运算放大器的钳位作用使得 $V_X=V_Y$，电阻 R_1 两端的电压为 ΔV_{BE}，则流过 I_{R1} 的电流为

$$I_{R1}=\frac{\Delta V_{BE}}{R_1}\tag{6.28}$$

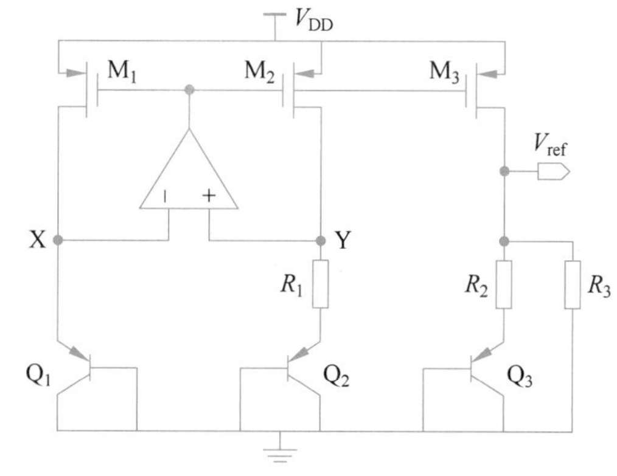

图 6-6 低压带隙基准经典电路

又由于 PMOS 管 M_1、M_2、M_3 的尺寸相同，所以流过它们的漏电流也是相同的。该结构是在图 6-5 的结构基础上并联电阻 R_3 实现的，因此输出基准电压为

$$V_{ref}=V_{BE3}+R_2\left(I_{R1}-\frac{V_{ref}}{R_3}\right)\tag{6.29}$$

将式(6.28)代入式(6.29)，整理后得到

$$V_{ref}=\frac{R_3}{R_2+R_3}\left(V_{BE3}+\frac{R_2}{R_1}V_T\ln n\right)\tag{6.30}$$

由式(6.30)可以得到括号内为传统基准电压源产生的硅的带隙电压，通过调节 R_2、R_3 的比例关系，可以实现低压条件下零温度系数的输出基准电压。

6.2.5 带隙基准源之五

图 6-7 为 Banba 带隙基准结构，该结构也是由图 6-5 所示的电路结构改进得来，与

图 6-6 所示的带隙基准类似，该带隙基准也实现了低于硅带隙电压的输出基准电压。不同之处：该带隙结构在运算放大器的两个输出节点采用的是电流求和的模式，而其他结构采用的是电压求和模式。

M_1、M_2、M_3 的宽长比相同时，流过它们的电流也相同，即 $I_1=I_2=I_3=I$。由于运算放大器的钳位作用使得 $V_X=V_Y$，所以流过 R_2、R_3 的电流也是相等的。R_2 两端的电压 V_X 与 Q_1 基极-发射极间的电压 V_{BE1} 相等，则流过 R_3 的电流为

$$I_{R3}=\frac{V_Y}{R_3}=\frac{V_{BE1}}{R_3} \tag{6.31}$$

流过 R_1 的电流为

$$I_{R1}=\frac{V_{BE1}-V_{BE2}}{R_1}=\frac{\Delta V_{BE}}{R_1}=\frac{V_T\ln n}{R_1} \tag{6.32}$$

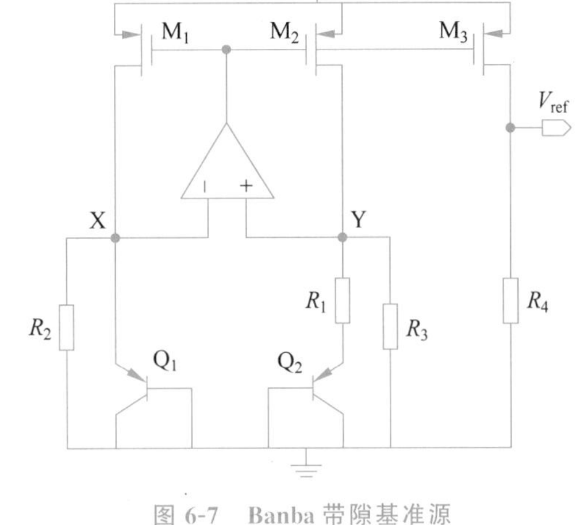

图 6-7 Banba 带隙基准源

由于 R_1 与 R_3 并联，所以可得

$$I=I_{R1}+I_{R3}=\frac{V_{BE1}}{R_3}+\frac{V_T\ln n}{R_1} \tag{6.33}$$

得到带隙基准电压为

$$V_{ref}=I_{R4}=R_4\left(\frac{V_{BE1}}{R_3}+\frac{V_T\ln n}{R_1}\right) \tag{6.34}$$

整理后得到

$$V_{ref}=\frac{R_4}{R_3}\left(V_{BE1}+\frac{R_3}{R_1}V_T\ln n\right) \tag{6.35}$$

由式(6.35)可得括号内为传统基准电压源产生的硅的带隙电压，调节 R_3、R_4 的比例关系，即可以实现低压条件下零温度系数的输出基准电压。

6.3 性能参数

评估电路性能好坏最直观有效的方式是对电路的各种性能参数进行测量，衡量带隙电压基准性能的主要参数有温度系数(TC)、电源抑制比(PSRR)、线性调整率(LR)、功耗、噪声、温度范围等。电路设计的难点是各个性能参数的平衡与折中，为具体设计选择最佳基准源时需要考虑到所有相关参数。

1. 温度系数

大部分器件的参数都会随着温度的变化而变化，从而影响基准源的输出精度，为了满足高精度系统的要求，基准源在整个的工作范围内需要有较稳定的输出电压。温度系数表示的即为输出电压随温度的变化情况，是衡量基准源性能好坏的重要指标之一，希望基准电压源温度系数越低越好。其计算公式为

$$TC=\frac{V_{ref(max)}-V_{ref(min)}}{V_{average}\times(T_{max}-T_{min})}\times 10^{6}(ppm/℃)^{①} \tag{6.36}$$

其中：$V_{ref(max)}$、$V_{ref(min)}$分别为工作温度范围内带隙基准电压的最大值和最小值；T_{max}、T_{min}分别为最高温度和最低温度；$V_{average}$为工作温度范围内基准电压的平均有效值。

若仅对带隙基准电路进行低阶温度补偿，则温度系数一般较高，想要得到较低的温度系数，高阶的温度补偿是必不可少的。

2. 电源抑制比

现实生活中理想化的电压源是不存在的，即没有恒定的电压源，供电电源波动时会产生电源噪声，从而影响电路的输出信号。电源抑制比反映电源电压变化引起的输出电压的变化情况。对于带隙基准电压源来说，电源抑制比的定义为小信号条件下带隙基准对电源电压噪声的抑制能力，是一个交流参数，也可以将其看作交流条件下的线性调整率。其表达式为

$$PSRR=\frac{\Delta V_{ref}}{\Delta V_{DD}} \tag{6.37}$$

式中：ΔV_{DD}为电源的噪声；ΔV_{ref}为电源电压的波动对输出基准电压的影响。

在实际应用中，一般用分贝表示，即

$$PSRR=20\log\frac{\Delta V_{ref}}{\Delta V_{DD}} \tag{6.38}$$

PSRR越大，说明带隙电压基准对电源噪声的抑制能力越强。为了减小输出电压受电源噪声的干扰，使输出更加精准，一般要求带隙基准的PSRR的绝对值要足够大。

3. 线性调整率

线性调整率又可以代表电压基准的灵敏度，反映电源电压变化引起输出基准电压变化的情况。与PSRR不同，LR是指在直流状态下输出电压的变化情况。其表达式为

$$LR=\frac{\Delta V_{ref}}{\Delta V_{DD}}\times 100\% \tag{6.39}$$

式中：ΔV_{ref}为输出基准电压的变化大小；ΔV_{DD}为电源电压的变化大小。

LR值越小，说明电源电压的变化对带隙基准的影响越小，电路的性能越好，所以设计原则上LR越低越好。

4. 功耗

功耗反映了电路在稳定的工作状态下消耗电流的多少，是集成电路设计中需要考虑的关键指标之一。若要保证电路的噪声更小，工作速度更快，一般需要增大功耗。由于多数集成电路系统工作环境不同，其功耗都会有一定的约束条件，因此在集成电路的设计工作中每个模块的功耗有其相应的要求，但带隙基准电路的功耗都较小，一般在微瓦级以下。

5. 噪声

噪声反映的是带隙基准电压源输出端的噪声大小。对于一些易受噪声影响的系统，如模数转换器、低噪声放大器等，该指标是不可忽略的。其计算方法：测量带隙基准的输出端

---

① 温度系数一般非常小，1ppm/℃表示当环境温度在某个参考点（通常是25℃）每变化1℃，输出电压偏离其标称值的百万分之一。

的噪声谱密度，在关心的频率范围内对噪声谱进行积分，然后对积分值进行开方，从而获得带隙基准输出端在一定频率范围内的噪声大小。

6.4　设计与仿真实例

6.4.1　设计指标要求

本节基于 SMIC 0.18μm 工艺设计了一种低压带隙基准源，其中电源电压为 1.8V。表 6-1 列出该带隙基准源的设计指标要求。

表 6-1　带隙基准源设计指标要求

性能参数	指标要求	性能参数	指标要求
工作温度范围/℃	−40～150	电源抑制比绝对值/dB	⩾40
温度系数/(ppm/℃)	⩽10	线性调整率/(mV/V)	⩽10
启动时间/μs	⩽10		

6.4.2　基本设计思路

设计的低压带隙基准由核心电路、温度补偿电路、运算放大器、启动电路以及偏置电路构成。

1. 核心电路

为了满足低压要求，设计的带隙基准核心电路采用如图 6-7 所示的 Banba 带隙基准结构。由式(6.35)可知，其输出基准电压为

$$V_{ref}=R_4/R_3(V_{BE1}+R_3/R_1 V_T\ln n)$$

1) 电阻比值的确定

由式(6.16)可得室温下要获得零温度系数需满足

$$\frac{R_3}{R_1}\ln n=17.2 \tag{6.40}$$

电阻 R_3 和 R_1 的比值为

$$\frac{R_3}{R_1}=\frac{17.2}{\ln n} \tag{6.41}$$

式中：n 为三极管 Q_2 和 Q_1 的发射结面积之比，确定 n 即可确定电阻 R_3 和 R_1 的比值。

电阻 R_4 和 R_3 的比值为

$$\frac{R_4}{R_3}=\frac{V_{ref}}{V_{BE1}+\dfrac{R_3}{R_1}V_T\ln n}\approx\frac{V_{ref}}{V_{BG,Si}}\approx\frac{0.7}{1.25}=0.56 \tag{6.42}$$

其中，$V_{BG,Si}$ 为硅的带隙电压。

2) PNP 型晶体管电流确定

SMIC 0.18μm CMOS 工艺提供了 2μm×2μm、5μm×5μm、10μm×10μm 三种面积的 PNP 型晶体管。考虑到匹配性问题，本次设计选用发射结面积为 5μm×5μm 的 PNP 型晶体管，再确定两个晶体管发射结面积之比 n 的取值。由式(6-31)可得，n 值越大，R_3/R_1 的值就越小，从而可以减小电阻所占的版图面积；但同时也要考虑到 n 值增大会导致 PNP 型

晶体管的静态电流增大，所以折中后取晶体管的面积之比为 1∶8，排成 3×3 的结构，这样具有良好的对称性，也有利于减小匹配误差。

在室温下对 5μm×5μm PNP 型晶体管的 V-I 特性进行仿真，仿真电路如图 6-8 所示。

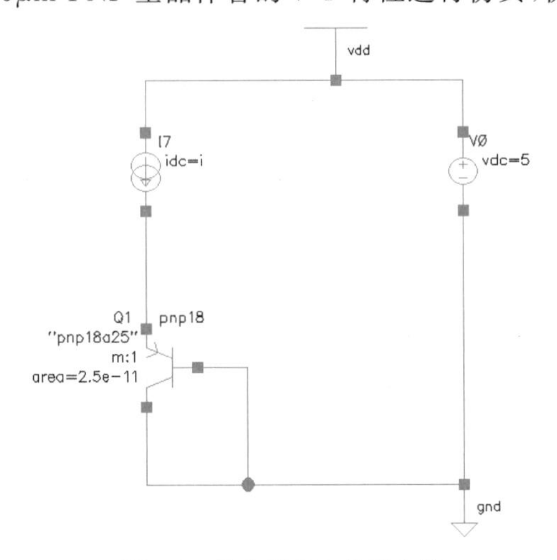

图 6-8　晶体管 V-I 仿真电路

设定 i 的值为 0～50μA，对电路进行如图 6-9 所示的 dc 分析。

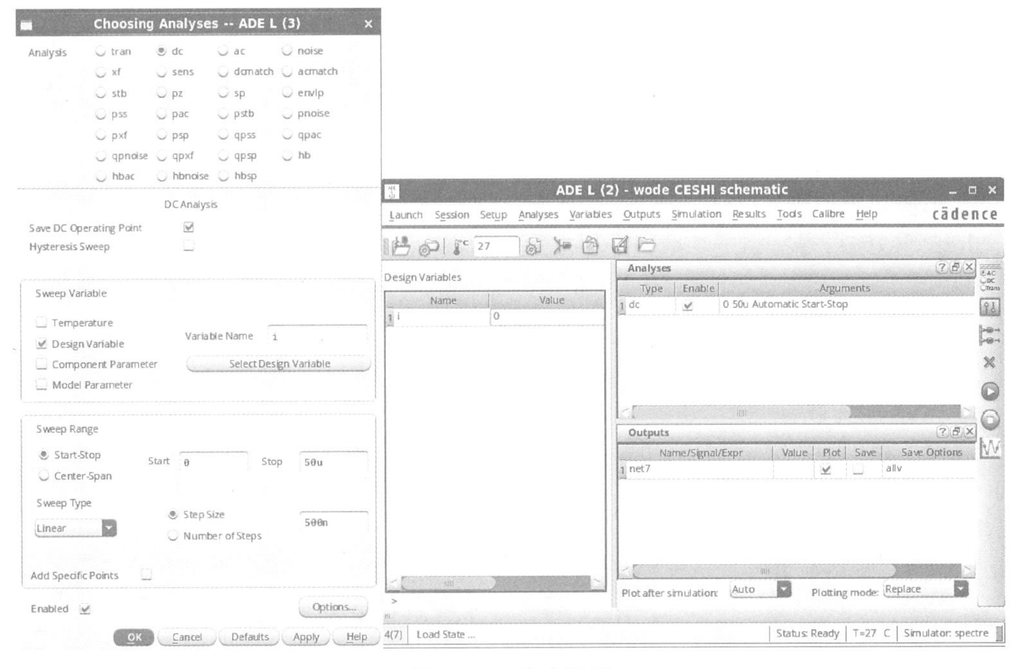

图 6-9　dc 仿真界面

得到其仿真结果如图 6-10 所示。

由仿真结果可知，当电流大于 500nA 时，随着流过晶体管的电流增大，晶体管基极-发射极之间的电压 V_{BE} 变化逐渐趋于平缓，并且电流越大，V_{BE} 的变化越缓慢，当电流大于 10μA 时，曲线的变化已经较为平滑。电流的具体取值还要根据功耗等进行综合考虑。

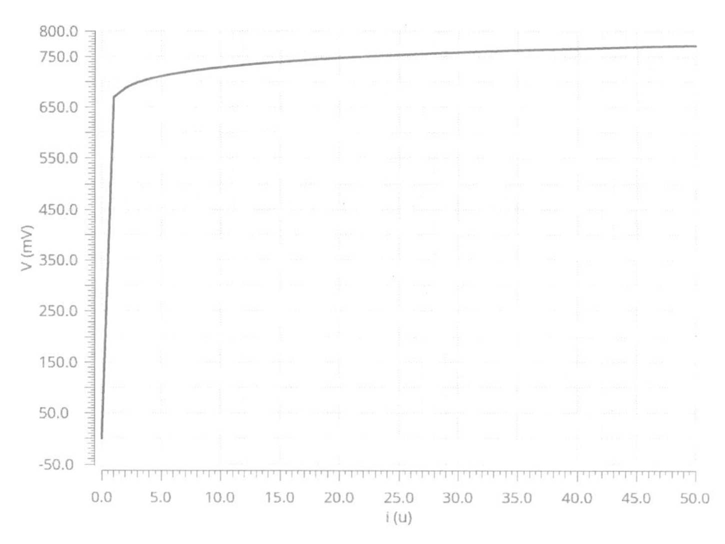

图 6-10 晶体管 V-I 仿真结果

3）电阻值计算

室温下，一般取基极-发射极之间的电压 $V_{\mathrm{BE}}=700\mathrm{mV}$，热电压 $V_{\mathrm{T}}=26\mathrm{mV}$。

由式(6.31)和式(6.32)可得

$$\frac{I_{R1}}{I_{R3}}=\frac{\dfrac{V_{\mathrm{T}}\ln n}{R_1}}{\dfrac{V_{\mathrm{BE1}}}{R_3}}=\frac{V_{\mathrm{T}}}{V_{\mathrm{BE1}}}\frac{R_3}{R_1}\ln n \tag{6.43}$$

将 V_{BE}、V_{T} 和 n 的值代入式(6.43)可得

$$\frac{I_{R1}}{I_{R3}}=0.64 \tag{6.44}$$

由式(6.33)得到 $I=I_{R1}+I_{R3}$，所以 I_{R1}、I_{R3} 分别和 I 的关系可以表示为

$$\frac{I_{R1}}{I}=\frac{I_{R1}}{I_{R1}+I_{R3}}=0.39 \tag{6.45}$$

$$\frac{I_{R3}}{I}=\frac{I_{R3}}{I_{R1}+I_{R3}}=0.61 \tag{6.46}$$

所以得到比例关系 $I_{R1}=0.39I$，$I_{R3}=0.61I$。

基于面积、性能和功耗等的折中考虑，本次设计取电流 $I=20\mu\mathrm{A}$，得到 $I_{R1}=7.8\mu\mathrm{A}$，$I_{R3}=12.2\mu\mathrm{A}$，代入电阻的计算公式中得到各个电阻值分别为

$$R_1=\frac{V_{\mathrm{T}}\ln n}{I_{R1}}=6.93(\mathrm{k\Omega}) \tag{6.47}$$

$$R_2=R_3=\frac{V_{\mathrm{BE1}}}{I_{R3}}=57.37(\mathrm{k\Omega}) \tag{6.48}$$

$$R_4=0.56R_3=32.13(\mathrm{k\Omega}) \tag{6.49}$$

4）PMOS 尺寸确定

偏置电流一定时，宽长比适当偏小可以提高电流镜的过驱动电压，从而减小电流镜阈值

电压失配带来的影响；同时考虑沟道长度调制效应的影响，较大尺寸的栅长又可以有效减小沟道调制效应的影响，所以综合考虑后，取 PMOS 管 M_1、M_2、M_3 的宽长比为 15μm/1μm。带隙核心电路的器件指标要求如表 6-2 所示。

表 6-2 带隙核心电路的器件指标要求

器　件	指 标 要 求	器　件	指 标 要 求
R_1	6.93kΩ	R_2、R_3	57.37kΩ
R_4	32.13kΩ	Q_1	5μm×5μm，m=1
Q_2	5μm×5μm，m=8	M_1、M_2、M_3	15μm/1μm

2. 运算放大器

在带隙基准电路中，运算放大器主要是钳制电位，使 X、Y 两点的电压相同，运算放大器的性能直接影响带隙基准电路的性能，选择高增益的放大器，其钳制电位的效果会更好，同时增益的提升也能提高基准源的电源抑制比。

电路中常用的运算放大器主要有单级运算放大器、套筒式共源共栅运算放大器、折叠式共源共栅运算放大器、两级运算放大器等，这四种放大器的比较如表 6-3 所示。

表 6-3 四种运算放大器的比较

放大器名称	增益	功耗	噪声	速度
单级运算放大器	低	低	低	高
折叠式共源共栅运算放大器	高	中	中	高
套筒式共源共栅运算放大器	高	低	低	高
两级运算放大器	高	中	低	低

从表 6-3 中可以看出：单级运算放大器增益值较低，不能满足所需要求；共源共栅运算放大器不适用于在低压条件下应用，同时在带隙基准中，一般要求功耗也不能太大。因此，综合考虑噪声、功耗、增益等条件后，选择了两级运算放大器。其电路结构如图 6-11 所示。

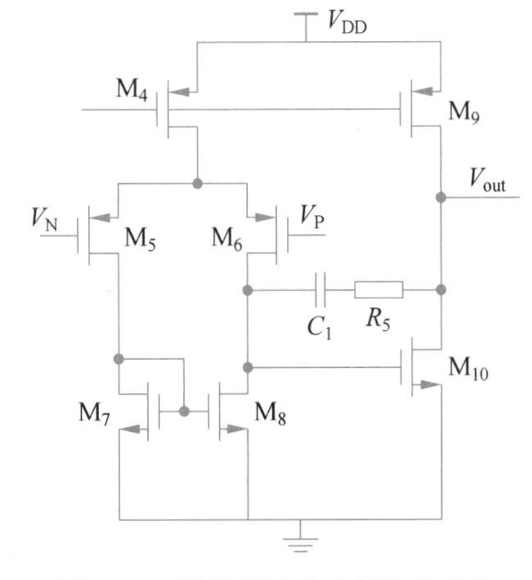

图 6-11 两级运算放大器电路结构

输入级放大电路由 MOS 管 $M_4 \sim M_8$ 组成，其中：M_5、M_6 构成了 PMOS 差分输入对管，将差分输入电压转换为输入电流，同时差分输入与单端输入相比可以有效抑制共模信号的干扰；M_7、M_8 为电流镜有源负载，差分信号经过电流镜被放大后，再次输出为电压；M_4 为第一级放大电路提供了恒定的偏置电流。输出级放大电路由 M_9 和 M_{10} 组成，其中：M_9 为共源放大器，将信号放大后输出；M_{10} 为其提供恒定偏置电流的同时作为第二级输出负载。

此外，还需要对两级运算放大器进行频率补偿，否则相位裕度过小会导致运放的不稳定。一般来说，相位裕度要达到 60°以上才算是稳定的系统。在该运放中，通过 C_1 和 R_3 构成了 RC 密勒补偿来对运放进行频率补偿保证其稳定性。

设计中需要考虑以下关系式：

输入级增益：

$$A_{v1}=g_{m6}(r_{o6}\ /\!/\ r_{o8}) \tag{6.50}$$

输出级增益：

$$A_{v2}=-g_{m10}(r_{o9}\ /\!/\ r_{o10}) \tag{6.51}$$

最大共模输入电压：

$$V_{cm(max)}=V_{DD}-V_{GST4}-V_{GST5}-|V_{TP}| \tag{6.52}$$

最小共模输入电压：

$$V_{cm(min)}=V_{GST7}+V_{TN}-|V_{TP}| \tag{6.53}$$

压摆率：

$$\mathrm{SR}=\frac{I_{DS4}}{C_1} \tag{6.54}$$

单位增益带宽：

$$\mathrm{GB}=\frac{g_{m5}}{2\pi C_1} \tag{6.55}$$

在设计过程中以上指标并不能全部达到非常高的性能，需要进行综合考虑，在各个参数的折中里达到平衡，设计出需要的放大器。

3. 偏置电路

偏置电路如图6-12所示，由$M_{11}\sim M_{16}$以及R_6构成，属于共源共栅的电流源。电路主要为运算放大器提供偏置电流来保证其正常工作，M_{15}的源级与电阻R_6串联，决定了偏置电流的大小。M_{11}与M_{12}构成的电流镜将电流复制给了M_{14}和M_{16}，同时也为图6-11中的M_4和M_9提供偏置；M_{13}和M_{14}构成的共源共栅的结构最大程度地降低了电路中沟道长度调制效应的影响，减小了误差。

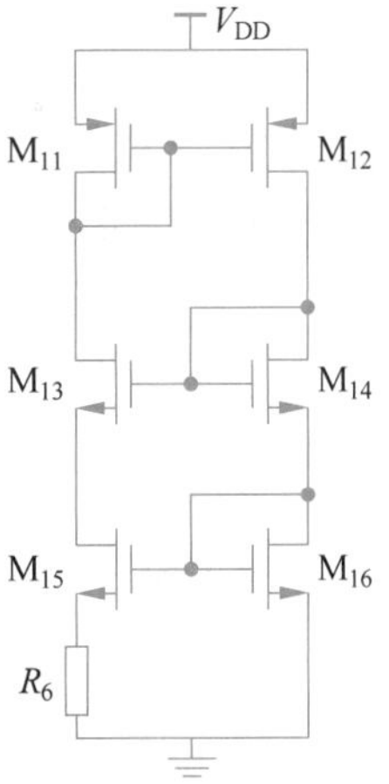

在电流镜作用下，流经M_{15}和M_{16}的电流是相等的，可得

$$I=\frac{\mu_n C_{ox}}{2}\left(\frac{W}{L}\right)_{15}(V_{GS15}-V_{th})^2=\frac{\mu_n C_{ox}}{2}\left(\frac{W}{L}\right)_{16}(V_{GS16}-V_{th})^2 \tag{6.56}$$

从电路中可以看出

$$V_{GS16}=V_{GS15}+IR_6 \tag{6.57}$$

联立式(6.56)和式(6.57)可得

$$\sqrt{\frac{2I}{\mu_n C_{ox}(W/L)_{16}}}=\sqrt{\frac{2I}{\mu_n C_{ox}(W/L)_{15}}}+IR_6 \tag{6.58}$$

整理后可得

$$I=\frac{2}{\mu_n C_{ox}(W/L)_{15}R_6^2}\left[\sqrt{\frac{(W/L)_{15}}{(W/L)_{16}}}-1\right]^2 \tag{6.59}$$

图6-12　偏置电路

可以看出电流I的大小仅与M_{15}、M_{16}的宽长比以及电阻R_6的大小有关，而与电源电压没有关系，因此该电路可以用来提供偏置电压。

两级运算放大器和偏置电路宽长比的计算如下：

为了使运算放大器能够正常工作，首先确保MOS管工作在饱和区，同时其过驱动电压不能太大；否则沟道调制的效应会更加明显，对其性能产生影响。先选择合适的过驱动电压，再对电流进行分配，最后对宽长比进行计算。注意，为了满足对称性的要求，要使$(W/L)_5=(W/L)_6$，$(W/L)_7=(W/L)_8$。对于偏置电路有，$(W/L)_{11}=(W/L)_{12}$，$(W/L)_{13}=(W/L)_{14}$。为了简化设计以及满足增益的要求，要使$(W/L)_{15}=4(W/L)_{16}$，同时考虑到沟道长度调制效应，L 的值应适当偏大。

(1) 为了简化设计过驱动电压统一取 0.2V。

(2) 对电流进行分配，取 $I_{M4}=I_{M9}=150\mu A$。

(3) 计算宽长比。

饱和区电流为

$$I_D=\frac{\mu_n C_{ox}}{2}\left(\frac{W}{L}\right)(V_{GS}-V_{th})^2 \tag{6.60}$$

在 SMIC 0.18μm 工艺库中，其主要工艺参数为 $\mu_n C_{ox}=322\mu A/V^2$，$\mu_p C_{ox}=109\mu A/V^2$。

M_5、M_6 的宽长比为

$$\left(\frac{W}{L}\right)_{5,6}=\frac{2I_D}{\mu_p C_{ox}(V_{GS}-V_{th})^2}=\frac{150}{109\times 0.04}\approx 34.4 \tag{6.61}$$

M_7、M_8 的宽长比为

$$\left(\frac{W}{L}\right)_{7,8}=\frac{2I_D}{\mu_n C_{ox}(V_{GS}-V_{th})^2}=\frac{150}{322\times 0.04}\approx 11.65 \tag{6.62}$$

M_4、M_9 的宽长比为

$$\left(\frac{W}{L}\right)_{4,9}=2\left(\frac{W}{L}\right)_{5,6}=68.8 \tag{6.63}$$

M_6 的宽长比为

$$\left(\frac{W}{L}\right)_{6}=0.6\left(\frac{W}{L}\right)_{5,6}=20.64 \tag{6.64}$$

对偏置电路，取电流镜电流为 30μA，M_{13}、M_{14}、M_{16} 及 M_{15} 的宽长比为

$$\left(\frac{W}{L}\right)_{13,14,16}=\frac{2I_D}{\mu_n C_{ox}(V_{GS}-V_{th})^2}=\frac{30}{322\times 0.04}\approx 4.65 \tag{6.65}$$

$$\left(\frac{W}{L}\right)_{15}=4\left(\frac{W}{L}\right)_{16}=18.6 \tag{6.66}$$

根据比例关系，M_{11}、M_{12} 的宽长比为

$$\left(\frac{W}{L}\right)_{11,12}=\frac{\left(\frac{W}{L}\right)_{4,9}}{5}=13.76 \tag{6.67}$$

由式(6.59)计算得到 $R_6=3.3k\Omega$。

在两级运算放大器中取 $L=400nm$，偏置电路中取 $L=1\mu m$，对各个 MOS 管的参数进行计算。

电源电压为 1.8V，温度为 27℃，对设计的两级运算放大器进行 ac 交流仿真，ac 交流仿真设置如图 6-13 所示，设置完成后，ADE L 仿真设置界面如图 6-14 所示。

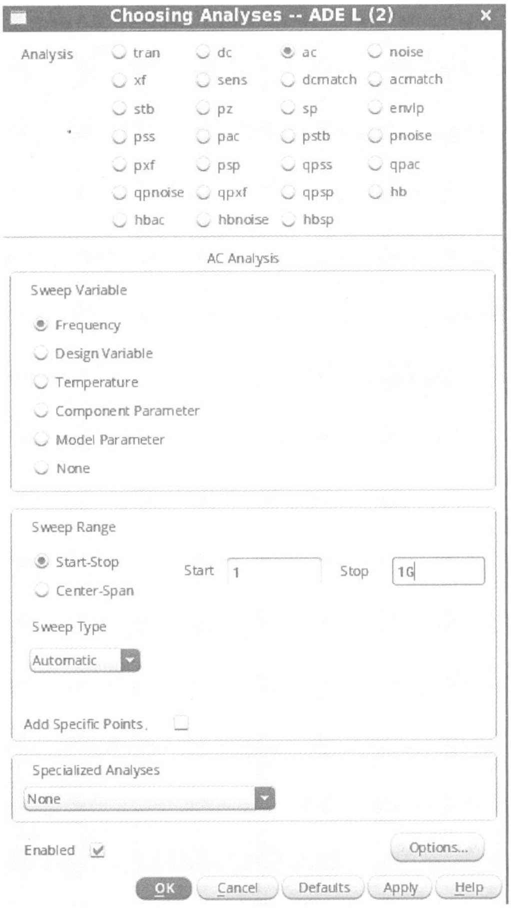

Choosing Analyses -- ADE L (2)
Analysis
tran
dc
ac
noise
xf
sens
dcmatch
acmatch
stb
pz
sp
envlp
pss
pac
pstb
pnoise
pxf
psp
qpss
qpac
qpnoise
qpxf
qpsp
hb
hbac
hbnoise
hbsp
AC Analysis
Sweep Variable
Frequency
Design Variable
Temperature
Component Parameter
Model Parameter
None
Sweep Range
Start-Stop
Center-Span
Start
1
Stop
1G
Sweep Type
Automatic
Add Specific Points
Specialized Analyses
None
Enabled
Options...
OK
Cancel
Defaults
Apply
Help

图 6-13　ac 交流仿真设置

ADE L (2) - wode yunfang schematic
Launch
Session
Setup
Analyses
Variables
Outputs
Simulation
Results
Tools
Calibre
Help
cādence
27
Design Variables
Name
Value
Analyses
Type
Enable
Arguments
1 ac
1 1G Automatic Start-Stop
Outputs
Name/Signal/Expr
Value
Plot
Save
Save Options
1 dB20((VF("/net025") / VF("/v1...
2 phaseDegUnwrapped((VF("/...
> Results in /home/disk/simulation/SIM_IC61/yu
Plot after simulation:
Auto
Plotting mode:
Replace
6(9)
Choose Analyses ...
Status: Ready
T=27 C
Simulator: spectre

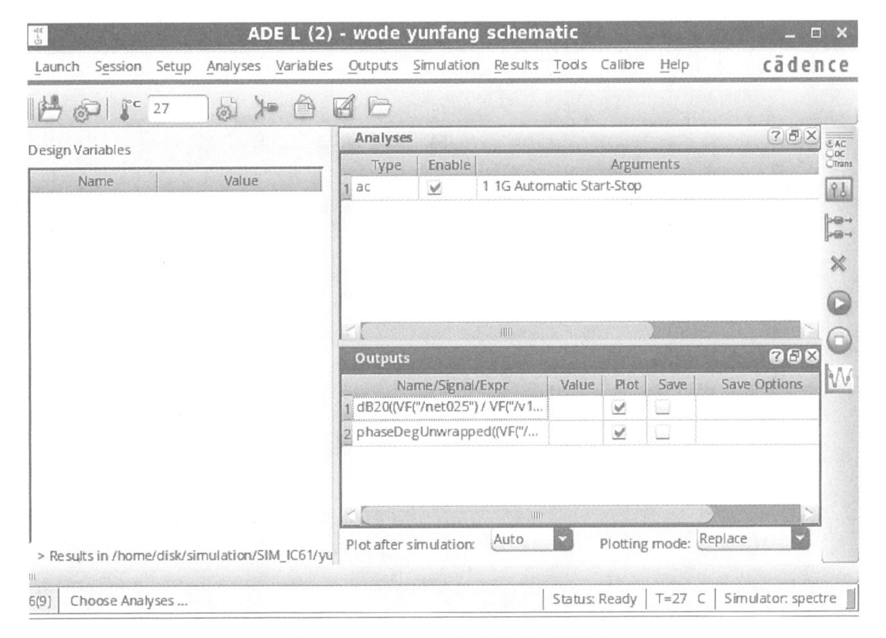

图 6-14　ADE L 仿真器设置界面

得到的仿真结果如图 6-15 所示。观察发现，其增益值仅为 50dB，结果并不理想，没有达到高增益的要求。根据增益的计算公式，对其与增益计算有关的 MOS 管尺寸进行调整后再仿真查看结果，最终得到其仿真结果如图 6-16 所示，低频增益约为 74dB，相位裕度为 86°，增益带宽积为 15.6MHz。

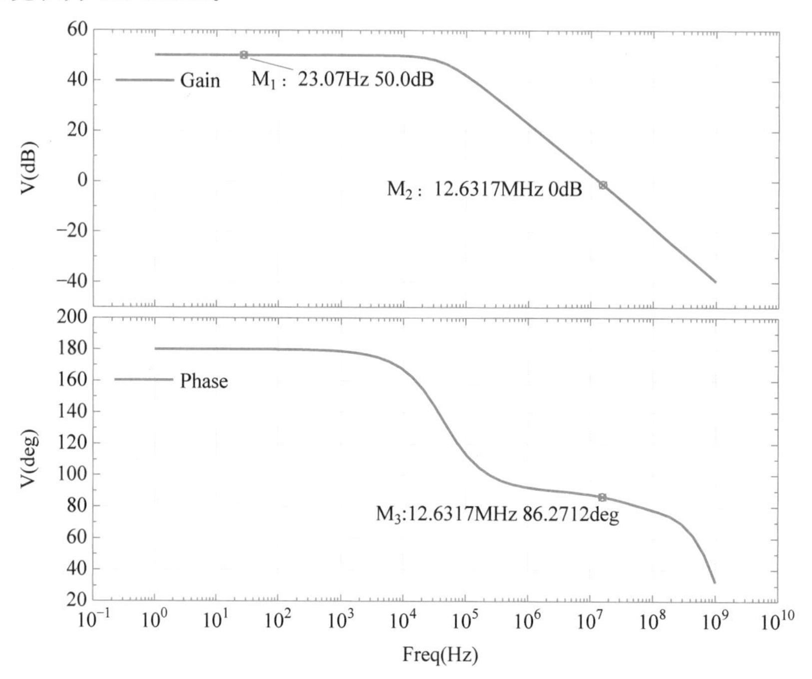

图 6-15 运算放大器的增益和相位

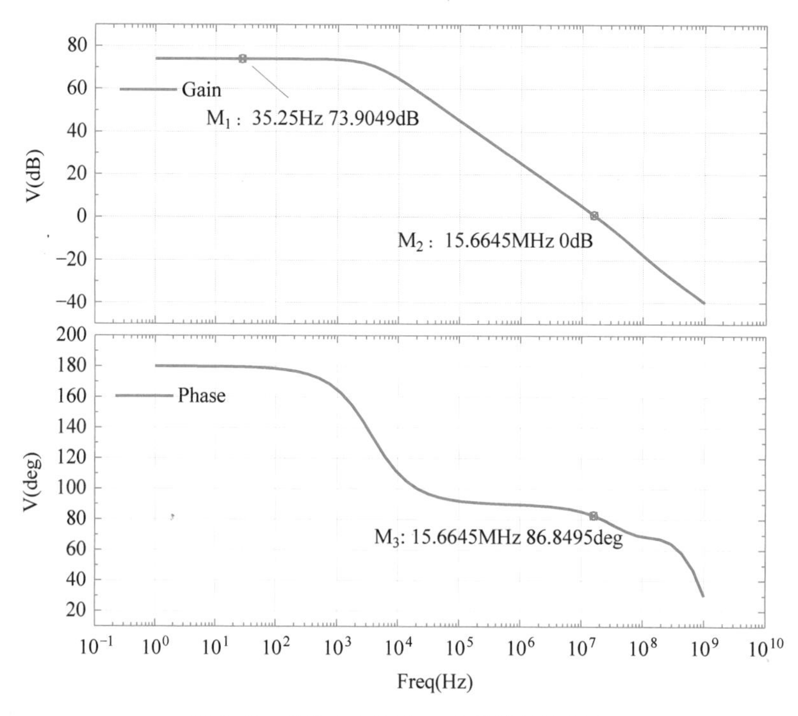

图 6-16 调整后运算放大器的增益和相位

调整后得到的运算放大器的具体参数如表 6-4 所示。

表 6-4　二级运算放大器的器件参数

器　件	W/L	器　件	W/L
M_5、M_6	14μm/0.4μm	M_7、M_8	3.8μm/0.4μm
M_4、M_9	28μm/0.4μm	M_{10}	8.6μm/0.4μm
M_{11}、M_{12}	14μm/1μm	M_{13}、M_{14}、M_{16}	4.6μm/1μm
M_{15}	18.4μm/1μm	R_5	1kΩ
R_6	3.16kΩ	C_1	3pF

4. 启动电路

基准源有两个平衡工作点，分别为正常工作点和“简并”偏置点。“简并”偏置点是指在电路上电后，所有的晶体管均传输零电流，从而无限期地保持关断状态的偏置点，此时基准源的输出电压为零。为了使电路在上电后能够顺利进入正常工作状态，需要在基准源中加入启动电路，使得电路上电后能够摆脱“简并”偏量点进入正常工作状态。

启动电路的设计需要考虑以下三点：

(1) 能够较快地产生偏置电流来完成电路的启动。

(2) 电路进入稳定工作状态后，启动电路能够自动关断。

(3) 不影响基准电路的正常工作，不对电路的性能产生影响。

基于以上三点，本次设计的启动电路如图 6-17 所示，在其中引入了反相器的设计思路，功耗较低并适用于低压工作。

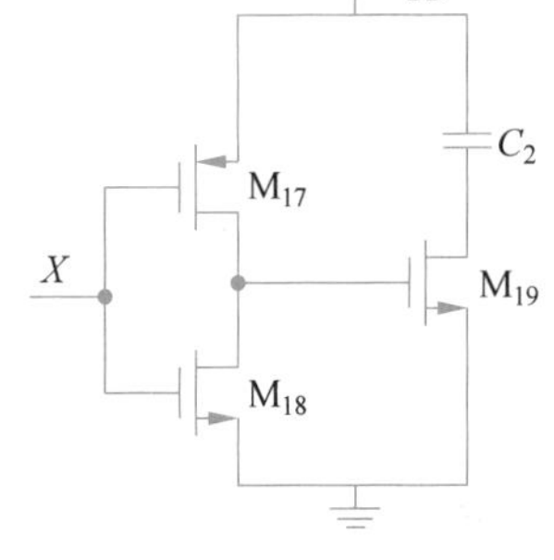

图 6-17　启动电路

6.4.3　仿真结果

在温度范围为−40～150℃时对设计得到的带隙基准电路进行 dc 温度仿真分析，查看其温度特性，图 6-18 为其温度特性的仿真器设置界面。

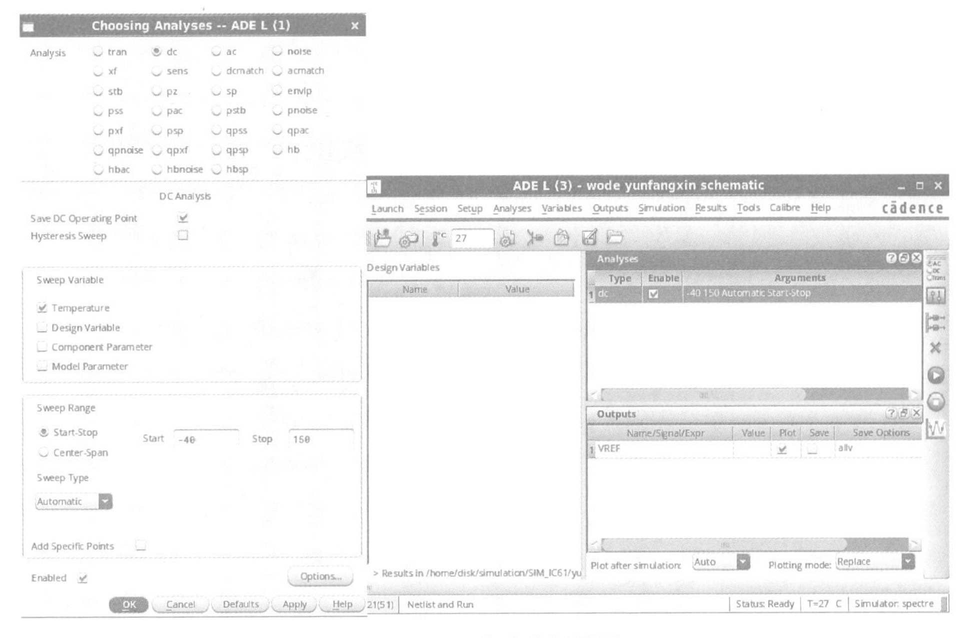

图 6-18　dc 仿真分析界面

仿真结果如图 6-19 所示。由图可以看出，基准电压随温度的升高而下降，这表明其正温度系数过小，温度特性并不理想。通过前面对带隙核心电路的分析，改变 R_1 的值，获得最适合的温度特性曲线。

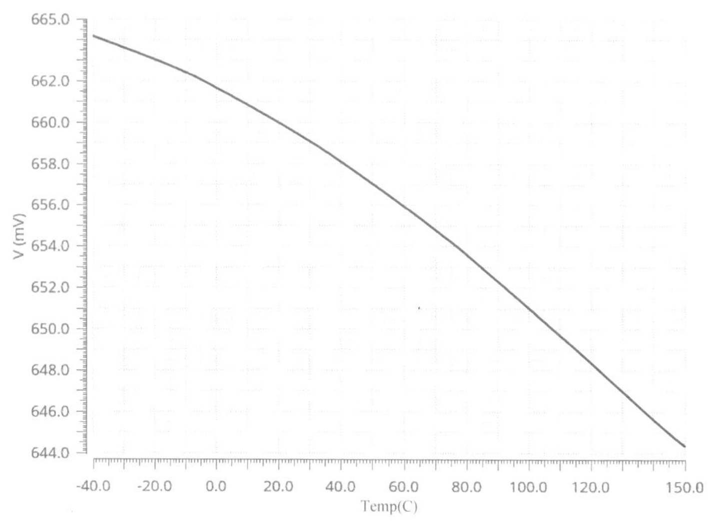

图 6-19　温度特性仿真结果

利用 Parametric Analysis 分析工具对 R_1 的值进行分析，首先如图 6-20 所示将 R_1 的阻值设置为 res，接着按照图 6-21 从 Tools 中选择 Parametric Analysis 对 R_1 进行扫描分

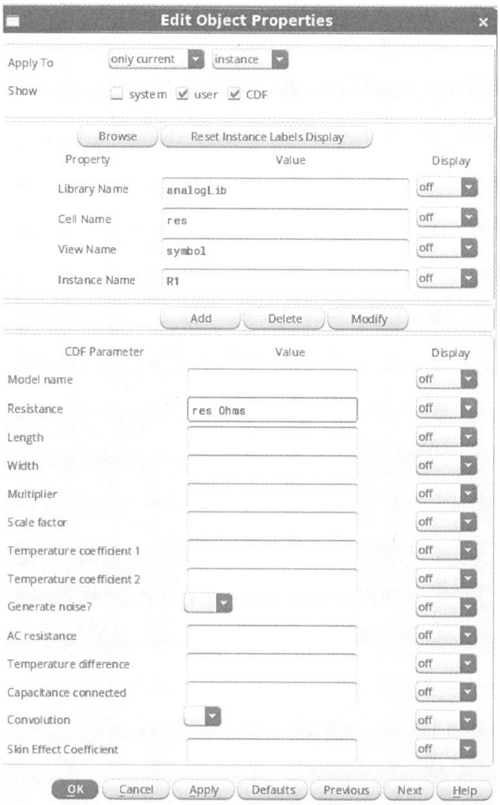

Edit Object Properties
Apply To　only current　instance
Show　system　user　CDF
Browse　Reset Instance Labels Display
Property　Value　Display
Library Name　analogLib　off
Cell Name　res　off
View Name　symbol　off
Instance Name　R1　off
Add　Delete　Modify
CDF Parameter　Value　Display
Model name　off
Resistance　res Ohms　off
Length　off
Width　off
Multiplier　off
Scale factor　off
Temperature coefficient 1　off
Temperature coefficient 2　off
Generate noise?　off
AC resistance　off
Temperature difference　off
Capacitance connected　off
Convolution　off
Skin Effect Coefficient　off
OK　Cancel　Apply　Defaults　Previous　Next　Help

图 6-20　res 变量设置

析。如图 6-22 所示进行 res 扫描设置，将 res 的扫描范围设置为 6k～7k，Step Size 的值设置为 0.1k，第一次扫描结果如图 6-23 所示。观察得到：当 R_1 的值为 6.1kΩ 时，基准电压随温度的升高而升高；R_1 的值为 6.3kΩ 时，基准电压随温度的升高而降低。因此，确定 R_1 合适的阻值为 6.1～6.3kΩ。在 6.1～6.3kΩ 之间再次使用 Parametric Analysis 分析工具进行扫描分析，得到如图 6-24 所示温度曲线，再次根据扫描结果重复缩小 R_1 的扫描范围，使用 Parametric Analysis 分析工具进行扫描，最终确定 R_1 的值为 6.19kΩ 时，其温度特性是最好的。

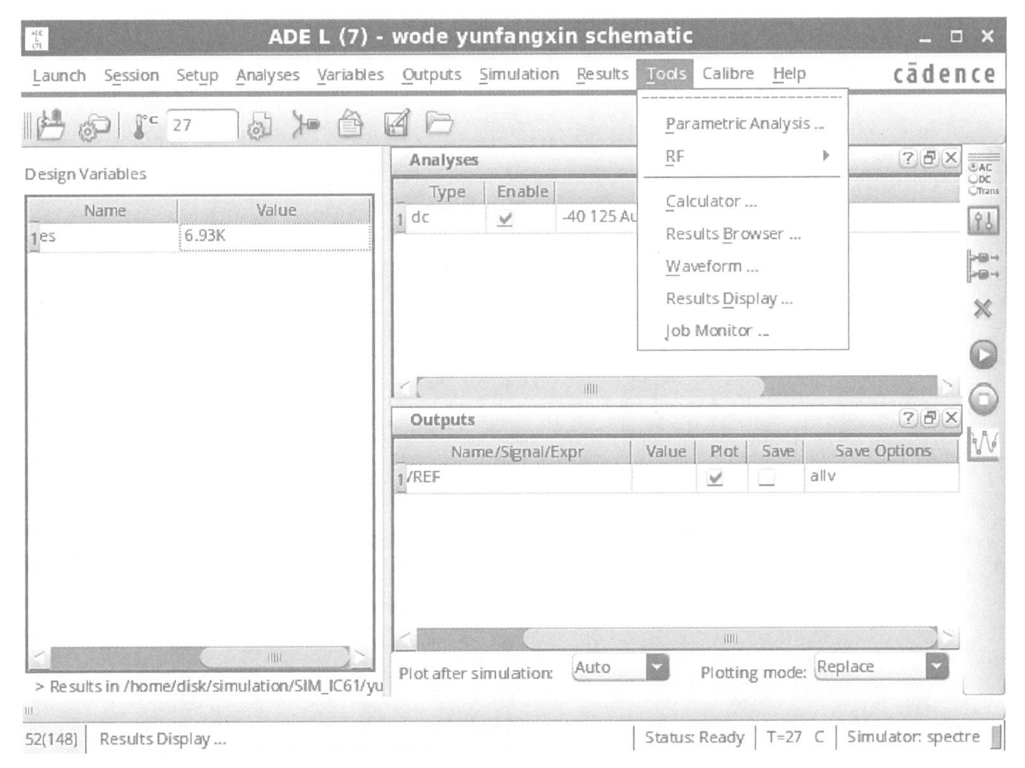

图 6-21 Parametric Analysis 分析工具

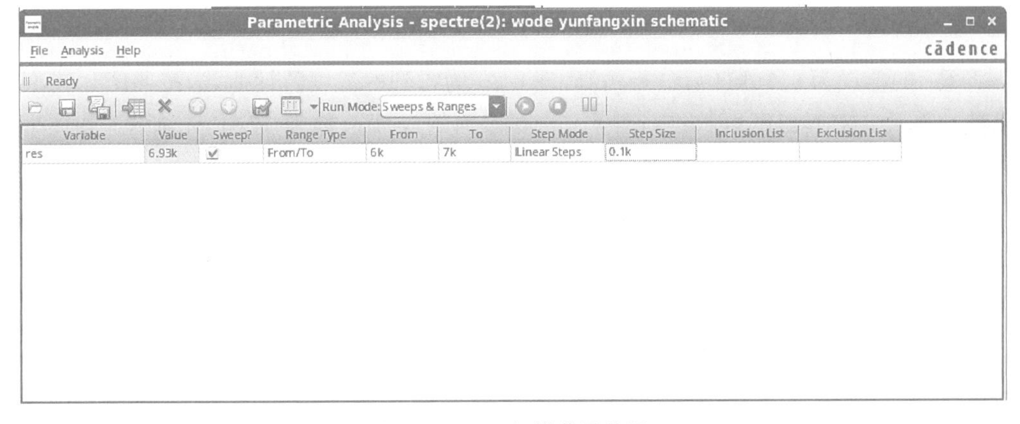

图 6-22 res 扫描范围设置

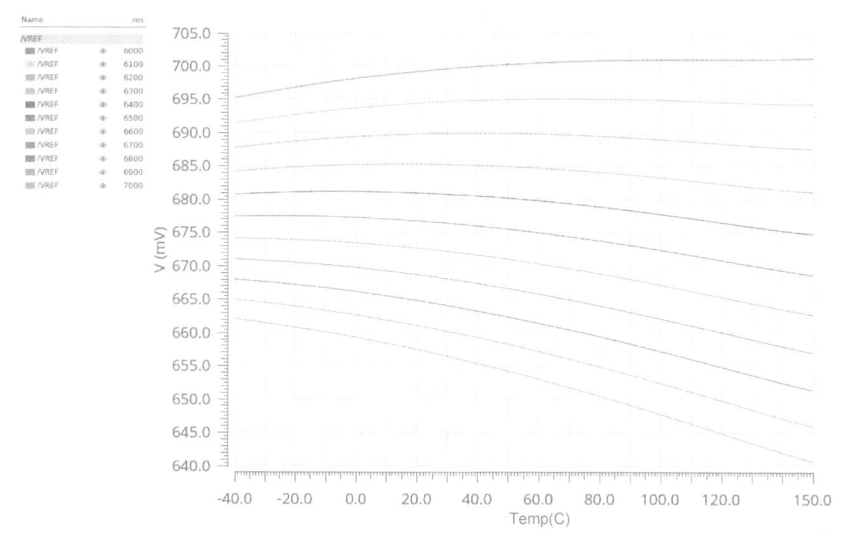

图 6-23 res 第一次扫描结果

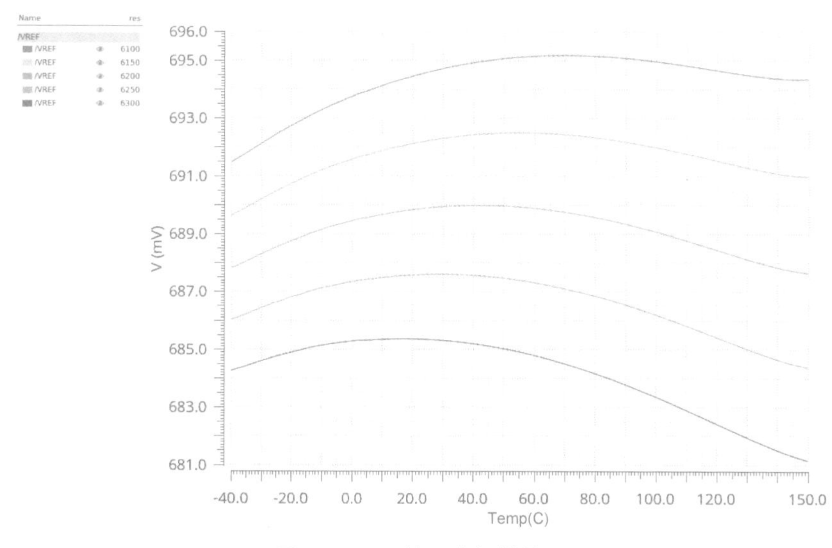

图 6-24 res 第二次扫描结果

将 R_1 的值设为 6.19kΩ 后进行仿真，图 6-25 为得到的温度特性曲线，按照图 6-26 的温度系数计算公式对其温度系数进行计算，计算得到的温度系数为 17.32ppm/℃，如图 6-27 所示。

通过仿真结果计算得到了其温度系数，但是发现结果并不理想，没有达到所需要求，因此在此基础上电路中增加了如图 6-28 所示的温度补偿电路，采用 V_{BE} 线性化补偿法对带隙核心电路进行了温度补偿。

设计的带隙基准整体电路图如图 6-29 所示。

在 1.8V 电源电压下，对最终得到的带隙基准整体电路进行仿真，仿真结果如下：

(1) 温度特性。将温度范围设定在－40～150℃内，温度特性的仿真如图 6-30 所示，可以看出设计的基准源有着良好的温度补偿特性。

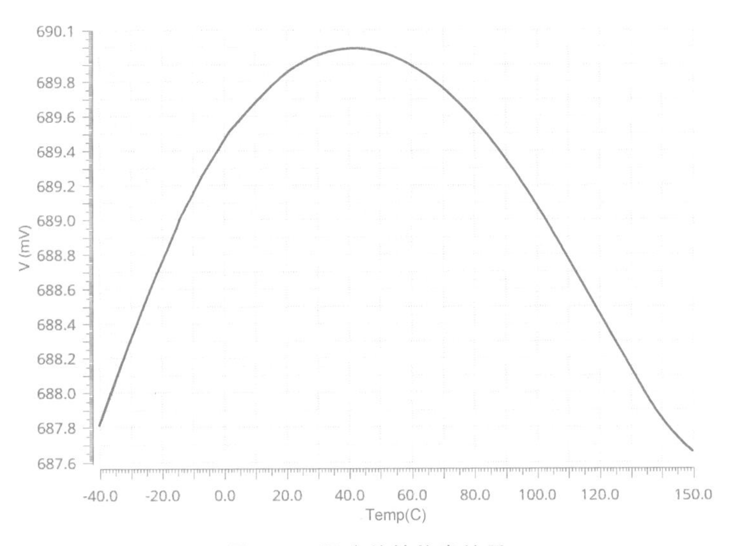

图 6-25　温度特性仿真结果

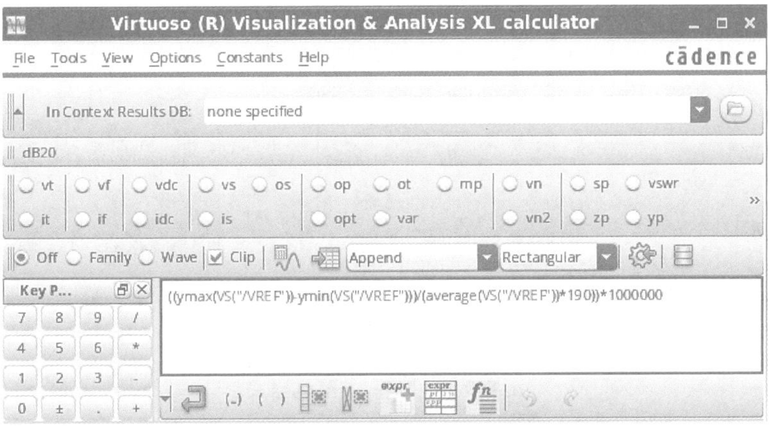

Virtuoso (R) Visualization & Analysis XL calculator

File Tools View Options Constants Help　cādence

In Context Results DB: none specified

dB20

vt vf vdc vs os op ot mp vn sp vswr

it if idc is opt var vn2 zp yp

Off Family Wave Clip Append Rectangular

Key P...

((ymax(VS("/VREF"))-ymin(VS("/VREF")))/(average(VS("/VREF"))*190))*1000000

图 6-26　温度系数计算公式

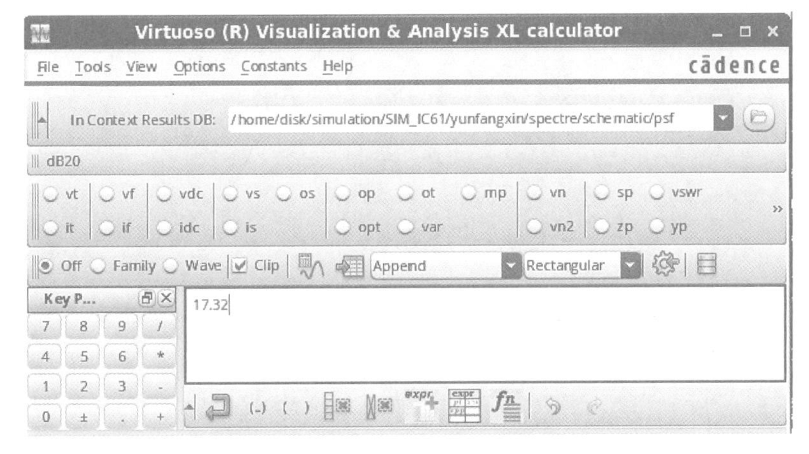

图 6-27　温度系数计算结果

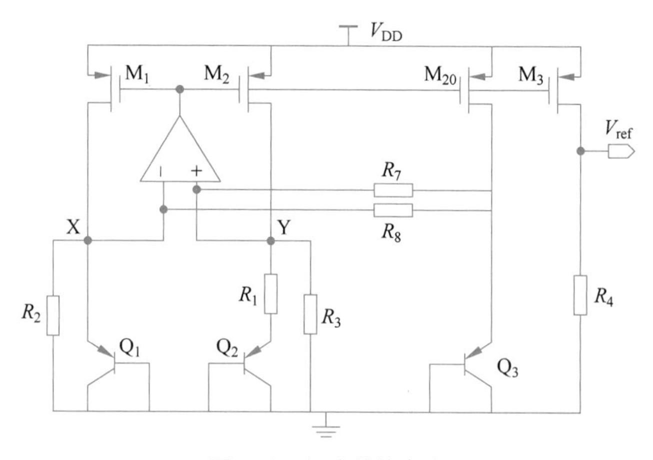

图 6-28 温度补偿电路

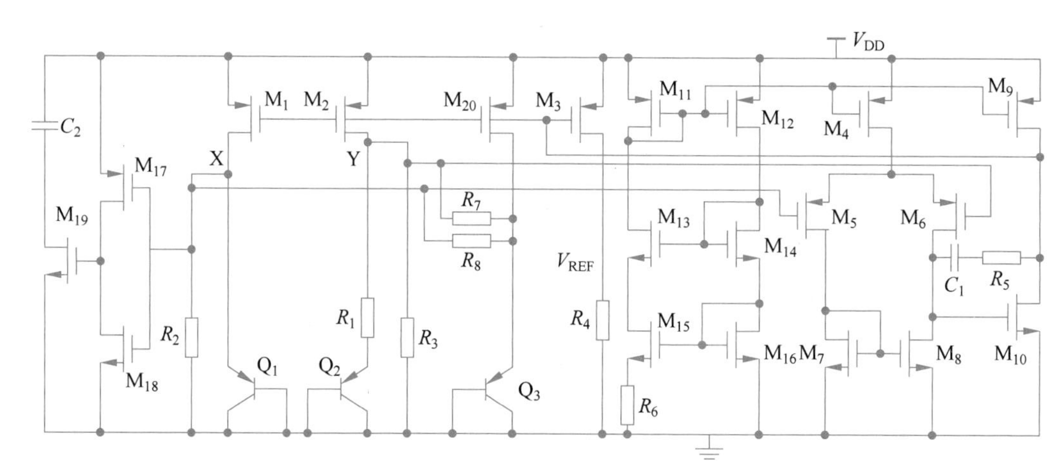

图 6-29 带隙基准整体电路

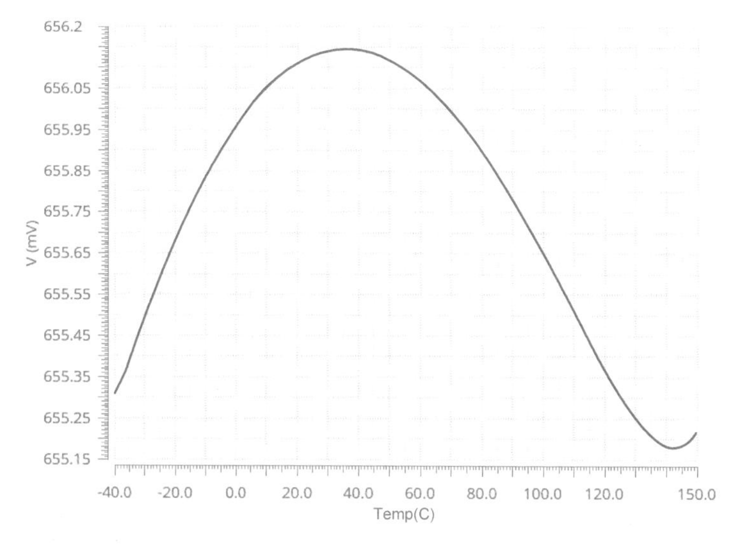

图 6-30 温度补偿后仿真结果

如图 6-31 所示，通过计算得到温度补偿后的温度系数为 7.799ppm/℃，能够满足所需要求。

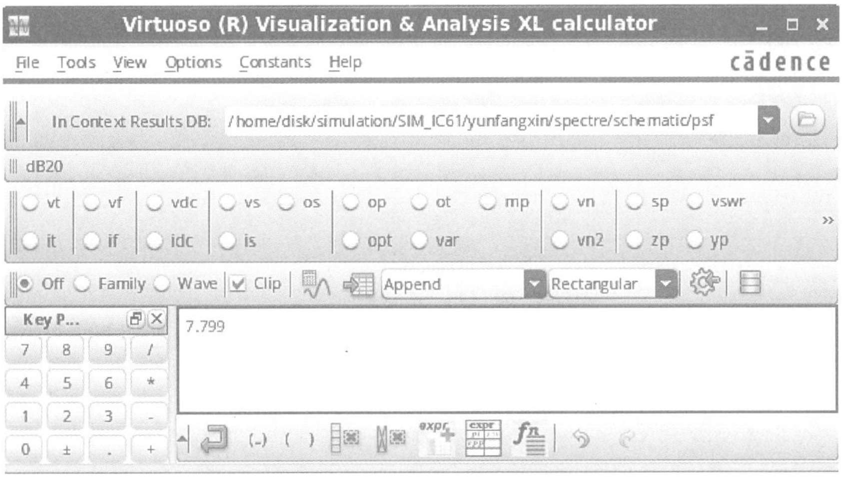

图 6-31 温度系数计算结果

(2) 电源电压稳定性。在温度为 27℃的条件下，由图 6-32 可以观察到：电源电压大于 1.12V 时，带隙基准有较为稳定的输出基准电压，1.12～2.5V 输出基准电压大约变化了 0.528mV，计算得到其线性调整率为 0.38mV/V，2.5～4V 输出基准电压大约变化了 7.357mV，线性调整率为 4.9mV/V。

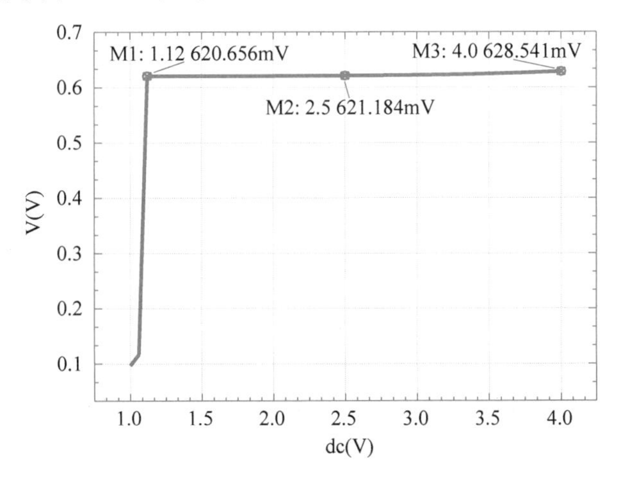

图 6-32 电源电压稳定性仿真

(3) 电源抑制比。在对电源抑制比进行仿真时，需要在电路原直流源上叠加上一个交流小信号。在 1～100MHz 的频率范围内对电路进行扫描分析，得到如图 6-33 所示的输出基准电压的频率响应特性，观察得到在低频状态下电源抑制比约为 60.27dB。

(4) 瞬态工作特性。电路在加电或者上电信号之后，能够正常启动并且启动时间较短，这就说明电路拥有比较优良的瞬态工作特性。电路的启动性能如图 6-34 所示，启动时间约为 700ns，即经过约 700ns 电路就进入了稳定的工作状态，电路具备较好的启动性能。

本节对所设计基准电路的温度特性、电源稳定性、电源抑制比、瞬态工作性能进行了仿真。从仿真结果可知：温度在 −40～150℃内变化时，基准源的温度系数为 7.8ppm/℃，在低频状态下的电源抑制比为 60.27dB，在室温下，启动时间约为 700ns，基准输出在 1.12～

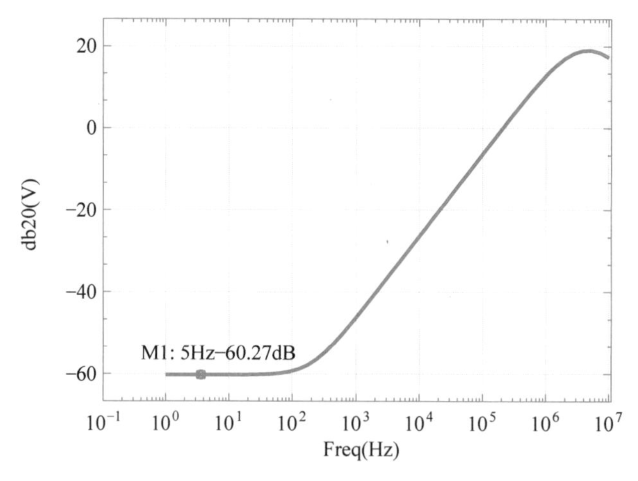

图 6-33　电源抑制比仿真结果

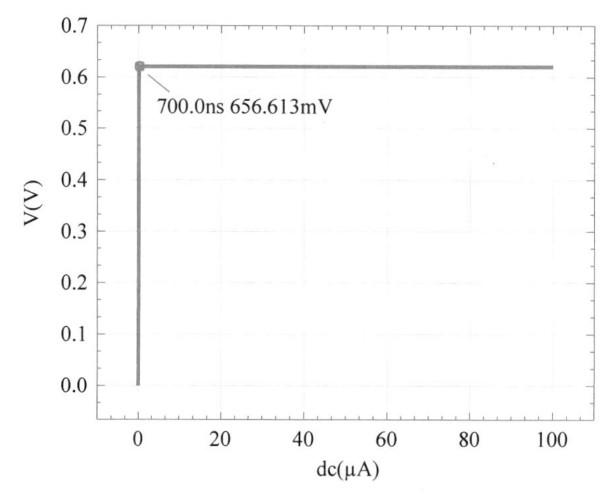

图 6-34　瞬态工作特性仿真

4V 的电源电压范围内线性输出。虽然基本达到了设计指标的要求，但是在整个设计过程仍然存在可以改进的地方。因此，在此后的设计之中可以尝试采用不同的结构，以及通过调整器件参数，进一步降低电路结构中存在的失配现象，提高电路的精度，降低基准源的温度系数。在以后的设计过程中，通过不断地优化电路结构，能够实现更好的电路性能，设计出满足现代集成电路需求的带隙基准源。

仿真结果与设计指标的对比如表 6-5 所示。

表 6-5　仿真结果与设计指标的对比

性能参数	指标要求	仿真结果
工作温度范围/℃	−40～150	−40～150
温度系数/(ppm/℃)	≤10	7.8
启动时间/μs	≤10	0.7
电源抑制比绝对值/dB	≥40	60.27
线性调整率/(mV/V)	≤10	4.9

本设计中用到的所有器件类型及指标要求如表 6-6 和表 6-7 所示。

表 6-6　MOS 器件类型及指标要求

MOS 管	类型	W/L	MOS 管	类型	W/L
M_1、M_2	PMOS	15μm/1μm	M_4、M_9	PMOS	28μm/0.4μm
M_5、M_6	PMOS	14μm/0.4μm	M_7、M_8	NMOS	3.8μm/0.4μm
M_{10}	NMOS	8.6μm/0.4μm	M_{11}、M_{12}	PMOS	14μm/1μm
M_{13}、M_{14}	NMOS	4.6μm/1μm	M_{15}	NMOS	18.4μm/1μm
M_{16}	NMOS	4.6μm/1μm	M_{17}	PMOS	2μm/0.4μm
M_{18}	NMOS	1μm/0.4μm	M_{19}	NMOS	2μm/0.4μm
M_3、M_{20}	PMOS	15μm/1μm	—	—	—

表 6-7　晶体管、电阻、电容器件类型及指标要求

器件	类型	指标要求	器件	类型	指标要求
R_1	RES	6.4kΩ	R_2、R_3	RES	57.37kΩ
R_4	RES	32.13kΩ	R_5	RES	1kΩ
R_6	RES	3.16kΩ	R_7、R_8	RES	26.1kΩ
C_1	CAP	3pF	C_2	CAP	1pF
Q_1、Q_3	PNP	$m=1$	Q_2	PNP	$m=8$

第7章

环形振荡器的设计与仿真实例

随着无线通信以及无线手持设备的飞速发展，振荡器作为电子系统的频率产生源在各个领域中的应用也越来越广泛，在手机、发射机、雷达、军事通信系统、数字无线通信、无线电测量仪等设备与系统中都发挥着重要作用，特别是在通信系统中，作为锁相环、频率综合器、时钟恢复等电路中的关键部件，振荡器是必不可少的一部分。

随着半导体技术的发展，振荡器经历了电子管、晶体管、组件和单片集成等阶段，从性能相对较差、成本相对较高的分立元件阶段逐渐过渡到了低成本、高性能的集成电路阶段。本章首先讨论振荡器的相关基础知识以及性能参数，分析介绍几种典型的振荡器结构，在此基础上对一种环形振荡器进行设计改进，并进行仿真分析。

7.1 振荡器的基本原理

在直流电源的供压下，振荡器通过自激将直流信号转化为周期性的振荡信号，其振荡电路不需要外加的输入信号，而是通过固有的器件噪声进行起振，并在自身的振荡平衡机制下逐渐进入平衡状态。通常情况下，可以用两种方式分析振荡器产生振荡的原理：一种是将振荡器看作一个双端负反馈系统；另一种是将振荡器看作一个单端能量补偿系统。

7.1.1 双端负反馈系统

若将振荡器当作两端口进行处理，则可以采用负反馈方式来对振荡器进行分析。如图 7-1 所示，在单位增益负反馈中，假设系统的开环传输函数为 $H(s)$，则系统的闭环传输函数可以表示为

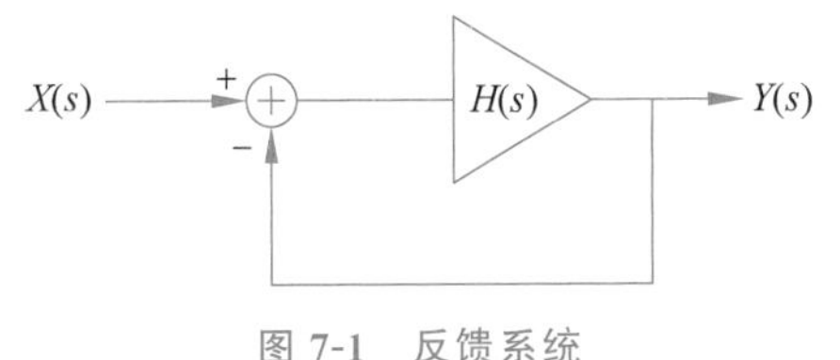

图 7-1 反馈系统

$$\frac{Y(s)}{X(s)}=\frac{H(s)}{1+H(s)} \tag{7.1}$$

假设对于 $s=\mathrm{j}\omega_0$，附加的相移使得 $H(\mathrm{j}\omega_0)=-1$，在 ω_0 处，闭环增益趋于无穷大，在这个条件下，等效在环路中的噪声在 ω_0 处被无限放大。实际上，对于图 7-1 所示的反馈系统，将一个频率为 ω_0 的噪声经过单位增益和 180°的相移，从输出端再反馈回输入端，输入信号和反馈信号的差值会进一步被放大，这样一直循环下

去,频率为 ω_0 的信号不断增大,就会使得输出表现为稳定的振荡现象。

在图 7-1 中,要使负反馈系统实现稳定的振荡,必须要满足两个条件:一是环路的闭环增益必须大于或等于 1;二是负反馈的相移为 180°。其用公式进行实现即为

$$|H(\mathrm{j}\omega_0)|\geqslant 1 \tag{7.2}$$

$$\angle H(\mathrm{j}\omega_0)=180^\circ \tag{7.3}$$

这两个条件称为巴克豪森准则,而实际上,满足巴克豪森准则只能说明闭合环路能够维持等幅的持续振荡,而无法说明该等幅持续振荡能否在接通电源后从无到有地建立起来。为了确保振荡器在任何条件下都能起振,在设计过程中一般会选择环路增益为其最小值的 2~3 倍。

在起振阶段,电路的噪声信号较弱,而满足基本的起振条件后,电路的噪声幅度会增加,但是当幅度增加到某一点后放大器就会处于饱和状态,这种状态可以表示为

$$|H(\mathrm{j}\omega_0)|=1 \tag{7.4}$$

$$\angle H(\mathrm{j}\omega_0)=180^\circ \tag{7.5}$$

式(7.4)、式(7.5)分别表示振荡器的幅值平衡条件和相位平衡条件,即从开始振荡阶段到平衡阶段,一般依靠振荡器中有源器件本身固有的非线性来实现。

在满足起振条件以及平衡条件的基础上,振荡器进入平衡状态后,由于受到电源电压、环境温度等外界因素,以及振荡器电路固有的内部噪声影响,振荡器不再处于平衡状态,其工作状态可能会产生两种变化:一是逐渐偏离原有的平衡状态,在干扰消失后无法恢复到原来的平衡状态,造成不可逆的变化;二是在干扰的影响下,振荡器在原平衡点附近重新达到平衡,不会与原平衡点产生太大的偏离。

可以看出,第二种情况更加符合振荡器的理论模型,即结构相对稳定的振荡器在受到干扰时,应该能够在原平衡点附近产生新的平衡点,并在干扰消失后恢复到原有的平衡点。因此,为了实现等幅持续的振荡过程,振荡器电路必须要满足稳定条件,或者说振荡器其所处的平衡状态是收敛的。

7.1.2 单端能量补偿系统

单端能量补偿系统相比于双端负反馈系统,其不再将振荡器看作是由放大器和反馈网络构成的双端口网络,而是应用了负电阻的概念,将振荡器看作了单端口网络进行分析。该理论主要应用于 LC 振荡器中,如图 7-2 所示。假设电感 L 和电容 C 在频率为 ω_0 处振荡,此时,电感的阻抗 $\mathrm{j}\omega_0 L$ 和电容的阻抗 $1/(\mathrm{j}\omega_0 C)$ 幅值相等、相位相反,当电感 L 和电容 C 交替进行充放电时就会产生振荡。在如图 7-2 所示的理想电路中,等效阻抗无穷大,整个回路的品质因数也为无穷大,即充放电过程中不会产生损耗。

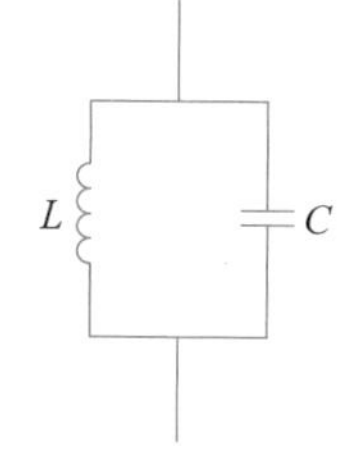

图 7-2 理想电路

在实际电路中,电感和电容都会存在一定的电阻,所以实际的 LC 谐振回路如图 7-3 所示,在一定的频率范围内,该电路可以等效为如图 7-4 所示的 RLC 并联电路,电路中各元件的等效值可以表示为

$$L_P=L\left(1+\frac{1}{Q_L^2}\right) \tag{7.6}$$

$$C_P = C\left(1+\frac{1}{Q_C^2}\right)^{-1} \tag{7.7}$$

$$R_P = R_L(1+Q_L^2) + R_C(1+Q_C^2) \tag{7.8}$$

式中：Q_L 为电感的品质因数，$Q_L=\omega L/R_L$；Q_C 为电容的品质因数，$Q_C=1/\omega CR_C$。整个谐振电路总的品质因数 $Q_{\text{Tank}}=R_P/(\omega L)=\omega CR_P$。在图7-4所示的电路中，每个振荡周期在电感、电容交替充放电的过程中，它们交换的一部分能量在耗能电阻 R_P 中以热能的形式消失了，如此在没有其他外加激励的条件下，谐振电路的振荡幅度会随着时间不断地进行衰减，最后直到停止振荡。因此，在实际中若要使 LC 谐振电路维持等幅振荡，必须引入其他电路结构来对实际 LC 谐振回路进行能量补偿，由于实际的 LC 谐振回路中电阻是正值，消耗能量，所以引入的电路结构在由外部看向电路时会呈现负电阻的特性，产生能量，因此称为负阻电路。

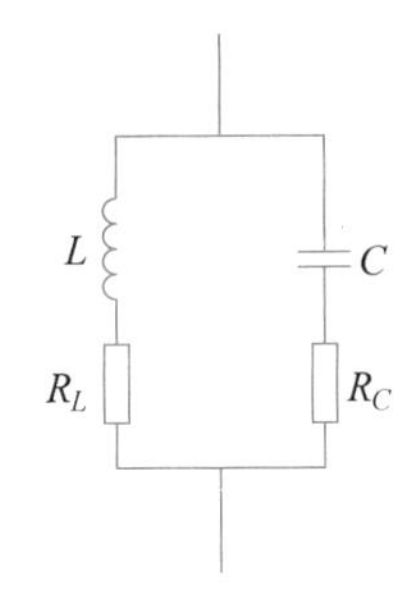

图7-3 实际电路

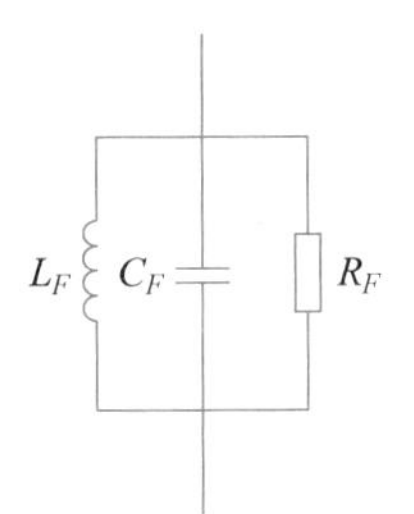

图7-4 等效电路

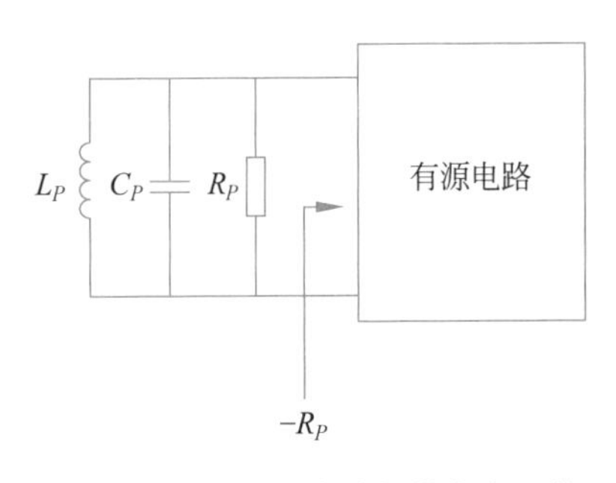

图7-5 使用有源电路提供负电阻的谐振电路

然而，在实际电路结构中并不存在真正的负电阻，通常采用有源电路的形式来实现负电阻的特性，它可以消耗直流能量并将其中的一部分转化为交流能量对外界进行输出。如图7-5所示，谐振腔负责选出所需频率的振荡信号，有源负阻电路部分负责将直流能量转化为交流能量对 LC 谐振回路所消耗的能量进行补偿。在单端能量补偿系统中，为了保证电路的正常起振，负阻的绝对值 R_0 通常比谐振电路中等效耗能电阻 R_P 更大。

7.2 振荡器的分类

根据振荡器的工作原理，振荡器可以分为环形振荡器和 LC 振荡器两大类。一般来讲环形振荡器电路结构满足双端口负反馈系统模型，而 LC 振荡器满足单端口的能量补偿系统模型。环形振荡器电路结构简单，不需要任何无源器件，使用CMOS工艺即可实现片上集成，频率调谐范围宽，占用面积小，容易实现多相位输出；但其相位噪声偏大，更适合中低频率的应用。相比之下，LC 振荡器的噪声性能相对更好，并且系统的总功耗较小，适合在高频范围使用；但是其占用面积较大，工艺相对较为复杂。两种振荡器电路结构各有优缺点，可以在不同的领域进行应用。

7.2.1　环形振荡器

根据 7.1.1 节提到的双端负反馈系统分析方法，环形振荡器的工作原理可以理解为整个系统的环路传递函数仅在一个频率点上满足巴克豪森准则的两个条件。环形振荡器由环路中的若干增益级电路组成，从单个的谐振单元开始对振荡器电路进行分析，如图 7-6 所示，以最简单的共源极放大电路作为环路振荡电路的谐振单元。在图 7-6 所示的电路中，由于只存在一个极点，引起的相移为 90°，而直流工作状态下放大器本身具有 180°的直流相移，总相移为 270°，无法满足巴克豪森准则中的相移条件，因此无法产生振荡。

双极点电路如图 7-7 所示。该环路中每个极点可以提供最大为 90°的交流相移，而环路的直流相移为 0°，可以在频率为无穷大处产生一个 180°的相移，看起来该环路提供了一个正反馈，可以产生振荡，实际上由于该环路必须在频率无穷大时才能使频率相关的相移达到 180°，而环路增益在高频率下会变成零，因此无法同时满足巴克豪森准则中的两个条件，无法产生振荡。

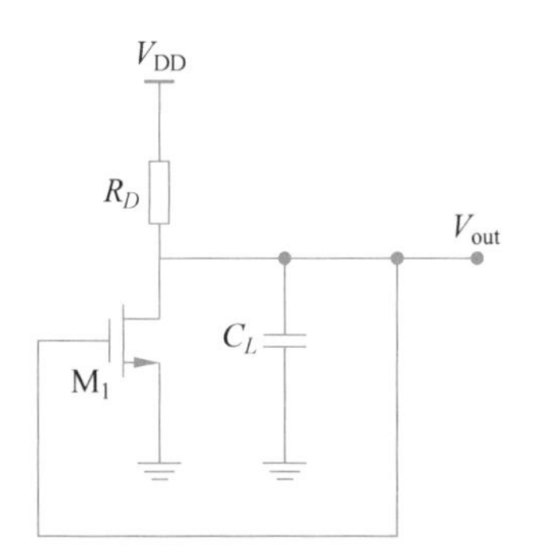

图 7-6　单极点电路

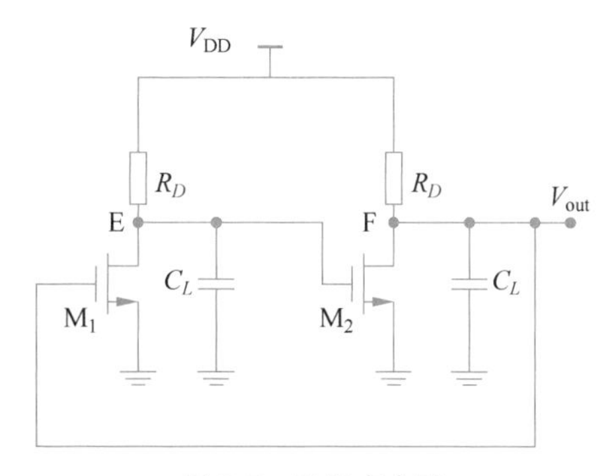

图 7-7　双极点电路

为了解决上述存在的问题，最直接的办法是增大环路的相移，如图 7-8 所示。增加第三个反相级电路，产生第三个极点，这样整个环路中能够提供的交流相移最大为 270°，直流相移仍为 180°，因此一定会存在频率 ω_0 使得整个环路的总相移为 360°。若此时的环路增益大于或等于 1，则电路满足了巴克豪森准则的起振条件，能够产生振荡。

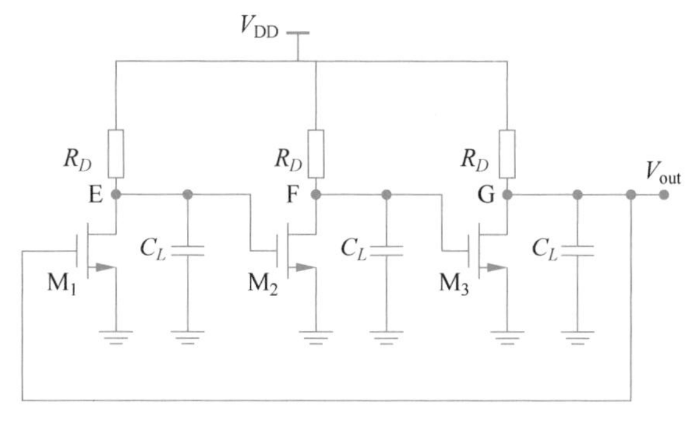

图 7-8　三级环形振荡器

由上述分析可以得到，偶数个单端延迟单元组成的环路，在满足巴克豪森准则的条件下，仍然处于锁定状态，无法产生振荡，因此在设计环形振荡器时采用奇数个单端延迟单元组合。现在一般应用的环形振荡器多采用 3 个或 5 个单端延迟单元构成。

若使用差分放大器作为环形振荡器的延迟单元，当所有延迟单元都接为反向形式时，则与上述分析的使用单端放大器作为延迟单元相同，多采用 3 个或 5 个延迟单元组成；当差分延迟单元的其中一个接成同相形式，其余单元接成反向形式时，整个环路的延迟单元总数必须为不小于 4 的偶数。

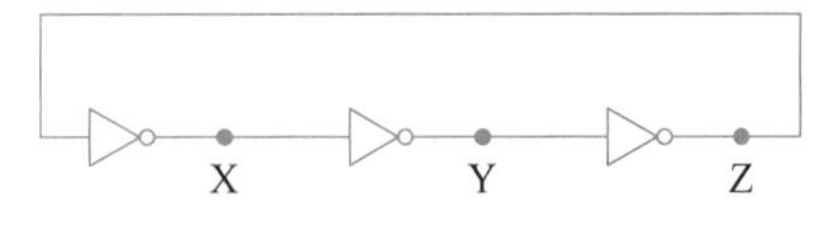

图 7-9 采用反相器作为延迟单元的环形振荡器

最简单的一种环形振荡器为采用反相器作为延迟单元的振荡器，这种振荡器不需要电阻，如图 7-9 所示，该电路为一个三级电路。假设电路开始工作时每个节点的初始电压为反相器的逻辑阈值电压(令反相器的输出电压等于输入电压)，若每个反相器都相同并且器件没有噪声，则电路将永远保持这个状态。但噪声总是存在的，因此噪声会扰动每个节点的电压，产生不断放大的波形，最后信号达到等同于电源电压 V_{DD} 的摆幅。

环形振荡器中最基础的部分为其延迟单元电路，延迟单元主要分为单端延迟结构和差分延迟结构两种。图 7-10 为常用的单端延迟电路。

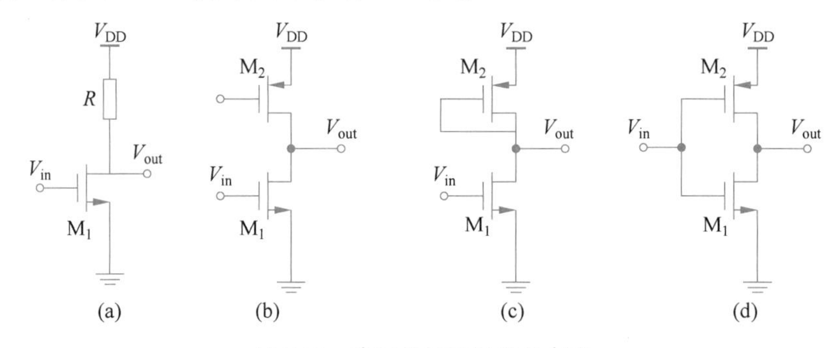

图 7-10 常用单端延迟单元电路

通常来说，使用单端延迟电路构成环形振荡器，各种噪声非常容易干扰单端延迟电路的延迟时间，从而导致振荡器的工作状态发生改变，甚至导致振荡器不能正常工作。为了解决这个问题，可以采用差分延迟单元构建环形振荡器，这样可以有效抑制共模噪声，使环形振荡器的性能有所提高，有更高的稳定性。图 7-11 为差分延迟单元电路。

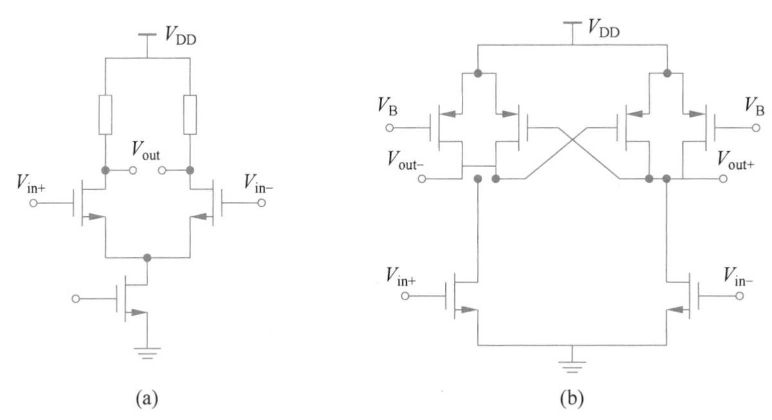

图 7-11 差分延迟单元电路

差分延迟单元构成的环形振荡器相对于单端延迟单元组合而成的环形振荡器有更好的稳定性，现在的环形振荡器多采用差分结构的延迟电路。

7.2.2　*LC* 振荡器

1. 反馈型 *LC* 振荡器

反馈型 *LC* 振荡器由 *LC* 谐振回路和有源器件组成，其中在 *LC* 谐振回路中进行频率选择，而有源器件提供有效的正反馈。反馈型 *LC* 振荡器的种类很多，但实现方式基本类似，只是 *LC* 谐振回路的结构有所不同。典型且应用广泛的反馈型电感电容振荡器结构有 Colpitts 振荡器、Hartley 振荡器和 Clapp 振荡器，图 7-12 为其拓扑结构。

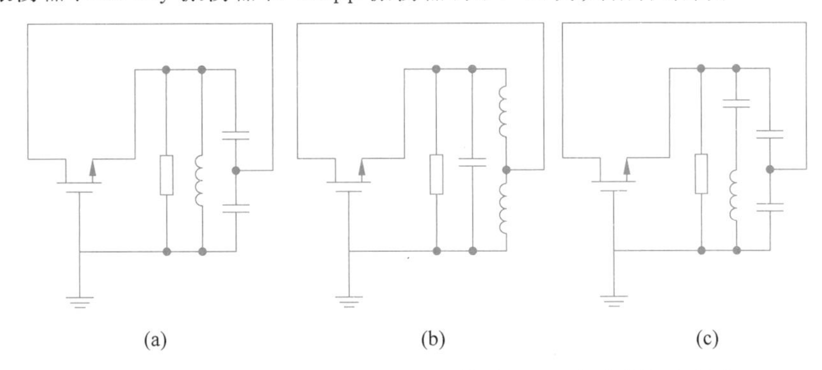

图 7-12　Colpitts 振荡器、Hartley 振荡器、Clapp 振荡器拓扑结构

在反馈型 *LC* 振荡器电路中，为了电路能够稳定工作，电路必须满足以下条件：

$$G_m R_p \geqslant 4 \tag{7.9}$$

式中：G_m 为有源器件的跨导；R_p 为谐振电路的损耗，主要由 L、C 的品质因数决定。

反馈型电感电容振荡器要保持正常稳定的工作，必须满足式(7.9)；而接下来介绍的负阻型电感电容振荡器只需要满足 $G_m R_p > 1$ 就能够保证振荡器稳定工作。所以与负阻型电感电容振荡器比较而言，虽然反馈型电感电容振荡器只有一个有源器件，能够产生很高的输出频率，但是需要满足其正常稳定工作的条件太高，而 CMOS 工艺制造的片上电感品质因数又不太高，导致需要有源器件的跨导要求很高，这需要更大的电流和更宽的晶体管尺寸，最后使得功耗增加，相位噪声更大，这严重影响了反馈型电感电容振荡器在实际中的使用。

2. 负阻型 *LC* 振荡器

负阻型 *LC* 振荡器由 *LC* 谐振回路和提供补充 *LC* 谐振回路能量损耗的"负阻"(有源器件或者电路)构成。能够作为"负阻"的器件或者电路很多，如隧道二极管、单结晶体管、工作于雪崩击穿区的双极型晶体管等。但是，CMOS 工艺的限制，目前 CMOS 集成电路中最广泛使用的"负阻"结构采用差分形式实现，如图 7-13 所示。

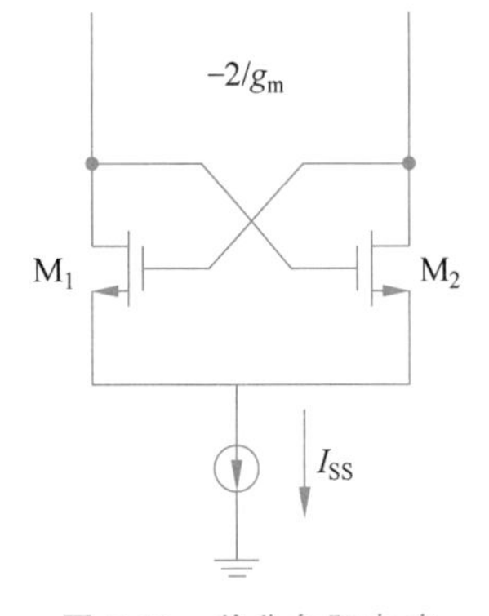

图 7-13　差分负阻电路

图 7-13 所示的电路由一对 MOS 管通过互耦连接而成，电流源 I_{ss} 提供直流偏置。在设计过程中，一般使 $g_{m1}=g_{m2}=g_m$，则该电路产生的负阻值为 $-2/g_m$。采用这种差分结构作为"负阻"的两种常用负阻型电感电容振荡器如图 7-14 所示。

图 7-14(a)中采用一对 NMOS 互耦对管来提供"负阻"，负阻值为 $-2/g_m$。图 7-14(b)中采用一对 PMOS 互耦对管和一对 NMOS 互耦对管共同提供"负阻"，负阻值为 $-2/(g_{mp}+g_{mn})$。实际应用中一般采用跨导相等的 PMOS 管和 NMOS 管，即 $g_{mp}=g_{mn}$，为了保证电

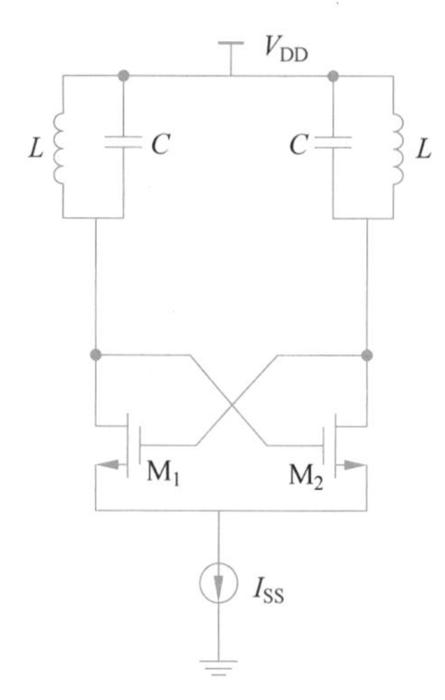

(a) 负阻为一对NMOS互耦对管

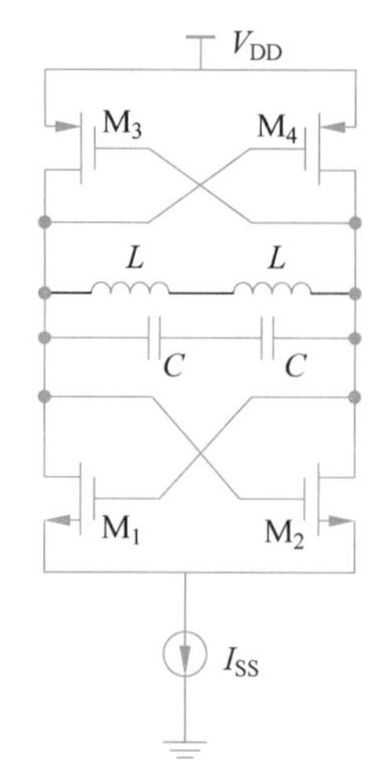

(b) 负阻为NMOS和PMOS互耦对管各一对

图 7-14　差分负阻电感电容振荡器

路能够正常稳定地工作，电路中的"负阻"必须能够抵消掉电感电容谐振回路消耗的能量，即电感电容谐振回路的损耗电阻与"负阻"阻值之和要小于或等于零。

图 7-14(a)电路中，必须保证 $2R_p-2/g_m\leqslant 0$；图 7-14(b)电路中，必须保证 $2R_p-2/(g_{mp}+g_{mn})\leqslant 0$。当负阻型电感电容振荡器中的"负阻"阻值大于电感电容谐振回路的损耗电阻 R_p 时，则电路的振荡幅度会持续增加，直到"负阻"提供的能量刚好能够补偿电感电容谐振回路损耗的能量时，振荡器就会进入稳定振荡。在实际应用中，由于温度变化、工艺偏差等外部环境的影响，为保证电路能够正常稳定地工作，一般会将"负阻"设计为理论值的 2.5～3 倍。

7.3　环形振荡器设计与仿真分析

本章基于 SMIC 0.18μm 工艺库设计了一种环形振荡器。利用 Cadence Virtuoso 软件绘制电路图，使用 Cadence Spectre 工具进行仿真，整体电路搭建在 Cadence Virtuoso 软件中。

首先对如图 7-15 所示的 5 级延迟单元单端环形振荡器电路进行分析，该电路由电容 C_1、C_2，反相器 INV_1、INV_2、INV_3 和若干 MOS 管组成。其中，V_{bias} 为偏置电压，接 PM_1～PM_4 管的栅极并使这 4 个 PMOS 管工作在饱和区。EN 为起振控制信号，高电平时 NM_4 管导通使 NM_5 管栅压为低电平而截止，此时输出 V_{out} 始终为低电平，振荡器不工作。当 EN 信号为低电平时 NM_4 管截止，电源 V_{DD} 开始通过 PM_3 管所在支路对电容 C_2 充电，直到电容 C_2 上电压 V_{C2} 高于 NM_5 管阈值电压 V_{th_NM5}，此时 NM_5 管导通拉低 B 点电平，输出翻转为高电平。NM_1 栅压翻转为低电平而截止，V_{DD} 开始通过 PM_1 管所在支路对电容 C_1 充电，直到 C_1 上电压 V_{C1} 高于 NM_2 管阈值电压 V_{th_NM2}，此时 NM_2 管导通拉低 A 点电平，NM_3 管的栅极电压翻转为高电平，电容 C_2 开始通过 NM_3 管放电，直到 V_{C2} 低于 V_{th_NM5} 而使 NM_5 管截止。输出翻转为低电平，经反相器 INV_3 反相为高电平驱动 NM_1 管导通，电容 C_1 开始通过 NM_1 管放电，直到 V_{C1} 低于 V_{th_NM2} 而使 NM_2 截止，NM_3 栅压翻转为低电平，C_2 放电回路关闭并开始充电，形成下一个循环周期。

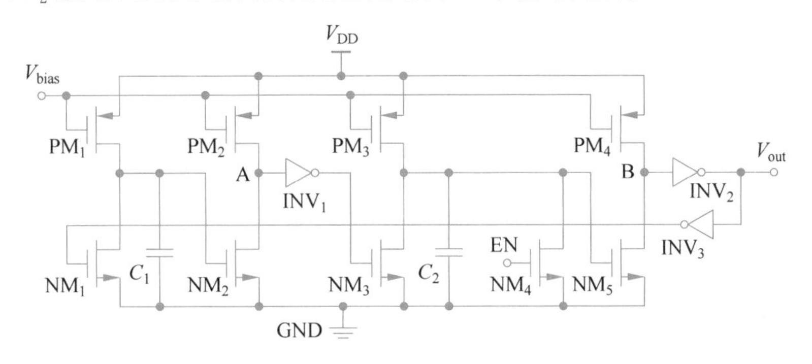

图 7-15　5 级延迟单元单端环形振荡器电路

通过以上对电路的分析可以得到，振荡器输出方波信号的周期为电容 C_2 充电至电压达到 V_{th_NM5} 所用时间 T_{C1} 与电容 C_1 充电至电压达到 V_{th_NM2} 所用时间 T_{C2} 的总和，即周期 $T=T_{C1}+T_{C2}$，且输出方波信号的占空比为 T_{C1}/T。由于 C_1 与 C_2 的充放电过程类似，下面在忽略 MOS 管源漏电压等其他次要参数影响的前提下，主要针对电容 C_2 进行分析。

在电容 C_2 的充电过程中，流过 PM_3 管的电流为

$$I_{PM3}=\frac{1}{2}\mu C_{ox}\left(\frac{W}{L}\right)_{PM3}(|V_{bias}-V_{DD}|-|V_{th\_PM3}|)^2 \tag{7.10}$$

电容 C_2 充电至电压达到 V_{th_NM5} 所用时间为

$$T_{C2}=\frac{C_2V_{th\_NM5}}{I_{PM3}} \tag{7.11}$$

电容 C_1 充电至电压达到 V_{th_NM2} 所用时间为

$$T_{C1}=\frac{C_1V_{th\_NM2}}{I_{PM1}} \tag{7.12}$$

振荡器输出的方波信号周期为

$$T=T_{C1}+T_{C2}=\frac{C_1V_{th\_NM2}}{I_{PM1}}+\frac{C_2V_{th\_NM5}}{I_{PM3}} \tag{7.13}$$

通过选取合适的电容值并设置合适的 MOS 管宽长比等参数，可以得到需要的输出信号周期与占空比。接下来对图 7-15 所示的振荡器进行仿真分析。5 级延迟单元单端环形振荡器仿真环境如图 7-16 所示。瞬态分析设置如图 7-17 所示。ADE 配置图如图 7-18 所示。

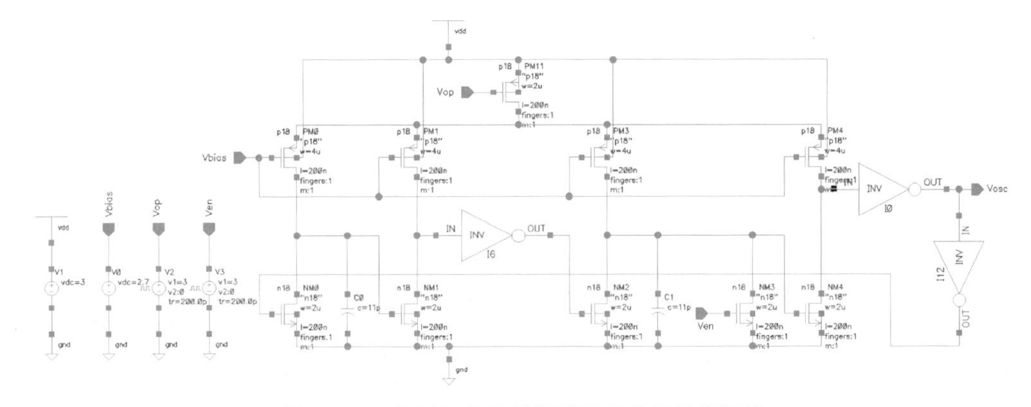

图 7-16　5 级延迟单元单端环形振荡器仿真环境

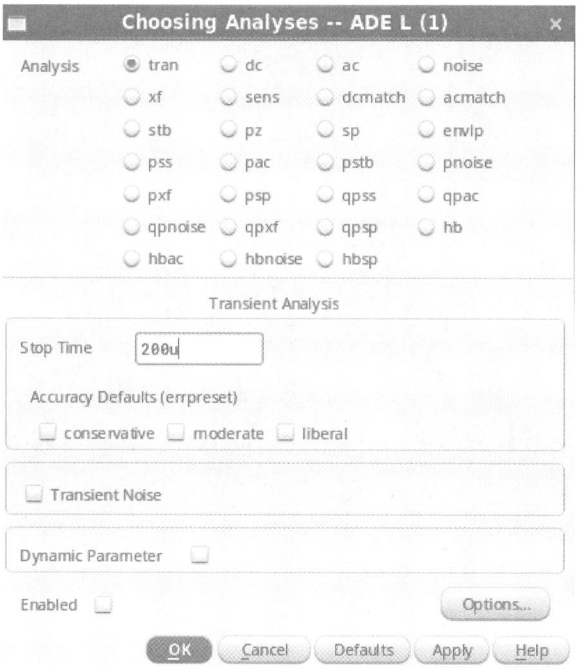

图 7-17　瞬态分析设置

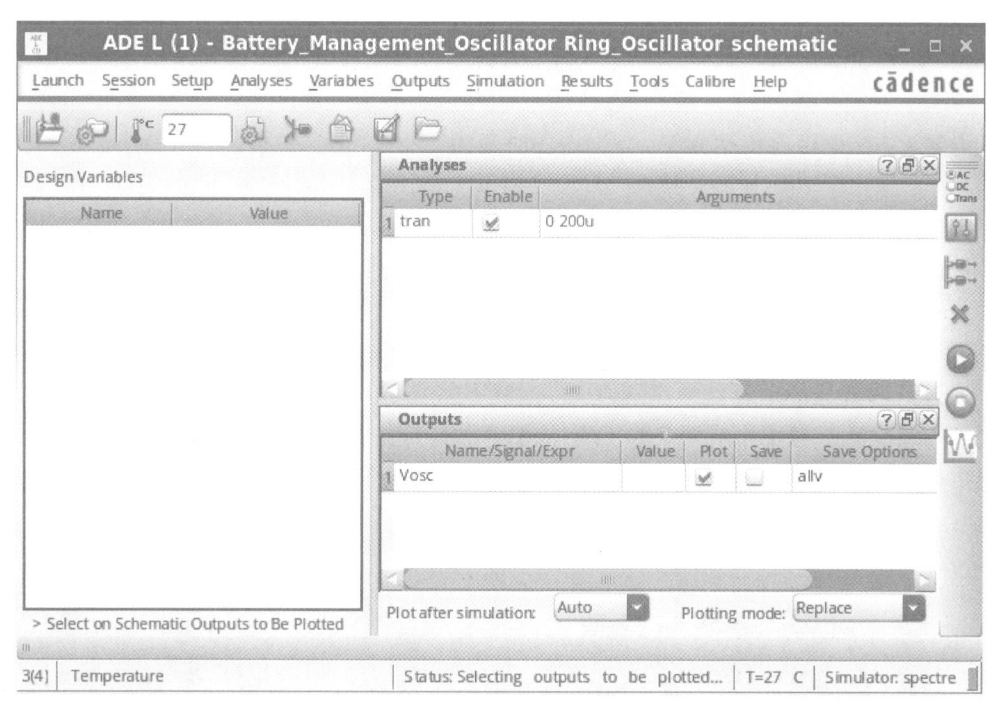

图 7-18　ADE 配置图

在 150μs 内对振荡器进行瞬态分析，得到其仿真波形如图 7-19 所示，输出方波信号 V_{out} 周期为 49.29μs，占空比接近 50%，且频率稳定；但同时也能很明显地观察到输出从低电平翻转至高电平的上升时间过长，达到 6.56μs，相当于下降时间(591.11ns)的 11 倍左右。这一缺点是由于MOS管具有的亚阈值导电特性使NM_5管在电容C_2充电过程中并不是随V_{C2}逐渐上升突然导通，而是在$V_{C2} \approx V_{th_NM5}$时就存在一弱反型层致使漏极与源极间存在微小电流。设此电流为I_{NM5}，当$V_{C2} < V_{th_NM5}$时有

$$I_{NM5} = \mu C_d \left(\frac{W}{L}\right)_{NM5} V_T^2 \left(\exp \frac{V_{C2} - V_{th\_NM5}}{\zeta V_T}\right)\left(1 - \exp \frac{-V_B}{V_T}\right) \tag{7.14}$$

式中：C_d为栅极下耗尽层电容；ζ为非理想因子，$\zeta > 1$。

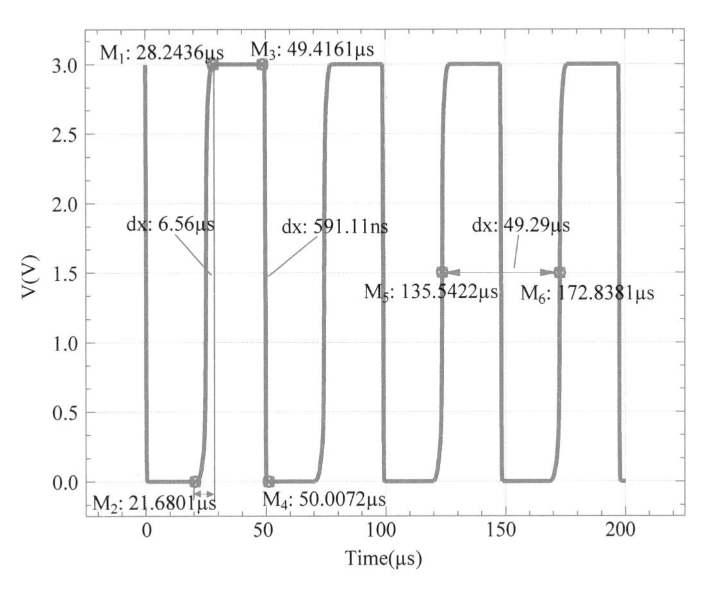

图 7-19　环形振荡器仿真结果

这一微弱漏源电流导致NM_5管漏端电压V_B的下降过程存在较大时延，本章通过优化电路结构以解决此问题。

图 7-20 为本章设计的振荡器电路，在图 7-15 的振荡器结构基础上进行了改进，其中PM_6为开关管，当使能信号EN_dely为高电平时PM_6管关断，切断整个振荡器模块电流以降低功耗。PM_5管栅极连接偏置电压V_{bias}，将该支路电流记为I_{PM5}，则C点电压可表示为

$$V_C = I_{PM5} R_1 \tag{7.15}$$

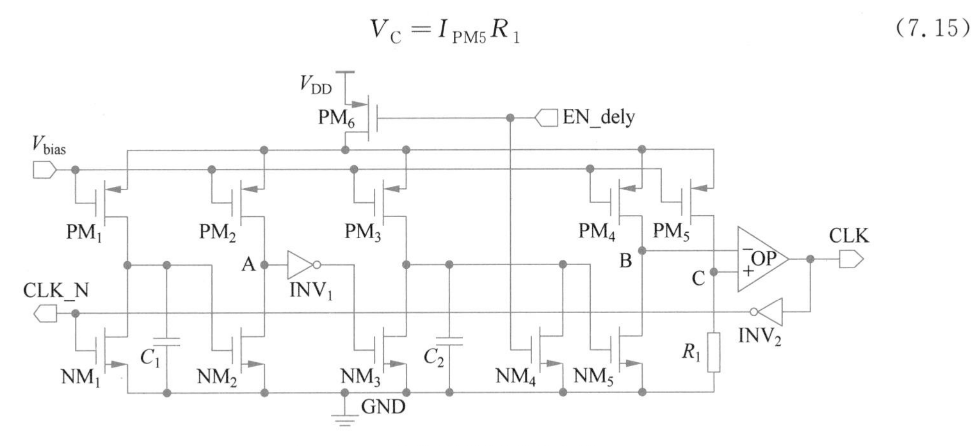

图 7-20　改进后的振荡器电路

将C点电压与B点电压分别接入运放OP的同相输入端与反向输入端，在电容C_2的充电过程中V_{C2}逐渐增大，随着NM_5管进入亚阈值导通区，电压V_B逐渐降低。当$V_B > V_C$时OP输出始终为低电平，$V_B < V_C$后OP输出翻转为高电平，NM_1管截止使电容C_1进入充电阶段，之后的工作状态与图7-15所示电路相同。因此，图7-20所示振荡器输出方波信号的上升时延与下降时延仅与运算放大器的开环放大倍数和建立时间有关，而周期与C点电压有关。通过设置合适的PM_5管沟道V电阻R_1的值将输出方波信号的周期设置为50μs，占空比为50%。

在Cadence中对图7-21所示电路进行瞬态仿真，得到如图7-22所示的仿真结果，可以观察到信号的上升时延为1.65μs，下降时延为970.99ns，周期为54.01μs，从起振开始至第一个上升沿到来的时间为28.98μs，每周期高电平持续时间为25.08μs，占空比约为46.6%，改进后的振荡器各项性能参数均较为良好且在误差允许范围内。

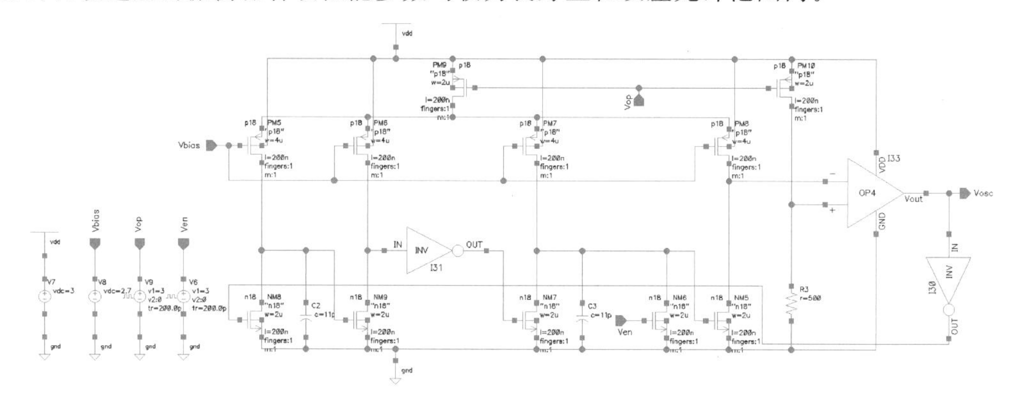

图7-21 改进后的振荡器仿真环境

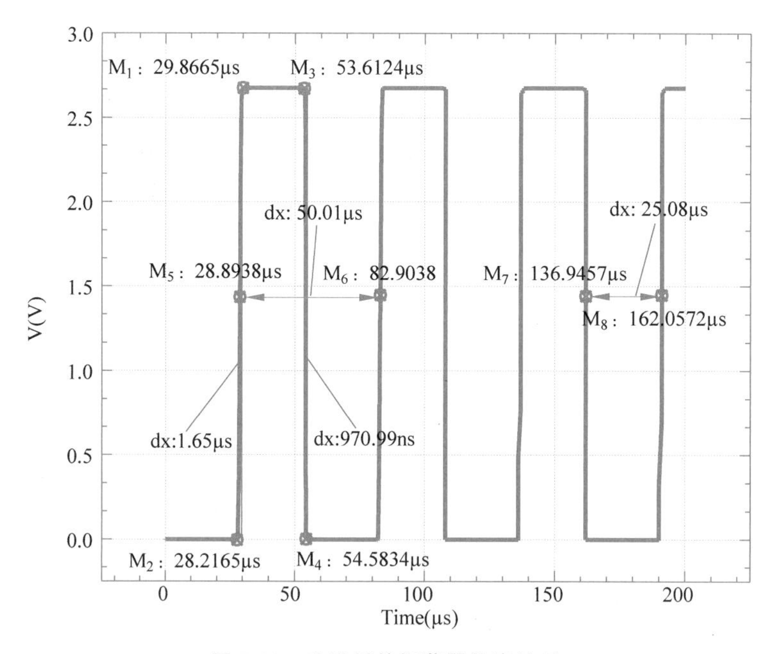

图7-22 改进后的振荡器仿真结果

本章设计的振荡器中用到的器件类型和指标要求如表 7-1 和表 7-2 所示。

表 7-1 MOS 器件类型和指标要求

MOS 管	类型	W/L	MOS 管	类型	W/L
NM_1	NMOS	2μm/200nm	PM_1	PMOS	4μm/200nm
NM_2	NMOS	2μm/200nm	PM_2	PMOS	4μm/200nm
NM_3	NMOS	2μm/200nm	PM_3	PMOS	4μm/200nm
NM_4	NMOS	2μm/200nm	PM_4	PMOS	4μm/200nm
NM_5	NMOS	2μm/200nm	PM_5	PMOS	2μm/200nm
—	—	—	PM_6	PMOS	2μm/200nm

表 7-2 晶体管、电阻、电容器件类型和指标要求

器件	类型	指标要求	器件	类型	指标要求
R_1	RES	500Ω	C_1	CAP	11pF
C_2	CAP	11pF	—	—	—

第8章

比较器的设计与仿真实例

比较器作为运算放大器的一种设计被广泛地应用在各种规模和功能的集成电路系统中，如模数转换器、自动控制电路、电源电压检测电路等，其功耗、速度、精度等性能影响并限制电路整体的性能。

前两章着重讲解了运算放大器的基本原理与设计，已经基本掌握设计一款运放的基本方法和流程。本章先了解比较器的基本类型，然后设计一款可再生比较器，可以应用于数模混合信号的电路中，如模数转换器。在模数转换器中，比较器主要用来比较经过采样后的模拟信号以此确定该信号的数字量。显然，具有高速和低失调的比较器是设计出高性能模数转换器的关键因素之一。

8.1 比较器及其分类

比较器主要用来比较两个模拟电压信号或一个模拟电压信号与参考电压的比较，输出为二进制信号 0 或 1。图 8-1(a)为比较器的符号图，V_p 为同相输入端，V_n 为反相输入端，当正相端口的输入电压 V_p 大于反相端口的输入电压 V_n 时，比较输出 V_o 为“1”，反之则比较输出 V_o 为“0”。图 8-1(b)为一般理想比较器的电压传输特性曲线。为满足多种功能的集成电路系统，人们不断对比较器的结构功能进行了改进，由一般的单限比较器改进出滞回比较器、窗口比较器等，下面介绍这三种典型的比较器电路结构及特点。

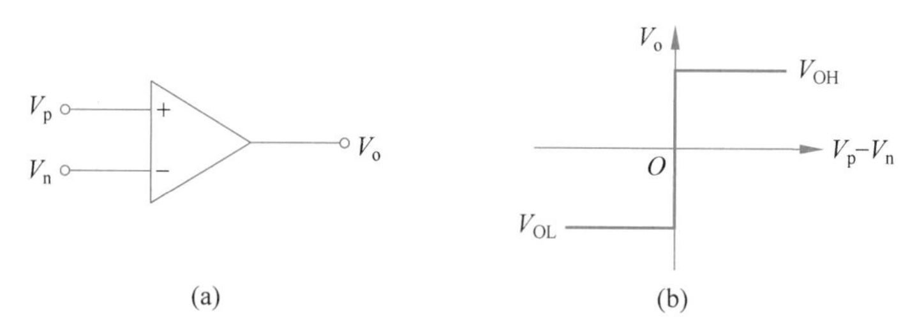

图 8-1 一般理想比较器的符号图及电压传输特性曲线图

单限比较器如图 8-2(a)所示，只有一个阈值电压，无反馈回路，可直接比较两个输入端的电压值。当比较器的反相端为参考电压(可视为阈值电压)，同相端为待测的输入电压时，输入电压增大(减小)到阈值电压，则输出从低电平跃迁到高电平(从高电平跃迁到低电平)，如图 8-2(b)所示。单限比较器的结构简单，灵敏度高。但抗干扰能力差，输入电压在阈值电压附近时，任何频率或噪声的影响引起的微小变化都会引起输出电压的跃迁。另外，单限比较器在设计作为数字电路产生的输入信号的电路时，需要考虑比较器内部运放与数字电路接口的匹配性，多节运放的不同频率间可能产生干扰。当单限比较器的阈值电压为0V时，通常称为过零比较器。

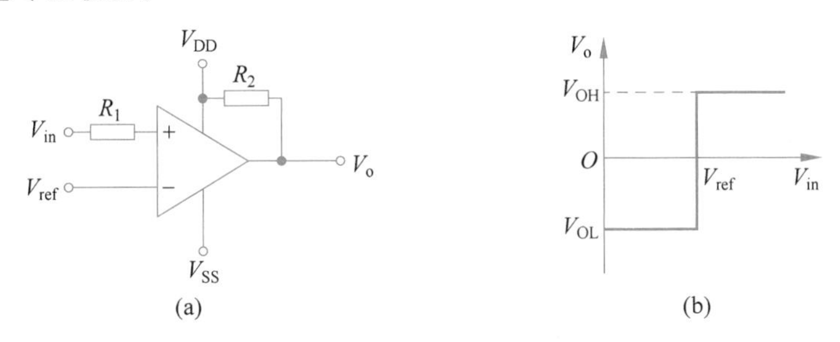

图 8-2 单限比较器的符号图及电压传输特性曲线图

滞回比较器又称为施密特触发器、迟滞比较器，其是在单限比较器中引入正反馈，如图 8-3(a)比较器的输出端通过一个反馈电阻接到负输入端。如图 8-3(b)所示，输入电压在增大或减小时有两个不等的阈值电压 V_{thL} 和 V_{thH}，在输入电压变化的方向不同时，输出跃迁的临界电压不同，也因此具有一些抗干扰能力，但响应速度慢，其传输曲线具有滞回的特点。

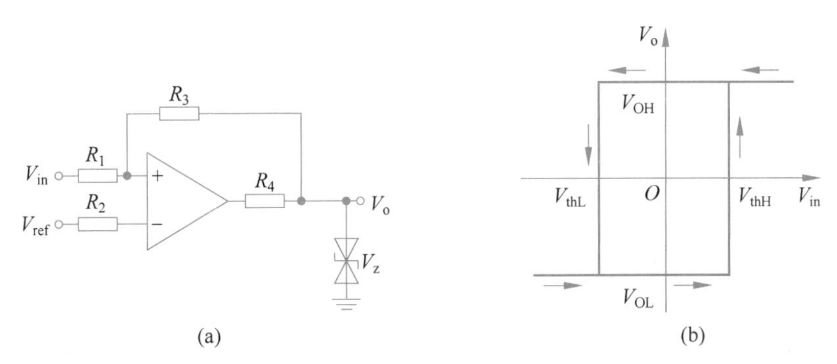

图 8-3 滞回比较器的符号图及电压传输特性曲线图

窗口比较器又称为双限比较器，它由两个单限比较器组成，如图 8-4(a)所示。如图 8-4(b)所示，当输入电压 V_{in} 大于 V_{rh} 或小于 V_{rl} 时，二极管 D_1 和 D_2 只有一个导通，当输入电压 V_{in} 在 V_{rh} 和 V_{rl} 之间时，二极管 D_1 和 D_2 都为截止状态，输出电压 $V_o=0$。由于窗口比较器的输入电压有两个阈值电压，即低阈值电压 V_{thL} 和高阈值电压 V_{thH}，因此稳定性比较好。

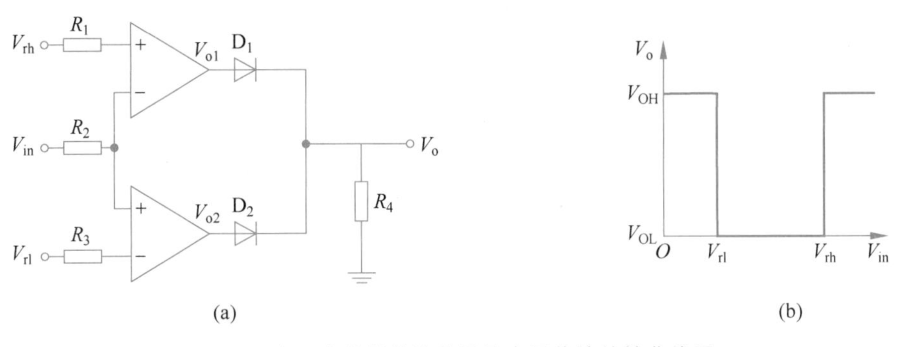

图 8-4 窗口比较器的符号图及电压传输特性曲线图

8.2 中高精度比较器的设计与分析

根据工作原理，可以把比较器划分为开环比较器和可再生比较器。开环比较器是基于非补偿运算放大器。可再生比较器应用类似于传感放大器或触发器的正反馈来完成对两个信号幅度的比较，可再生比较器又称为锁存比较器。开环比较器由两级或两级以上放大器开环使用，开环放大器通常容易实现高精度，但功耗相对于可再生比较器较大。可再生比较器传输时延低，由于存在锁存器，容易设计为超高速比较器，但它的输出失调电压较大，因此不容易实现高精度。若将上述两种比较器级联，则该比较器可应用在逐次逼近型模数转换器(Successive Approximation Register Analog-to-digital Converter，SAR ADC)中，既满足精度要求又可实现高速。下面通过设计一种适用于 SAR ADC 的中精度比较器来理解比较器整体的设计方法和为满足目标参数性能对比较器结构及 MOS 管尺寸的设计。

设计的高速高精度比较器结构由前置运放、锁存比较器和输出缓冲级组成，如图 8-5 所示。

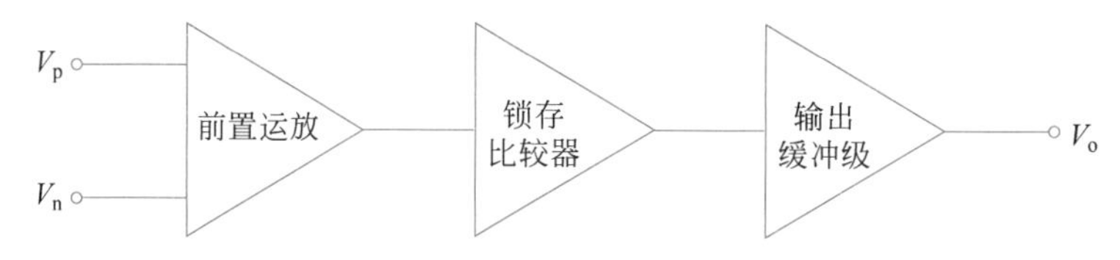

图 8-5 锁存比较器结构示意图

8.2.1 比较器的性能参数

比较器的基本特性为静态特性和动态特性。静态特性包括比较器的增益、精度、失调电压、输入共模范围以及回踢噪声；而动态特性主要体现在传输时延。下面分别介绍这几种特性的意义以及它们的决定因素。

1. 增益

在实际设计中比较器具有有限的增益，比较器的增益可表示为

$$A_v = \frac{V_{OH} - V_{OL}}{V_{IH} - V_{IL}} \tag{8.1}$$

式中：V_{OH}、V_{OL} 为比较器输出最大和最小电压；V_{IH}、V_{IL} 分别为使得输出达到最大值和最小值所需的输入电压差。

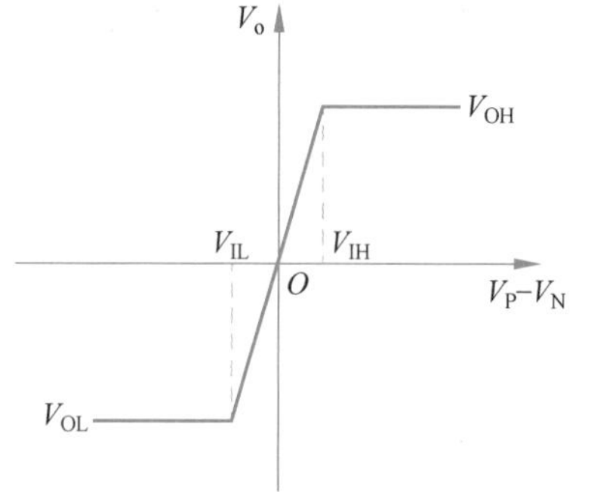

图 8-6 有限增益比较器传输曲线

图 8-6 为有限增益比较器的传输特性曲线。比较器的增益是最重要的特性，决定了比较器能在两个二进制数字之间转换所需的最小输入变化量，即定义了比较器的精度。

2. 精度

使比较器输出能在数字量“0”和“1”之间转换的最小差分输入信号称为比较器的精度，也称分辨率。比较器的最小输入信号为

$$V_{\text{INmin}}=\frac{V_{\text{OH}}-V_{\text{OL}}}{A_{\text{v}}} \tag{8.2}$$

比较器的精度主要受增益 A_{v} 和输入失调电压 V_{offset} 的影响，增益 A_{v} 越大，比较器精度相对越高，比较电压值就越灵敏。使比较器输出的数字量发生变化的最小输入电压差为输入失调电压 V_{offset}。图 8-7 为包含输入失调电压的比较器传输曲线，与图 8-6 相比，输入电压差值在一个大于零的值时输出才发生变化，这个大于零的差值为比较器的输入失调电压 V_{offset}，输入失调电压越小，精度越高。理想的输入失调电压为 0V；但受生产工艺的偏差、环境以及工作点设置的影响，目前设计的比较器结构其输入失调电压基本不能达到 0V。可通过仿真将工作点设置的影响引入的失调电压控制在一定范围内，不会对电路性能产生太大的影响。然而，由于生产工艺和环境因素引入的失调电压比较随机，没有一定的规律遵循，并且受温度变化而漂移，对于这种情况，减小失调电压的方法主要有输入失调存储和输出失调存储。

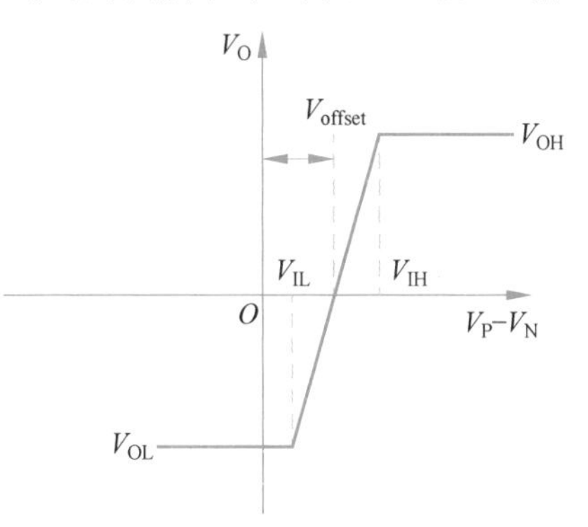

图 8-7　含有输入失调电压的比较器传输曲线

3. 输入共模范围

比较器工作在连续得出比较结果的状态下输入的电压范围称为输入共模范围。

4. 回踢噪声

由于 MOS 管电荷馈通，比较器的输出数字逻辑信号会对输入电压信号的影响产生的噪声。回踢噪声会在比较器引入一部分失调电压，应用在 SAR ADC 中会进一步影响其精度。

5. 传输时延

比较器的输入激励与输出响应之间的传输时间称为传输时延 t_{p}，如图 8-8 所示。比较器的动态特性在小信号工作状态下和大信号工作状态下有所不同，当比较器的输入信号比较小时用小信号分析的方法完成，这时传输时延会随着输入幅度的增大而减小；当输入幅度增大到一个极限值时，传输时延不再发生变化，这时电压的变化率称为压摆率，此时比较器将进入大信号工作状态。

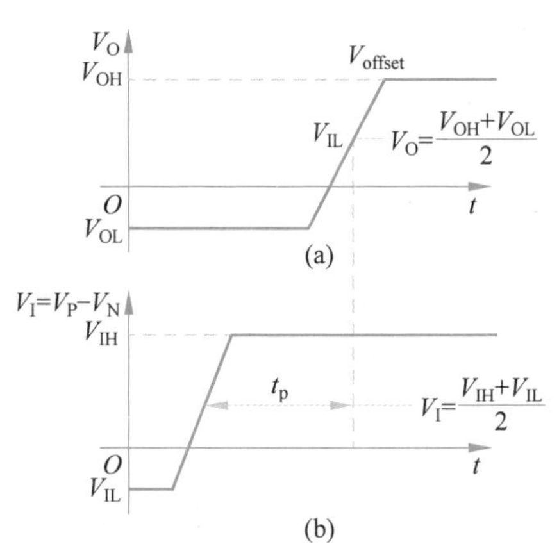

图 8-8　比较器的传输延迟

在小信号状态下，比较器的动态特性由比较器的频率响应决定，则传输时延主要与比较器的增益和输入共模范围有关。提高增益和增大输入幅度都可以减小时延。可利用一个简单模型表示，假设比较器的差分电压增益为

$$A_{\text{v}}(s)=\frac{A_{\text{v}}(0)}{\dfrac{s}{\omega_{\text{c}}}+1}=\frac{A_{\text{v}}(0)}{s\tau_{\text{c}}+1} \tag{8.3}$$

式中：$A_{\text{v}}(0)$为直流增益；ω_{c} 为比较器频率响应单极点(主极点)的 -3dB 频率，$\omega_{\text{c}}=1/\tau_{\text{c}}$。

根据式(8.2)确定比较器的最小电压为

$$V_{\text{in(min)}}=\frac{V_{\text{OH}}-V_{\text{OL}}}{A_{\text{v}}(0)} \tag{8.4}$$

当输入信号为阶跃信号时，根据式(8.3)可知，比较器是以一阶指数响应从 V_{OL} 上升至 V_{OH}（或从 V_{OH} 下降至 V_{OL}），当 $V_{\text{in(min)}}$ 加在比较器上时，有

$$\frac{V_{\text{OH}}-V_{\text{OL}}}{2}=(1-\mathrm{e}^{-t_{\text{p}}/\tau_{\text{c}}})A_{\text{v}}(0)V_{\text{in(min)}} \tag{8.5}$$

由式(8.5)可推出比较器传输时延的表达式为

$$t_{\text{p}}=-\tau_{\text{c}}\ln\left(1-\frac{V_{\text{OH}}-V_{\text{OL}}}{2A_{\text{v}}(0)V_{\text{in(min)}}}\right) \tag{8.6}$$

将式(8.4)代入式(8.6)，得比较器阶跃信号为 $V_{\text{in(min)}}$ 时的最大传输时延为

$$t_{\text{p}}=-\tau_{\text{c}}\ln 2=0.693\tau_{\text{c}} \tag{8.7}$$

若比较器的输入信号为 $V_{\text{in(min)}}$ 的 K 倍，则传输时延为

$$t_{\text{p}}=-\tau_{\text{c}}\ln\left(\frac{2K}{2K-1}\right) \tag{8.8}$$

由以上分析可以得出：当比较器的输入越大时，传输时延越短。

当比较器的输入信号增大时，比较器进入大信号状态，压摆率就决定了传输时延的大小。这时，传输时延可以表示为

$$t_{\text{p}}=\Delta T=\frac{\Delta V}{\text{SR}}=\frac{V_{\text{OH}}-V_{\text{OL}}}{2\text{SR}} \tag{8.9}$$

式中：SR 为压摆率，它主要受输出驱动能力的限制，驱动能力主要表现为对负载电容充放电能力，因此可以通过增大比较器的驱动能力，也就是增大比较器的驱动电流，从而提高了压摆率，减小了传输时延。

上述为比较器主要性能参数，在本设计中要求高速高精度比较器性能的目标参数：电源电压为 3.3V；分辨率为 0.586mV；输入失调电压为 0.4mV。

8.2.2 前置运算放大器的设计

前置运算放大器设计的目的是使锁存比较器的输入达到使其能够建立更短的响应时间，前置放大器应将输入的变化放大得足够明显才将其输出加到锁存比较器上。图 8-9 为前置放大器、锁存比较器及预放大锁存比较器的阶跃响应。前置放大器具有负指数响应，锁存比较器具有正指数响应，预放大的前置放大器在开始时电压变化快，锁存比较器在电压变化一段时间后速度快。因此，在前置放大器将输入电压放大到一定值后将其加在锁存器输入端再进行转换，会进一步提升比较器的响应速度。单级开环比较器通常直流增益较大而带宽较小，因此建立时间较大，不能用于 SAR ADC 电路中。在本设计中需要选用低增益、高带宽的开环比较器作为前置运放。必须首先明确前置放大器增益，而确定前置放大器的增益首先要观察锁存比较器的失调

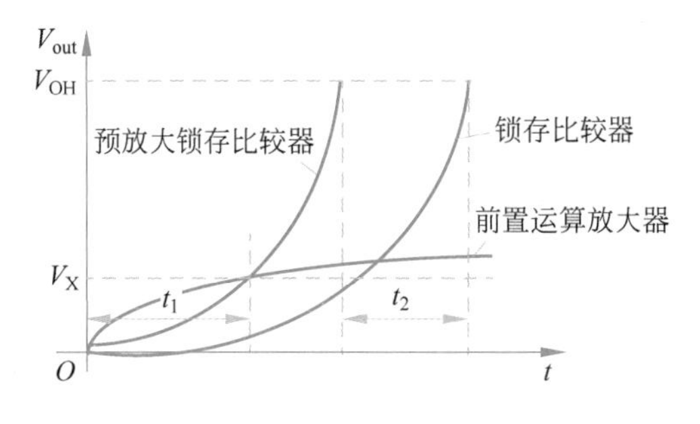

图 8-9 前置运算放大器、锁存比较器及预放大锁存比较器的阶跃响应

电压，由于本设计的比较器需要适用于采样速率为 500kS/s、分辨率为 12 位的 SAR ADC，因此需要将 1/2LSB 电压放大超过锁存器的失调电压，锁存器才能正常工作，若 ADC 参考电压为 2.4V，则分辨率为

$$1\text{LSB}=2.4/2^{12}\approx 0.586(\text{mV}) \tag{8.10}$$

可得

$$1/2\text{LSB}\approx 0.293(\text{mV}) \tag{8.11}$$

需要前置运放的增益为

$$A_{\text{preamp}}>V_{\text{OS,Latch}}/0.293(\text{mV}) \tag{8.12}$$

通过仿真和工艺文件估算锁存器的 3σ 失调电压约为 20mV，可以计算得出前置运放的增益 $A_{\text{preamp}}\approx 69$。由于前置放大器不同级间的电压会由于耦合衰减，因此前置运放的增益设计应大于计算所得出的值。将前置放大器增益设定为 120，同时采样速率为 500kS/s 的 ADC 外部时钟设计为 10MHz，因此每一位逐次逼近的转换周期为 100ns，则前置放大器的放大时间约为 80ns，保证数字输出的误差在合理范围内的条件下，前置放大器在 40ns 内应达到 90%的精度，因此

$$\mathrm{e}^{-2\pi f_{-3\text{dB}}t}<10\% \tag{8.13}$$

通过式(8.13)可以计算得出前置放大器的－3dB 带宽应大于 9.2MHz，在满足增益的要求下尽量实现高带宽，对增益和带宽进行折中，将 120 的增益分为两级运算放大器去实现，第一级以及第二级放大器分别设计实现达到放大倍数 4 和 30。

这里设计前置运算放大器的第一级为电阻负载的源极耦合差分对，第二级为带有正反馈环路的源极交叉耦合差分对。图 8-10 为电阻负载的源极耦合差分对，采用电阻负载的源极耦合差分对相比于二极管连接的负载具有更快的响应时间，其增益表示为

$$A_{\text{d1}}=g_{\text{m}}R_1 \tag{8.14}$$

式中：g_{m} 为差分对管 M_1 和 M_2 的跨导；R_1 为负载电阻。

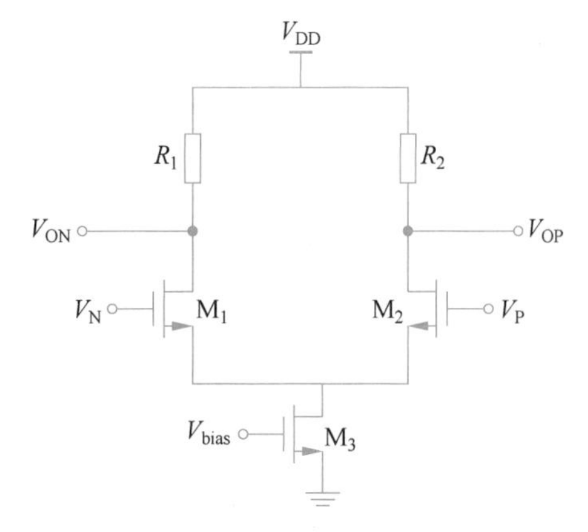

图 8-10　电阻负载的源极耦合差分对

本设计同样采用 SMIC 0.18μm 工艺。综合考虑电阻版图面积和功耗等因素，设计负载电阻为 8kΩ，由此可求得跨导 $g_{\text{m}}=0.75\text{mS}$，同时设定 M_1 和 M_2 所在支路电流各为 200μA，根据 MOS 管电流电压方程可推导得出差分管 M_1 和 M_2 的跨导公式如下：

$$g_{\text{m}}=\sqrt{2\mu_{\text{n}}C_{\text{ox}}\frac{W}{L}I_{\text{D}}} \tag{8.15}$$

计算可得出 M_1 和 M_2 管的宽长比约为 4.4。

图 8-11 为带有正反馈环路的源极交叉耦合差分对，M_6 和 M_7 管栅源极交叉互连形成电压正反馈环路，其增益为

$$A_{\text{d2}}=\sqrt{\frac{\mu_{\text{n}}(W/L)_4}{\mu_{\text{p}}(W/L)_5}}\,\frac{1}{1-\alpha} \tag{8.16}$$

式中：$\alpha=(W/L)_9/(W/L)_6$ 为正反馈因子，一般该值为 0.75 比较合适，这样增益就增大为原来的 4 倍，α 最大值为 0.9，当 $\alpha>0.9$ 之后，由于工艺偏差等因素的影响而引入的器件失配可能会使得 α 接近 1，则整体的增益将变为无穷大，使该输入级的工作模式变成了交叉耦合的锁存器。已知第二级运放增益为 30，根据式(8.16)可以计算得出$(W/L)_4/(W/L)_6\approx45$，设计 M_6 和 M_7 管的宽长比为 8，M_4 和 M_5 管的宽长比为 360，M_8 和 M_9 管的宽长比为 6，具体 MOS 管的宽长比会根据仿真进行调整，最终确定前置运算放大器的器件参数如表 8-1 所示。

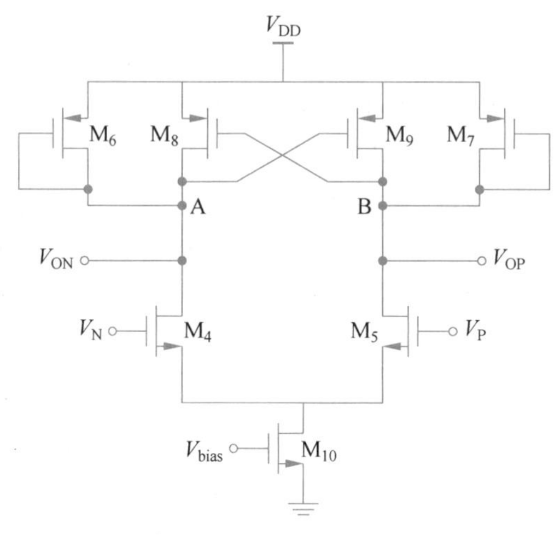

图 8-11 带有正反馈环路的源极交叉耦合差分对

表 8-1 前置运放的器件参数

Instance Name	Model	W/μm	L/nm	Multiplier
M_1	NMOS	5.6	350	8
M_2	NMOS	5.6	350	8
M_3	NMOS	2.5	350	4
M_4	NMOS	5.6	350	6
M_5	NMOS	5.6	350	6
M_6	PMOS	3	350	2
M_7	PMOS	3	350	2
M_8	PMOS	7.5	350	1
M_9	PMOS	7.5	350	1
M_{10}	NMOS	2.5	350	4
R_1	RES	1.9	6	8
R_2	RES	1.9	6	8

将比较器应用于高分辨率的场景中，常需要失调存储技术改善输入失调电压，为了快速实现转换，必须提高比较器的建立时间，则前置预放大器可采用多个低增益、高带宽的差分放大器进行级联设计。如图 8-12 所示，在本设计中采用一种输出失调电压存储，短接前一级运放的输入端，将放大器的失调电压存储在耦合电容上以此抵消失调电压。将 NMOS 管作为开关，当 CP 时钟端为高电平时，开关 $S_1\sim S_4$ 导通，S_5 和 S_6 截止，运放的失调电压存储在电容 C_1 和 C_2 上，此时为失调抵消模式。当 CP 时钟为低电平时，开关 $S_1\sim S_4$ 截止，S_1 和 S_3 导通，比较器的输出电压可正常通过放大器放大并输入到锁存比较器中，在输出端产生逻辑电平。

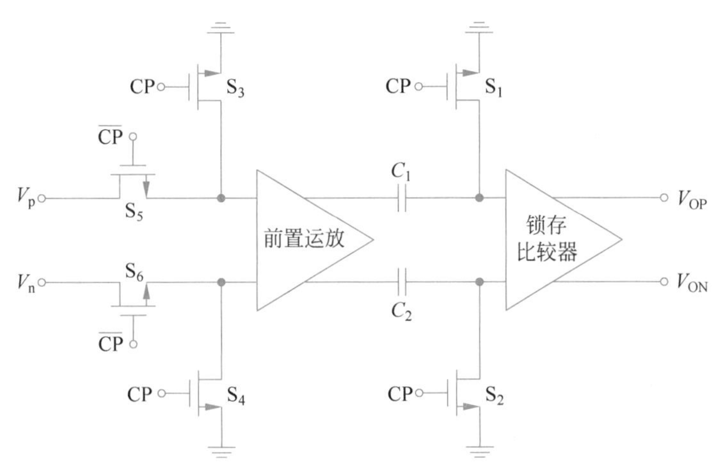

图 8-12　带有输出失调存储技术的全差分比较器

8.2.3　动态锁存比较器的设计

动态比较器受时钟控制的影响静态功耗几乎为零且速度较快，但也因此具有较大的失调电压和回踢噪声，会限制 ADC 电路系统中的分辨率。

动态锁存比较器有两种工作状态，即复位状态和比较状态，如图 8-13 所示，当控制时钟 CLK 为低电平时，比较器处于复位状态，M_7、M_8、M_9、M_{10} 管处于导通状态，锁存比较器输出节点 A 和 B 被复位到高电平。当控制时钟 CLK 为高电平时，M_7、M_8、M_9、M_{10} 管处于截止状态，节点 N 和 P 处的电荷将根据差分输入电压和的大小有着不同的泄放速率，当节点 N 和 P 的电压差值增大到一定程度时 M_1、M_2、M_5、M_6 管组成的交叉耦合正反馈机制将被触发，则其中一个节点就会快速被上拉至高电平，另一个节点会快速下拉至低电平，最终得到比较结果。通常，锁存比较器后会级联两个反相器作为输出缓冲级，使其能输出数字逻辑的高低电平。

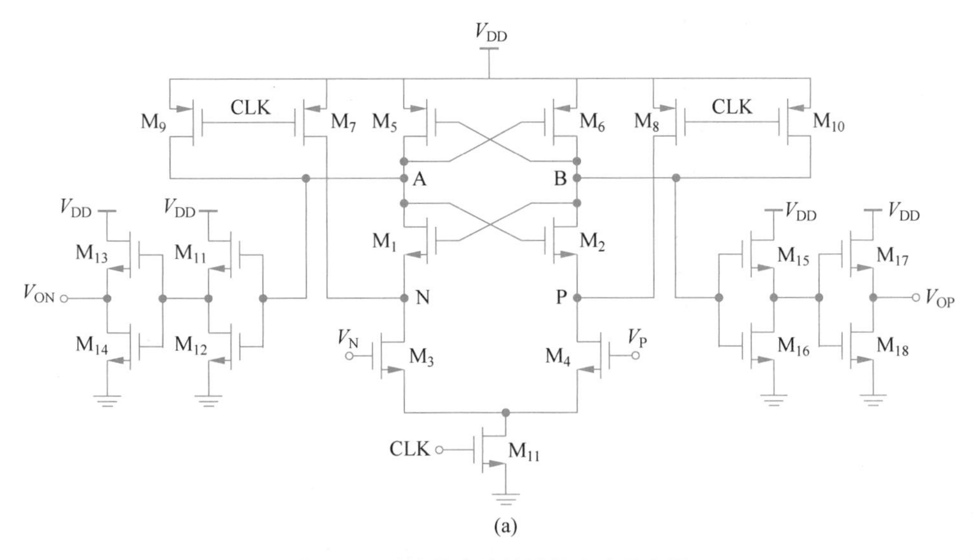

图 8-13　动态锁存比较器的电路示意图

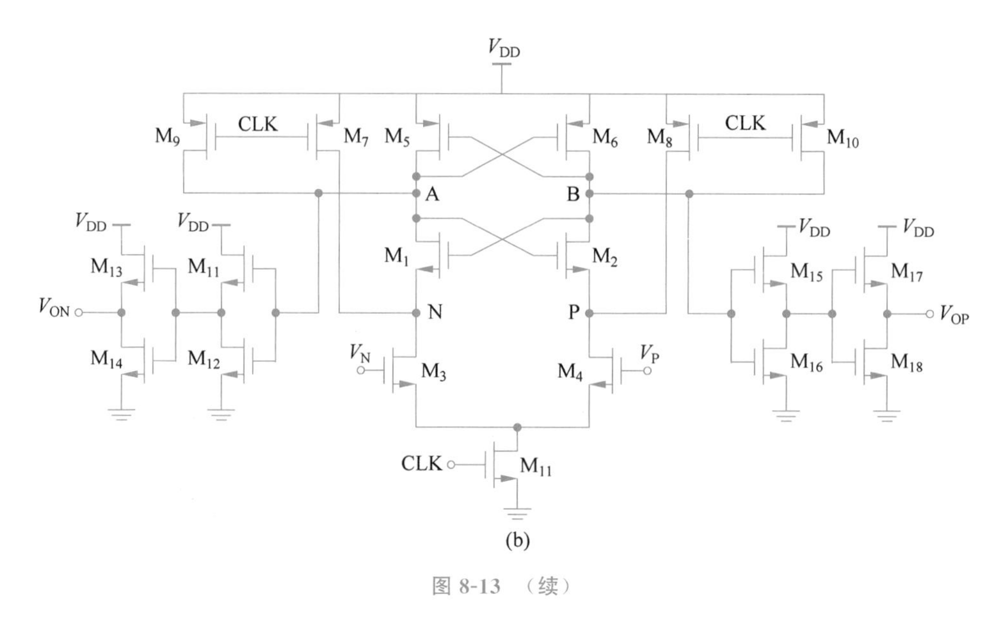

(b)

图 8-13 （续）

表 8-2 列出动态比较器的器件参数，在 8.3 节中会根据表 8-2 所列的参数对电路进行设计仿真，验证其性能是否满足目标参数。

表 8-2 动态锁存比较器的器件参数

Instance Name	Model	$W/\mu m$	L/nm	Multiplier
M_1	NMOS	1.2	350	1
M_2	NMOS	1.2	350	1
M_3	NMOS	1.9	550	4
M_4	NMOS	1.9	550	4
M_5	NMOS	1	350	2
M_6	NMOS	1	350	2
M_7	NMOS	1	350	2
M_8	NMOS	1	350	2
M_9	NMOS	1	350	2
M_{10}	NMOS	1	350	2
M_{11}	NMOS	300	300	1
M_{12}	NMOS	350	350	1
M_{13}	PMOS	300	300	1
M_{14}	PMOS	350	350	1
M_{15}	PMOS	300	300	1
M_{16}	PMOS	350	350	1
M_{17}	PMOS	300	300	1
M_{18}	PMOS	350	350	1

8.3 比较器的仿真实例

8.1 节设计出可再生锁存比较器的基本电路结构并且对各个 MOS 管尺寸进行了计算，本节首先利用 Cadence 软件对所设计的比较器电路进行功能仿真，验证是否能实现比较输出的功能；其次对其进行基本的性能仿真，包括前置差分运算放大器的增益仿真、比较器整体的输入失调仿真以及传输时延的仿真。

8.3.1 比较器的功能仿真

在3.3V电源电压下，分别对比较器设置方波和正弦两种激励信号，在相同的基准信号下，对比较器电路进行逻辑功能仿真，如图8-14所示。

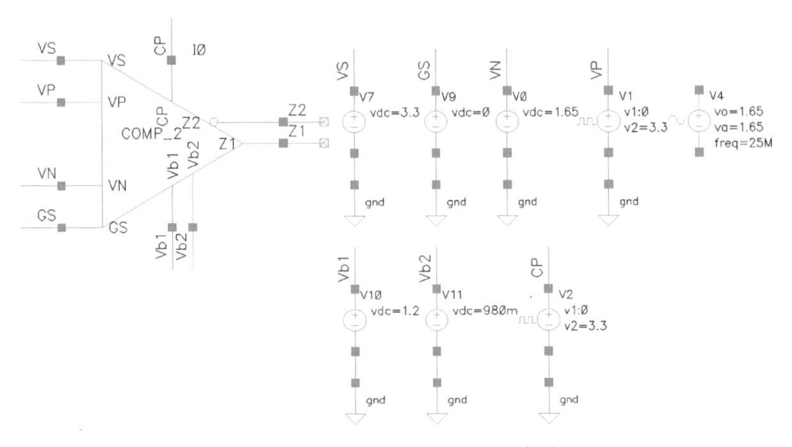

图8-14　比较器功能仿真环境电路图

CP时钟信号设置周期为10ns，高电位为3.3V，输入端V_P设置周期为100ns、高电位为3.3V，V_N端参考电压设置为1.65V，其仿真结果如图8-15所示。当时钟信号为高电平时，输入信号V_P与基准信号V_N进行比较：当输入信号电压大于参考电压时，输出Z_1端为高电位，Z_2端为低电位；当输入信号电压小于参考电压时，输出Z_1端为低电位，Z_2端为高电

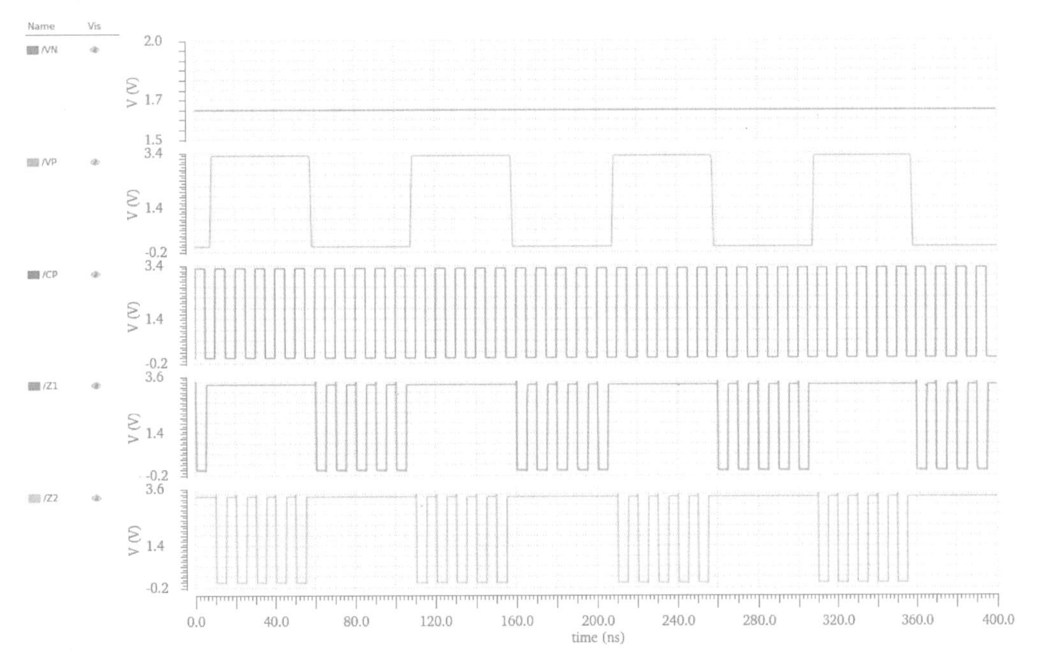

图8-15　激励为方波信号时的比较器功能仿真波形

位。而当时钟信号为低电平时，则比较器复位，输出全置为高电平。将输入端 V_P 设置为频率为 25MHz 的正弦信号时(图 8-16)，其结果与上述一致。

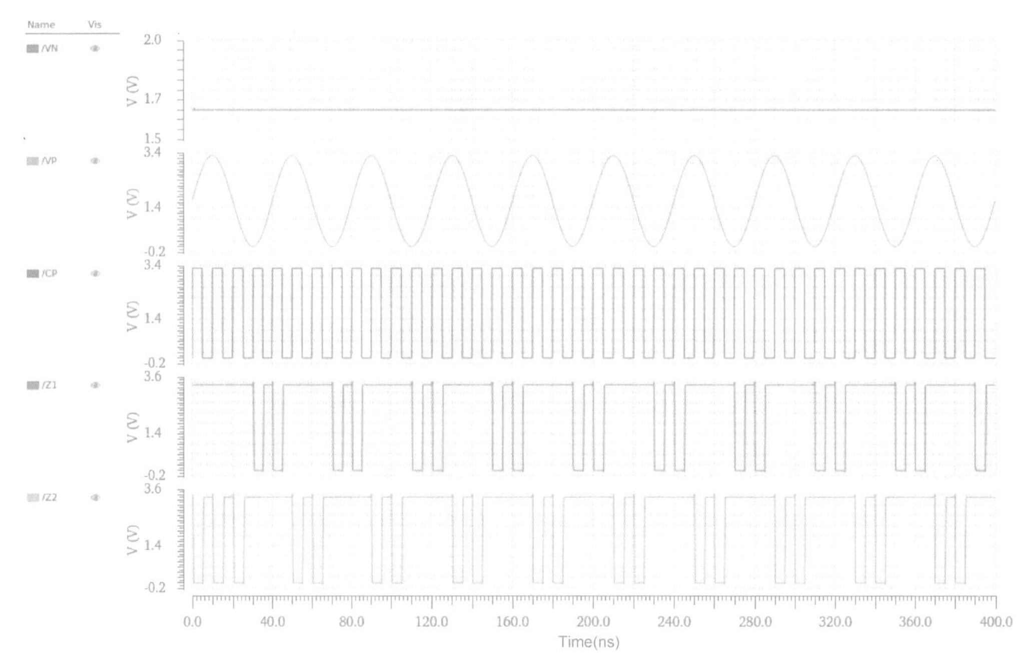

图 8-16　激励为正弦信号时的比较器功能仿真波形

8.3.2　比较器前置运算放大器的仿真

根据 8.1.2 节设计的前置运放，在 Cadence 中对其原理图进行绘制并搭建仿真环境，如图 8-17 所示，以此仿真验证前置运放的增益和带宽是否满足设计。

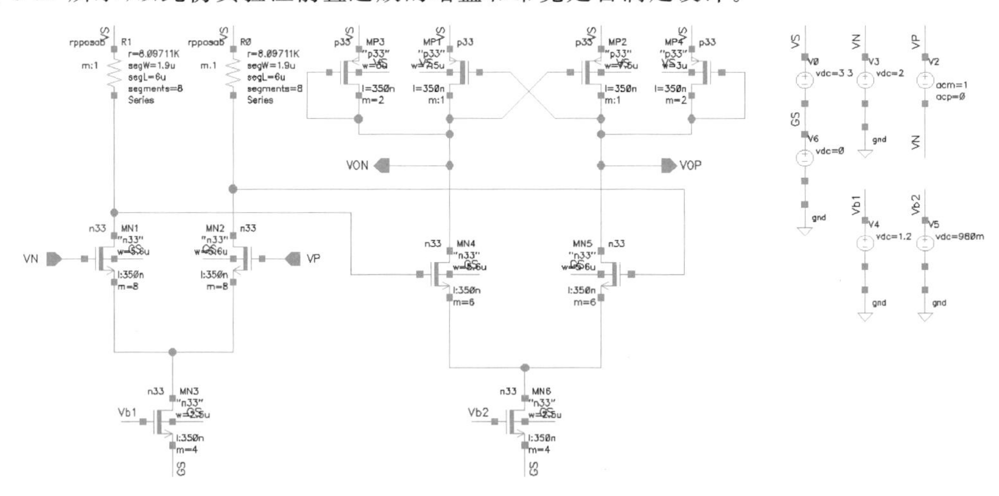

图 8-17　前置运放的电路仿真环境

在前置运放的差分输入端添加交流单位小信号，对电路进行交流仿真，差分输出端口的电压幅值即为前置运放的增益，增益下降 3dB 的频率即为前置运放的带宽，如图 8-18 增益为 46.12dB，−3dB 带宽为 39.81MHz，满足设计要求。

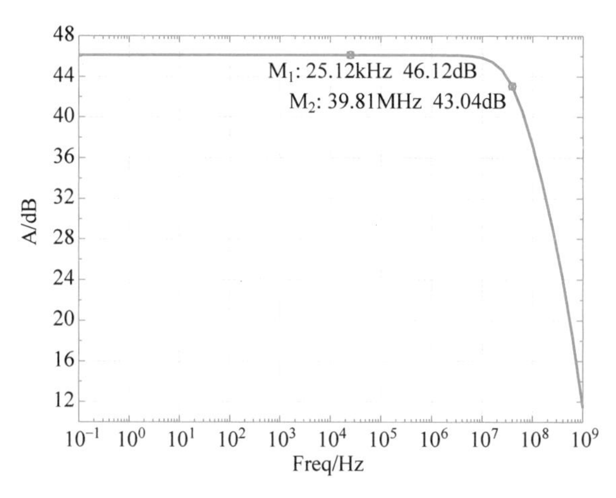

图 8-18　前置运算放大器的增益带宽

8.3.3　动态比较器的输入失调仿真

动态比较器失调仿真环境如图 8-19 所示，首先在输入端 V_N 添加为一个 700mV 的固定电压，另一输入端 V_P 添加为一个上升非常缓慢的斜坡信号，其设置如图 8-20 所示；其次在比较器的输出端加一个理想比较器和 D 触发器，D 触发器的时钟信号与动态比较器的时钟信号一致，时钟频率为 10MHz，理想比较器和 D 触发器的参数设置如图 8-21 所示。

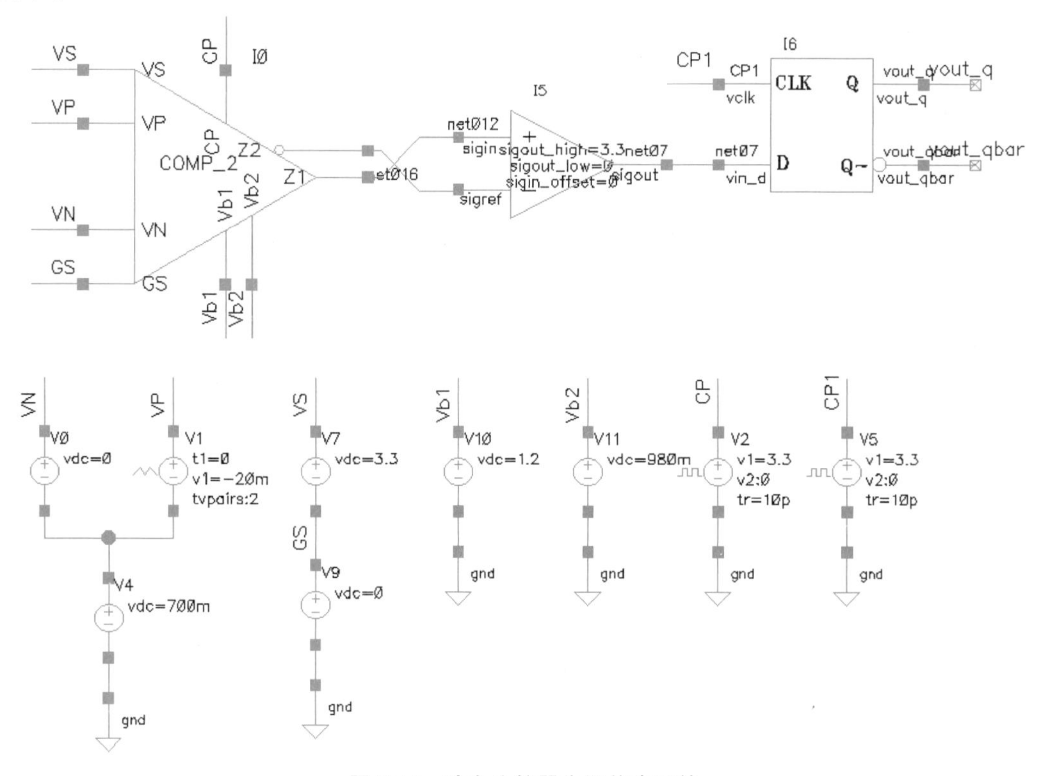

图 8-19　动态比较器失调仿真环境

图 8-20　V_P 输入斜坡信号设置

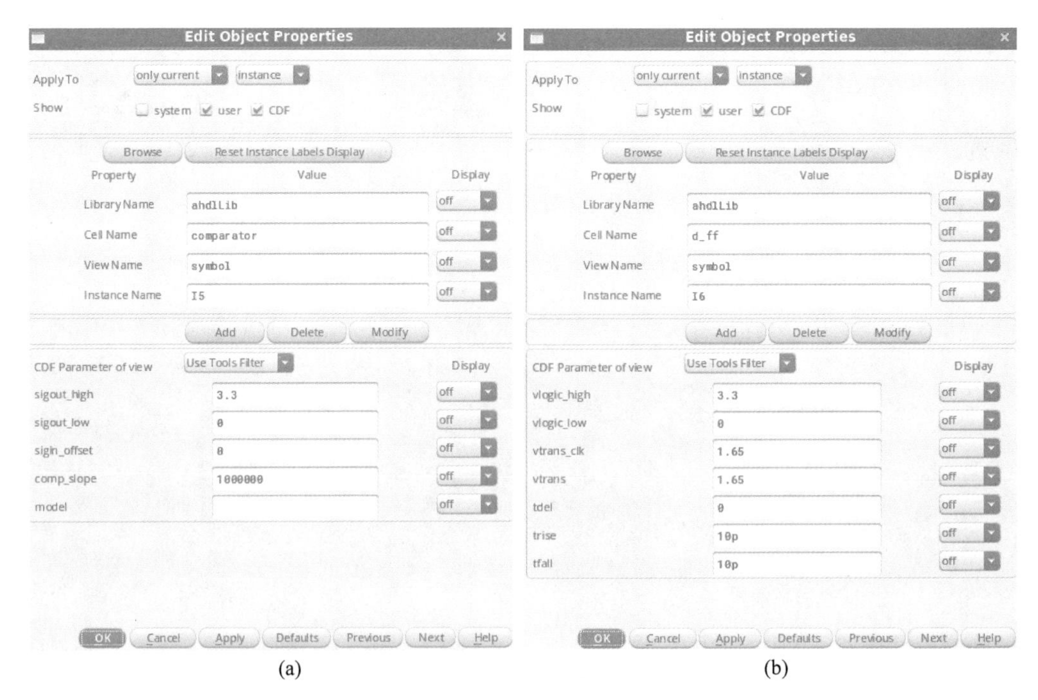

图 8-21　理想比较器和 D 触发器的参数设置

根据上述操作将仿真环境搭建好后，再利用 ADE L 仿真器中 Calculator 设置输入失调电压仿真公式，Calculator 界面如图 8-22 所示，最后在 ADE L 中选择 outputs→setup→get expression 即可。用 calculator 计算器表示的语句如下：

```
value((v("/VP" ?result "tran") - v("/VN" ?result "tran")) (cross(v("/vout_q" ?result "tran")
1.65 1 "rising" nil nil) - 5e-08))
```

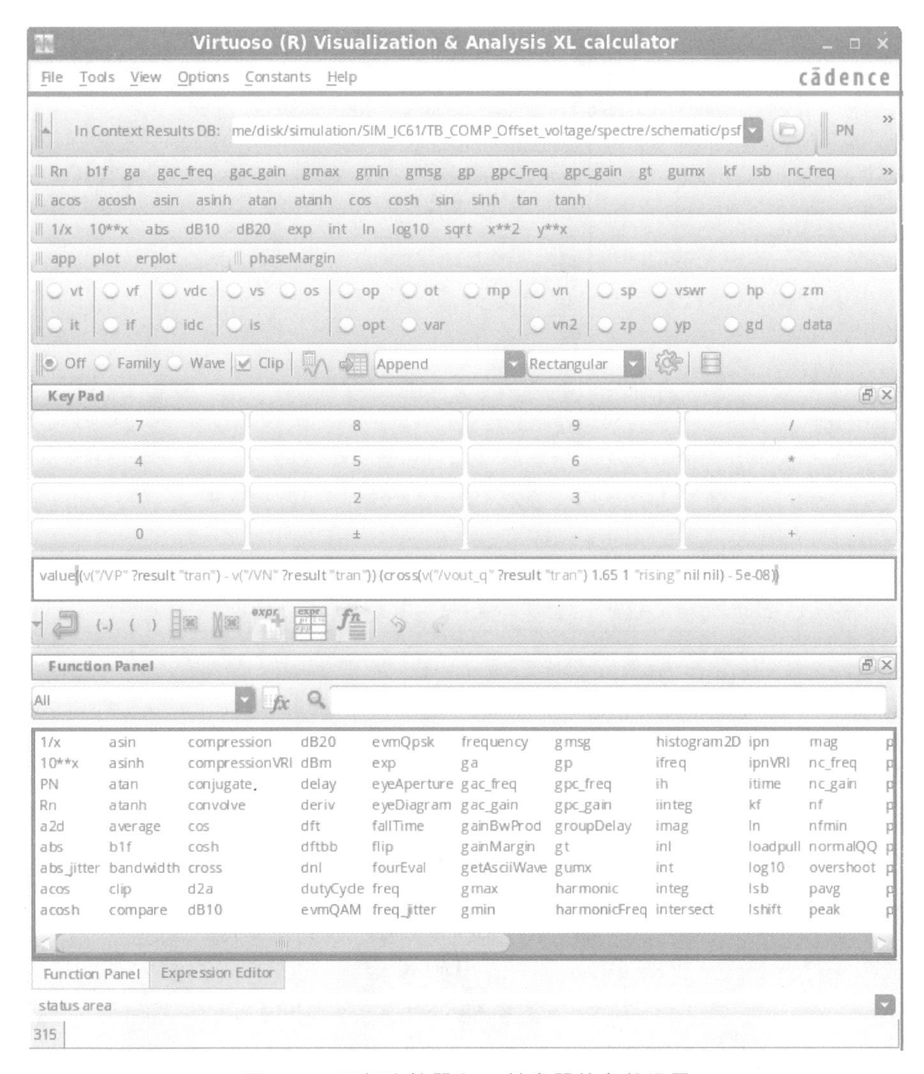

图 8-22 理想比较器和 D 触发器的参数设置

该语句的意义为动态比较器的输出曲线在由低电平到高电平上升沿的中间阈值电压时间减去时钟周期的一半(5e-08 为时钟周期 100ns 的一半)所在时刻的两个输入电压之差的值。图 8-23 为动态比较器输入失调电压仿真 ADE L 设置，“offset”即为输入失调仿真公式，其仿真结果为 235μV。图 8-24 为动态比较器输入失调电压仿真输出波形图，从仿真波形图中同样可以得出动态比较器的输入失调电压为 235μV，满足输入失调电压小于 0.4mV 的设计要求。

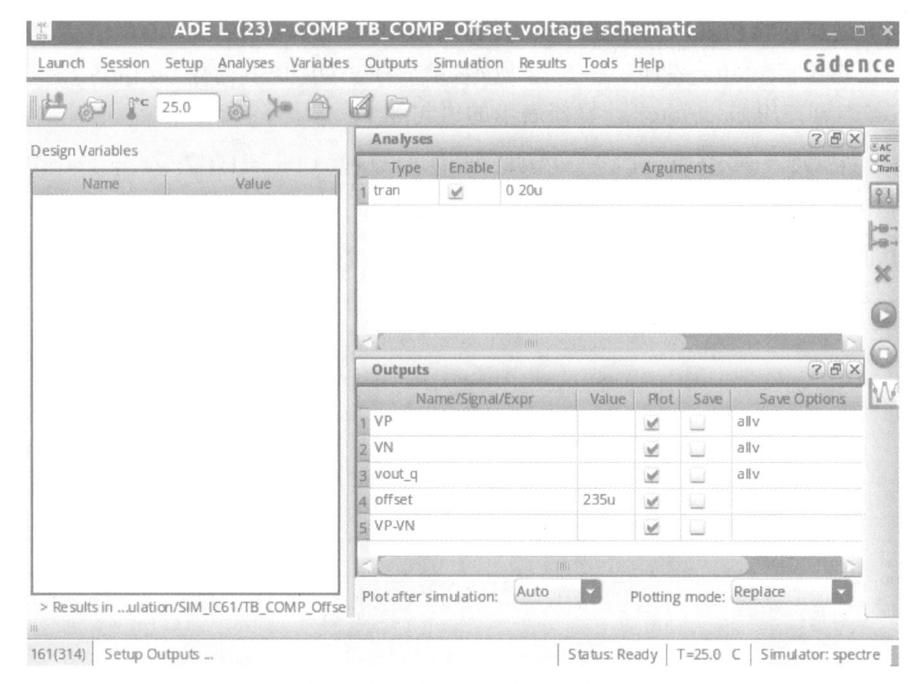

图 8-23 动态比较器输入失调电压仿真 ADE L 设置

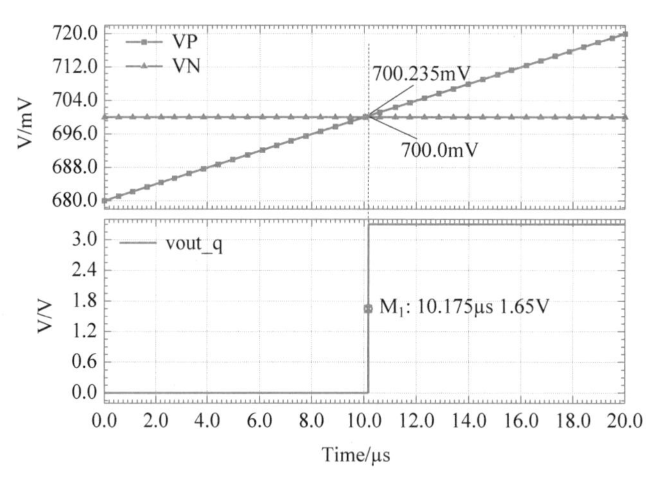

图 8-24 动态比较器输入失调电压仿真输出波形图

第9章

采样保持电路的设计与仿真实例

9.1 采样保持电路设计基础

采样保持电路是模数转换器的重要组成部分，在模数转换器中跟踪或保持输入的模拟信号。顾名思义，采样保持电路有“采样”和“保持”两种工作状态。“采样”是指当模数转换器的模拟电压输入时能够准确跟踪到信号。“保持”是指当模数转换器对输入的模拟信号进行转换时，为保证转换精度，采样保持电路可使模拟信号保持基本不变。采样保持电路的工作状态决定了模数转换器的电路特性，是整个模数转换器的关键部分，制约着整个电路系统的性能。

目前，随着通信、物联网、人工智能等产业的快速发展，对数字信号处理芯片的需求也在不断加大，模数转换器作为连接数字信号和模拟信号的桥梁，是数字信号处理芯片中必不可少的部分，设计出一款高速、高精度模数转换器成为目前研究的热点。采样保持电路作为模数转换器的最前端电路，其设计限制了整体电路的速度与精度。因此，本章将通过设计一款应用于高速、高精度模数转换器的采样保持电路，以此了解其基本结构和设计方法，从中找到性能和电路结构设计之间的联系。

9.1.1 采样定理

在设计采样保持电路之前首先要理解采样保持电路中应用的基本定理——采样定理，又称香农采样定理、奈奎斯特采样定理，是 Whittaker(1915)、Kotelnikov(1933)、Shannon(1948)提出的。在数字信号处理领域中，采样定理是连续时间信号(通常称为“模拟信号”)和离散时间信号(通常称为“数字信号”)之间的基本桥梁，当采样频率大于或等于有效信号最高频率的 2 倍时，被采样到的信号就可以不失真地还原成原始信号。下面以理想的采样条件对采样定理进行解释。假设采样保持电路的采样周期为 T，被采样信号即输入的模拟信号为连续信号 $x(t)$，在时域中，输入信号 $x(t)$ 被采样电路以 T 时间间隔采样，输出信号 $y(t)$ 可表示为单位周期冲激序列 $p(t)$ 与输入信号 $x(t)$ 的乘积。在时域中，输出的离散信号表达式为

$$y(t)=x(t)p(t)=x(t)\sum_{-\infty}^{+\infty}\delta(t-nT)=\sum_{-\infty}^{+\infty}x(nT)\delta(t-nT) \tag{9.1}$$

在时域中的采样也可称为冲激串采样(信号与系统)，图 9-1 为时域中采样原理示意图，

输入模拟信号经过理想采样后在时间上变为离散信号。

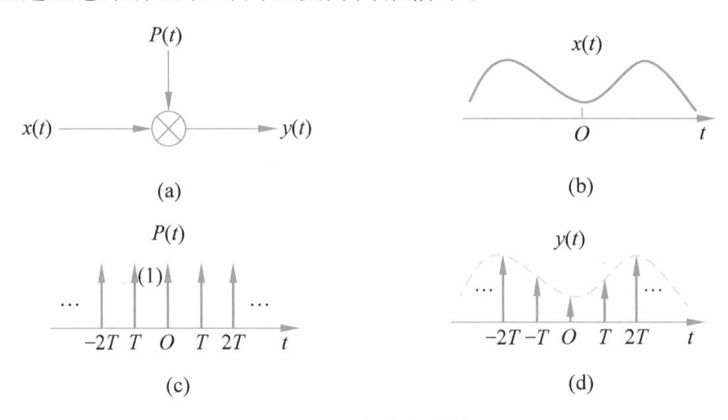

图 9-1 冲激串采样

在频域中，输出信号的傅里叶变换等于输入信号和单位周期冲激序列做傅里叶变换的卷积，表达式为

$$Y(\mathrm{j}\omega)=\frac{1}{2\pi}X(\mathrm{j}\omega)*P(\mathrm{j}\omega)=\frac{1}{T}\sum_{-\infty}^{+\infty}X[\mathrm{j}(\omega-n\omega_{\mathrm{s}})] \tag{9.2}$$

图 9-2 为采样过程频域图，图 9-2(b)为单位周期冲激序列 $p(t)$的频谱图，其周期为角频率 ω_{m}。图 9-2(a)为输入信号 $x(t)$的频谱图，其频谱范围为$(-\omega_{\mathrm{m}},\omega_{\mathrm{m}})$。在输出信号 $y(t)$的频谱 $Y(\mathrm{j}\omega)$上，输入信号 $x(t)$的频谱 $X(\mathrm{j}\omega)$沿轴 ω 以角频率 ω_{s} 周期性重复出现，而当 $\omega_{\mathrm{s}}\leqslant 2\omega_{\mathrm{m}}$ 时，输出信号就会发生频谱混叠。因此，只有当 $\omega_{\mathrm{s}}>2\omega_{\mathrm{m}}$ 时，频谱混叠现象才不会发生，输入信号 $x(t)$的信息才可以被完整地保存在输出信号 $y(t)$上，$2\omega_{\mathrm{m}}$ 称为奈奎斯特频率。

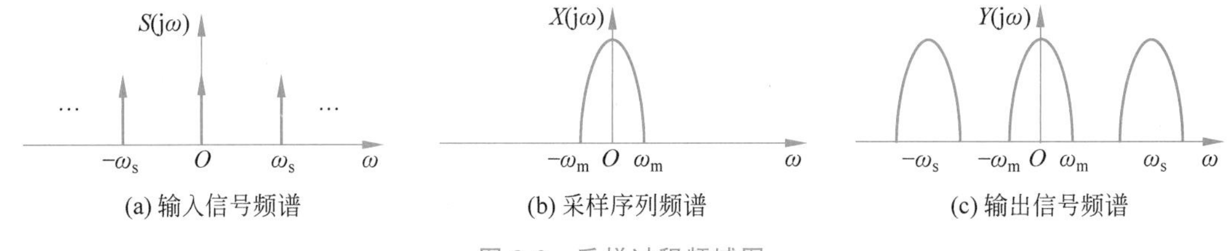

(a) 输入信号频谱　(b) 采样序列频谱　(c) 输出信号频谱

图 9-2 采样过程频域图

9.1.2 采样保持电路的基本原理

采样保持电路的基本功能是对输入模拟信号进行周期性采样和保持。图 9-3 为理想的采样保持电路。

理想的采样保持电路由一个 NMOS 型的开关管 M_1 和一个采样电容组成，当 M_1 管的控制信号 CLK 为高电平时，M_1 管导通，采样保持电路处于采样阶段，输入信号 V_{in} 以电荷的形式被存储在采样电容中，同时，输出信号 V_{out} 随输入信号 V_{in} 变化；当 M_1 管的控制信号 CLK 为低电平时，M_1 管等效电阻为无穷大，M_1 管断开，此时采样保持电路处于保持阶段，电容中存储的电荷不再发生变化，输出信号为采样结束时的信号。图 9-4 为理想的采样保持电路的工作原理。

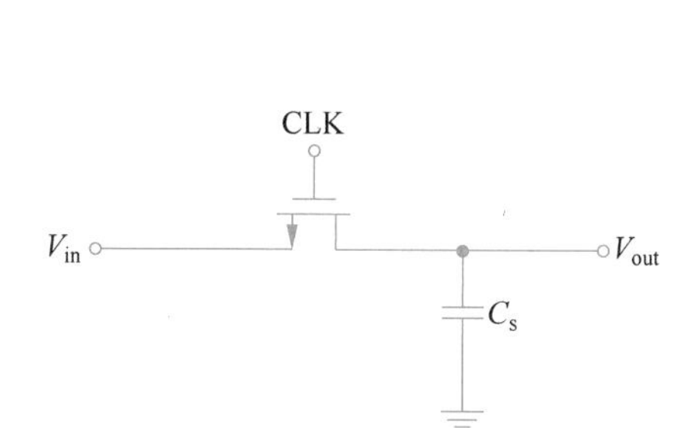

图 9-3　理想的采样保持电路

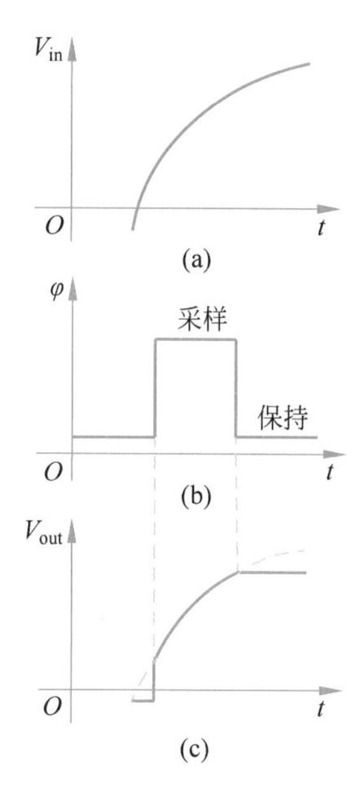

图 9-4　理想的采样保持电路的工作原理

实际的采样保持电路需要具有一定的负载驱动能力，需要在图 9-3 的结构中加入输入缓冲级和输出缓冲级，或者在电路中引入反馈回路构成闭环结构。

9.1.3　采样保持电路的分类

采样保持电路分为开环结构和闭环结构，开环采样保持(THA)电路结构分为无源 THA 电路和有源 THA 电路，无源 THA 电路如图 9-3 所示，仅由 MOS 开关和电容组成，有源 THA 电路是在图 9-3 所示结构中加入输入缓冲级和输出缓冲级。闭环采样保持(SHA)电路结构是在图 9-3 的结构中引入反馈回路，SHA 结构一般有三种类型，即电荷重分布式 SHA、电容翻转式 SHA 以及双采样 SHA。下面主要介绍有源 THA、电荷重分布式 SHA 以及电容翻转式 SHA 三种采样保持电路结构。

1. 有源 THA

有源 THA 结构如图 9-5 所示，由输入缓冲级 $buff_1$、采样开关 S、采样电容 C_s 以及输出缓冲级组成。

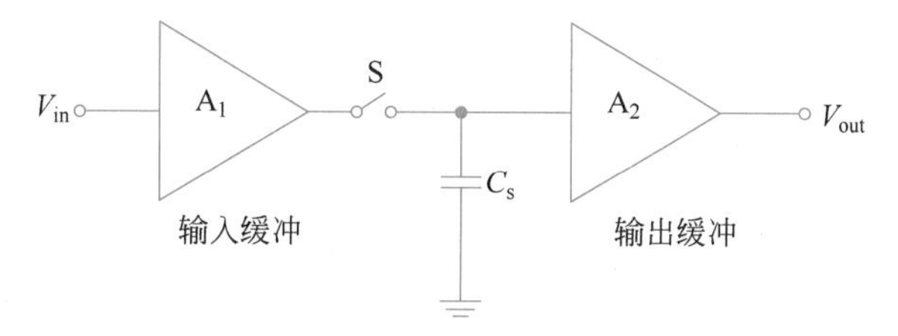

图 9-5　有源 THA 结构示意图

开环结构的有源 THA 相比于闭环结构由于没有反馈回路的存在所以不存在稳定性问题；另外，若在有源 THA 设计中将缓冲级的带宽提高，则电路的采样保持时间周期会减短，提高了整体的工作时间。有源 THA 在很多工艺下应用了如 InP HBT 工艺、BiCMOS 工艺以及硅基 Bipolar 工艺等并实现了高速采样。同时，正因为有源 THA 没有反馈回路，电路会受到沟道电荷注入等非理想效应的影响，在保持阶段时输入缓冲级和采样开关 S 虽然已经断开，但是输入信号仍然能通过 MOS 管的寄生电容耦合到采样电容上，产生与信号相关的非线性误差和谐波失真，从而导致电路的采样精度受限。

2. 电荷重分布式 SHA

图 9-6 为电荷重分布式 SHA，由运算放大器、采样电容 C_s、反馈电容 C_f 以及开关组成。其中，开关由两相非交叠时钟控制，CLK_1 为采样时钟，CLK_{1e} 为提前关断时钟，CLK_2 为保持时钟。

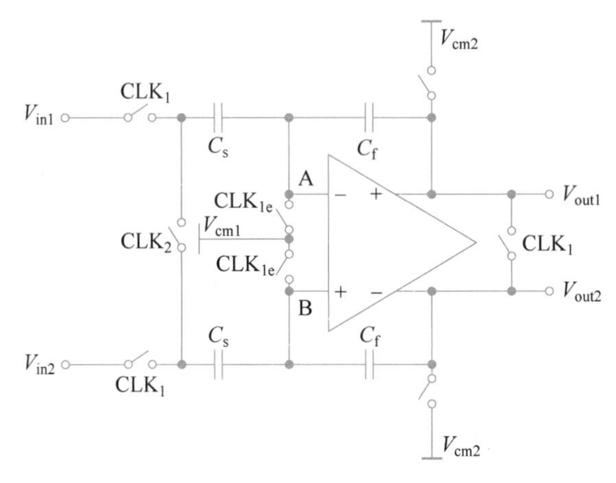

图 9-6 电荷重分布式 SHA 结构示意图

假设所有控制时钟为高电平时开关闭合，为低电平时开关打开。当 CLK_1 和 CLK_{1e} 为高电平且 CLK_2 为低电平时电路工作在采样阶段，此时采样电容 C_s 左极板和右极板分别连接输入信号和共模信号 V_{cm1}，反馈电容 C_f 的左极板和右极板分别连接共模电压 V_{cm1} 和 V_{cm2}，图 9-6 中运算放大器的两个输入端口节点 A 和节点 B 的电荷量分别为

$$Q_A = C_s(V_{cm1} - V_{in1}) + C_f(V_{cm1} - V_{cm2}) \tag{9.3}$$

$$Q_B = C_s(V_{cm1} - V_{in2}) + C_f(V_{cm1} - V_{cm2}) \tag{9.4}$$

由于提前关断时钟 CLK_{1e} 的下降沿会比采样时钟 CLK_1 下降沿提前来临，因此采样电容 C_s 的右极板先断开，处于浮空状态，而后 CLK_1 的下降沿来临，这样就避免了主采样开关关断时的电荷注入误差。

当 CLK_1 和 CLK_{1e} 为低电平且 CLK_2 为高电平时电路工作在保持阶段，此时采样电容 C_s、反馈电容 C_f 以及运算放大器构成反馈回路。节点 A 和节点 B 的电荷量分别为

$$Q_A = C_sV_A + C_f(V_A - V_{out1}) \tag{9.5}$$

$$Q_B = C_sV_B + C_f(V_B - V_{out2}) \tag{9.6}$$

存储在电容上的电荷在电路形成反馈回路时进行重分配，在理想的运算放大器中正相输入端与负相输入端“虚短”，则节点 A 的电压 V_A 和节点 B 的电压 V_B 相等，由电荷守恒定律可知

$$V_{out2} - V_{out1} = \frac{C_s}{C_f}(V_{in2} - V_{in1}) \tag{9.7}$$

在电荷重分布式 SHA 中采样电容 C_s 和反馈电容 C_f 相等，即增益为 1，式(9.7)简化为

$$V_{out2} - V_{out1} = V_{in2} - V_{in1} \tag{9.8}$$

电容之间会存在失配，从而影响采样保持电路的线性度，当该类型的电路应用于高精度要求的设计中时，需要添加校准电路，增加整体电路的复杂性；但由于这种结构能够有效地抑制共模漂移，所以多用于输入信号的共模电压不稳定的电路中。

3. 电容翻转式 SHA

图 9-7 为电容翻转式 SHA，由运算放大器、采样电容 C_s 以及开关组成，其中开关由两相非交叠时钟控制，电容翻转式 SHA 相比于电荷重分布式 SHA 少了反馈电容，电路结构相对更简单。

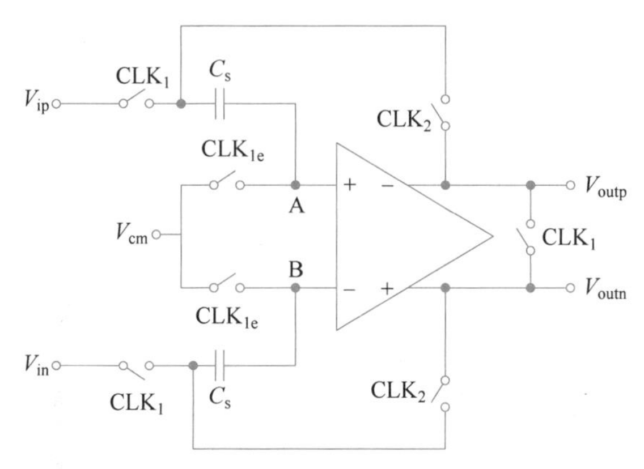

图 9-7 电容翻转式 SHA 结构示意图

同样，假设所有控制时钟为高电平时开关闭合，为低电平时开关打开。当 CLK_1 和 CLK_{1e} 为高电平且 CLK_2 为低电平时电路工作在采样阶段，此时采样电容 C_s 左极板和右极板分别连接输入信号和共模信号 V_{cm}，运放的输出端被短路。同样，由于提前关断时钟 CLK_{1e} 控制的开关比采样时钟 CLK_1 控制的开关先断开使得采样电容 C_s 没有到低的泄放通路从而避免了电荷注入所导致的误差。图 9-7 中运算放大器的两个输入端口节点 A 和节点 B 的电荷量分别为

$$Q_A = C_s(V_{cm} - V_{in1}) \tag{9.9}$$

$$Q_B = C_s(V_{cm} - V_{in2}) \tag{9.10}$$

当 CLK_1 和 CLK_{1e} 为低电平且 CLK_2 为高电平时电路工作在保持阶段，此时采样电容 C_s 左极板和右极板分别连接运放的输入端和输出端，电路构成反馈回路。节点 A 和节点 B 的电荷量分别为

$$Q_A = C_s(V_A - V_{out1}) \tag{9.11}$$

$$Q_B = C_s(V_B - V_{out2}) \tag{9.12}$$

由电荷守恒定律可得

$$V_{cm} - V_{in1} = V_A - V_{out1} \tag{9.13}$$

$$V_{cm} - V_{in2} = V_B - V_{out2} \tag{9.14}$$

同样，根据在理想的运算放大器中正相输入端与负相输入端“虚短”，式(9.13)和式(9.14)简化可得

$$V_{out2} - V_{out1} = V_{in2} - V_{in1} \tag{9.15}$$

由式(9.15)可以看出，输出信号差值等于输入信号差值，实现了信号采样功能。

当电路由采样模式转换到保持模式的瞬时时刻，采样电容 C_s 的左极板由输入信号翻

转至输出信号，若输入信号和输出信号的共模电压相等，则采样电容 C_s 上的电荷可转移到输出端，实现了信号保持功能。将式(9.13)和式(9.14)相减可得

$$\frac{V_A+V_B}{2}=\frac{V_{out1}+V_{out2}}{2}-\frac{V_{in2}+V_{in1}}{2}+V_{cm} \tag{9.16}$$

由式(9.16)可知，运放的输入共模电压等于共模电压 V_{cm} 加信号的输入共模电压和输出共模电压的差值。电路由保持阶段到下一个周期的采样时刻，运放的输出共模电压会使得运放输入共模电压发生跳变，为保证运放的正常工作，运放的设计应能平衡输入共模电压的波动影响。

9.1.4 采样保持电路的主要性能参数

采样保持电路的性能主要包括频域中的动态性能和时域中的静态性能。采样保持电路的动态性能与 ADC 的动态性能的概念和表征特性是相通的，将采样保持电路的输出信号的频域波形进行傅里叶变换可得出频域图，对频域图进行分析就可得到动态参数的性能指标。动态参数通常有有效位数(Effective Number of Bit，ENOB)、信噪失真比(Signal to Noise and Distortion Ratio，SNDR)、无杂散动态范围(Spurious Free Dynamic Range，SFDR)以及总谐波失真(Total Harmonic Distortion，THD)。静态性能是采样保持电路本身特有的，主要性能参数有捕获时间、孔径时间、保持模式建立时间、平台下降率、保持平台以及保持模式信号馈通。

1. 有效位数

有效位数表征采样保持电路具有的精度，同样也衡量电路对信号噪声和谐波的抑制能力。采样保持电路的有效位数表达式与 ADC 有效位数表达式一致，都是用信噪失真比来表示，表达式为

$$\mathrm{ENOB}=\frac{\mathrm{SNDR}-1.76}{6.02} \tag{9.17}$$

2. 信噪失真比

采样保持电路的信噪失真比是输入信号功率与噪声功率、总谐波功率之和的比。也就是将噪声频率和所有次谐波频率与输入频率做比较，反映的是输入信号的质量。信噪失真比越大，说明输入信号中的噪声和杂散功率占比越小。信噪失真比表达式为

$$\mathrm{SNDR}=10\lg\left(\frac{P_{signal}}{P_{noise}+P_{distortion}}\right) \tag{9.18}$$

式中：P_{signal} 为输入信号频率；P_{noise} 为噪声频率；$P_{distortion}$ 为总谐波功率。

3. 无杂散动态范围

采样保持电路的无杂散动态范围表示为输入信号的频率与最差杂散信号功率之比，无杂散动态范围越大，表明电路的动态性能越好。其表达式为

$$\mathrm{SFDR}=10\lg\left(\frac{P_{signal}}{P_{HM}}\right) \tag{9.19}$$

式中：P_{signal} 为输入信号频率；P_{HM} 为最差杂散信号功率。

4. 总谐波失真

采样保持电路的总谐波失真是指总谐波信号的功率与基波信号功率之比。总谐波失真

参数值越小，采样保持电路的线性度越好，电路的精度也就越高。总谐波失真的表达式为

$$\mathrm{THD}=10\lg\left(\frac{P_{\mathrm{HD,total}}}{P_{\mathrm{signal}}}\right) \tag{9.20}$$

式中：$P_{\mathrm{HD,total}}$ 为总谐波信号；P_{signal} 为输入信号频率。

5. 捕获时间

捕获时间是从采样信号开始到输出端由保持的信号转变为当前输入信号所需要的时间。其表示的是电路由保持模式转变为采样模式的速度，捕获时间限制着采样保持电路的采样时钟所能达到的最高频率。

6. 孔径时间

孔径时间是指保持指令的时钟信号发出到模拟开关关断所需要的时间。它是电路响应固有的延迟，孔径时间的存在会导致实际保持输出值与希望值有误差。若孔径时间在采样保持周期内是固定的，则对采样精度影响不大；若孔径时间在每一个采样保持周期都是不相同的，则会影响采样的准确性，导致采样精度下降。

7. 保持模式建立时间

保持模式建立时间是指在采样时钟控制开关使得电路进入保持状态的瞬时时刻到输出信号稳定在误差范围内所需要的时间。

8. 平台下降率

采样保持电路处于保持状态时，保持电压会因电容所存储的电荷泄漏而下降，保持电压值下降的速度称为平台下降率。为保证电路的保持电压变化率在允许的正常范围内，电路中的电容的质量应达标且有合适的取值。

9. 保持平台

保持平台是指采样时钟控制开关使得电路进入保持状态瞬间输出电压值与电路结束保持状态时输出电压值之间的偏差。

10. 保持模式信号馈通

保持模式信号馈通是指输入信号的交流分量在通过 MOS 管的寄生电容耦合到输出端，导致输出信号出现微小变化，保持模式信号馈通的存在会影响采样频率的提高。

上述为采样保持电路主要性能参数，在本章的设计中，要求采样保持电路可应用于分辨率为 12 位采样速率为 500kS/s 的 SAR ADC，因此采样保持电路性能的目标参数：电源电压为 3.3V；采样速率为 500kS/s；采样精度为 12 位；无杂散动态范围大于 88dB。

9.2 采样保持电路的结构设计

本节设计一款可应用于分辨率为 12 位采样速率为 500kS/s 的 SAR ADC 的采样保持电路。9.1.3 节已经介绍了开环结构和闭环结构的采样保持电路，开环结构容易实现较高的采样频率和电路响应速度，但是精度低，而闭环结构可实现较高的精度，因此选择闭环结构进行设计。本节介绍的两种采样保持电路分别为电荷重分布式 SHA 和电容翻转式 SHA，电容翻转式 SHA 相对于电荷重分配式 SHA 无须反馈电容，可减少版图面积，无须考虑电容失配所带来的误差。在相同建立误差要求下，电荷重分布式 SHA 约是电容翻转式 SHA 的 2 倍。另外，电荷重分布式 SHA 的反馈系数为 $C_f/(C_s+C_f+C_p)$，电容翻转式

SHA 的反馈系数为 $C_s/(C_s+C_p)$，其中 C_p 为寄生电容，可以看出电荷重分布式 SHA 的反馈系数更接近 1，反馈深度更大。综上所述，电容翻转式 SHA 在面积、误差、功耗以及反馈系数上更有优势，且结构相对更简单，因此选用电容翻转式 SHA 来进行设计，在 9.1.3 节中已经介绍了该电路基本结构和工作原理，这种结构的主要缺点是运放的输入共模电压与输出共模电压有关，在进行具体设计时需要考虑这一点。图 9-7 为电容翻转式 SHA 的拓扑结构，从图中可以清楚地知道将要设计的电路包括差分放大器、采样电容、时钟控制、采样开关。其中差分放大器采用第 5 章的两级运算放大器。下面介绍这几个模块的电路结构设计。

9.2.1 采样电容的分析与计算

采样电容 C_s 的值决定了电路采样的精度，它的设计主要由电路的噪声水平决定。采样保持电路的噪声主要来源是开关管的热噪声，其表达式为

$$P_{\text{noise},1}=\frac{kT}{C_s} \tag{9.21}$$

式中：k 为玻耳兹曼常数，$k=1.38\times10^{-23}$J/K；T 为热力学温度。

开关管的热噪声主要影响采样阶段的精度，由式(9.21)可知，当使用 100fF 的电容时会产生约 645μV 的噪声电压，电容值越大，噪声越小。为降低噪声，尽可能选择较小的采样电容，同时需要保证有效的采样精度。采样电容也应足够大，但较大的采样电容会限制采样信号的带宽，从而降低采样速率。在保持阶段，采样保持电路的噪声来源主要为差分放大器的等效输出噪声。工作于闭环反馈系统的差分放大器的等效输出噪声为

$$P_{\text{noise},2}=N\gamma\frac{1}{\beta}\frac{kT}{C_L} \tag{9.22}$$

式中：N 为噪声比例系数，N 一般取为 1.5～3；γ 为 MOS 管热噪声系数，γ 一般取为 0.67；β 为闭环反馈系统的反馈系数；C_L 为电路系统的负载电容。

由式(9.22)可知，放大器的等效输出噪声与反馈系数、负载电容成反比。采样保持电容的信噪比主要由采样阶段开关管的热噪声和保持阶段运算放大器的等效输出噪声决定。为保证采样精度，电路的总噪声要小于量化噪声。由于采样保持电路采用全差分结构，总的输出噪声为单端输出的 2 倍。根据以上分析，电路噪声需满足条件：

$$2(P_{\text{noise},1}+P_{\text{noise},2})\leqslant\frac{\Delta^2}{12} \tag{9.23}$$

式中：$\Delta^2/12$ 为系统的量化噪声，其表达式为

$$\frac{\Delta^2}{12}=\frac{\text{LSB}^2}{12} \tag{9.24}$$

本节设计的采样保持电路的输入信号要求最大摆幅为 2.4V，采样精度为 12 位，系统的量化噪声表达式为

$$\frac{\Delta^2}{12}=\frac{1}{12}\left(\frac{2.4}{2^{12}}\right)^2 \tag{9.25}$$

根据式(9.21)～式(9.25)，采样电容 $C_s>56.5$pF，若使噪声电压更低，则可提高电容值；但芯片面积也会增大，同时也会增大寄生电容对电路的影响，并且较大的电容需要很大的驱动电流，这就要求信号及运放的驱动能力很强，使得电路的总体功耗变大。在实际应用中，

12位的采样保持电路的有效精度一般为11～12位，为了减小驱动电流与版图面积，将使用有效精度来计算采样电容值；为留有一定裕量，计算采样电容值时，假设有效精度为11.5位，计算得到采样电容的大小需要大于或等于12pF，据此，本设计中采样电容值选择为12pF。

9.2.2 时钟控制电路设计

电容翻转式采样保持电路在两相非交叠时钟的控制下工作。时钟抖动是电路的噪声来源之一。在输入信号为正弦波的情况下，时钟信号引入的噪声为

$$P_{n,\varepsilon}=2(\pi f_{in}A\bar{\varepsilon})^2 \tag{9.26}$$

式中：$\bar{\varepsilon}$ 为时钟抖动的均方根值；f_{in} 为输入正弦信号的频率。

本节设计的采样保持电路的采样频率为500kHz，若输入信号频率为250kHz，要达到11.5位的有效精度，要求时钟的抖动要小于350ps，这对时钟电路的性能提出了苛刻的要求。整个采样保持电路需要在两相非交叠时钟的控制下完成采样与保持功能，为了不占用太大比例的建立时间，时钟的非交叠时间不宜取得过大。在采样周期为2μs的情况下，非交叠时间取100～200ps即可；另外，为了实现下极板采样功能，电路中还需要一个下降沿相比采样时钟略提前的时钟信号，同样，这路时钟信号的提前时间也不宜太长。

图9-8为采用的时钟控制电路原理图。CLK为外部时钟，作为整个时钟产生电路的驱动信号，一般由外部锁相环(Phase Locked Loop，PLL)电路提供。输入的时钟信号经过一系列的反相器、与非门以及传输门的作用，最终产生一对两相非交叠时钟 CLK_1 与 CLK_2，这对信号的非交叠时间由反相器 INV_1、INV_2 以及与非门 $NAND_1$、$NAND_2$ 的延时决定。信号 CLK_{1e} 用于控制下极板采样开关，其下降沿比信号 CLK_1 提前，提前的时间由反相器 INV_2 以及与非门 $NAND_2$ 的延时决定。时钟信号 $CLKN_1$、$CLKN_2$、$CLKN_{1e}$ 分别为对应时钟的反相信号。在实际电路中，由于作为开关的MOS管的尺寸很大，其栅极存在较大寄生电容，时钟信号在驱动这些开关的时候可能会存在驱动能力不足的问题。为了避免这个问题，可以在时钟产生电路的输出端接入一系列尺寸逐级增加的反相器，以增强时钟信号的驱动能力，接入反相器的级数视实际情况而定。

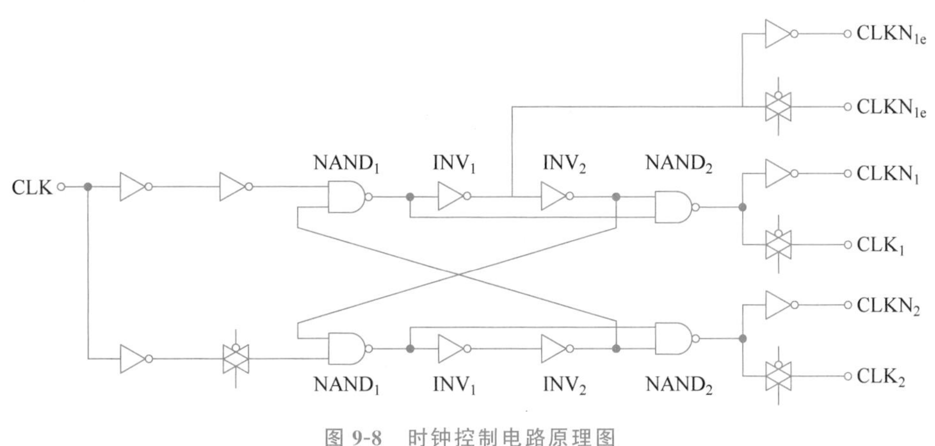

图9-8 时钟控制电路原理图

9.2.3 采样开关电路设计

由于传统的NMOS管、PMOS管采样开关导通电阻大，使得采样速度降低，CMOS虽

然传输门开关导通电阻是NMOS管和PMOS管的并联阻值，但阻值仍然不是定值，依然影响线性度。NMOS管和PMOS管关断不同步，导致时间常数比较大，并且和输入信号有关，这种情况同样会引起采样值的失真。另外，考虑到沟道电荷注入、时钟馈通等非理想效应因素，选用栅压自举逻辑电路作为采样开关。该电路通过自举栅压大于供电电压，实现较小的等效电阻，采样开关内部部分节点的电压可以达到2 V_{DD}，在输入信号小于2 V_{DD} 时，采样开关的等效电阻具有很好的线性度。采用一种传统的NMOS管栅压自举开关电路进行设计，图9-9为传统的NMOS管栅压自举开关电路原理图。图中 M_1、M_2、C_1、C_2 构成电荷泵，时钟CLK和CLKN为两相非交叠时钟，由9.2.2节中的时钟控制电路产生。

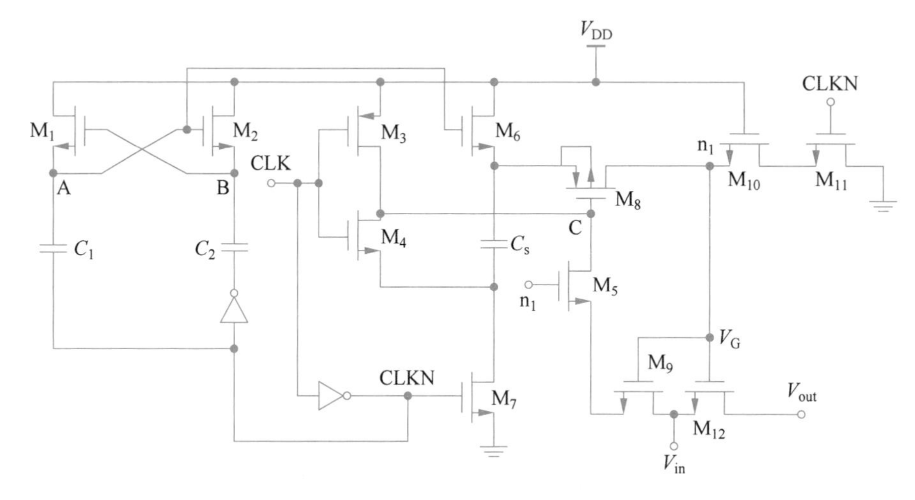

图9-9 传统的NMOS管栅压自举开关电路原理图

当CLK时钟为低电平时，由NMOS管 M_1、M_2 以及电容 C_1、C_2 构成的电荷泵处于复位状态，且CLKN="1"，电容 C_1 的下极板为 V_{DD}，上极板节点A迅速升压为 V_{DD}，M_2 管的栅电压抬升至 V_{DD}，从而将 M_6 管的栅电压抬升至 V_{DD}，同时 M_6、M_7 导通，M_6 和 M_7 对 C_s 充电。时钟CLK通过 M_3、M_4 组成的反相器使得节点C为 V_{DD}，即 M_8 处于截止状态，另外 M_{10}、M_{11} 导通，因此节点 n_1 电压为0，则采样开关NMOS管 M_{12} 截止，此时电路工作在保持阶段。

当CLK时钟为高电平时，由NMOS管 M_1、M_2 以及电容 C_1、C_2 构成的电荷泵结构将 M_6 管的栅电压抬升至 $2V_{DD}$，同时 M_3、M_4 组成的反相器使 M_8 导通，则此时 n_1 点为高电位，其电位为电容 C_s 上极板电位 V_{DD}，M_9、M_{12} 导通，信号 V_{in} 输入，此时为采样阶段。信号输入之后，由于 M_9 导通，M_7 是关闭的，电容下极板电位被从原来的低电位推至 V_{in} 电平，然而电容 C_s 上极板也就变成 $V_{DD}+V_{in}$，这就是自举。若不举的话，由于NMOS管的 V_{GS} 随信号的变化而变化，因此，M_{12} 这个开关的导通电阻会随着输入信号 V_{in} 的变化而变化，电压举成 $V_{DD}+V_{in}$ 后，V_{GS} 是恒定为 V_{DD}，就不随 Vin变化，避免了导通电阻随 V_{in} 变化而变化引入的谐波失真。

图9-9中 M_5 管在采样阶段可保证 M_8 的导通，因为在采样阶段若 V_{in} 接近于 V_{DD}，则 M_4 的栅源电压相近，会导致 M_4 无法正常导通，此时依旧导通的 M_5 就能够保证了 M_8 的栅端不会悬空，保证电路稳定工作。M_4 源端没有接地是为了保证 M_8 的栅源电压不至于太高。在传统的NMOS管栅压自举开关电路中采样开关管 M_{12} 的尺寸最为重要，它决定采

样开关的导通等效电阻，在采样时该 NMOS 管工作在线性区，其导通电阻为

$$R_{on}=\frac{1}{\mu_n C_{ox}\left(\frac{W}{L}\right)_{12}(V_{GS}-V_{th})} \tag{9.27}$$

由式(9.27)可见宽长比越大，导通的等效电阻越小。

电荷泵结构中电容 C_1、C_2 取值需要尽量小，以保证可以将电压迅速抬高。而电容 C_{boost} 取值相对较大，这是因为在采样开关工作阶段受到寄生电容影响，C_{boost} 上极板电压会被衰减，较大的电容值可以减少衰减量。由于 M_8 管的源端电压在采样开关工作时大于电源电压，因此，M_8 管的衬底电位需要连接源端，保证源极与衬底间的 PN 结反偏。在实际应用中，由于背栅效应，V_{th} 会随着 V_{in} 变化而变化，加上 M_6 与源端对地的寄生电容、节点 n_1 对地的寄生电容、M_{12} 的寄生电容 C_{gs} 和 C_{gd} 以及沟道电荷注入效应而产生的影响，是不可能让导通电阻完全保持恒定值的。另外，当 V_{in} 的变化范围是 $0\sim V_{DD}$ 时，n_1 点的电压最高可到 $2V_{DD}$，M_{12} 的栅与衬底之间长时间承受过高的电压会带来可靠性的问题。

表 9-1 列出传统的 NMOS 管栅压自举开关电路的器件参数。在 9.3 节会根据表 9-1 中的器件参数对电路进行设计仿真，验证其性能是否满足目标参数。

表 9-1 传统的 NMOS 管栅压自举开关电路的器件参数

Instance Name	Model	W/μm	L/nm	Multiplier
M_1	NMOS	1	350	1
M_2	NMOS	1	350	1
M_3	PMOS	1	350	1
M_4	NMOS	1	350	1
M_5	NMOS	1	350	1
M_6	NMOS	1	350	1
M_7	NMOS	1	350	1
M_8	PMOS	1	350	1
M_9	NMOS	1	350	1
M_{10}	NMOS	1	350	1
M_{11}	NMOS	1	350	1
M_{12}	NMOS	1	350	1
C_1	CAP	25	25	1
C_2	CAP	25	25	1
C_s	CAP	25	25	1

9.3 采样保持电路仿真实例

本节对 9.2 节中所设计的电路模块进行仿真，验证是否符合目标参数。另外，在本节中也会介绍关于采样电容失配蒙特卡洛仿真和采样开关动态性能的仿真方法及仿真器的设置。

9.3.1 采样电容的仿真

9.2.1 节已经确定了采样总电容的值为 12pF，9.2 节已经说明所设计的采样保持电路可

适用于 12 位的 SAR ADC,因此我们所设计的采样电容若应用在 SAR ADC 中就是 DAC 的电容阵列。首先需要考虑单位电容的取值,单位电容的取值在确定总采样电容取值的情况下还需结合 DAC 电容结构考虑。在本节中侧重学习电容失配蒙特卡洛仿真测试流程,因此对采样总电容进行失配仿真。图 9-10 为电容失配测试的仿真环境,采用的电容类型为 SMIC 0.18μm 工艺库中的 mim_ckt 电容,测试电容在 12pF 时的尺寸为 $W=20\mu m$,$L=25.75\mu m$,并联个数为 24。由于实际工艺库中的电容包含非理想参数,所以实际电容值与设置的容值存在失配误差,同时电容值无法直接仿真得出。因此,将电容值转化为流过电容的电流值测得

$$I=j\omega CV=sV \tag{9.28}$$

$$|C|=\frac{I}{|V|\omega} \tag{9.29}$$

将式(9.29)中的电压 V 设置为 1V,ω 设置为 1,则 $f=\omega/(2\pi)\approx0.1592(\text{Hz})$。在此频率下,电容 C 等于流过它的电流值 I。

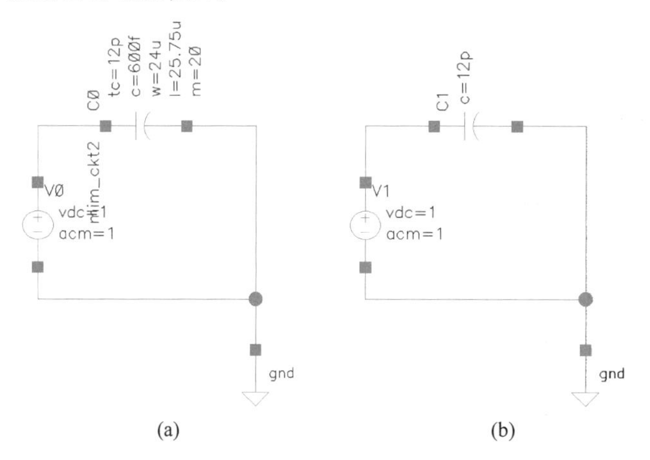

图 9-10 电容失配测试的仿真环境

为更好地进行仿真对比,在图 9-10 中可以看到两个电容测试回路,C_0 为实际设计所采用的电容,C_1 为理想电容,首先测量理想电容在 12pF 时所对应的频率应与计算所得的频率值相同,为 0.1592Hz,再测试在该频率下电容 C_0 的实际值。图 9-11 为电容 ac 仿真的 ADE L 窗口设置,频率起始(Start)到结束(Stop)频率分别设置为 0.145 和 0.165。

ac 仿真结束后查看流过电容 C_0 和 C_1 的节点电流,图 9-12(a)为实际待测电容电流波形图,图 9-12(b)为理想电容电流波形图,找到理想电容在 12pF 时所对应的频率为 159.155mHz,在该频率下找到实际待测电容对应的纵坐标即为待测电容容值,为 12.001pF。

为便于直接得出仿真测试结果,一般会将波形图中读出的仿真值利用公式进行计算,在 Calculator 中创建一个 C_0 的公式,首先选择实际待测电容电流曲线,按照图 9-13 将曲线输入 Calculator 计算窗口中;其次用函数 value 表示在仿真曲线横坐标为 159.155mHz 时的纵坐标值即为实际待测电容值;最后单击如图 9-14 中矩形标注的图标将设置好的公式放到 outputs 中。

设置好计算实际待测电容的公式后,可利用 ADE XL 对电容失配进行蒙特卡洛仿真。具体操作:在 ADE L 中打开 ADE XL,选择 Create New View,再单击 OK 按钮,出现 ADE XL 仿真界面,如图 9-15 所示。

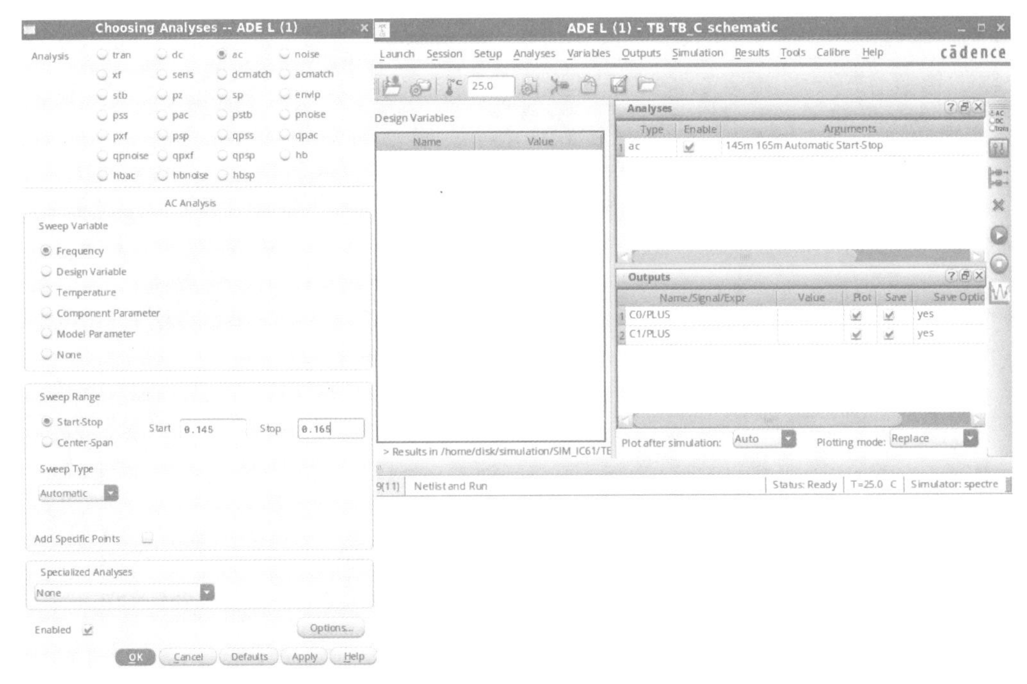

图 9-11　ADE L 窗口设置

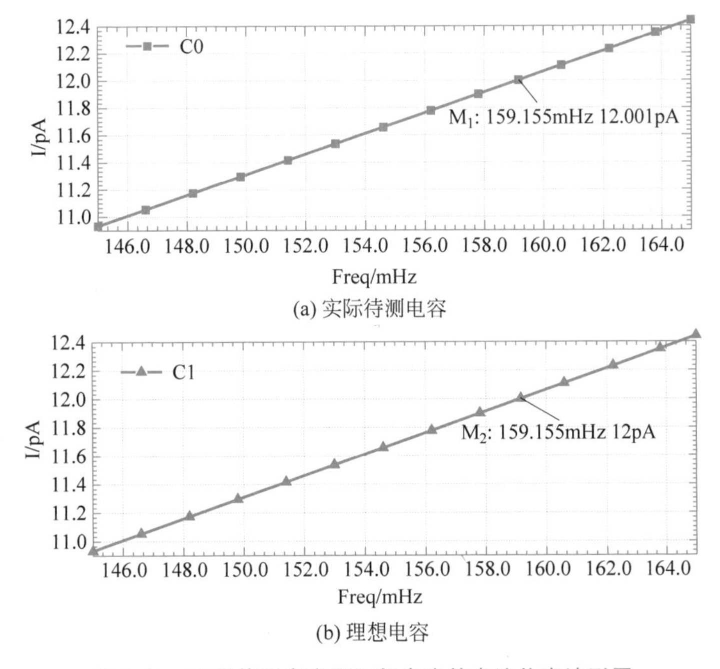

(a) 实际待测电容

(b) 理想电容

图 9-12　实际待测电容和理想电容的电流仿真波形图

如图 9-16，矩形标注位置为仿真类型选择，选择 Monte Carlo Sample，随后单击 Monte Carlo Sample 右边按钮，便弹出 Monte Carlo 窗口，设置 Number of Point 为 200，表示蒙特卡洛随机抽样次数为 200 次，然后单击 OK 按钮，就设置好蒙特卡洛仿真环境了，最后单击运行蒙特卡洛仿真，结果如图 9-17 所示。蒙特卡洛仿真结果显示：电容失配呈正态分布，采样电容均值 12.0927pF，标准偏差为 951.551fF，失配率为 7.9%。

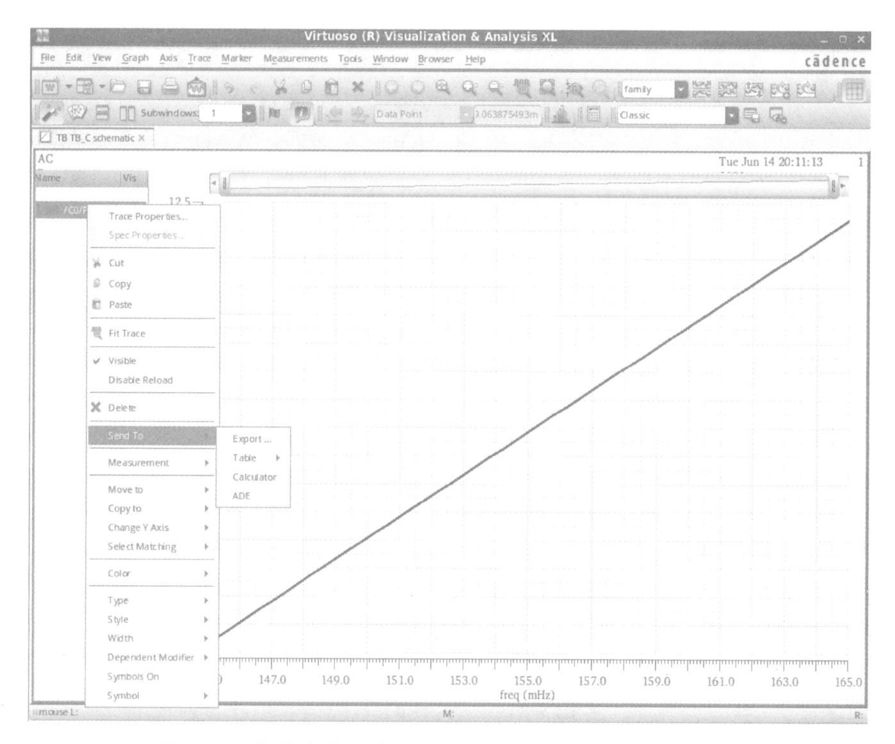

图 9-13 将仿真曲线输入到 Calculator 计算窗口操作方法

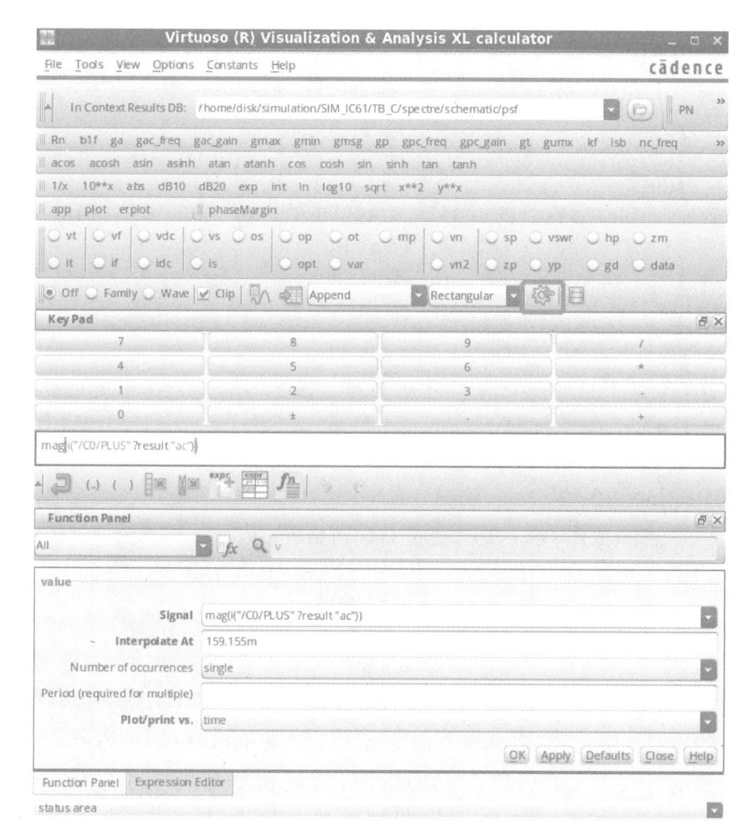

图 9-14 计算器窗口

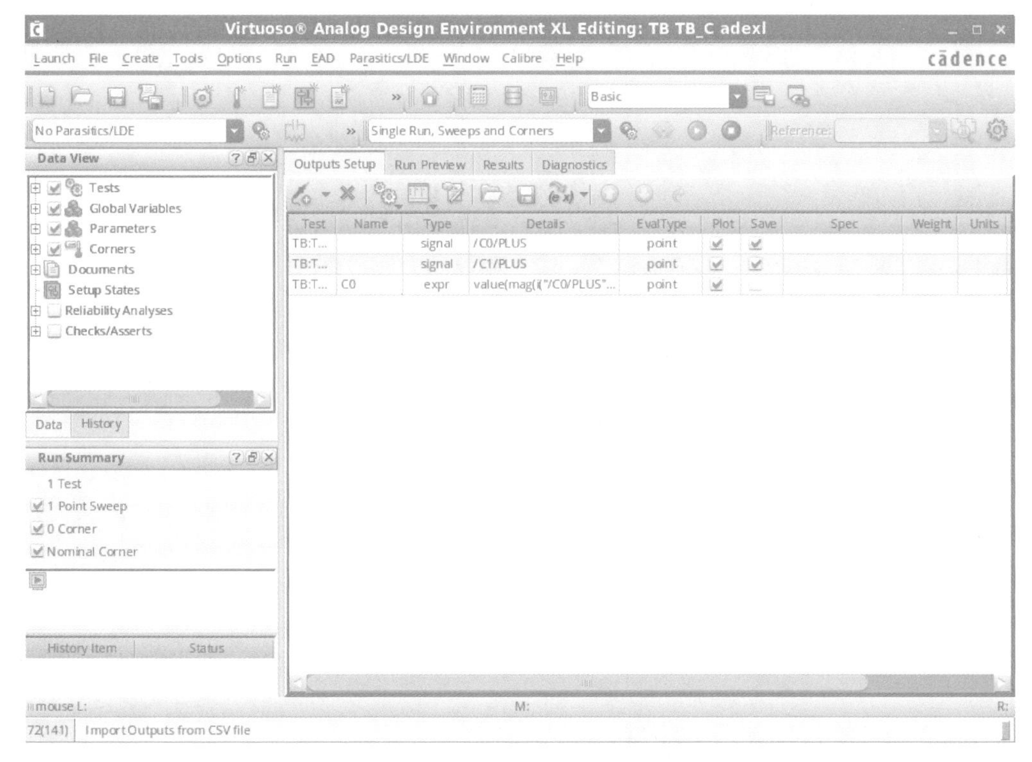

图 9-15　ADE XL 仿真界面

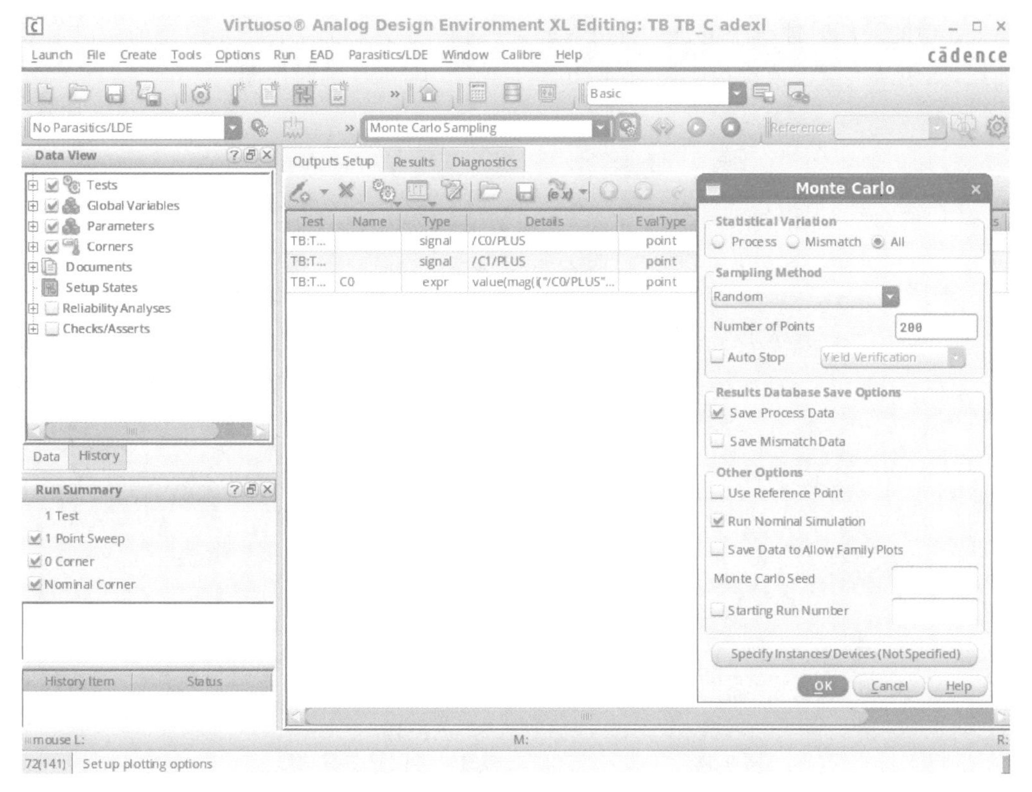

图 9-16　蒙特卡洛仿真设置

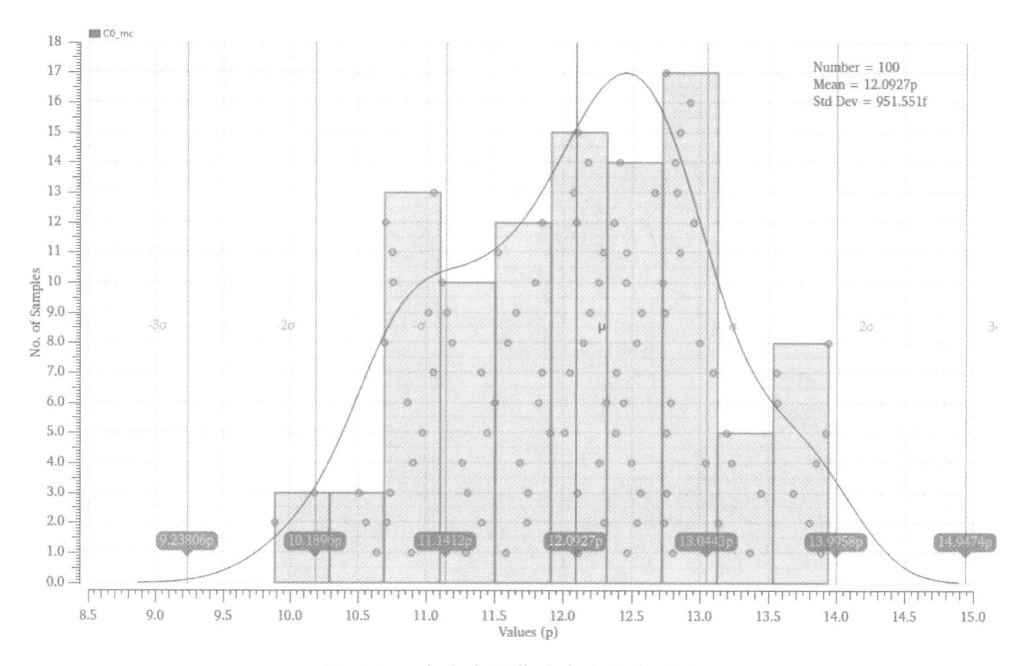

图 9-17 电容失配蒙特卡洛仿真结果

9.3.2 时钟控制电路的仿真

基于 SMIC 0.18μm CMOS 工艺，在 3.3V 电源电压、输入参考频率为 10MHz 条件下对图 9-8 中的局部时钟产生电路进行仿真验证，图 9-18 为局部时钟产生电路的输出信号仿真曲线，图中从上至下依次为时钟信号 CLK_1、CLK_2、CLK_{1e} 的时序图。

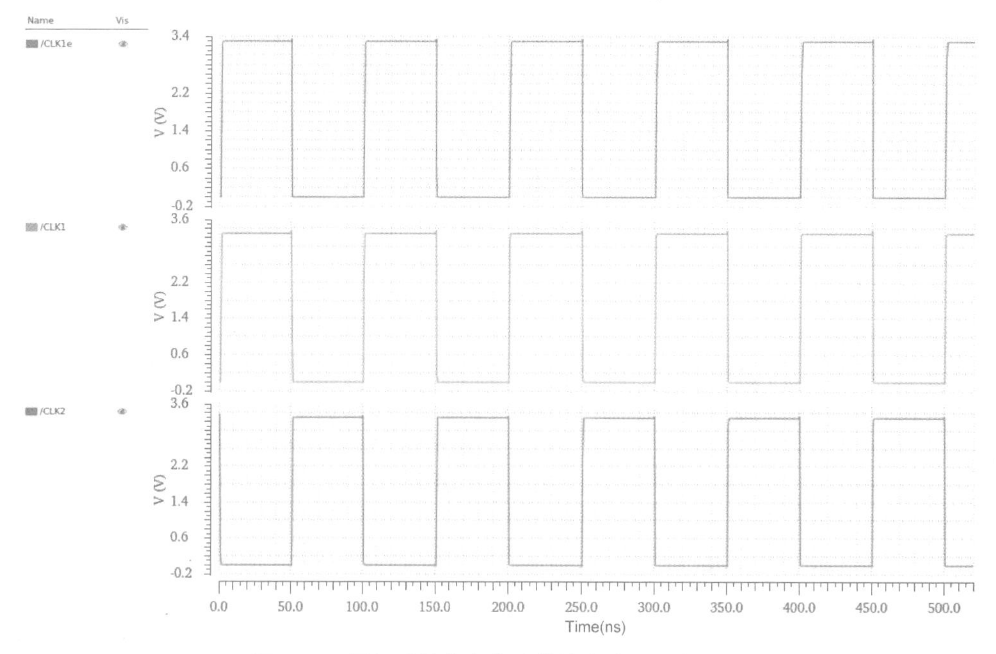

图 9-18 局部时钟产生电路的输出信号仿真曲线

图 9-19 为两相非交叠时钟的仿真曲线，仿真结果表明 CLK_1 与 CLK_2 的非交叠时间约为 159ps。图 9-20 为下降沿提前时钟的仿真曲线，仿真结果表明时钟 CLK_{1e} 下降沿相比时钟 CLK_1 提前了约 576ps，满足时钟控制电路的设计要求。

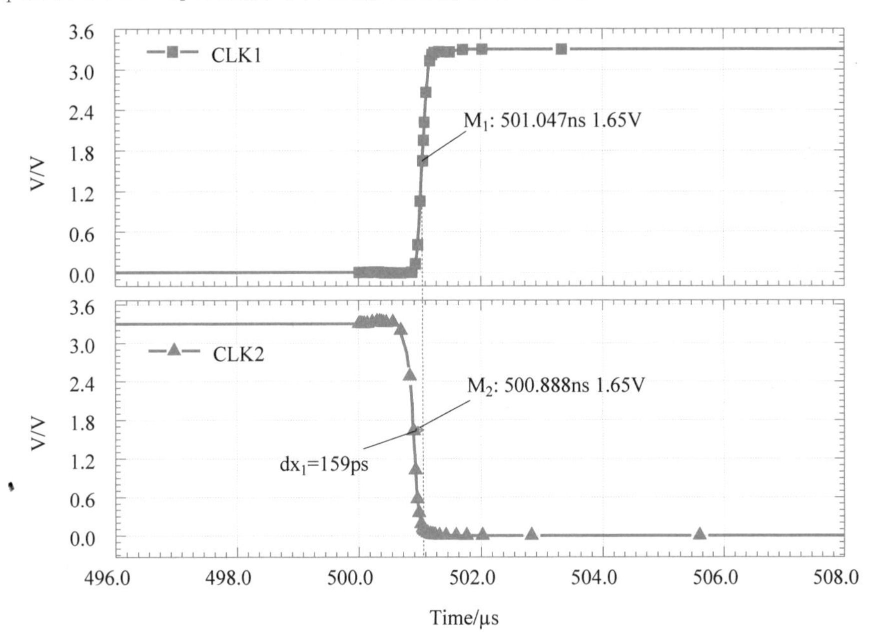

图 9-19 两相非交叠时钟的仿真曲线

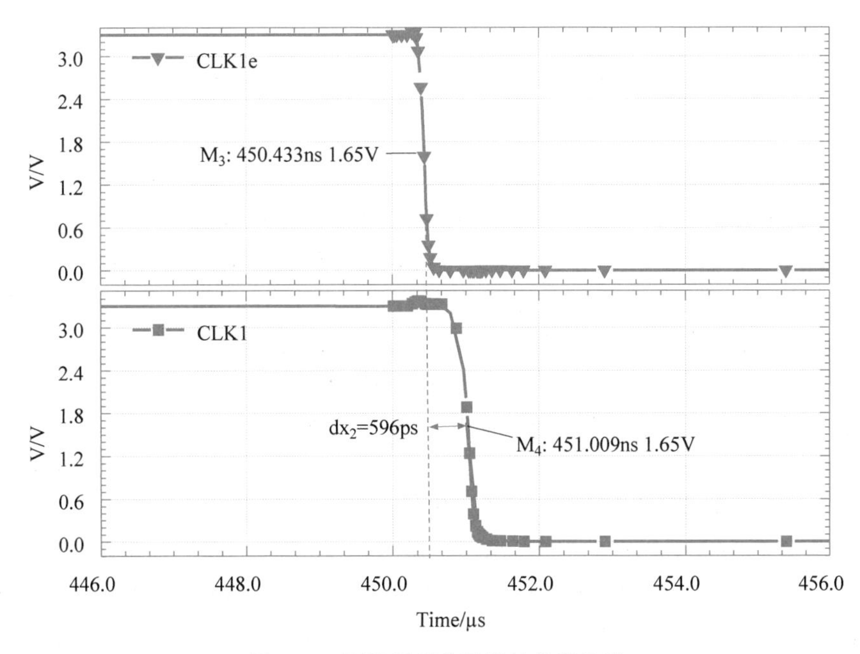

图 9-20 下降沿提前时钟的仿真曲线

9.3.3 采样开关动态性能的仿真

本节使用 Cadence 仿真器 ADE L 对 9.2.3 节介绍的传统的 NMOS 管栅压自举开关

电路进行快速傅里叶变换(Fast Fourier Transform,FFT)仿真,对其动态参数进行仿真验证。

根据奈奎斯特采样定理,采样频率一般是输入频率的最大值,在接近此信号频率的基础上做 FFT 可以快速收敛,根据关系式:

$$\frac{f_{\text{in}}}{f_{\text{Sample}}}=\frac{m}{n} \tag{9.30}$$

式中:m 为采样的输入信号周期数;n 为采样点数。通常,n 越大,越精确,但采样时间则会增加,n 通常取 2 的整数次幂,m 与 n 的取值需要互质,输入信号频率尽量接近 1/2 的采样频率。图 9-21 为仿真栅压自举逻辑开关动态特性的电路原理图。

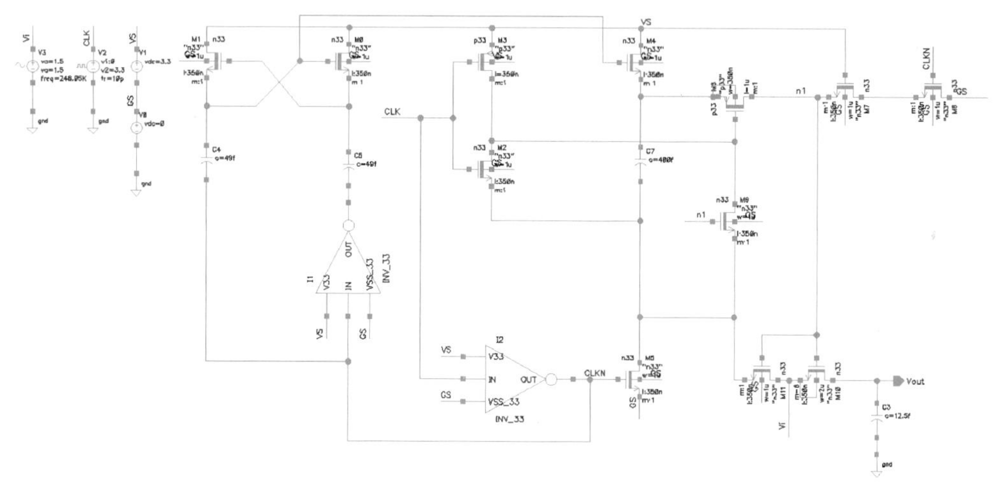

图 9-21 仿真栅压自举逻辑开关动态特性的电路原理图

在 9.2 节中已经说明本节所设计的采样保持电路适用于采样速率为 500kS/s 的 ADC 中。因此,如图 9-21 所示,设置输入信号 V_{in}=248.05kHz 的正弦波,共模电压为 1.65V,幅度为 1.65V,采样电容值为 12pF。图中 CLK 为时钟信号,频率设置为 500kHz,与所应用的 ADC 采样频率一致,根据式(9.29),设置采样点数为 256 个,每个点数的仿真时间为 2μs,总仿真时长为 516μs。对电路进行瞬态仿真,仿真波形曲线如图 9-22 所示。当 CLK 时钟信号为高电平时,为采样阶段,输出信号 V_{out} 将输入信号 V_{in} 还原输出;当 CLK 时钟信号为低电平时,为保持阶段,输出信号 V_{out} 保持在采样结束时刻的输出电压。

接下来对输出电压曲线 V_{out} 进行快速傅里叶变换。首先选中 V_{out};其次选择 Measurements→Spectrum,如图 9-23 所示;然后在图 9-24 的右侧的 Spectrum 中的 Start/Stop Time 填写采样开始/结束时间,采样开始时间取 V_{out} 输出稳定的时刻,填写 2.1μ,采样结束时间为最后一个采样点的时间,填写 514.1μ,Sample Count 为采样点数,这里填写 256,则采样结束时间－采样开始时间＝采样点数×采样周期,Window Type 选择 Rectangular,其他参数设置均参照图 9-24;最后单击 Plot 按钮,如图 9-25 所示的波形图为 V_{out} 的傅里叶变换结果,右下角窗口 Outputs 为采样开关动态参数计算结果。由傅里叶变换结果可以看出,采样开关的 SFDR 为 90.412 303dB,满足采样开关的设计要求。

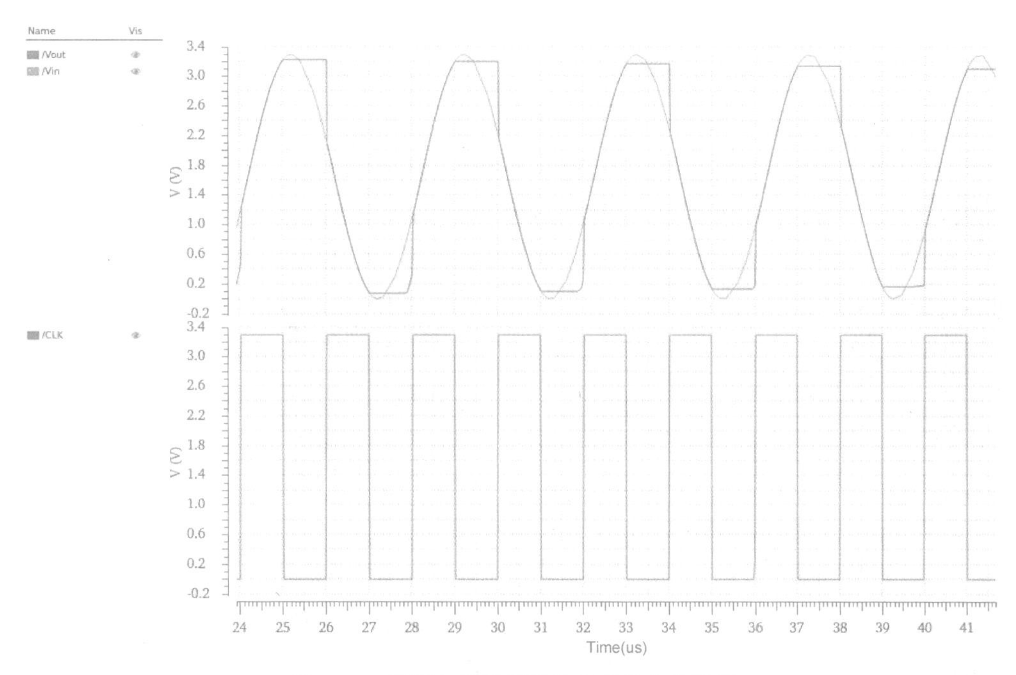

图 9-22　栅压自举逻辑开关仿真输出波形图

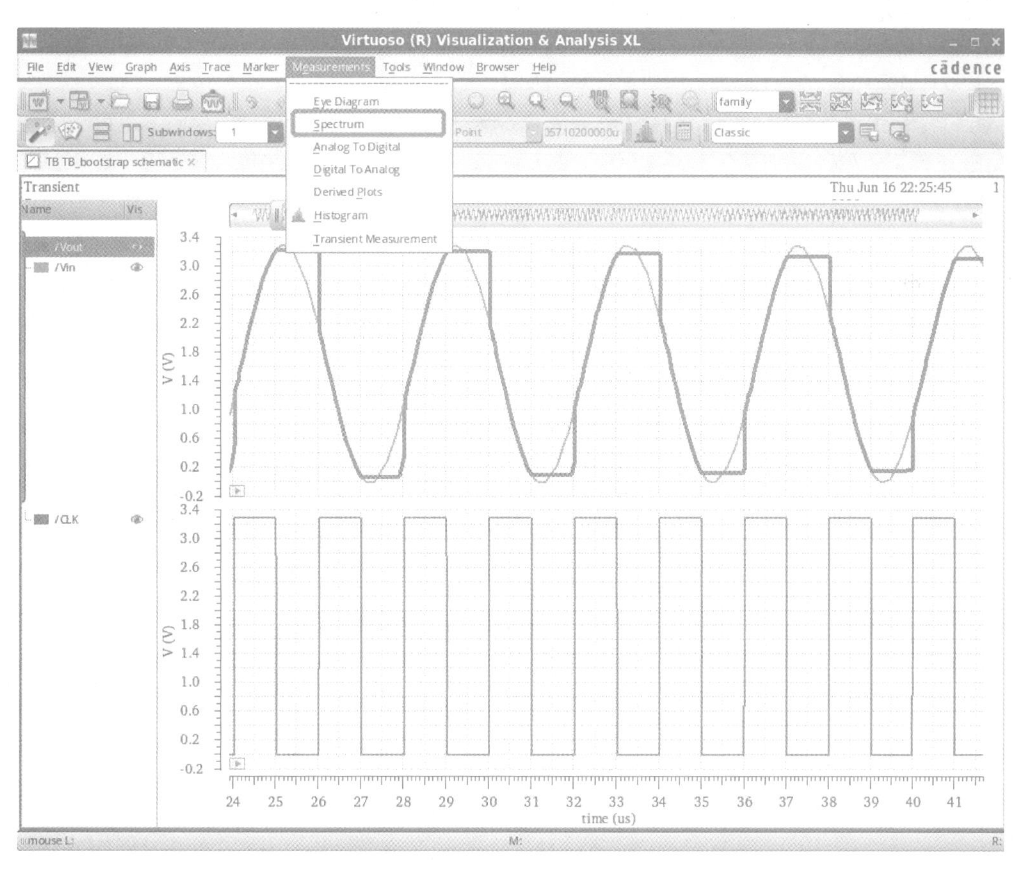

图 9-23　选择 Measurements→Spectrum 操作

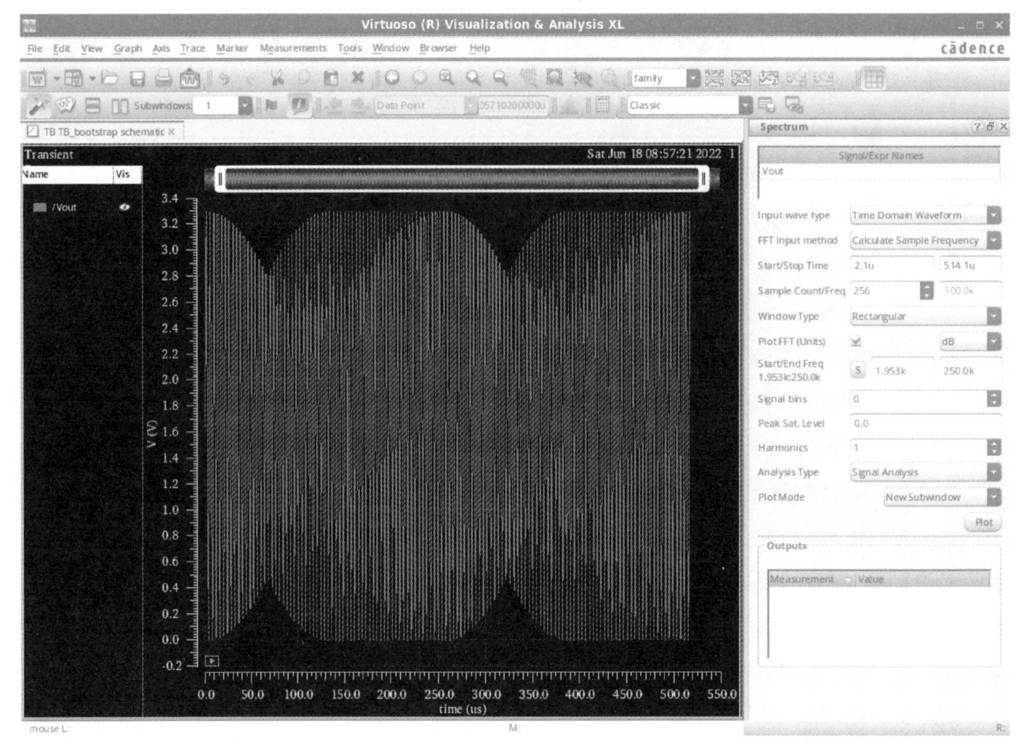

图 9-24 Spectrum 窗口设置

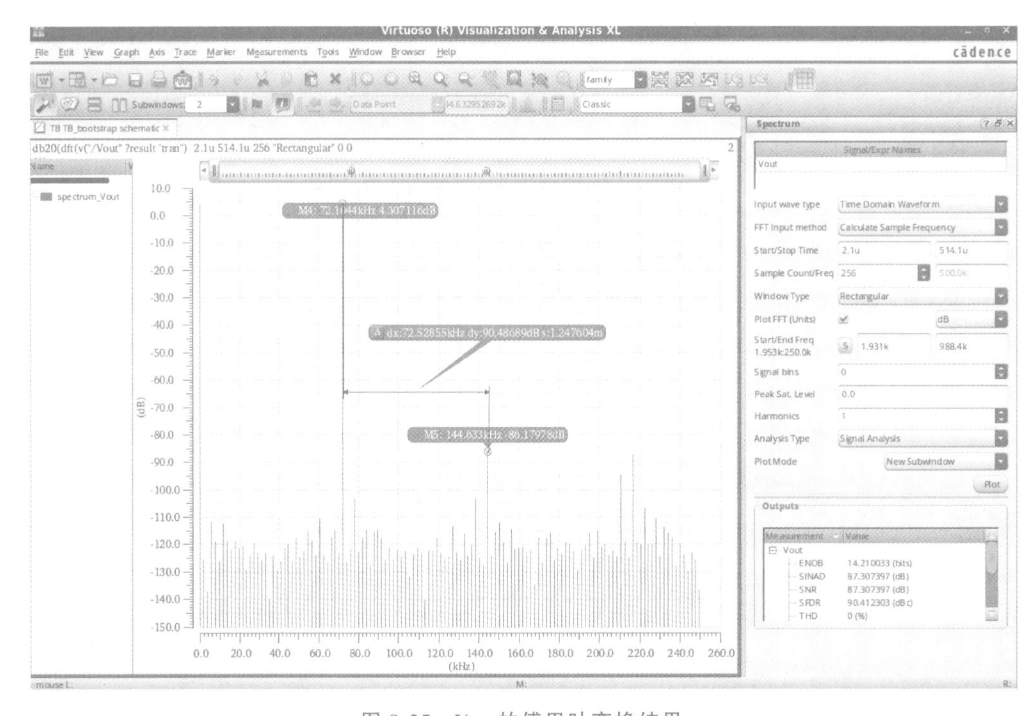

图 9-25 V_{out} 的傅里叶变换结果

第10章

逐次逼近型模数转换器的设计与仿真实例

随着现代信息技术迅速发展，模数转换器（ADC）作为信号处理系统中重要的组成部分，越来越多地应用到不同场景中，如人工智能、云计算、5G 通信等，ADC 在不同领域中的应用，有着不同的电路类型以满足当前各种系统功能的要求。同时，随着工艺水平的不断进步，ADC 电路设计难度也不断加大，在当前的模拟集成电路设计领域中，ADC 也成为公认的最有难度的电路设计之一，未来 ADC 电路设计将朝着高速、高精度、低功耗的方向不断发展。

10.1 模数转换器设计基础

模数转换器通常由抗叠滤波器、采样保持电路、比较器、积分电路以及数字逻辑电路组成，数模转换器（DAC）通常是作为（ADC）的一个组成部分。因此，本章首先对数模转换器进行介绍，对其工作原理和不同类型的转换方式进行分析；其次介绍不同类型的模数转换器，了解其工作原理、基本结构及特点，同时对逐次逼近型模数转换器（SAR ADC）进行深入分析并设计仿真一款 12 位的 SAR ADC 电路以基本掌握其电路结构和特性。

设计要求逐次逼近型模数转换器的目标参数如下：

（1）模拟电路电源电压：3.3V。

（2）数字电路电源电压：1.8V。

（3）采样速率：500kS/s。

（4）采样精度：12 位。

（5）DAC 的非线性度：＜1LSB。

（6）有效位数：＞11.5 位。

（7）无杂散动态范围：＞85dB。

10.1.1 数模转换器

1. 工作原理

DAC 是将数字信号转换为模拟信号，转换方式是线性的，DAC 通常是处理数字信号处理系统产生的二进制信号。设 DAC 的输入数字量为 N 位二进制码字 $b_{N-1}, b_{N-2}, \cdots, b_2, b_1, b_0$，$b_{N-1}$ 为最高有效位（Most Significant Bit，MSB），b_0 为最低有效位（Least

Significant Bit,LSB),利用基准电压 V_{ref} 将二进制信号转换为模拟信号,输出模拟信号可为电压或者电流。电压形式输出的模拟量可以由下式表示:

$$V_{out}=KV_{ref}(b_{N-1}2^{N-1}+b_{N-2}2^{N-2}+\cdots+b_2 2^2+b_1 2^1+b_0 2^0) \tag{10.1}$$

式中:K 为比例因子,$b_{N-1}2^{N-1}+b_{N-2}2^{N-2}+\cdots+b_2 2^2+b_1 2^1+b_0 2^0$ 为加权后的系数,常用 D 表示。

图 10-1 为 DAC 原理框图。DAC 包括二进制开关、一个加权网络和一个输出放大器,加权网络通过二进制开关将输入的二进制码字转换为一个与码字成比例的电压,输出放大器将产生的电压放大到需要的电平,加权机制可以是电压型、电流型和电荷型。

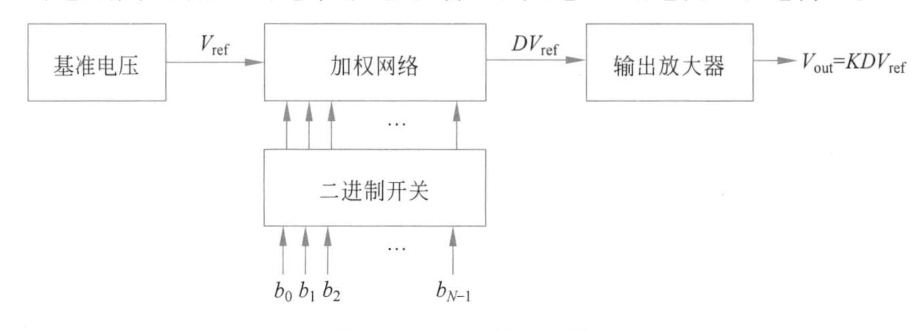

图 10-1 DAC 原理框图

2. DAC 的种类

1) 电压按比例缩放 DAC

电压按比例缩放型 DAC 将基准电压 V_{ref} 分为 2^N 个 $V_{ref}/2^N$ 的倍数的模拟电压值,输入的二进制码根据译码器控制的二进制开关转换为相应的模拟电压。常见的为电阻结构的电压按比例缩放 DAC,如图 10-2 所示。电阻结构的电压按比例缩放 DAC 电路包括提供基准电压 V_{ref} 的参考电压源、控制二进制开关的数字译码器、二进制开关树、电阻串(分压器)以及运算放大器。电阻阵列最高电位连接基准电压 V_{ref},最低电位接地,一个 N 位的 DAC 电路的电阻串应至少有 2^N 段,这些电阻段可以全部相等或者段的末尾为部分值。图 10-3(a)为 3 位电位按比例缩放 DAC,分压器中每个电阻的抽头与一个开关相连,这些开关有二进制

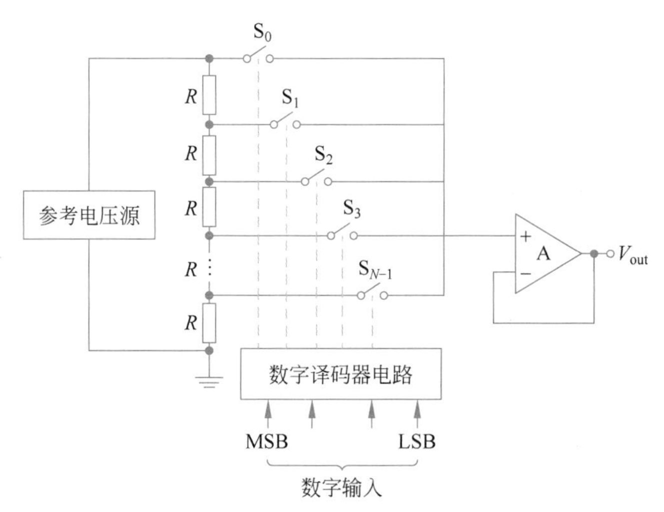

图 10-2 电阻结构的电压按比例缩放 DAC 电路

码的不同位控制，例如：第 i 位为 1，则 b_i 控制的开关闭合；如第 i 位为 0，则 b_i 控制的开关断开。假设需要转换的码字为 $b_2=0,b_1=1,b_0=1$（b_2 是 MSB，b_0 是 LSB），根据开关序列可知，输出电压 $V_{out}=7V_{ref}/16$，电阻抽头处的电压可以由下式表示：

$$V_{out}=\frac{V_{ref}}{8}\left(n-\frac{1}{2}\right)=\frac{V_{ref}}{16}(2n-1) \tag{10.2}$$

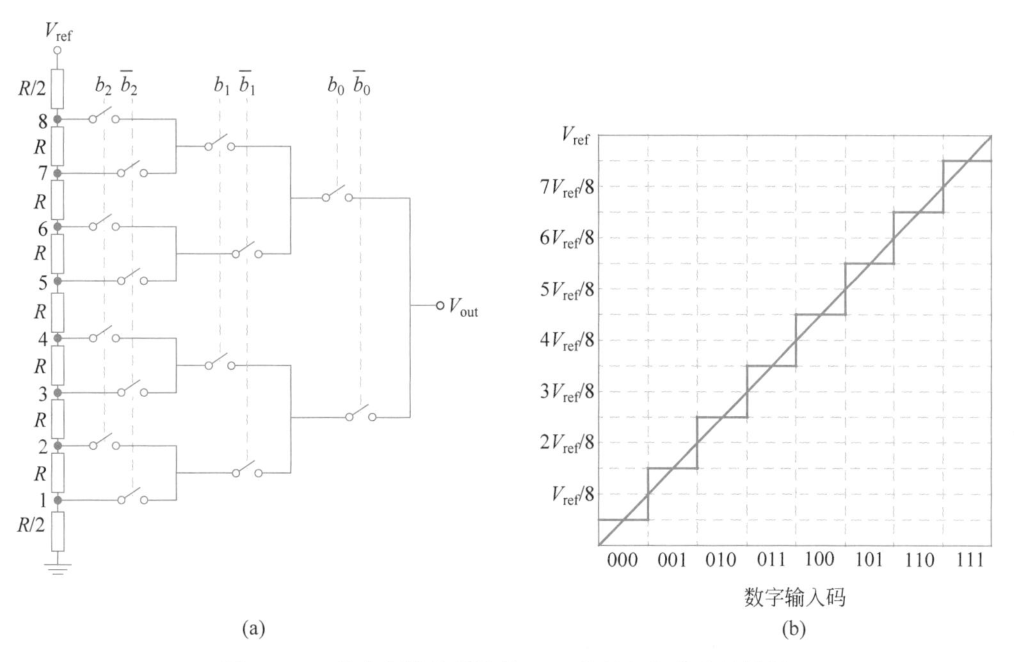

图 10-3　3 位电压按比例缩放 DAC 和输入与输出特性图

电阻结构的电压按比例缩放 DAC 具有单调性，从基准电压开始依此向下每个电阻抽头处的电压单调减小，结构简单，很适合于 CMOS 工艺。但由于电阻和开关的个数与 DAC 的位数呈指数关系，当 DAC 的位数大于 8 时，所需总面积会很大，同时开关数量的增加，导通电阻会很大，以及受内部节点上寄生电容的影响 DAC 的转换速度将受限，因此在设计时需要在面积和性能之间进行折中。总体来说，这种转换器的转换速度较快，并且传输特性是单调性的，一种数字码的输入对应一个模拟电压值的输出，当 DAC 的位数小于 8 时，可选用电阻结构的电压按比例缩放 DAC。

2）电荷按比例缩放 DAC

电荷按比例缩放 DAC 是电容阵列中总电荷重新分配来进行工作的，结构如图 10-4 所示。

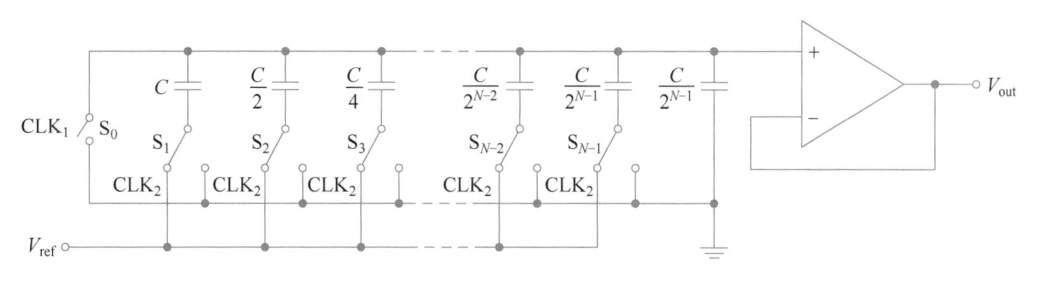

图 10-4　电荷按比例缩放 DAC

此电路需要两相非交叠时钟 CLK_1 和 CLK_2 进行控制，假设在时钟为 CLK_1 时，开关 S_0 闭合，则电容上、下极板都接地，此时 DAC 处于采样阶段；在时钟为 CLK_2 时，S_0 断开，开关 $S_1 \sim S_N$ 由 N 位数字码控制，数字码为“1”开关闭合，电容下极板接至基准电压 V_{ref}，数字码为“0”开关断开，电容下极板接地，此时为转换阶段，模拟电压输出有效。假设 C_{eq} 是连接到 V_{ref} 的电容之和，C_T 是电容阵列中的所有电容之和，转换原理可以用以下公式表示：

$$V_{out}C_{eq}=V_{ref}(b_0C+b_12^{-1}C+b_22^{-2}C+\cdots+b_{N-1}2^{-N+1}C)=V_{out}C_T \tag{10.3}$$

$$V_{out}=V_{ref}(b_02^{-1}+b_12^{-2}+b_22^{-3}+\cdots+b_{N-1}2^{-N}) \tag{10.4}$$

电荷按比例缩放 DAC 开关的导通电阻会影响电容充放电速度，从而影响 DAC 的转换速度；但在电容设计为大小较匹配的情况下，该结构的 DAC 可以实现较高的转换精度。这种结构的缺点是随着位数的增加，最大电容值和最小电容值的比值增加，电容之间的大小相差越来越大，导致电容面积过大，出现电容失配的问题，在转换时，电路受寄生电容的影响越来越敏感。这一问题可以通过分段电容的设计进行改进。图 10-5 为高 7 位、低 5 位分段电容式电荷按比例缩放 DAC，这两段电容分别为两个普通的电荷按比例缩放 DAC 支路，输入数字信号首先通过低 5 位的电容阵列进行转换，转换后的模拟电压通过桥接电容 C_s 缩小为原来的 1/128，随后与高 7 位的电容阵列转换后的模拟电压进行叠加为最终 DAC 的输出模拟电压值。其转换原理可以用下式表示：

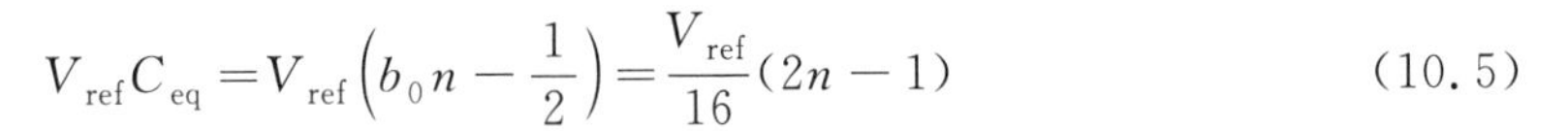

$$V_{ref}C_{eq}=V_{ref}\left(b_0n-\frac{1}{2}\right)=\frac{V_{ref}}{16}(2n-1) \tag{10.5}$$

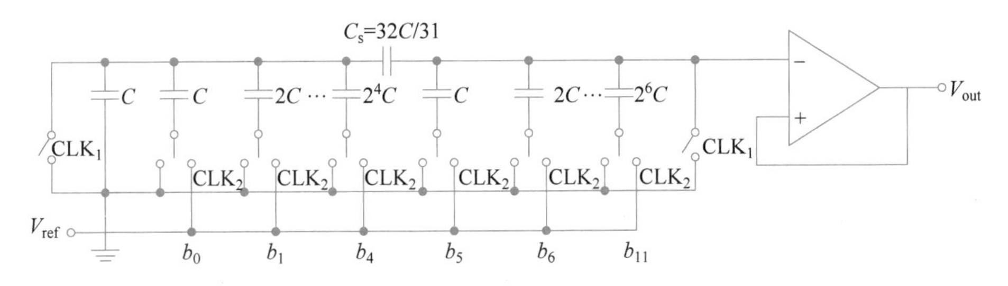

图 10-5 分段电容式电荷按比例缩放 DAC

桥接电容 C_s 的值根据第 5 位和第 6 位电容的权重值关系得到，图中 5 位二进制电容阵列、一个桥接电容 C_s 以及一个“虚拟 LSB”位电容所组成的总电容阵列的值等于第 6 位电容值，即 MSB 的最小电容值。其电容关系可以表示为

$$C=32CC_s/(32C+C_s) \tag{10.6}$$

因此，桥接电容可以表示为

$$C_s=32C/31 \tag{10.7}$$

分段电容式按比例缩放 DAC 相对于普通的电荷按比例缩放 DAC 大大减小了芯片面积且减小了电容之间的差值，因此可设计为更高精度的 DAC。

3）电流按比例缩放 DAC

电流按比例缩放 DAC 将基准电压 V_{ref} 或者电流通过按比例缩放网络转换为二进制加权电流，再通过运算放大器输出模拟电压 V_{out}。其表达式如下：

$$V_{out}=-IR\left(\frac{a_1}{2}+\frac{a_2}{2^2}+\cdots+\frac{a_N}{2^N}\right)=-IR\sum_{n=1}^{N}\frac{a_n}{2^n} \tag{10.8}$$

式中：a_n 为数字逻辑开关控制位，为“1”或“0”。

按比例缩放网络可采用二进制电阻阵列、R-$2R$ 网络或者电容阵列，图 10-6 为利用二进制加权电阻实现电流按比例缩放 DAC。该结构的工作原理是利用二进制加权电阻网络在电路内部产生一组二进制加权电流，根据数字逻辑开关控制位(“0”或“1”)对电流进行线性叠加产生模拟电压。另外，可通过运算放大器的反馈电阻 R_F 实现需要的增益。输出的模拟电压可表示为

$$V_{out}=\frac{2V_R R_F}{R}\left(\frac{a_1}{2}+\frac{a_2}{2^2}+\cdots+\frac{a_N}{2^N}\right) \tag{10.9}$$

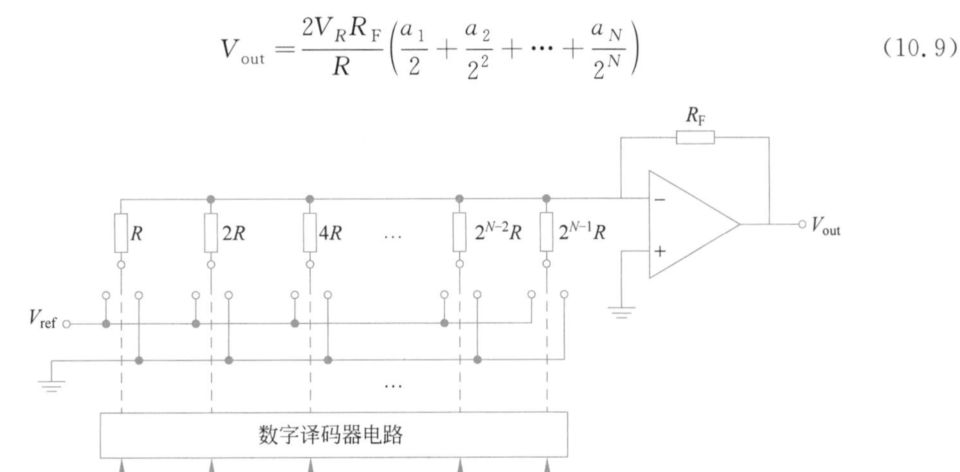

图 10-6　二进制加权电阻 DAC

采用二进制加权电阻网络的 DAC 不受寄生电容的影响，转换速度快，但电阻值范围比较大，N 位的 DAC 阻值范围$(1\sim2^{N-1})R$，电阻阻值差异过大会导致匹配精度下降，从而降低 DAC 精度，导致 DAC 的非单调性。这种电阻阻值分布过大的情况可以通过 R-$2R$ 梯形网络结构解决。R-$2R$ 梯形网络结构电阻值只有 R 和 $2R$，$2R$ 的电阻采用两个阻值为 R 的电阻串联实现，如图 10-7 所示。R-$2R$ 梯形网络结构存在浮动节点，容易使流经电阻的电流

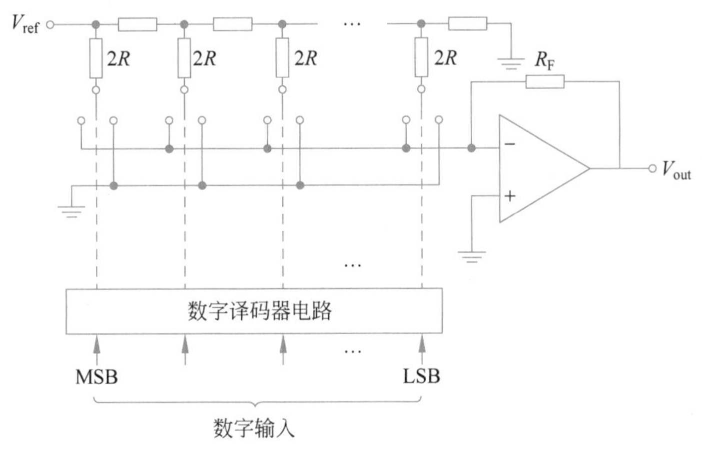

图 10-7　R-$2R$ 梯形网络二进制加权电阻 DAC

发生改变,从而增大了建立速度,通过设置开关信号的上升沿和下降沿的交叉点电压可以不让流经电阻的电流发生改变,保持节点电压不变,因此 DAC 的速度不会降低。

10.1.2 模数转换器

1. 工作原理

模数转换器将电压或电流形式的模拟信号转换成数字信号。根据分辨率划分,ADC 可分为高分辨率(>14 位)、中等分辨率(>10 位)以及低分辨率(>6 位)ADC。根据转换速度划分,ADC 可分为超高速(转换时间小于 330ns)、次超高速(转换时间为 330ns~3.3μs)、高速(转换时间为 3.3~330μs)以及低速(转换时间大于 330μs)ADC。根据转换原理,ADC 可分为直接模数转换器和间接模数转换器。直接模数转换器是直接将模拟信号转换成数字信号,常见的有逐次逼近型 ADC、并联比较型 ADC 等,其中逐次逼近型 ADC 结构简单且可实现较高分辨率和高速,与 CMOS 工艺匹配性良好,是目前应用较为广泛的一种 ADC。间接 ADC 先把模拟量转换成中间量,再转换成数字量,常见的有双积分型 ADC 等,双积分型 ADC 电路简单,抗干扰能力强,可实现高分辨率,不足之处是转换速度较慢。

2. 性能参数

ADC 的性能主要有基本特性、静态特性和动态特性。基本特性有分辨率、采样速率、转换时间等;静态特性描述的是 ADC 输入与输出特性,主要有模拟输入范围以及非线性误差(如综合误差、偏移误差、增益误差、微分非线性误差以及积分非线性误差);动态特性由 ADC 的频率响应和速度决定,采样保持电路作为 ADC 电路中关键结构,它的动态特性对 ADC 整体的动态特性起了重要作用,在第 9 章已经说明了采样保持电路动态特性的具体含义,ADC 的动态特性与采样保持电路所描述的一致,主要有信噪比(SNR)、信噪失真比(SINAD)、无杂散动态范围(SFDR)、有效位数(ENOB)、谐波失真(THD)等。

分辨率是指 ADC 所能分辨的最小模拟输入值,即数字输出变化 1 时所对应的模拟输入变化的值。分辨率和参考电压决定了 ADC 可转换的输入最小模拟量,称为量化台阶。如一个 12 位的 ADC,参考电压为 3.3V,则它的分辨率为 $3.3/2^{12}=0.805(\mathrm{mV})$。

采样速率是指 ADC 对输入信号进行采样的速度,常用单位是 kS/s 和 MS/s。

转换时间是指完成一次 A/D 转换所需要的时间,即从启动 A/D 转换器开始到获得相应数据所需要的总时间。

模拟输入范围是指使 ADC 产生满刻度响应的单端后差分输入电压或电流的最大值,通常为 $0\sim V_{\mathrm{DD}}$。

综合误差 E_{T} 是指实际转换曲线与理想转换曲线的最大偏离。

偏移误差 E_{O} 是指实际转换曲线上的第一次跃迁与理想转换曲线上的第一跃迁之差。

增益误差 E_{G} 是指 ADC 模拟输入与数字输出的传输特性直线斜率误差,理想斜率为 1;也可定义为实际转换曲线上的最后一次跃迁与理想转换曲线上最后一次跃迁之差。

微分非线性误差 E_{D} 是指实际转换曲线上步距与理想步距之差。

积分非线性误差 E_{L} 是指实际转换曲线与终点连线间的最大偏离。

ADC 误差示意图如图 10-8 所示。

3. 模数转换器的种类

1) 逐次逼近型 ADC

逐次逼近型 ADC 的工作原理是基于二进制搜索算法对输入模拟信号进行逐次逼近,

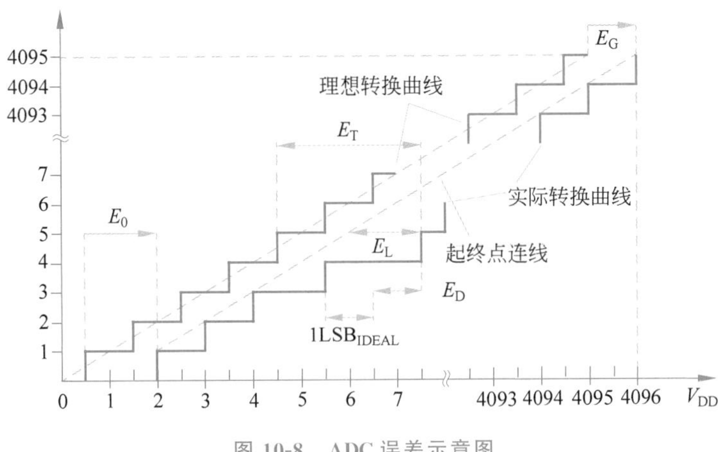

图 10-8　ADC 误差示意图

将模拟输入信号与 DAC 反馈信号进行比较。图 10-9 为逐次逼近型 ADC 的系统结构，主要由采样保持电路、DAC、比较器、SAR 寄存器、时序控制寄存器以及其他模拟电路组成。在电容阵列的逐次逼近型 ADC 中，采样保持电路可设计在电容阵列中。逐次逼近逻辑寄存器由 N 位移位寄存器和 N 位保持寄存器组成。ADC 正常工作过程：首先，采样保持电路对模拟信号 V_{in} 进行采样并保持，并输入到比较器的一端，此时，逐次逼近寄存器（SAR 单元）开始二进制搜索算法，最高位为“1”，其他位都置为“0”，将 N 位数字码 100…0 作为 DAC 的数字输入，此时 DAC 输出模拟电压 $1/2V_{ref}$，其中 V_{ref} 是逐次逼近型 ADC 的参考电压。然后将 $1/2V_{ref}$ 的模拟电压作为比较器另一端的输入，与输入信号 V_{in} 进行比较。若输入信号 $V_{in}>1/2V_{ref}$，比较器将会输出低电平，则最高位 MSB 保持“1”不变；若输入信号 $V_{in}<1/2V_{ref}$，比较器将会输出高电平，则最高位 MSB 将会被置为“0”。确定最高位的码字后，保持最高位不变，再置次高位为“1”，其他低位置为“0”，并将该数字码作为 DAC 的输入，进而比较出次高位的码字。其他各低位依次重复上述比较过程，直到比较出 LSB 的结果为止，最后得出输入信号 V_{in} 所对应的数字码。

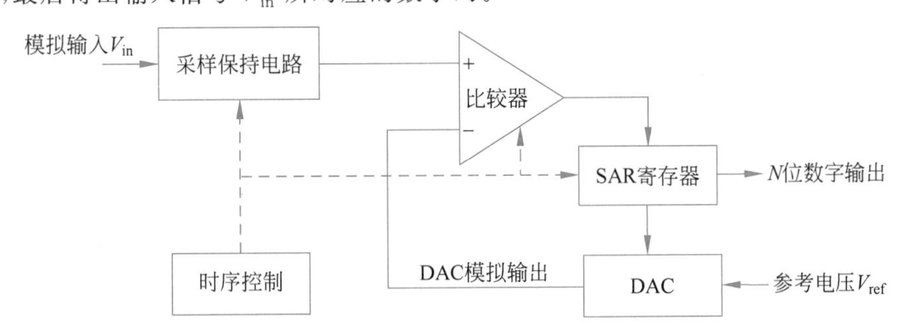

图 10-9　逐次逼近型 ADC 结构框图

2）全并行型 ADC

全并行型 ADC 又称为快闪型 ADC（Flash ADC），是 ADC 所有类型中转换速度最快、系统结构最简单的 ADC。3 位全并行型 ADC 结构框图如图 10-10 所示，它主要由采样保持电路、分压电阻串、比较器、译码器组成。其工作过程首先分压电阻串将参考电压通过相同阻值的电阻分成了 2^N-1 等份；然后 2^N-1 个参考电压作为比较器的一端输入与另一端的输入模拟电压分别进行比较，若参考电压高于输入电压，则比较器输出逻辑高电平，若参考电压低于输入电压，则比较器输出逻辑低电平；最后各个比较器输出的逻辑电平形成温度计码经过译码器转换为 N 位二进制码作为最终数字信号的输出。从上述快闪型 ADC 的工作过程可知，各个比较器是并行工作的。也就是说，当时钟信号到来时，各个比较器同时进行比较，在一个采样转换时钟周期内可快速完成对模拟信号的采样、比较以及数字信号的输出。虽然快闪型 ADC 具有结构简单、转换速度快的优点，但也存在着很大的局限性，当设计为更高精度的 ADC 时，比较器的数量也会随之呈指数形式增长，N 位分辨率的快闪型 ADC 需要 2^N-1 个比较器，这会占用更大的版图面积，同时增加了电路功耗。比较器的寄生电容以及失调电压的存在也会影响 ADC 的精度，因此快闪型 ADC 常应用于超高度低精度的领域中。

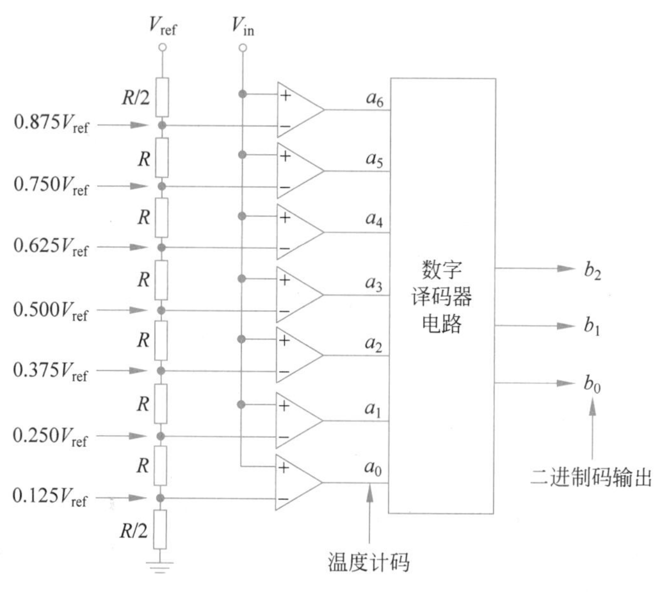

图 10-10 3 位全并行型 ADC 结构框图

3）流水线型 ADC

流水线型 ADC 又称为 Pipeline ADC，其电路包括采样保持电路、子 ADC、DAC、加法器以及余量放大器。Pipeline ADC 工作模式如同流水线信号处理一样，将转换过程分为多个阶段完成。如图 10-11 所示，首先采样保持电路对输入信号采样，采样到模拟信号经过精度较低的 ADC 转换并输出和存储数字码，数字码再由 DAC 转换为模拟量，采样的模拟量与已经粗转换的模拟量相减，得到组量化误差（该误差也称为余量）；然后将该余量通过放大器放大 2^N 倍后作为第二级的输入，重复上述工作流程，经过多级子电路量化；最后通过数字校正技术将每一级的数字量组合，最终得到与输入模拟信号对应的数字码。Pipeline ADC 在第一级电路量化完成后送到下一级电路，下一级电路开始量化时，第一级电路已经开始下一个模拟信号的量化，工作效率极高，因此可以实现高速转换。Pipeline ADC 也存在一些缺点：若满足高速高精度要求，余量放大器的性能要足够好，需要有高增益和宽带宽，这需要较大面积和功耗；同时当分辨率较高时，器件会存在失配，继而影响转换精度。通常情况下，Pipeline ADC 设计在 10～16 位，工作频率为 10～500MHz，因其精度较高、转换速度较快，在无线通信、数字视频等高速高精度领域中应用广泛。

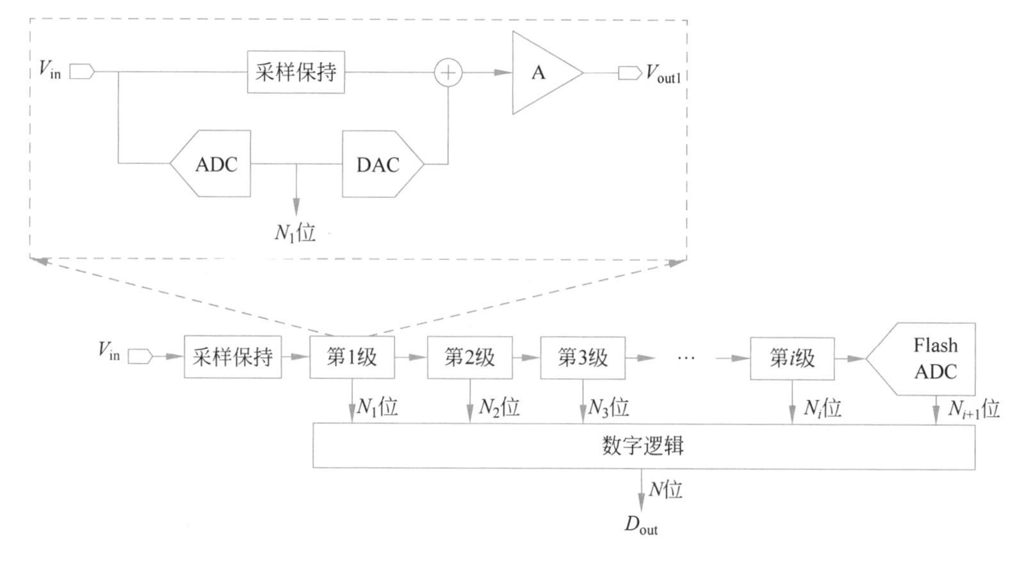

图 10-11 流水线型 ADC 结构框图

4）Sigma-Delta(Σ-Δ)型 ADC

前面介绍的 SAR ADC、Flash ADC 以及 Pipeline ADC 都属于奈奎斯特 ADC，工作原理遵循奈奎斯特采样定理。而 Sigma-Delta 型 ADC 属于过采样 ADC，其输入信号的最高频率远小于 1/2 的采样频率。Sigma-Delta 型 ADC 主要由 Sigma-Delta 调制器和数字抽取滤波器组成，如图 10-12 所示。Sigma-Delta 调制器包括求和电路、积分器、比较器以及 DAC 电路。Sigma-Delta 调制器采用过采样技术和噪声整形技术，对输入信号进行采样和量化，并对量化过程中产生的量化噪声进行整形，将其搬移到信号频带以外，从而可以有效提高信号频带内的信噪比。Sigma Delta 调制器有多种结构类型，为简单起见，这里先以一阶调制器为例来说明其工作原理。在调制器的输入端加上模拟信号，调制器对输入信号进行过采样和量化，量化器的输出信号通过 DAC 再反馈回积分器的输入端。根据调制器环路的反馈特性：当积分器输出信号的极性为正时，DAC 反馈一个正参考信号并与输入信号相减；当积分器输出信号的极性为负时，DAC 反馈一个负参考信号并与输入信号相加。这样可以使得积分器输出信号尽量保持在 0 电平附近，同时量化器输出信号的平均值跟随输入信号的平均值一起变化。此时，量化器的输出信号为高频率的二进制比特流，比特流中“0”和“1”的相对密度对应的是输入信号的幅度大小。同时，使用数字低通滤波器对输出信号进行滤波，消除高频噪声，提高动态范围和有效位数。Sigma-Delta 型 ADC 同样存在一

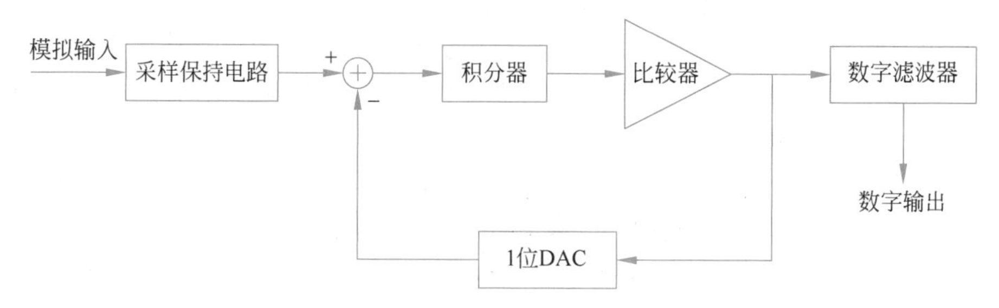

图 10-12 Sigma-Delta 型 ADC 结构框图

些缺点：当信号本身频率较高时，再产生比信号带宽更大的采样频率就比较困难。因此，通常情况下 Sigma-Delta 型 ADC 应用于高信噪比、高精度、速率低的场合。

10.2 12 位 500kS/s SAR ADC 系统设计

在 10.1.2 节中已经给出了 SAR ADC 的目标参数，本节根据参数性能的要求设计出 12 位 500kS/s SAR ADC 系统电路。首先需要确定电路的系统架构，然后根据系统架构完成各电路模块的设计，最后对各电路模块及系统电路进行仿真。

10.2.1 SAR ADC 系统设计

10.1 节介绍了逐次逼近型 ADC 的工作原理，本节对图 10-9 所示的逐次逼近型 ADC 结构进一步改进，改进后的电路系统结构框图如图 10-13 所示，在逐次逼近逻辑寄存器后添加了转换结构寄存器，可直接输出转换后的数字结果。另外，改进后的 SAR ADC 将采样保持功能和 DAC 电容阵列相结合设计在模数转换器中，不需要单独的采样保持电路模块，减小了电路规模，节省电路总功耗。在第 8 章中已经设计了性能适用于本章 SAR ADC 的动态锁存比较器，本节直接采用该电路进行电路设计。

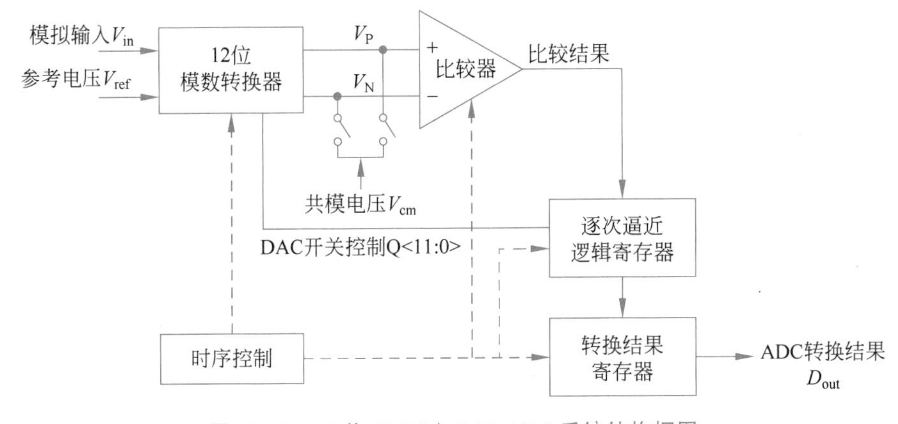

图 10-13 12 位 500kS/s SAR ADC 系统结构框图

10.2.2 12 位分段电容式 DAC 设计

本节设计 SAR ADC 中 DAC，采用分段电容式电荷按比例缩放 DAC，设计一个 N 位的 SAR ADC，传统的电荷按比例缩放型 DAC 需要 2^N 个单位电容，如图 10-14 所示，这里所设计的 12 位电容阵列采用“4+4+4”三分段式结构，即高 4 位、中 4 位和低 4 位，相对于传统的电荷按比例缩放型 DAC，电容数量大大减小。另外，由于单端结构，在连接共模电压时，会受开关的非理想效应的影响，从而导致比较器两输入端信号不同步而产生误差。因此，采用“伪差分结构”，在比较器的另一输入端设计一个与 12 位 DAC 结构相似的电容阵列，以保证比较器两端共模电压输入时间同步，“伪差分”结构的设计可提高 ADC 精度以及减小失调误差。同时，对于 12 位的 SAR ADC，DAC 电容阵列设计为“4+4+4”三分段式结构，其两个桥接电容容值一样，因而容易控制版图的布局布线，从而容易控制寄生电容，可减小寄生电容导致的非线性。如图 10-14 所示，桥接电容 C_{b1} 的值根据第 4 位和第 5 位电容的权重值关系得到，图中低四位二进制电容阵列、一个桥接电容 C_{b1} 以及一个“虚拟 LSB”位电容所组成的总电容阵列的容值等于第 5 位电容容值，即中间段的最小电容容值，称中间段电容阵列为“Sub-LSB”，单位电容为 C，“Sub-LSB”将 MSB 的最小电容缩放为 1/16，LSB 又将“Sub-LSB”的最小电容缩放为 1/16，因此该结构 1 位电容等效为 C/16/16。其电容关系可以表示为

$$C = 16C \times C_{b1}/(16C + C_{b1}) \tag{10.10}$$

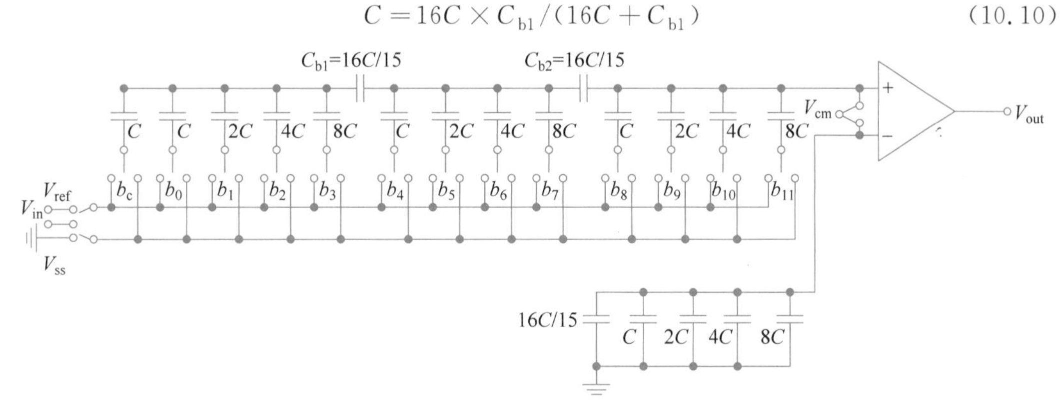

图 10-14 “4+4+4”三分段式电荷按比例缩放 DAC 电路原理图

因此，桥接电容可以表示为

$$C_{b1} = 16C/15 \tag{10.11}$$

同理，对于高 4 位 MSB 和 Sub-LSB 以及中间的桥接电容 C_{b2}，其电容关系和式(10.10)一致。

如图 10-14 所示，当 DAC 工作在采样阶段时，所有电容下极板接输入模拟电压 V_{in}，采样结束时电容上电荷量为

$$Q = (V_i - V_{cm}) \times 16C \tag{10.12}$$

当 DAC 工作在转换阶段时，根据数字译码器控制的开关信号来决定电容下极板是接 V_{ref} 还是接地 V_{ss}，$b_i(i=0,1,\cdots,10,11)$为开关控制位，当 b_i 为低电平“0”时，开关接地，当 b_i 为高电平“1”时，开关接参考电压 V_{ref}，转换完成时，比较器正、负输入端都为共模电压 V_{cm}，电容上的电荷量为

$$Q' = (V_{refp} - V_{cm}) \times N \times \frac{C}{256} + (0 - V_{cm}) \times (2^{12} - N) \times \frac{C}{256} \tag{10.13}$$

式中：N 为转换的数字结果，根据采样和转换时电荷守恒可知 $Q = Q'$，因此转换数字结果为

$$N = \frac{4096}{V_{refp}} V_i \tag{10.14}$$

如图 10-14 所示，其中 DAC 电容阵列开关采用的是第 9 章中设计的 NMOS 栅压自举逻辑开关。为保证 SAR ADC 整体良好的动态特性，电容采用的是工艺库 SMIC 0.18μm 中的 MIM 型电容，单位电容为 500fF。另外，提供共模电压 V_{cm} 的电路如图 10-15(a)所示，其中参考电压 V_{refP} 和 V_{refN} 的大小分别为 2.4V 和 0V，因此设计共模电压 $V_{cm}=1.2$V。控制共模电压开关信号 SAR ADC 为采样信号，SAMPLE0。共模电压开关为 CMOS 传输门，如图 10-15(b)所示。

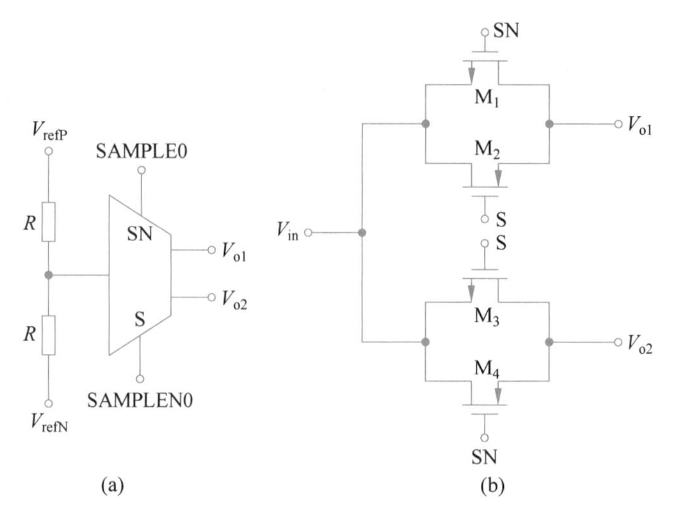

图 10-15 提供共模电压 V_{cm} 的电路图和共模电压开关电路图

10.2.3 数字逻辑控制模块的设计

本节对 SAR ADC 电路系统中的数字逻辑控制部分进行设计，为节省功耗，SAR ADC 中数字逻辑控制模块的电源电压均为 1.8V。其电路模块包括低压转高压电路和图 10-13 中所示的逐次逼近逻辑寄存器、转换结果寄存器以及提供给上述两个电路模块和 DAC 电容阵列、比较器的时序控制的电路模块。

1. 逐次逼近逻辑寄存器的设计

这里所设计的逐次逼近逻辑寄存器由多个具有置"1"和置"0"功能的维持阻塞 D 触发器连接构成。该触发器的电路结构如图 10-16 所示，主要由 6 个二输入与非门连接而成，当时钟 CP 脉冲上升沿到来时，其输出信号随输入 D 数据信号变化而变化，RDN 端为置"0"端口，SDN 为置"1"端口，且这两个端口为低电平"0"时有效。

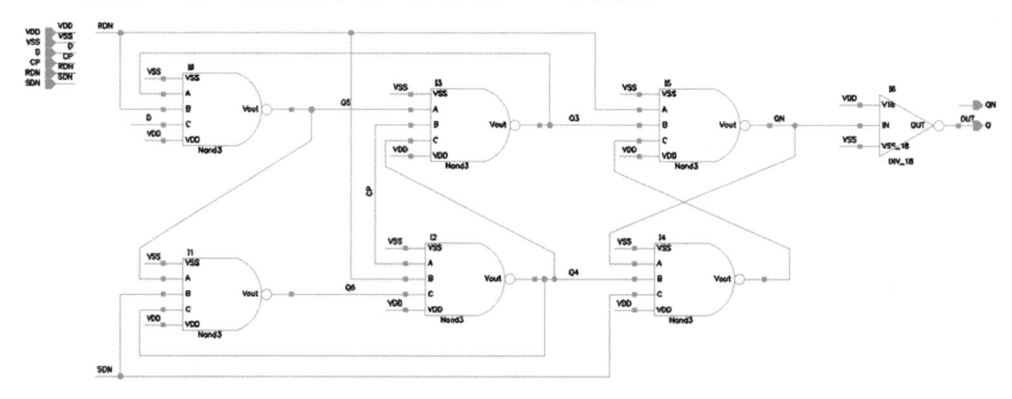

图 10-16 维持阻塞 D 触发器在 Cadence 软件中的实现

逐次逼近逻辑寄存器电路设计如图 10-17 所示，上面一排 D 触发器构成移位寄存器为串联结构，前一个 D 触发器的输出 Q 端连到下一个 D 触发器的输入 D 端，所有的 CP 时钟连到相同的时钟信号 SAR CLK 上，移位寄存器的输入信号也就是第一个 D 触发器 D 信号接地。移位寄存器为下面一排 D 触发器提供置"1"信号，下面一排 D 触发器构成数据寄存器，输出二进制数字码以控制 DAC 电容阵列的开关。

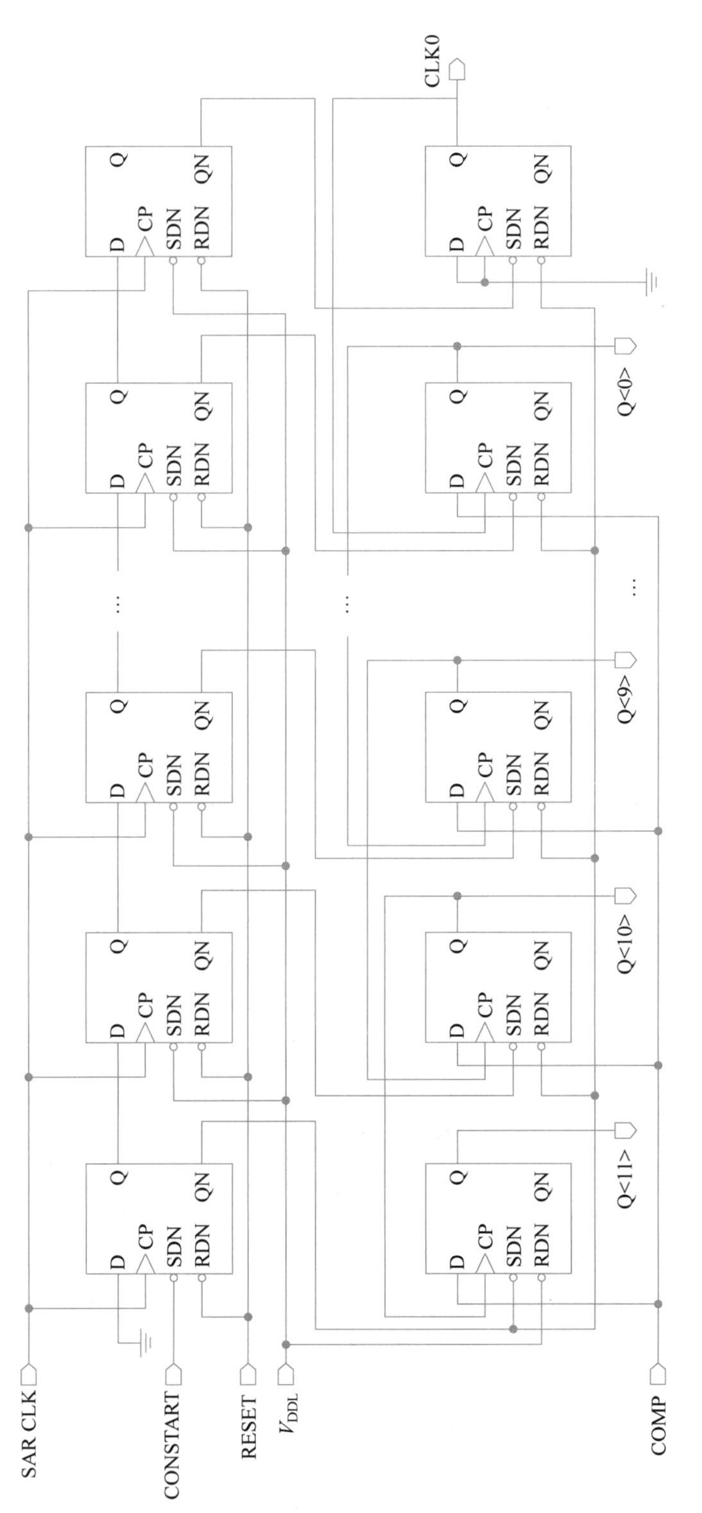

图 10-17　逐次逼近逻辑寄存器电路原理图

CONSTART端在SAR CLK信号没有来之前提前输入一个脉冲信号，则移位寄存器的第一个D触发器输出QN端置为逻辑“0”，由于数据寄存器的第一个D触发器SDN端连接移位寄存器的第一个D触发器的输出QN端以及其他10位D触发器的RDN端，因此会促使下面的第一个触发器输出Q<1>置为逻辑“1”，即二进制输出数字码最高位置为逻辑“1”，其他位Q<10：0>输出为逻辑“0”。当SAR CLK时钟信号有效时，由于移位寄存器输入D端接地，则就把第一个触发器QN置为“1”，上一个信号状态Q=1就会被第二个触发器采集到，则数据寄存器的第一个触发器的SDN端变为高电平，同时第二个触发器的SDN端变为低电平，输出Q<10>置为“1”，这时Q<10>就有一个从低电平到高电平的跳变，且该端口连接到前面那个触发器的CP时钟端，则Q<11>=COMP，即比较器的比较结果，为逻辑“1”或“0”。以此类推，移位寄存器的SAR ADC信号每有一个有效时钟，其触发器输出Q端逻辑“1”向右传递一次，实现逐次逼近，每传递一次就会促使数据寄存器的触发器输出Q置“1”，同时Q端信号从低电平到高电平的跳变触发了前一个触发器的输出，其结果取决于比较器的比较结果COMP。最后一位完成逼近后还需要一个触发器去判断最后一位Q<0>的输出，因此移位寄存器和数据寄存器的D触发器的个数都是13。

2. 转换结果寄存器的设计

在一次采样转换周期内，比较器的比较结果通过逐次逼近逻辑寄存器可输出12个逐次逼近的数字量Q<11：0>，对应着12次比较器的比较结果，该数字量并不是最终ADC的转换，而是DAC的数字输入以控制DAC电容阵列的开关，在一次转换过程中最后一次比较后的结果Q<11：0>才为最终的ADC转化结果。为直接得到ADC的转换结果，我们设计了转换结果寄存器，如图10-18所示，该寄存器由12个D触发器组成，其输入D信号对应Q<11：0>的12位二进制数字量，其时钟信号在最后一次比较完成时有效。

3. 时序控制电路的设计

时钟控制电路如图10-19所示，主要由D触发器、反相器、与非门组成，CLK为SAR ADC系统时钟信号，其频率为7MHz，SAMPLE0为控制共模电压开关信号，SAMPLE为内部采样信号，CLK0为转换结束信号，CONSTART为转换开始信号，SAR CLK为提供逐次逼近逻辑寄存器中移位寄存器的时钟信号，COMP CLK为提供动态锁存比较器中锁存比较器的时钟信号，REG_CP为提供转换结果寄存器的时钟信号。SAMPLE信号是由SAMPLE0信号经过两个反相器构成的缓冲器输出，其目的是保证采样结束时DAC电容存储的电荷量稳定，因此共模电压开关在采样信号即将结束之前断开。

如图10-20为时序控制电路的时序图。对于逐次逼近寄存器来说，CONSTART信号为低电平有效，当采样信号上升沿到来的一个CLK时钟周期后到转换开始前CONSTART信号有效；当CONSTART为高电平时，SAR CLK信号有效，开始启动逐次逼近。当SAMPLE信号为高电平时，SAR ADC处于采样阶段，此时COMP CLK信号为低电平，动态锁存比较器处于复位状态；当SAMPLE信号为低电平时，SAR ADC处于转换阶段，此时COMP CLK信号为系统时钟CLK的反，动态锁存比较器开始比较，需要进行12次比较，直到下一次采样信号有效。CLK0为逐次逼近寄存器中数据寄存器输出最低位Q<0>的D触发器的时钟，当该时钟由低电平跳变到高电平时，输出SAR ADC最终转换结果，并触发输出REG CP信号的D触发器，使得转换结果寄存器在CLK0信号跳变高电平的半个CLK时钟周期后启动。

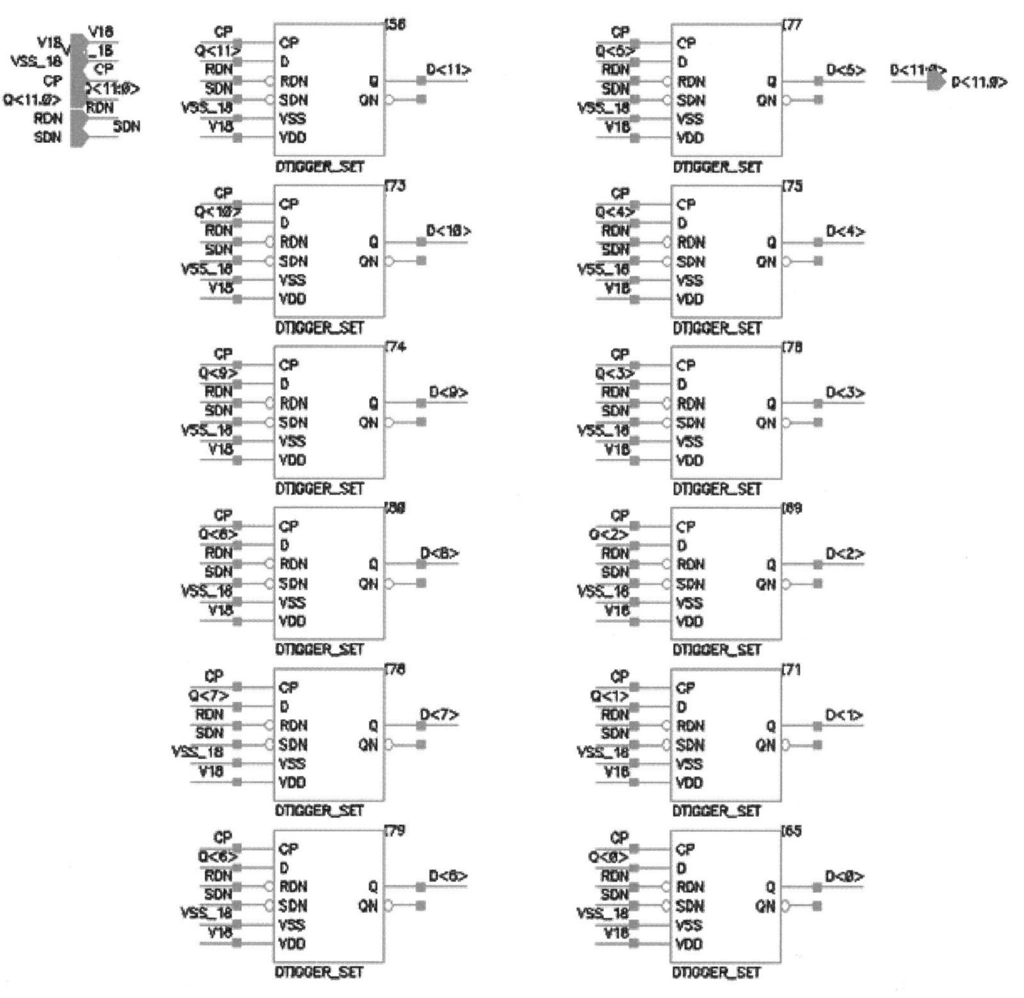

图 10-18 转换结果寄存器在 Cadence 软件中的实现

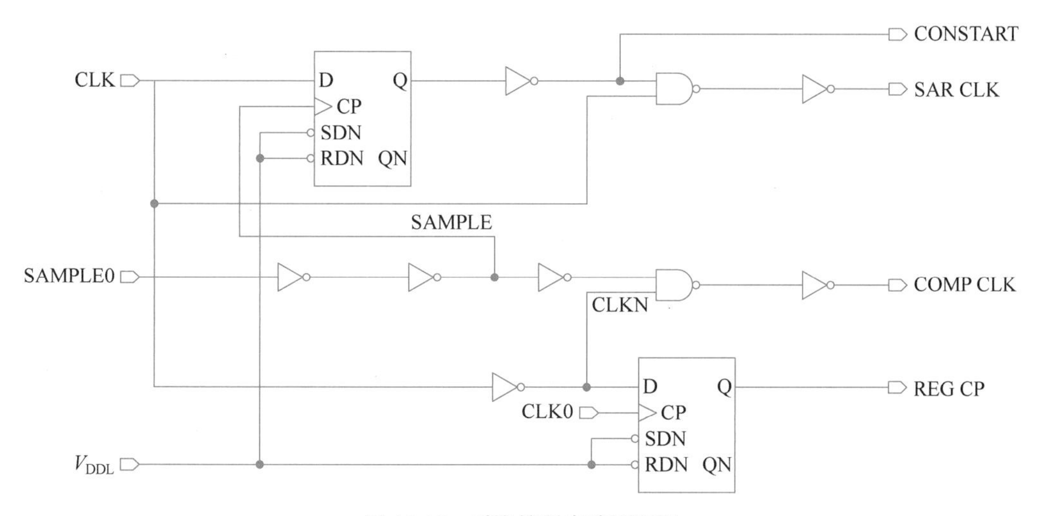

图 10-19 时序控制电路原理图

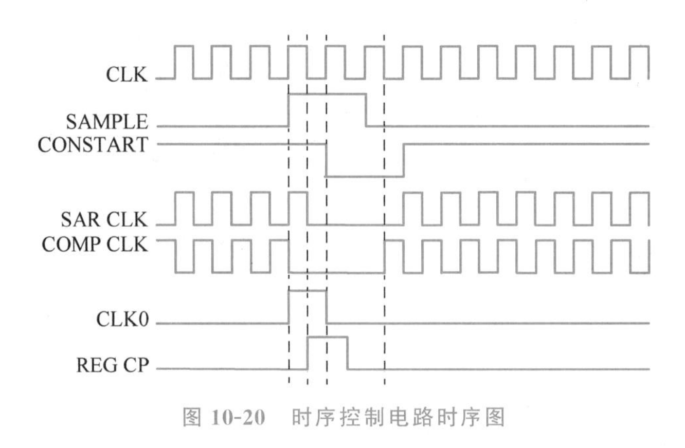

图 10-20 时序控制电路时序图

4. 低压转高压电路的设计

这里设计的 SAR ADC 中模拟电路电源电压为高压 3.3V，数字电路电源电压为低压 1.8V，因此逐次逼近逻辑寄存器的输出 Q<11：0>的逻辑"1"为低压 1.8V 的高电平，DAC 电路输入数字量的逻辑"1"为高压 3.3V 的高电平。逐次逼近逻辑寄存器的输出 Q<11：0>需经过低压转高压电路再反馈至 DAC 电路模块。图 10-21 为低压转高压电路，当输入端 A1N 输入的信号为 1.8V 的逻辑"1"时，该信号经过电源电压为 1.8V 的反相器输入到电源电压为 3.3V 或门的 A1 端，A1N 信号经过两个电源电压为 1.8V 的反相器输入到电源电压为 3.3V 或门的 A1N 端，而或门的 A2 端为使能端，电路正常工作时应设置为固定逻辑"0"，最终输出端 ZN 可得到电压为 3.3V 的逻辑"1"。图 10-22 为电源电压为 3.3V 的或门内部

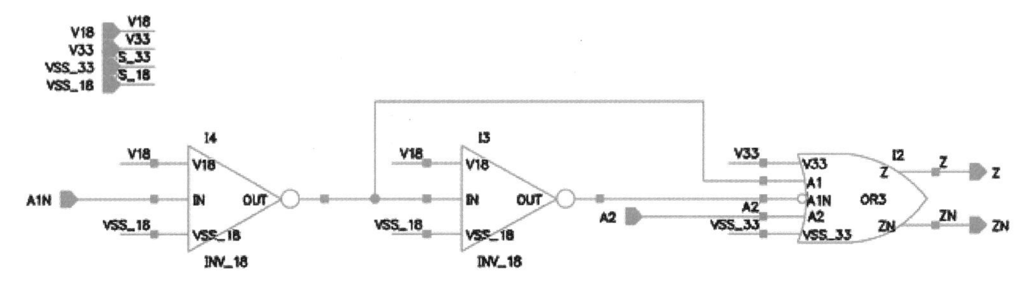

图 10-21 低压转高压电路在 Cadence 软件中的实现

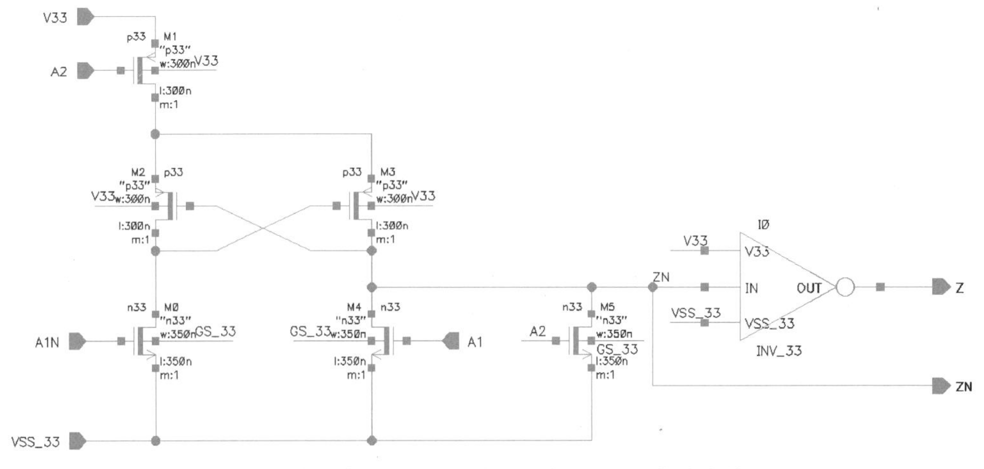

图 10-22 电源电压为 3.3V 的或门在 Cadence 软件中的实现

电路，使能端 A2 应接地，其功能真值表见表 10-1，由于 M_2 管和 M_3 管交叉耦合的连接方式，该或门电路输入信号不能同时为“0”或“1”，应为电平相反的信号。图 10-23 为 12 个图 10-21 的低压转高压电路模块，其输入分别对应 12 个逐次逼近逻辑寄存器的输出数字量 Q<11：0>。

表 10-1　低压转高压电路所应用的或门功能真值表

输　入		输　出	
A1N	**A1**	**Z**	**ZN**
1	0	0	1
1	1	0	×
0	0	1	×
0	1	1	0

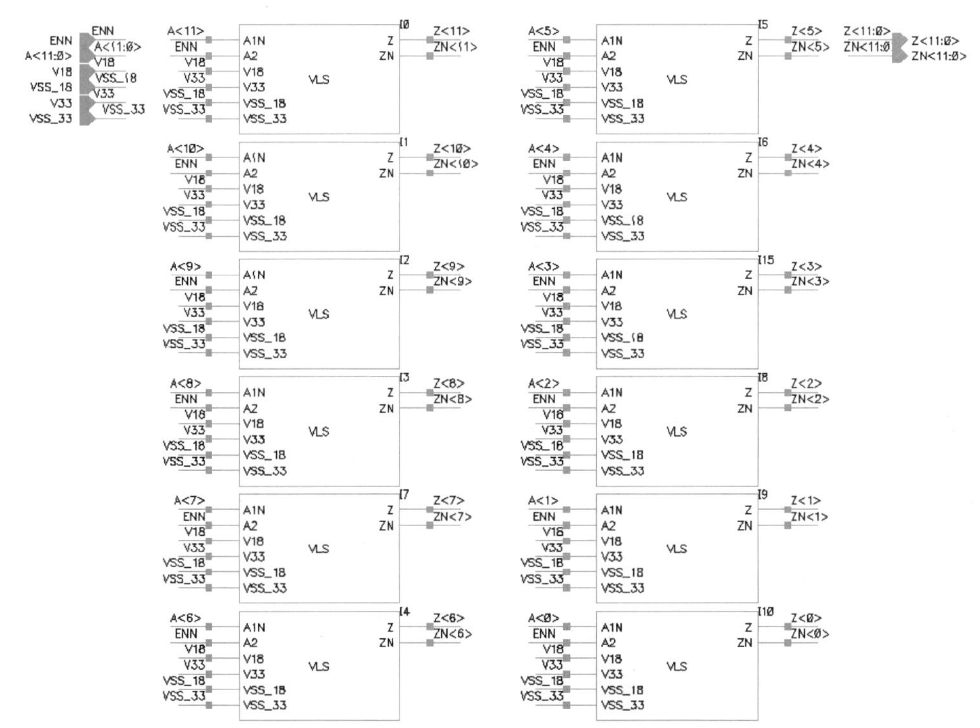

图 10-23　低压 DAC 输入数字信号转高压电路在 Cadence 软件中的实现

10.3　12 位 500kS/s SAR ADC 的仿真

本节对设计完整的 SAR ADC 电路系统进行仿真，首先利用 Cadence 软件对 DAC 电路模块搭建仿真环境验证其功能的正确性和性能是否满足目标参数的要求；其次对 SAR ADC 的数字逻辑控制模块做仿真验证，主要验证逐次逼近逻辑寄存器的功能和时序控制的准确性；最后仿真验证 SAR ADC 的转换功能和动态性能。

10.3.1 12位分段电容式DAC仿真

1. DAC功能仿真

10.2.2节已经设计好DAC电路原理图，在本节中对DAC电路做功能仿真，图10-24所示为已经搭建好的仿真环境。具体搭建仿真环境的步骤如下：

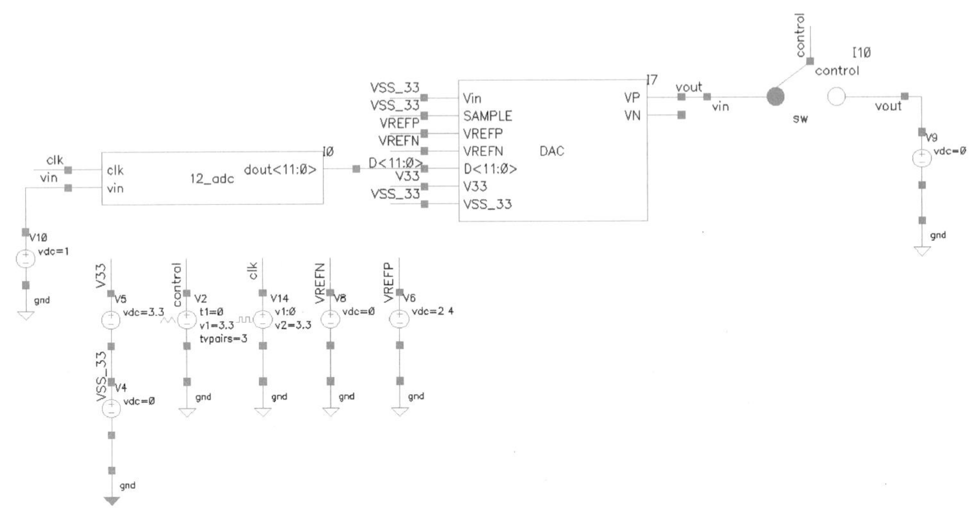

图10-24 DAC功能仿真电路原理示意图

(1) 利用VerilogA建立理想的12位ADC以提供给DAC的数字输入。首先，在Cadence软件的Library Manager电路库中新建一个VerilogA库，然后在VerilogA中新建电路单元，如图10-25所示，Cell中填写新建电路单元的名称12bit_ADC，View中填写veriloga，Type选择modelwriter，然后单击OK按钮，在弹出Model Writer type selection窗口(见图10-26)中Select view type选择VerilogA并继续单击OK按钮，下一步在弹出的如图10-27的Cadence Modelwriter窗口中选择模型Interface-Analog to Digital并单击Next按钮，按照图10-28在Cadence Modelwriter窗口中填写ADC模型参数，接下来不用进行任何设置，依此在弹出的窗口中单击Next和Finish按钮，最终会弹出是否新建12bit_ADC符号图的窗口并单击Yes按钮，理想的12位ADC建立完成。

图10-25 新建veriloga ADC单元设置

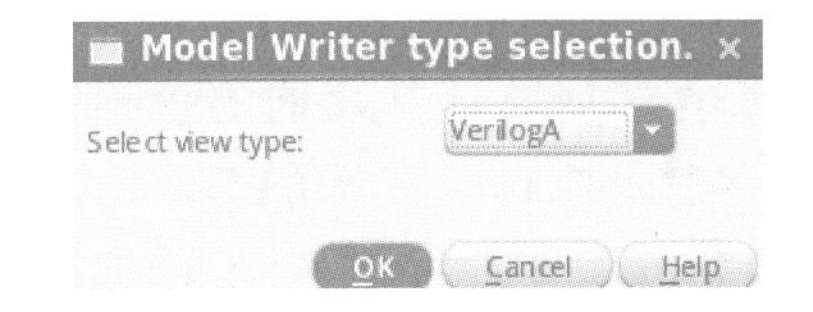

图10-26 Model Writer type selection窗口设置

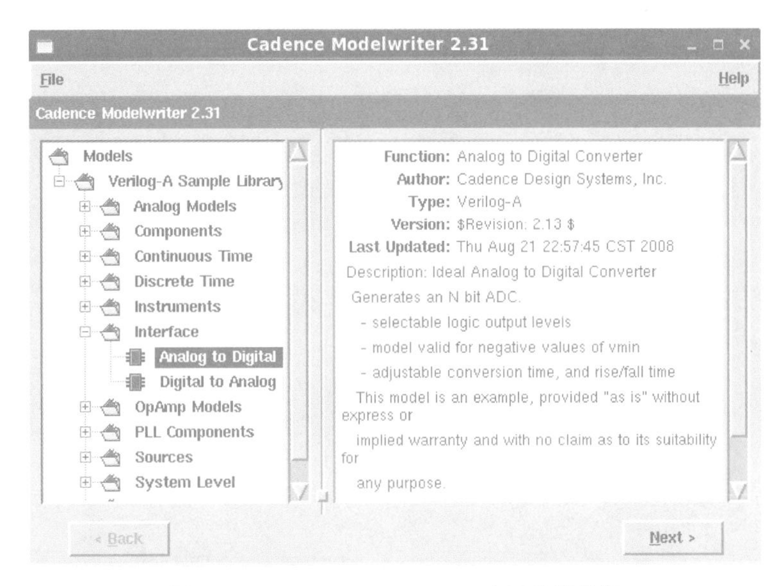

图 10-27　Cadence Modelwriter 窗口模型选择

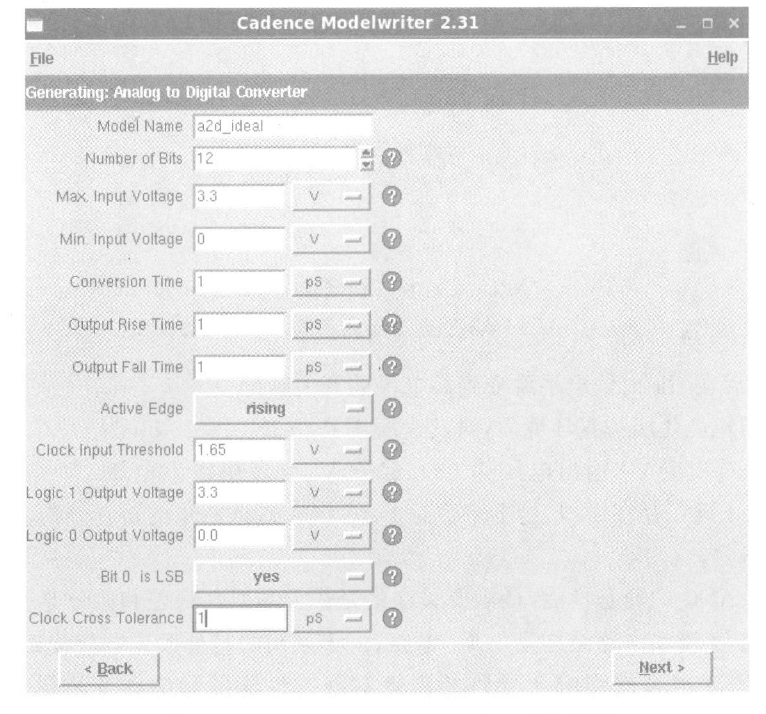

图 10-28　Cadence Modelwriter 窗口参数设置

(2) 将建立好的 veriloga 类型的理想 12 位 ADC 输出作为 DAC 的数字输入连接到 D<11：0>端口，其输入 clk 激励设置如图 10-29 所示。输入电压 V_{in} 设置为 1V。

(3) DAC 电路的参考电压 V_{refP} 设置为 2.4V，V_{refN} 设置为 0V。根据 DAC 电容电荷量守恒定理，DAC 电容两端一开始应为相同电压，这样在输入数字量发生变化时，才能正确输出对应的转换后的电压，veriloga ADC 输出数字量一开始为 0，则 DAC 输出也应设置为 0V，因此在 DAC 输出添加一开关，开关另一端接 0V 电压，保证一开始开关导通 DAC 输出

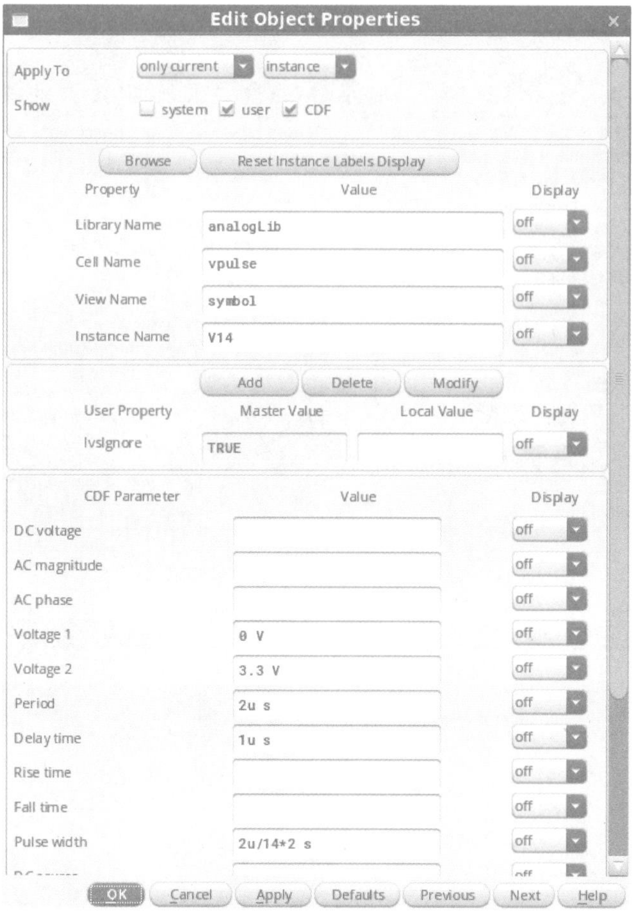

Edit Object Properties

Apply To only current instance

Show system user CDF

Browse Reset Instance Labels Display

Property	Value	Display
Library Name	analogLib	off
Cell Name	vpulse	off
View Name	symbol	off
Instance Name	V14	off

Add Delete Modify

User Property	Master Value	Local Value	Display
lvsIgnore	TRUE		off

CDF Parameter	Value	Display
DC voltage		off
AC magnitude		off
AC phase		off
Voltage 1	0 V	off
Voltage 2	3.3 V	off
Period	2u s	off
Delay time	1u s	off
Rise time		off
Fall time		off
Pulse width	2u/14*2 s	off

OK Cancel Apply Defaults Previous Next Help

图 10-29 veriloga ADC 采样信号参数设置

接 0V 电压，随后在 clk 由低电平跳变到高电平前开关断开。

搭建好的 DAC 功能仿真环境后，对其进行瞬态仿真。图 10-30 为 DAC 转换后的仿真结果，由图可以看出 DAC 输出电压为 999.605mV，与理想输出电压 1V 相差 0.395mV，DAC 电路功能正确但存在误差，接下来会对 DAC 误差做进一步的仿真分析。

2. DAC 静态性能仿真

对于 SAR ADC 的静态性能，最需要关注的是积分非线性误差和微分非线性误差，决定整体静态性能最关键的电路结构是 DAC 电路，由于采用的是分段式电荷按比例缩放 DAC，电容失配以及寄生电容的影响所导致的误差对静态性能的影响就变得极为重要。仿真 DAC 线性度同样需要使用 VerilogA 建立理想的 12 位 ADC 以提供给 DAC 从 00…000 到 11…111 连续的数字输入。如图 10-31 所示，12 位 ADC 输入电压应设置为从 0 到 V_{ref} 的斜坡信号，时间设置为 0s 到 $2^N T$，T 为一个采样转换周期，这里设计 ADC 采样频率为 500kHz，因此 $T=2\mu s$，时钟信号为 SAR ADC 的采样信号，时钟周期为 T。如图 10-32 为 DAC 静态性能电路原理图，除 veriloga ADC 的输入电压 V_{in} 设置不一样，其他信号激励相同。

搭建好仿真环境后，利用 ADE L 仿真器对电路进行 tran 仿真，仿真时间应大于

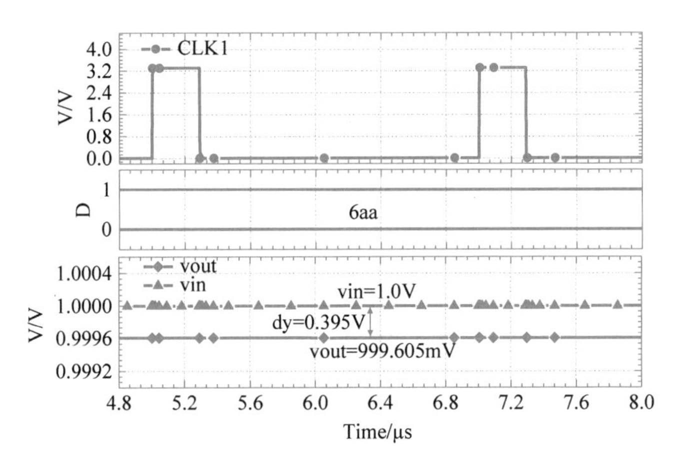

图 10-30　DAC 转换结果仿真图

Edit Object Properties

Apply To　only current　instance
Show　system　user　CDF

Browse　Reset Instance Labels Display

Property	Value	Display
Library Name	analogLib	off
Cell Name	vpwl	off
View Name	symbol	off
Instance Name	V0	off

Add　Delete　Modify

User Property	Master Value	Local Value	Display
lvsIgnore	TRUE		off

CDF Parameter	Value	Display
Number of pairs of points	2	off
Time 1	0 s	off
Voltage 1	0 V	off
Time 2	2u*4096 s	off
Voltage 2	3.3 V	off
DC voltage		off
AC magnitude		off
AC phase		off
DC source		off
Repeated function		off
Delay Time	0 s	off

OK　Cancel　Apply　Defaults　Previous　Next　Help

图 10-31　仿真 DAC 线性度输入信号设置

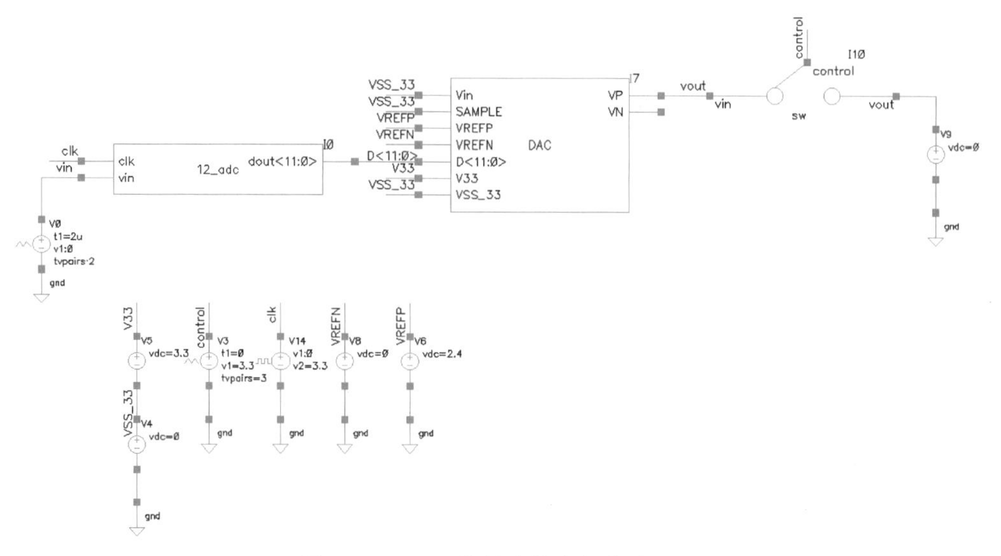

图 10-32 DAC线性度仿真电路原理图

$2^{N+1}T$。图 10-33 为输出信号 V_{out} 局部放大图，仿真完成后利用 calculator 计算器对输出信号 V_{out} 进行计算，以求出 DAC 误差。根据积分非线性误差的定义，需要建立两条连线 L_1 和 L_2，L_1 为 DAC 输出信号 V_{out} 的第一个跳变点与最后一个跳变点的连线，L_2 为 DAC 输出信号 V_{out} 每个跳变点间的连线。积分线性误差计算公式如下：

$$E_L = (L_2 - L_1)/\text{LSB} \tag{10.15}$$

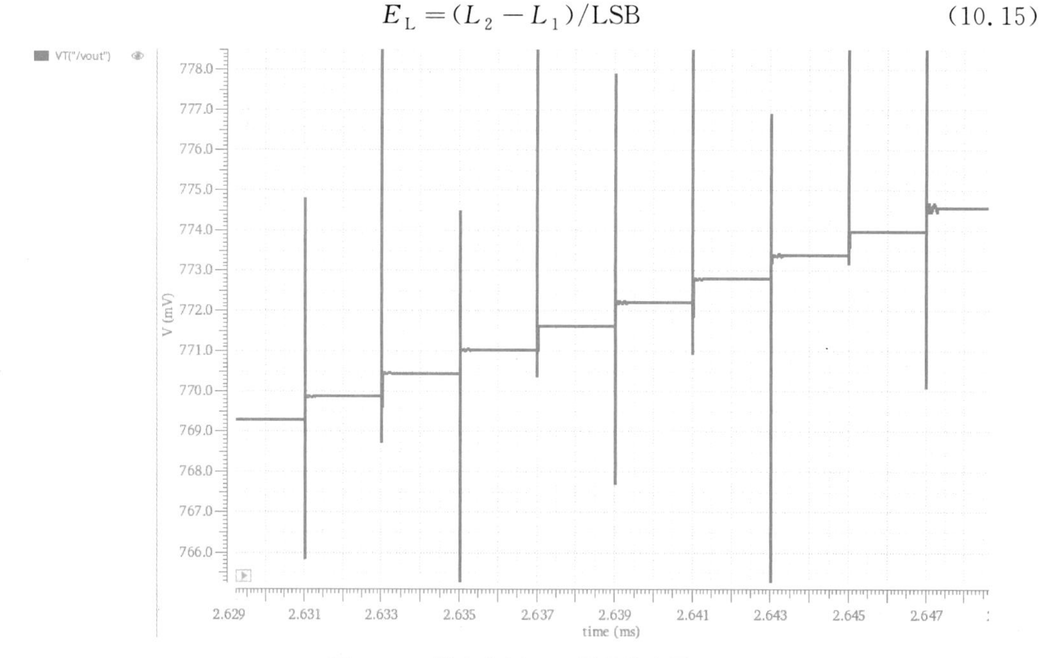

图 10-33 输出信号 V_{out} 局部放大图

利用 calculator 计算器的 Sample 函数设置 L_1 和 L_2 的连线，如图 10-34 所示，Signal 为需要计算的目标信号，From 为连线起始点时间，To 为连线结束点时间，Type 为连线类型，选择线性“linear”，By 为连线的步进。对于 L_1，By 应为结束点和起始点时间间隔；对于 L_2，By 应为一个采样转换周期 T。L_1 和 L_2 用 calculator 计算器表示的语句为 sample(v("/vout" ?result "tran")4e-06 0.008194 "linear" 0.00819)和 sample(v("/vout" ?result "tran")4e-06 0.008194 "linear" 2e-06)。式(10.15)中 LSB 表示为 DAC 的最小输出，用第一个转换结果的纵坐标表示：value(v("/vout" ?result "tran")6e-06)。

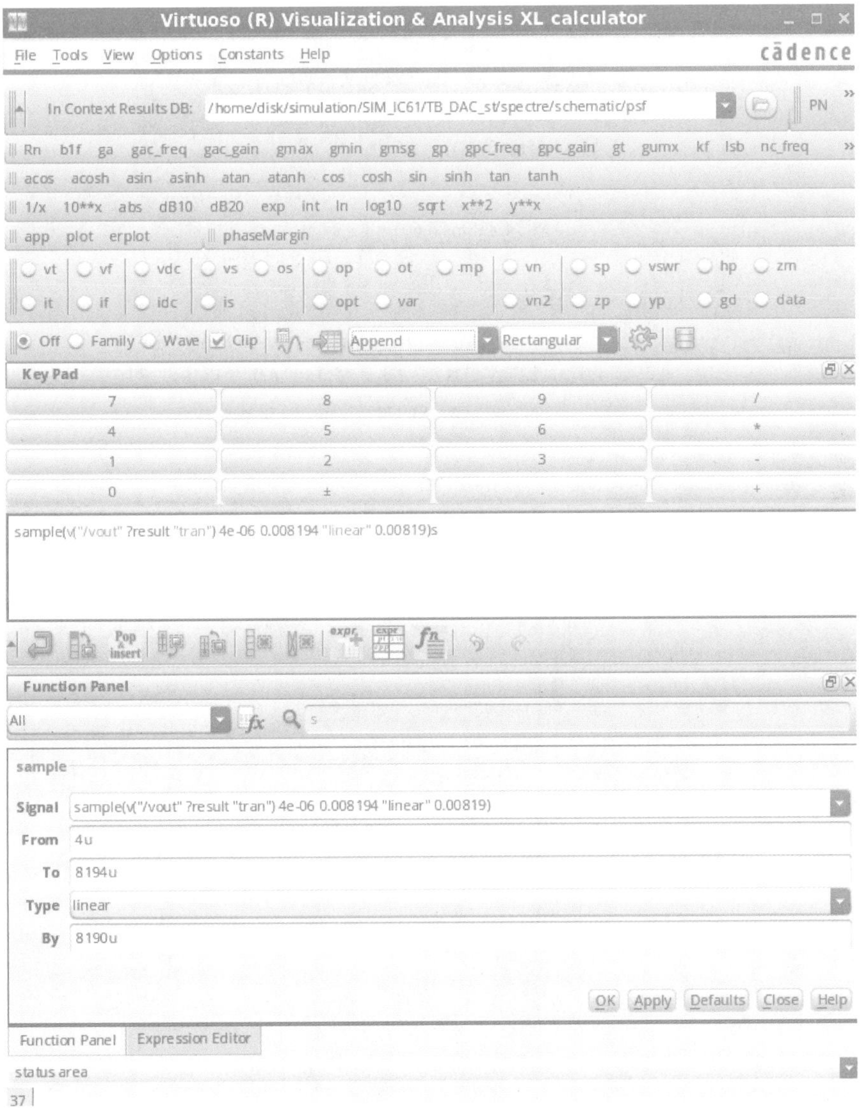

图 10-34　Sample 函数设置

根据微分非线性误差的定义，只需要利用连线 L_2 进行设置。计算公式如下：

$$E_D = (\mathrm{Slope}(L_2) \times T - \mathrm{LSB})/\mathrm{LSB} \tag{10.16}$$

式中：$\mathrm{Slope}(L_2)$表示为 L_2 的斜率，使用 deriv 函数进行设置。

设置好 E_L 和 E_D 公式后，再求其最大值，最后将所有设置好的公式输入到 ADE L 仿真器中，如图 10-35 为 DAC 线性度仿真波形图，波形图 ED 和 EL 分别为微分非线性误差和积分非线性误差，由图 10-36 可直观地看出微分非线性误差最大值为 3.981m LSB，积分非线性误差微分最大值为 6.644m LSB，其结果满足设计目标。

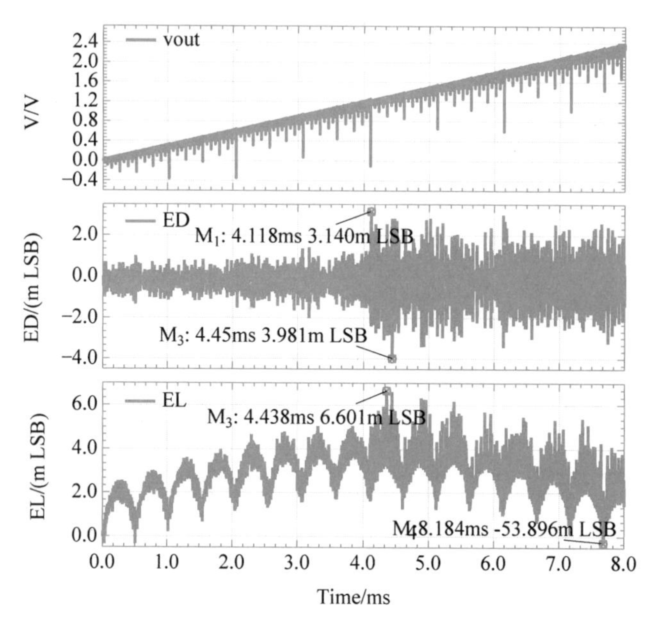

图 10-35 DAC 线性度仿真波形图

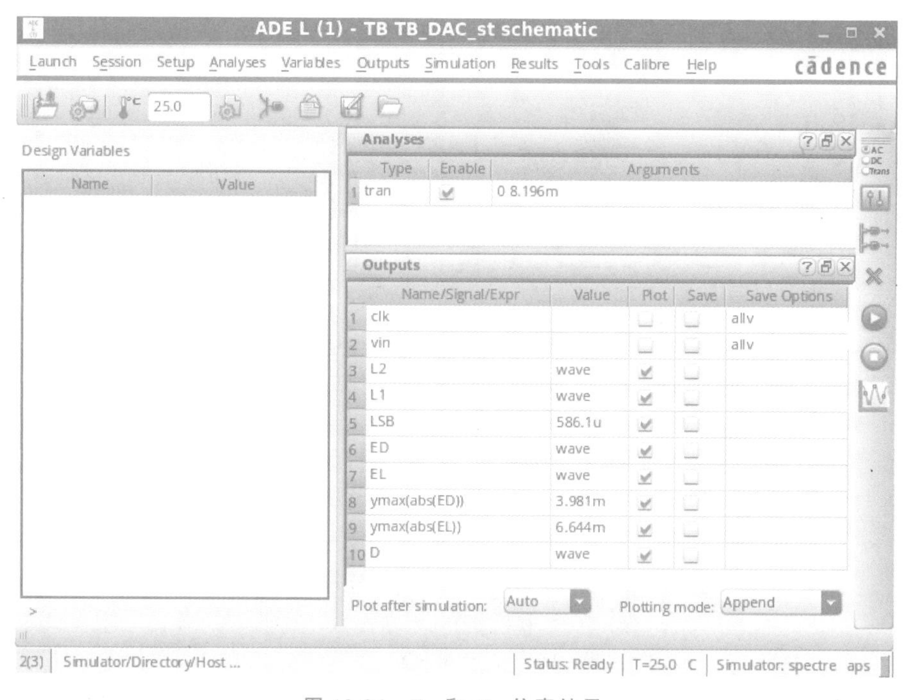

图 10-36 E_L 和 E_D 仿真结果

10.3.2 数字逻辑控制的时序仿真

在 10.2.2 节中对数字逻辑控制模块进行了设计，本节将设计的电路在 Cadence 软件中进行仿真，主要查看 SAR ADC 的逐次逼近逻辑寄存器的功能和时序控制是否正确，其搭建仿真环境需将图 10-17 逐次逼近逻辑寄存器电路和图 10-19 时序控制电路的输入输出对应端口进行连接。图 10-37 为逐次逼近逻辑寄存器的时序仿真结果，SN < 11 ∶ 0 >为逐次逼近逻辑寄存器中移位寄存器的 D 触发器输出 Q 端，可以看到从高位到低位高电位脉冲依此向右移，实现逐次逼近。

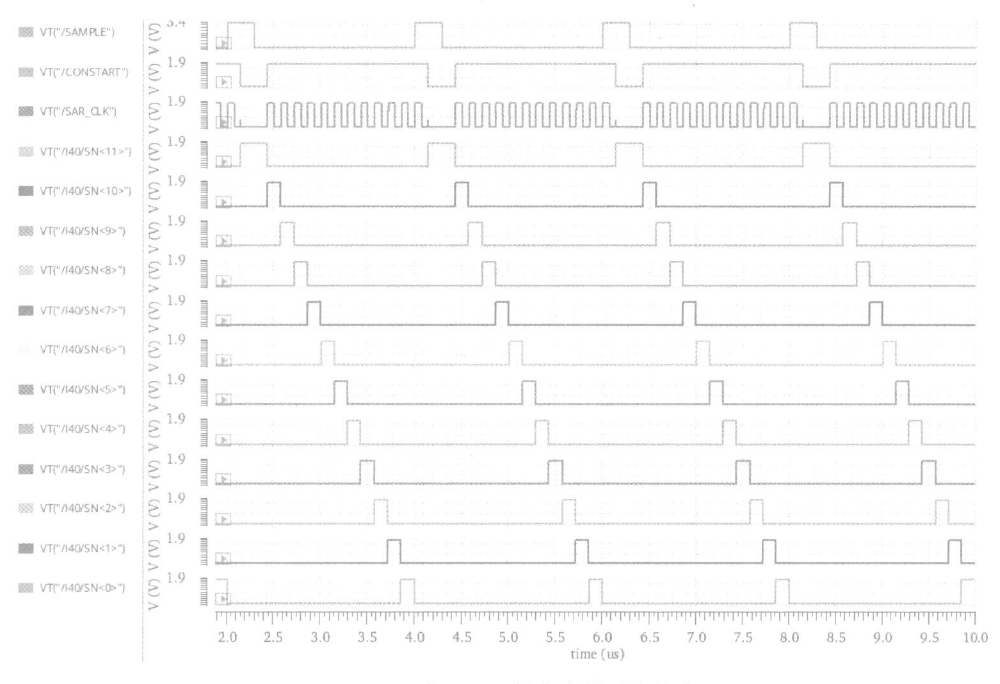

图 10-37　逐次逼近逻辑寄存器时序仿真图

另外，如图 10-38 所示，时序控制电路时序仿真图与 10.2.3 节所分析的时序图 10-20 一致，并且逐次逼近逻辑寄存器同样也实现了逐次逼近的功能，因此可以得出数字逻辑控制模块功能正确。接下来可通过做 SAR ADC 的系统功能仿真进一步验证数字逻辑控制模块是否可行。

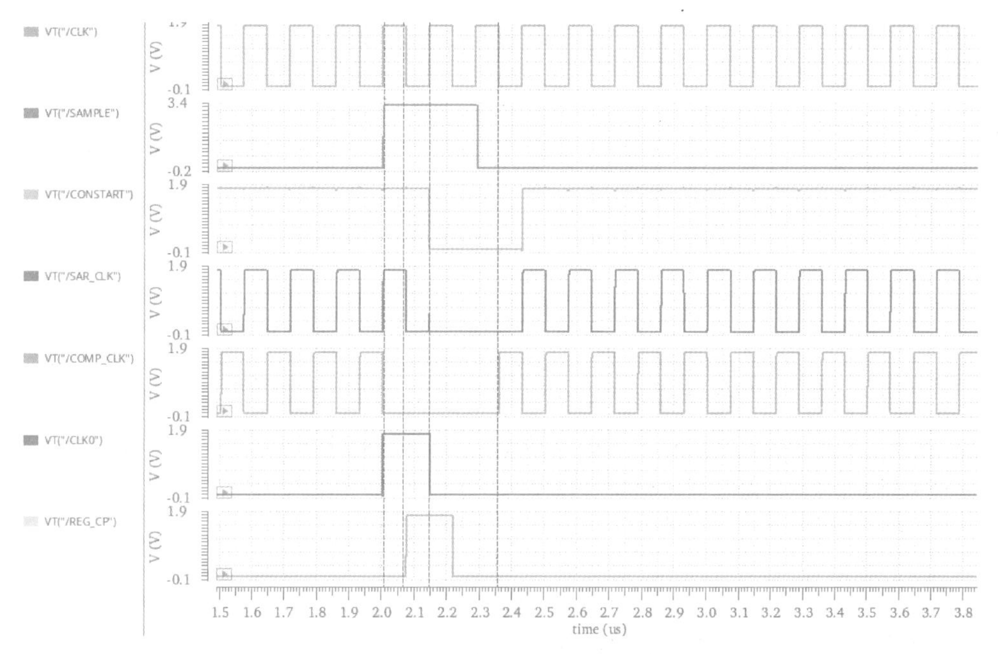

图 10-38　时序控制电路时序仿真图

10.3.3 12 位 500kS/s SAR ADC 系统仿真

1. SAR ADC 系统功能仿真

将 10.2 节中设计后的各电路模块在 Cadence 软件中连接最终设计成完整的 SAR ADC 系统电路(图 10-39)，然后将其打包成为一个独立模块再进行系统功能仿真。图 10-40 为 SAR ADC 系统电路功能仿真环境。主要输入信号的激励设置如下：

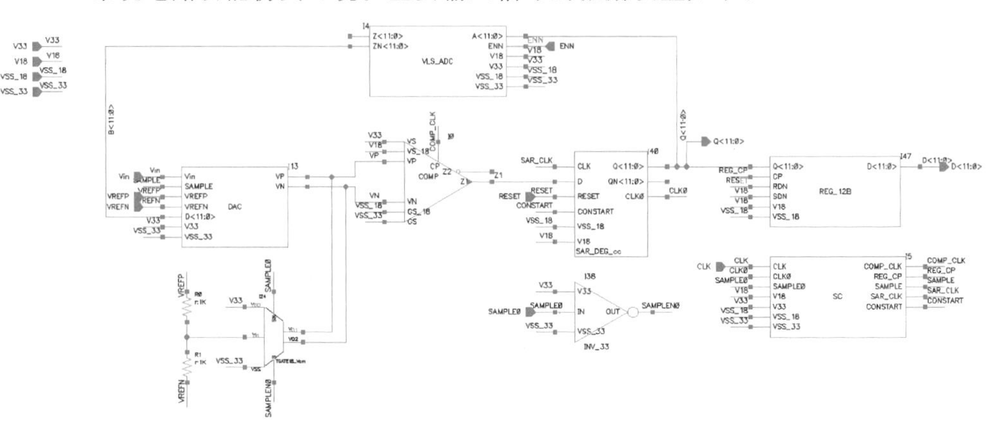

图 10-39 SAR ADC 系统电路在 Cadence 软件中的实现

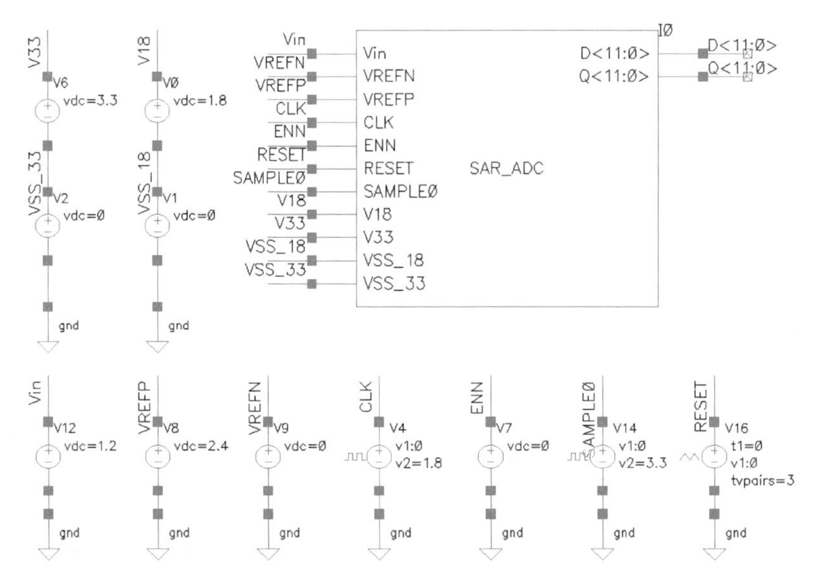

图 10-40 SAR ADC 系统电路功能仿真环境

V_{in} 端口：SAR ADC 的模拟信号输入端，该端口接 1.2V 的直流电压源。

V_{refN} 端口：SAR ADC 的负参考电压输入端，该端口接 0V 的直流电压源。

V_{refP} 端口：SAR ADC 的正参考电压输入端，该端口接 2.4V 的直流电压源。

CLK 端口：SAR ADC 的系统时钟信号输入端，该端口接高电平为 1.8V，频率为 7MHz 的周期脉冲电压源。图 10-41 为系统时钟信号 CLK 的设置。

ENN 端口：SAR ADC 的使能端，该端口接 0V 的直流电压源。

RESET 端口：SAR ADC 的复位端，该端口接由低电平跳变到高电平的脉冲信号。图 10-42 为系统复位信号 RESET 的设置。

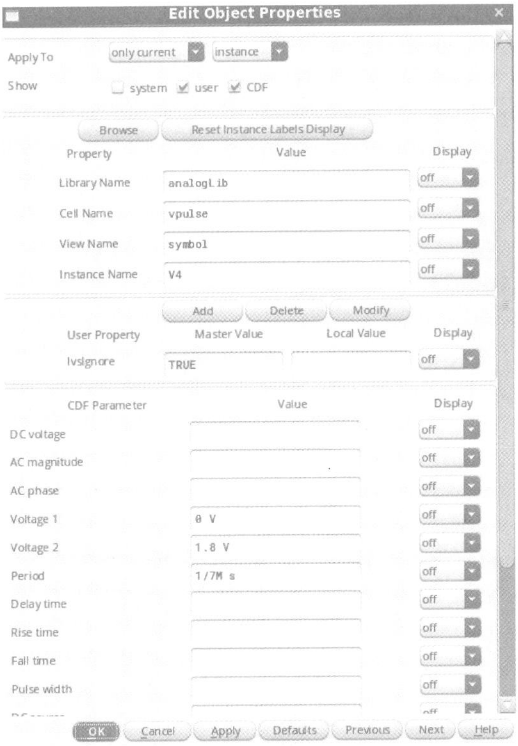

图 10-41 系统时钟信号 CLK 的设置

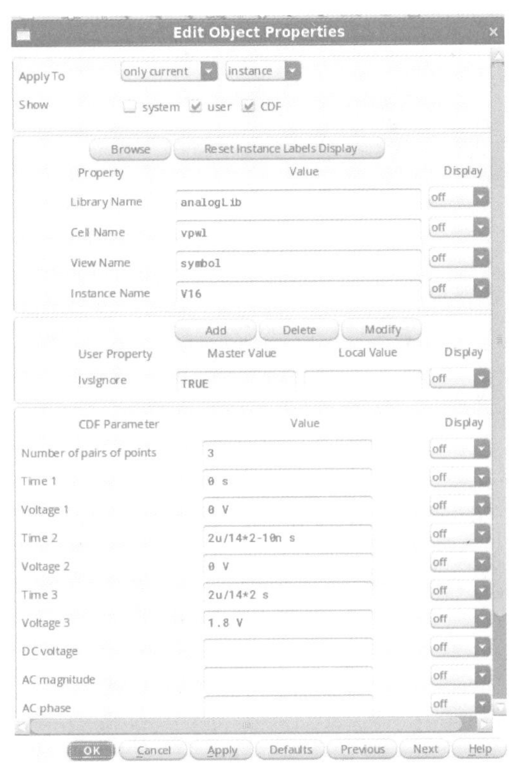

图 10-42 系统复位信号 RESET 的设置

SAMPLE0 端口：SAR ADC 的采样端，该端口接周期为 2μs，脉冲宽度为两个系统时钟周期的脉冲电压源。图 10-43 为系统采样信号 SAMPLE0 的设置。

搭建好 SAR ADC 系统电路功能仿真环境后开始进行瞬态仿真。图 10-44 为 SAR ADC 系统功能仿真图，根据式(10.14)SAR ADC 的输入模拟电压和转换数字结果的计算关系可以得出 1.2V 的模拟电压，经 SAR ADC 转换后得到数字 2048。图 10-44 的转换结果为十六进制数 800，转换结果正确。

2. SAR ADC 动态特性仿真

10.3.3 节对 SAR ADC 中的采样开关进行了动态性能的仿真，本节对 SAR ADC 整体性能进行仿真。图 10-45 为 ADC 动态性能仿真电路原理示意图，对 ADC 动态性能仿真同样需要使用 VerilogA 建立理想的 12 位 DAC，将 ADC 的数字输出通过理想的 *N* 位 DAC 转换为电压输出，然后将输出的

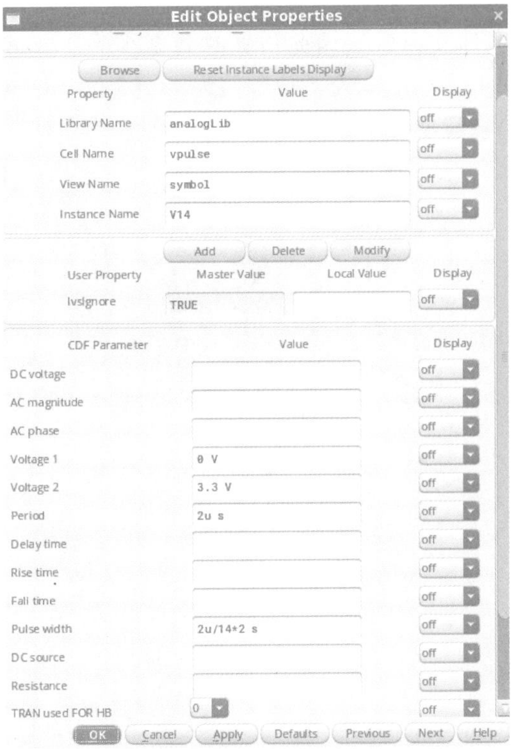

图 10-43 系统采样信号 SAMPLE0 的设置

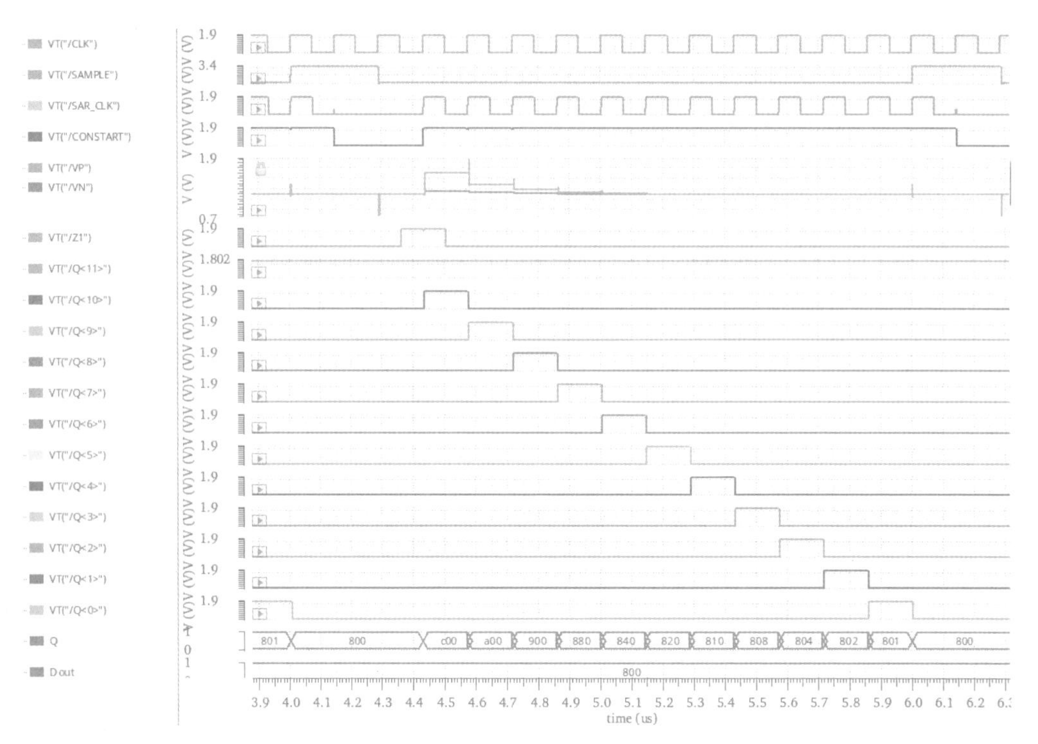

图 10-44 SAR ADC 系统功能仿真图

电压进行傅里叶变换。ADC 的输入正弦波信号设置如图 10-46 所示，ADC 采样点数为 512，输入频率约为 249kHz。对电路进行 tran 仿真，仿真时间至少为 $512T$，为采样转换周期，即 $T=2\mu s$，因此仿真时间至少为 1.028ms。对仿真结果 V_{out} 做傅里叶变换，结果如图 10-47 所示，有效位数约为 11.85 位，SINAD 约为 73.09dB，SFDR 约为 88.77dB，仿真结果均满足设计目标。

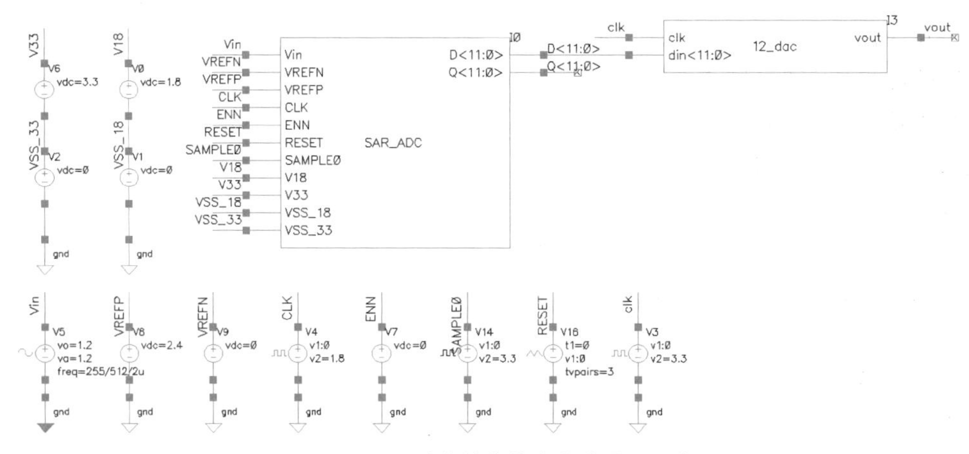

图 10-45 ADC 动态性能仿真电路原理示意图

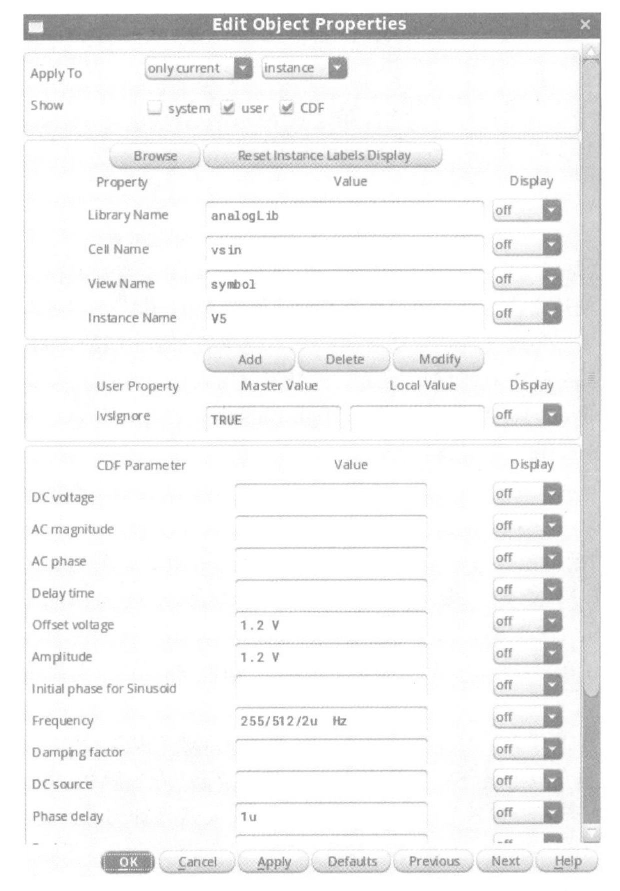

图 10-46 仿真 ADC 动态性能输入正弦信号设置

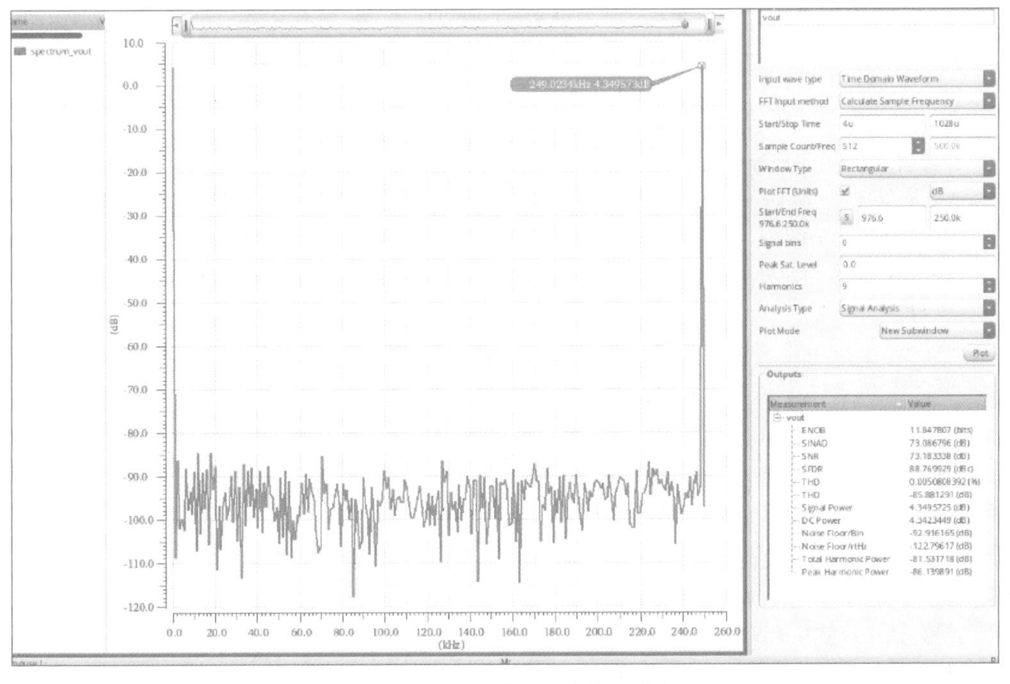

图 10-47 ADC 动态性能仿真结果

参考文献

[1] 裴星星.模拟集成电路版图设计[J].电子制作,2015(9Z):29-30.

[2] 解放,罗闯.CMOS模拟集成电路版图设计[J].微处理机,2012,33(3):4-6.

[3] 蔡懿慈,周强.超大规模集成电路设计导论[M].北京:清华大学出版社,2005.

[4] 戴澜.CMOS集成电路EDA技术[M].北京:机械工业出版社,2006.

[5] Sackinger E,Guggenbuhl W. A High-Swing,High Impedance MOS Cascade Circuit[J]. IEEE Journal of Solid State Circuits,1990,25:289-298.

[6] Minch B A. Low-Voltage Wilson Current Mirrors in CMOS[C]. IEEE International Symposium on Circuits & Systems. IEEE,2007.

[7] 黄苏平.低压共源共栅电流镜的偏置电路[J].集成电路应用,2020,37(4):25-27.

[8] Brooks T L,Rybicki M A . Self-Biased Cascode Current Mirror Having High Voltage Swing and Low Power Consumption:US,US5359296 A[P],1995-3-15.

[9] Phillip E A,Douglas R H,et al. CMOS模拟集成电路设计[M].冯军,李智群,译.2版.电子工业出版社,2005.

[10] 梁新蕾.CMOS低噪声放大器的分析研究[D].南京:南京理工大学,2013.

[11] 吴建辉.CMOS模拟集成电路分析与设计[M].北京:电子工业出版社,2011.

[12] 杨锦文,冯全源.基于嵌入式密勒补偿技术的LDO放大器设计[J].微电子学与计算机,2006,23(3):198-200.

[13] 许衍彬.高增益CMOS折叠式共源共栅运算放大器的设计[J].电子世界,2021(20):3.

[14] 冯奕翔.运算放大器及其阵列低功耗设计研究[D].北京:北京交通大学,2012.

[15] 张杰.低电压低功耗CMOS集成运放的研究与设计[D].长沙:湖南大学,2006.

[16] 仲祖霆,王澎,王永.一种基于gm/ID方法设计的轨对轨运算放大器[J].中国集成电路,2021,30(7):35-39.

[17] 廖旺.应用于流水线ADC中的全差分运算放大器[D].成都:电子科技大学,2011.

[18] 彭新朝.高增益恒跨导低失调轨至轨运算放大器的设计[D].广州:华南理工大学,2012.

[19] Widlar R J. New Development in IC Voltage Regulator[J]. IEEE Journal of Solid-State Circuits Conference,1970,6(1):2-7.

[20] Kuijk K E. A Precision Reference Voltage Source[J]. IEEE Journal of Solid-State Circuits,1973,8(3):222-226.

[21] Brokaw A P. A Simple Three-terminal IC Bandgap Reference[J]. IEEE Journal of, Solid-State Circuits,1974,9(6):388-393.

[22] Sansen W M C.模拟集成电路设计精粹[M].陈莹梅,等译.北京:清华大学出版社,2007.

[23] Neuteboom H,Kup B M J,Janssens M. A DSP-based hearing instrument IC[J]. IEEE Journal of Solid-State Circuits,1997,32(11):1790-1806.

[24] Banba H,Shiga H,Umezawa A,et al. A CMOS bandgap reference circuit with sub-1-V operation[J]. IEEE Journal of Solid-State Circuits,1999,34(5):670-674.

[25] 何乐年,王忆.模拟集成电路设计与仿真[M].北京:科学出版社,2008.

[26] 王彬.低压带隙基准源的设计[D].保定:河北大学,2018.

[27] 胡滨.低压带隙基准源的设计[D].西安:西安电子科技大学,2011.

[28] 毕查德.拉扎维.模拟 CMOS 集成电路设计[M].陈贵灿,程军,张瑞智,等译.西安交通大学出版社,2003.

[29] Chang J Y,Fan C W,Liang C F,et al. A Single-PLL UWB Frequency Synthesizer Using Multiphase Coupled Ring Oscillator and Current-Reused Multiplier[J]. IEEE Transactions on Circuits & Systems II Express Briefs,2009,56(2): 107-111.

[30] Grout K,Kitchen J. A Dividerless Ring Oscillator PLL With 250fs Integrated Jitter Using Sampled Lowpass Filter[J]. IEEE Transactions on Circuits and Systems Ⅱ: Express Briefs,2020,67(11): 2337-2341.

[31] 秦平.高线性低相噪压控振荡器电路设计[D].南京:东南大学,2015.

[32] 朱斌超.基于环形振荡器的电荷泵锁相环研究与设计[D].南京:东南大学,2018.

[33] 童诗白,华成英.模拟电子技术基础[M].3 版.北京:高等教育出版社,2001.

[34] Gregorian R. CMOS 运算放大器和比较器的设计及应用[M].黄晓宗,译.北京:科学出版社,2014.

[35] 陈铖颖,杨丽琼,王统.CMOS 模拟集成电路设计与仿真实例:基于 Cadence ADE[M].北京:电子工业出版社,2013.

[36] Razavi B. Design of analog CMOS integrated circuits[M].北京:清华大学出版社,2005.

[37] 秦睿.基于 0.18μm CMOS 工艺的比较器设计[D].哈尔滨:黑龙江大学,2016.

[38] Razavi B,Wooley B A. Design Techniques for High-Speed,High-Resolution Comparators[J]. IEEE Journal of Solid-State Circuits,1992,27(12): 1916-1926.

[39] Graupner A. A methodology for the offset-simulation of comparators[J]. The Designe's Guide Community,2006,1: 1-7.

[40] Maloberti F. Data Converters[M]. Springer-Verlag New York,Inc. 2007.

[41] Shikata A,Sekimoto R,Ishikuro H. A 0.5V 65nm-CMOS single phase clocked bootstrapped switch with rise time accelerator[C]. 2010 IEEE Asia Pacific Conference on Circuits and Systems. IEEE, 2010: 1015-1018.

[42] Zhuang H,Cao Q,Peng X,et al. A bootstrapped switch with accelerated rising speed and reduced on-resistance[C]. 2021 IEEE International Symposium on Circuits and Systems (ISCAS). IEEE,2021: 1-5.

[43] 戴澜,成凯.一种用于超低功耗 SAR ADC 的采样电路实现[J].电子世界,2020(11): 110-112.

[44] 王永泽.基于 0.18μm CMOS 工艺的高速高精度采样保持电路的研究与设计[D].重庆:重庆邮电大学,2019.

[45] Maloberti F. Data Converters[M]. Bostom,mA: Springer-Verlag New York,Inc,2007.

[46] Allen P E,Holberg D R. CMOS Analog Circuit Design[M]. Oxford: Oxford University Press,2007.

[47] Ahmed I. Pipelined ADC design and enhancement techniques[M]. dordrecht: Springer Science & Business Media,2010.